一、同步素材文件　二、同步结果文件

素材文件方便读者学习时同步练习使用，结果文件供读者参考

第1章　第2章　第3章　第4章　第5章　第6章　第7章　第8章　第9章　第10章　第11章
第12章　第13章　第14章　第15章　第16章　第17章　第18章　第19章　第20章　第21章　附录C

四、同步PPT课件

同步的PPT教学课件，
方便教师教学使用

一、如何学好、用好Word视频教程

1.1 Word最佳学习方法

1.学习Word，要打好基础
2.学习Word，要找准方法
3.学习Word，要勤于实践
4.学习Word，切勿中途放弃

1.2 用好Word的十大误区

误区一　不会合理选择文档的编辑视图
误区二　文档内容丢失后才知道要保存
误区三　Word页面显示的，不一定就会被打印
误区四　增加空行来调整段落间距和分页
误区五　滥用空格键设置段落对齐和首行缩进
误区六　标尺没有什么用武之地
误区七　使用格式刷设置长文档格式
误区八　认为文档目录都是手动添加的
误区九　遇到编号和项目符号就手动输入
误区十　页眉页脚内容借助文本框输入

1.3 Word技能全面提升的十大技法

1.Word文档页面设置有技巧
2.不可小窥的查找和替换功能
3.在Word中也能随意输入公式
4.在Word中制作表格的技巧
5.使用样式提高文档编辑速度
6.借助文本框巧妙排版
7.文档页眉页脚的设置技巧
8.通过邮件合并批量制作文档
9.插入表格和图片时自动添加题注
10.你不得不知的Word快捷键

三、同步视频教学

长达12小时的与书同步视频教程，精心策划了"排版入门篇、文档排版篇、表格与图表应用篇、效率提升篇、高级应用篇、行业实战篇"共6篇21章内容

➤ 290个"实战"案例　➤ 84个"妙招技法"　➤ 16个大型的"商务办公实战"

Part 1 本书同步资源

Word 2013
超强学习套餐

Part 2 超值赠送资源

二、500个高效办公模板

1.200个Word办公模板　　**3.100个PPT模板**
60个行政与文秘应用模板　　12个商务通用模板
68个人力资源管理模板　　9个品牌宣讲模板
32个财务管理模板　　21个教育培训模板
22个市场营销管理模板　　21个计划总结模板
18个其他常用模板　　6个婚庆生活模板
2.200个Excel办公模板　　14个毕业答辩模板
19个行政与文秘应用模板　　17个综合案例模板
24个人力资源管理模板
29个财务管理模板
86个市场营销管理模板
42个其他常用模板

三、4小时 Windows 7视频教程

第1集 Windows7的安装、升级与卸载
第2集 Windows7的基本操作
第3集 Windows7的文件操作与资源管理
第4集 Windows7的个性化设置
第5集 Windows7的软硬件管理
第6集 Windows7用户账户配置及管理
第7集 Windows7的网络连接与配置
第8集 用Windows7的IE浏览器畅游互联网
第9集 Windows7的多媒体与娱乐功能
第10集 Windows7中相关小程序的使用
第11集 Windows7系统的日常维护与优化
第12集 Windows7系统的安全防护措施
第13集 Windows7虚拟系统的安装与应用

四、9小时 Windows 10 视频教程

第1课 Windows 10快速入门
第2课 系统的个性化设置操作
第3课 轻松学会电脑打字
第4课 电脑中的文件管理操作
第5课 软件的安装与管理
第6课 电脑网络的连接与配置
第7课 网上冲浪的基本操作
第8课 便利的网络生活
第9课 影音娱乐
第10课 电脑的优化与维护
第11课 系统资源的备份与还原

Part 3 职场高效人士必学

一、5分钟教你学会番茄工作法（精华版）

第1节 拖延症反复发作，让番茄拯救你的一天
第2节 你的番茄工作法为什么没效果？
第3节 番茄工作法的外挂神器

二、5分钟教你学会番茄工作法（学习版）

第1节 没有谁在追我，而我追的只有时间
第2节 五分钟，让我教你学会番茄工作法
第3节 意外总在不经意中到来
第4节 要放弃了吗？请再坚持一下！
第5节 习惯已在不知不觉中养成
第6节 我已达到目的，你已学会工作

三、10招精通超级时间整理术视频教程

招数01 零散时间法——合理利用零散碎片时间
招数02 日程表法——有效的番茄工作法
招数03 重点关注法——每天五个重要事件
招数04 转化法——思路转化+焦虑转化
招数05 奖励法——奖励是个神奇的东西
招数06 合作法——团队的力量无穷大
招数07 效率法——效率是永恒的话题
招数08 因人制宜法——了解自己，用好自己
招数09 约束法——不知不觉才是时间真正的杀手
招数10 反问法——常问自己"时间去哪儿啦？"

四、高效办公电子书

办公宝典

Word 2013

完全自学教程

凤凰高新教育　编著

北京大学出版社
PEKING UNIVERSITY PRESS

内 容 提 要

熟练使用 Word 软件，已成为职场人士必备的职业技能。本书以当前最常用的 Word 2013 软件为平台，从办公人员的工作需求出发，配合大量典型实例，全面而系统地讲解 Word 2013 在文秘、人事、统计、财务、市场营销等多个领域中的办公应用，帮助读者轻松高效完成各项办公事务！

本书以"完全精通 Word"为出发点，以"用好 Word"为目标来安排内容，全书共 6 篇，分为 21 章。第 1 篇为文档排版入门篇（第 1~2 章），主要针对初学读者，从零开始，系统并全面地讲解 Word 2013 基本操作、新功能应用、文档视图的管理及页面设置，以及文档内容的录入与编辑技能；第 2 篇为文档排版篇（第 3~6 章），讲解 Word 2013 文档中字符格式、段落格式和页面格式的设置方法，以及 Word 的图文混排功能。第 3 篇为表格与图表应用篇（第 7~8 章），讲解 Word 2013 中表格的制作方法、图表创建与应用相关知识；第 4 篇为效率提升篇（第 9~13 章），介绍 Word 2013 高效排版功能应用，包括样式的创建、修改与应用，模板的创建、修改与应用，内容的查找与替换技巧，长文档处理技术等知识；第 5 篇为高级应用篇（第 14~17 章），讲解 Word 2013 文档处理的高级功能应用，内容包括文档的审核修改与保护，邮件合并功能的应用，宏、域与控件的使用，Word 与其他软件的协同办公应用；第 6 篇为行业实战篇（第 18~21 章），通过 16 个综合应用案例，系统并全面地讲解 Word 2013 在行政文秘、人力资源管理、市场营销、财务会计等相关工作领域中的实战应用。

本书可作为需要使用 Word 软件处理日常办公事务的文秘、人事、财务、销售、市场营销、统计等专业人员的案头参考书，也可作为大、中专职业院校、计算机培训班的相关专业教材参考用书。

图书在版编目(CIP)数据

Word 2013完全自学教程 / 凤凰高新教育编著. —北京：北京大学出版社，2017.7
ISBN 978–7–301–28376–9

Ⅰ.①W… Ⅱ.①凤… Ⅲ.①文字处理系统—教材 Ⅳ.①TP391.12

中国版本图书馆CIP数据核字(2017)第107759号

书　　　名	Word 2013完全自学教程	
	WORD 2013 WANQUAN ZIXUE JIAOCHENG	
著作责任者	凤凰高新教育　编著	
责 任 编 辑	尹毅	
标 准 书 号	ISBN 978–7–301–28376–9	
出 版 发 行	北京大学出版社	
地　　　址	北京市海淀区成府路205 号　100871	
网　　　址	http://www. pup. cn　　新浪微博：@ 北京大学出版社	
电 子 信 箱	pup7@ pup. cn	
电　　　话	邮购部62752015　发行部62750672　编辑部62580653	
印 刷 者	北京大学印刷厂	
经 销 者	新华书店	
	880毫米×1092毫米　16开本　25印张　插页2　855千字	
	2017年7月第1版　2017年7月第1次印刷	
印　　　数	1–4000册	
定　　　价	99.00 元	

前　言

如果你是一个 Word 小白，把 Word 当成"记事本、写字板"使用；

如果你是一个 Word 菜鸟，只会简单的文字录入与编辑；

如果你经常用 Word 做报告、文档资料，但总是因效率低、编排不好而被领导批评；

如果你觉得自己的 Word 操作水平还可以，但缺乏足够的编辑和设计技巧，希望全面提升操作技能；

如果你想成为职场达人，轻松搞定日常工作。

针对以上问题，对于经常使用 Word 2013 进行办公的您来说，

《Word 2013 完全自学教程》一书是您最好的选择！

让我们来告诉你如何成为你所期望的职场达人！

当进入职场时，你才发现原来 Word 并不是打字速度快就可以了，纸质文件越来越少，电子文档越来越多。上到领导，下到基层一线人员，几乎人人都在使用 Word。没错，当今我们已经进入计算机办公时代，熟练掌握 Word 文字处理软件的相关知识技能已经是现代入职的一个必备条件。然而，经数据调查显示，现如今大部分的职场人对于 Word 办公软件的了解还不及五分之一，所以在处理工作时，很多人是事倍功半。针对这种情况，我们策划并编写了这本《Word 2013 完全自学教程》，旨在帮助那些有追求、有梦想，但又苦于技能欠缺的刚入职或在职人员。

《Word 2013 完全自学教程》适合 Word 初学者，但即便你是一个 Word 老手，这本书一样能让你大呼开卷有益。这本书将帮助你获得以下提升。

（1）快速掌握 Word 2013 最新版本的基本功能操作。

（2）快速拓展 Word 2013 文档内容录入与编排的方法与技巧。

（3）快速学会 Word 2013 表格制作、图文混排、模式与模板应用。

（4）快速掌握 Word 2013 长文档编辑、目录与索引、文档审阅与修订、邮件合并等高级技能。

（5）快速学会用 Word 全面、熟练地处理日常办公文档，提升办公效率。

我们不但告诉你怎样做，还要告诉你怎样操作最快、最好、最规范！要学会与精通 Word 办公软件，这本书就够了！

本书特色

（1）讲解版本最新，内容常用、实用。本书遵循"常用、实用"的原则，以微软 Word 2013 版本为写作标准，在书中还标识出 Word 2013 的相关"新功能"及"重点"知识。并且结合日常办公应用的实际需求，全书安排了 290 个"实战"案例、84 个"妙招技法"、16 个大型的"综合办公项目实战"，系统并全面地讲解 Word 2013 文字处理、排版等技能和实战应用。

（2）图解写作，一看即懂，一学就会。为了让读者更易学习和理解，本书采用"步骤引导 + 图解操作"的写作方式进行讲解。而且，在步骤讲述中以"❶、❷、❸…"的方式分解出操作小步骤，并在图上进行对应标识，非常方便读者学习掌握。只要按照书中讲述的步骤方法去操作练习，就可以做出与书中同样的效果，真正做到简单明了、一看即会、易学易懂。另外，为了解决读者在自学过程中可能遇到的问题，我们在书中设置了"技术看板"栏目板块，解释在讲解中出现的或者在操作过程中可能会遇到的一些疑难问题；另外，我们还设置了"技能拓展"栏目板块，其目的是教会读者通过其他方法来解决同样的问题，通过技能的讲解，从而达到举一反三的作用。

（3）技能操作 + 实用技巧 + 办公实战＝应用大全

本书充分考虑到读者"学以致用"的原则，在全书内容安排上，精心策划了 6 篇内容，共 21 章，具体安排如下。

第 1 篇：文档排版入门篇（第 1~2 章），主要针对初学读者，从零开始，系统并全面地讲解 Word 2013 基本操作、新功能应用、文档视图的管理和页面设置，以及文档内容的录入与编辑技能。

第 2 篇：文档排版篇（第 3~6 章），讲解 Word 2013 文档中字符格式、段落格式、页面格式的设置方法及 Word 的图文混排功能。

第 3 篇：表格与图表应用篇（第 7~8 章），讲解 Word 2013 中表格的制作方法、图表创建与应用相关知识。

第 4 篇：效率提升篇（第 9~13 章），介绍 Word 2013 高效排版功能应用，包括样式的创建、修改与应用，模板的创建、修改与应用，内容的查找与替换技巧，长文档处理技术等知识。

第 5 篇：高级应用篇（第 14~17 章），讲解 Word 2013 文档处理的高级功能应用，内容包括文档的审核修改与保护，邮件合并功能的应用，宏、域与控件的使用，Word 与其他软件的协同办公应用。

第 6 篇：行业实战篇（第 18~21 章），通过 16 个综合应用案例，系统并全面地讲解 Word 2013 在行政文秘、人力资源管理、市场营销、财务会计等相关工作领域中的实战应用。

丰富的教学光盘，让您物超所值，学习更轻松！

　　本书配套光盘内容丰富、实用，赠送了实用的办公模板、教学视频，让读者花一本书的钱，得到多本的超值学习内容。光盘中包括如下内容。

　　（1）同步素材文件：指本书中所有章节实例的素材文件。全部收录在光盘中的"\素材文件\第＊章\"文件夹中。读者在学习时，可以参考图书讲解内容，打开对应的素材文件进行同步操作练习。

　　（2）同步结果文件：指本书中所有章节实例的最终效果文件。全部收录在光盘中的"\结果文件\第＊章\"文件夹中。读者在学习时，可以打开结果文件，查看其实例效果，为自己在学习中的练习操作提供帮助。

　　（3）同步视频教学文件：本书为读者提供了长达 12 小时的与书同步的视频教程。读者可以通过相关的视频播放软件（Windows Media Player、暴风影音等）打开每章中的视频文件进行学习，就像看电视一样轻松学会。

　　（4）赠送："如何学好、用好 Word"的视频教程：时间长达 48 分钟，给读者分享 Word 专家学习与应用经验，内容包括：Word 的最佳学习方法，新手学 Word 的十大误区，全面提升 Word 应用技能的十大技法。

　　（5）赠送：商务办公实用模板：200 个 Word 商务办公模板、200 个 Excel 商务办公模板、100 个 PPT 商务办公模板。实战中的典型案例，不必再花时间和心血去搜集，拿来即用。

　　（6）赠送：PPT 课件：光盘中赠送与书中内容全部同步的 PPT 教学课件，非常方便教师教学使用。

　　（7）赠送："Windows 7 系统操作与应用"的视频教程：共 13 集 220 分钟，让读者完全掌握最常用的 Windows 7 系统。

　　（8）赠送："Windows 10 操作系统应用"的视频教程：长达 9 小时的多媒体教程，让读者完全掌握微软最新的 Windows 10 系统的应用。

　　（9）赠送高效办公电子书："微信高手技巧随身查""QQ 高手技巧随身查""手机办公 10 招就够"电子书，教会读者移动办公诀窍。

　　（10）赠送："5 分钟学会番茄工作法"讲解视频（学习版和精华版）：教会读者在职场之中高效地工作、轻松应对职场那些事儿，真正做到"不加班，只加薪"！

　　（11）赠送："10 招精通超级时间整理术"讲解视频：专家传授 10 招时间整理术，教会读者如何整理时间、有效利用时间。无论是职场，还是生活，都要学会时间整理。这是因为时间是人类最宝贵的财富，只有合理整理时间，充分利用时间，才能让您的人生价值最大化。

　　另外，本书还赠送读者一本《高效人士效率倍增手册》，教授一些日常办公中的管理技巧，真正做到"早做完，不加班"！

　　本书不是单纯的一本 IT 技能 Word 办公书，而是一本职场综合技能传教的实用书籍！

　　本书可作为需要使用 Word 软件处理日常办公事务的文秘、人事、财务、销售、市场营销、统计等专业人员的案头参考书，也可作为大、中专职业院校、计算机培训班的相关专业教材参考用书。

本书由凤凰高新教育策划并组织编写。全书由一线办公专家和多位微软 MVP 教师合作编写，他们具有丰富的 Word 软件应用技巧和办公实战经验，对于他们的辛苦付出在此表示衷心的感谢！同时，由于计算机技术发展非常迅速，书中疏漏和不足之处在所难免，敬请广大读者及专家指正。

投稿信箱：pup7@pup.cn

读者信箱：2751801073@qq.com

读者交流群：218192911（办公之家）、363300209

目　录

第 2 篇　文档排版篇

　　文档也是需要排版包装的，精美包装后的文档，不仅能明确向大众传达设计者的意图和各种信息，还能增强视觉效果。本篇主要介绍 Word 文档字符格式、段落格式、页面格式与页面布局设置方法，以及图文混排处理技术。

第3篇　表格与图表应用篇

在日常办公应用中，经常需要制作一些表格和数据图表。在 Word 文档中处理与分析一些简单数据时，表格与图表无疑是最佳选择。

第4篇　效率提升篇

　　仅仅会制作 Word 文档还远远不够，要想提升 Word 编排技能，还需要学习更多的 Word 功能，如样式与模板的应用、查找与替换的功能的灵活应用、长文档处理技术等。

第 5 篇　高级应用篇

　　熟练掌握前面章节的知识，相信读者能够轻而易举地制作并排版各类文档了。本篇将讲解 Word 2013 的一些高级应用，让读者的技能得到进一步提升。

第 6 篇　行业实战篇

　　没有实战的学习只是纸上谈兵，为了让读者更好地理解和掌握学到的知识和技巧，希望读者抽出一点时间来练习本篇中的这些具体案例制作。

第 1 篇

文档排版入门篇

Word 2013 是 Office 2013 中的一个重要组件，被广泛地应用于日常办公工作中。它是由 Microsoft 公司推出的一款优秀的文字处理与排版应用程序。本篇主要给读者介绍 Word 2013 的入门操作，以及办公文档的录入与编辑方法。

第 1 章 Word 2013 快速入门操作

➤ Word 能做什么呢？使用 Word 排版时需要遵循哪些原则？

➤ 想要将【绘制表格】按钮添加到快速访问工具栏，应该怎样操作？

➤ 状态栏中的【插入 / 改写】状态去哪儿了？

➤ 什么是文档视图？怎样选择适合的文档视图？

➤ 用来辅助 Word 排版的工具有哪些？

通过本章内容的学习，读者将了解 Word 的用途，并学会在不同的视图模式下查看或编辑文档，以及了解用来辅助 Word 排版的工具有哪些。

1.1 Word 的用途

提到 Word，许多用户都会认为使用 Word 只能制作一些类似会议通知的简单文档，或者类似访客登记表的简单表格，但实际上，Word 提供了不同类型排版任务的多种功能，既可以编写文字类的简单文档，也可以制作图、文、表混排的复杂文档，还可以批量制作名片、邀请函、奖状等特色文档。

1.1.1 编写文字类的简单文档

Word 最简单、最常见的用途就是编写文字类的文档，如公司规章制度、会议通知等。这类文档结构比较简单，通常只包含文字，不包含图片、表格等其他内容，因此在排版上也是最基础、最简单的操作。例如，用 Word 制作的公司规章制度，如图 1-1 所示。

图 1-1

1.1.2 制作表格类文档

经常使用 Word 的用户会知道，表格类文档也是常见的文档形式，最简单的表格文档类似于访客登记表、申请表等，效果如图 1-2 所示。这类表格制作非常简单，通常只需要创建指定行数和列数的表格，然后依次在单元格中输入相应的内容即可。

图 1-2

Word 并不局限于制作简单的表格，还能制作一些复杂结构的表格。如图 1-3 所示中的表格，就是稍微复杂些的表格。表格中不仅对单元格进行了合并操作，还包含了文字对齐、单元格底纹及表格边框等格式的设置。

图 1-3

使用 Word 的表格功能时，还可以对表格中的数据进行排序、计算等操作，具体方法请参考第 7 章的内容。

1.1.3 制作图、文、表混排的复杂文档

使用 Word 制作文档时，还可以制作宣传海报、招聘简章等图文并茂的文档，这类文档一般包含了文字、表格、图片等多种类型的内容，如图 1-4 所示。

图 1-4

1.1.4 制作各类特色文档

在实际应用中，Word 还能制作各类特色文档，如制作信函和标签、制作数学试卷、制作小型折页手册、制作名片、制作奖状等。例如，使用 Word 制作的名片和奖状，如图 1-5 和图 1-6 所示。

图 1-5

图 1-6

1.2　Word 文档排版原则

对 Word 文档进行排版时，通常要遵循 7 个排版原则，分别是对齐原则、紧凑原则、对比原则、重复原则、一致性原则、可自动更新原则、可重用原则。其中，前 4 个原则是许多排版任务都必须遵循的基本原则，在实际应用中只有综合运用这 4 个原则，才能达到最佳效果，后 3 个原则主要用于如何提高长文档的排版效率。掌握这 7 个原则，用户就可以高效地排版出规范、美观的文档。

1.2.1 对齐原则

对齐原则是指页面中的每一个元素，都尽可能地与其他元素以某一基准对齐，从而为页面上的所有元素建立视觉上的关联。

例如，某用户对文档中的所有内容全部设置了居中对齐，效果如图 1-7 所示，从表面来看，虽然所有内容都是以中间基线为基准对齐，但是页面看起来显得比较松散凌乱，这是因为没有为页面中的各元素建立视觉联系。

要想有更好的页面效果，可以利用对齐原则。保持第一行的大标题

位置不变，将其他内容设置为左对齐（对齐方式的设置方法请参考第 4 章的内容），其效果如图 1-8 所示。

图 1-7

图 1-8

通过上述设置，页面效果得到了改善。在本操作中，除了大标题以外的其他内容都以页面左边缘为基准进行对齐，从而使内容整齐易读，而且还能突出显示大标题。

1.2.2　紧凑原则

紧凑原则是指将相关元素成组地放在一起，从而使页面中的内容看起来更加清晰，整个页面更具结构化。

例如，在图 1-8 中，虽然对各组元素内容设置了相应的对齐方式，但是所有内容看上去过于紧凑，既不利于阅读，也很难看出各段内容之间是否存在着联系。

为了使整个版面看上去更具结构化，内容更加清楚明了，用户可以根据紧凑原则进行修改，如增大每个小标题与上一个段落之间的间距，适当增加每个小标题与下一个段落之间的间距（段落间距的设置方法请参考第 4 章的内容），修改后的效果如图 1-9 所示。

图 1-9

1.2.3　对比原则

对比原则是指让页面中不同元素之间的差异更加明显，从而突出重要的内容，让页面看上去更加生动有趣。

例如，在图 1-9 中，所有文字使用了相同的字体和大小，看起来缺乏层次感。为了让标题和正文之间有明显的区别，可以单独为标题设置与正文不一样的字体、字号，并对标题设置加粗效果（字体、字号及加粗效果的设置方法请参考第 3 章的内容）。另外，为了突出显示页面顶端的大标题，可以将大标题的字号设置得更大一些，设置后的效果如图 1-10 所示。

图 1-10

1.2.4　重复原则

重复原则是指让页面中的某个元素重复出现指定的次数，以便强调页面的统一性，同时还能增强页面的趣味性和专业性。例如，在图 1-10 中的内容基础上，通过重复性原则，为各标题设置相同的项目符号（项目符号的设置方法请参考第 4 章的

内容），完成设置后，有效地增强了各标题之间的统一性，效果如图 1-11 所示。

图 1-11

1.2.5　一致性原则

一致性原则是指在整个排版任务中，在没有特殊需要的情况下，务必要确保同级别、同类型的内容具有相同的格式，从而使排版后的文档看起来整齐、规范。为了能够有效地实现一致性原则，建议用户使用 Word 提供的样式功能（该功能的使用方法请参考第 9 章的内容）。

1.2.6　可自动更新原则

对长文档进行排版时，可自动更新原则尤为重要。可自动更新原则是指对于长文档中可能发生变化的内容，在编辑时不要将其写"死"，使用 Word 提供的自动化功能进行处理，以便在这些内容发生变化时，Word 可以自动维护并更新，这样可避免用户手动逐个进行修改的烦琐。

在应用自动更新原则的过程中，最常见的情况是自动编号功能和交叉引用功能。比如，使用 Word 提供的自动编号功能，可以使标题编号自动化，这样就不必担心由于标题数量的增减或标题位置的调整而手动修改与之对应的编号；使用 Word 提供的交叉引用功能，当被引用的内容发生变化时，可以由 Word 维护并自动对内容进行同步更新。

1.2.7 可重用原则

可重用原则通常出现在程序设计中，是指编写好的一段代码可以被重复使用到其他过程中，从而减少重复编写相同或相似代码的时间。当然，该原则同样适用于排版，主要体现在样式与模板的使用上。

例如，为了对不同内容设置不同的格式，需要在文档中分别创建相应的样式；为了让文档中的某一个样式应用于其他文档，则可以对样式进行复制操作。

模板与此类似，因为模板中可以包含页面格式、样式等元素，所以当基于某个模板创建新文档后，这些新建的文档就会拥有完全相同的页面格式，并包含相同的样式，此时只需在此基础之上稍加修改，即可快速编辑出不一样的文档。

1.3 Word 排版中的常见问题

无论是初学者，还是能够熟练操作 Word 的用户，在 Word 排版过程中，通常都会遇见以下这些问题，如文档格式太花哨、使用空格键定位、手动输入编号等。

1.3.1 文档格式太花哨

无论是 Word 排版，还是做其他设计，都有一个普遍原则，就是版面不能太花哨。如果一个版面使用太多格式，不仅会让版面显得凌乱，还会影响阅读。例如，在图 1-12 中，因为分别为每段文字设置了不同的格式，所以呈现出的排版效果会给人杂乱无章的感觉，大大降低了文档吸引力。

图 1-12

1.3.2 使用空格键定位

在排版过程中，许多用户会使用空格键对文字进行定位，这是最常见的问题之一。在对中文内容进行排版时，通常每一个段落的第一行都会空两格，许多用户就会通过按空格键的方式来实现。这样的操作方法虽然很方便，但是在重新调整格式时会非常麻烦，因为空格的数量可能各不相同，所以在修改格式时需要手工处理这些空格。为了能够避免日后修改格式的烦琐，以及由此引发的一系列排版问题，需要用户使用 Word 的一些功能为文字进行定位，如为段落设置缩进和对齐方式等。

1.3.3 手动输入标题编号

绝大多数 Word 文档中都会包含大量的编号，有简单的编号，如 "1、2、3" 这样的顺序编号，也有复杂的编号，如多级编号。这类编号不仅有一层，而是包含了多个层次，每层编号格式相同，不同层则有不同格式的编号。

要想快速了解多级编号的一般结构，可查阅书籍的目录。例如，图 1-13 中就是一个多级编号的典型示例，它包含了三个级别的标题，第一个级别是章的名称，使用了阿拉伯数字进行编号；第二个级别是节的名称，以 "a.b" 的格式进行编号，a 表示当前章的序号，b 表示当前节在该章中的流水号。以此类推，第三个级别是小节的名称，以 "a.b.c" 的格式进行编号。

像这类多级编号，如果以手动的方式输入，那么当重新调整标题的次序或者要增减标题内容时，就需要手动修改相应的编号。这样做不仅增加了工作量，而且还容易出错。正确的做法应该是使用 Word 提供的多级编号功能进行统一编号（具体内容请参考第 4 章），从而大大提高了工作效率，还利于文档的后期维护。

图 1-13

1.3.4 手动设置复杂格式

在排版过程中，要为段落手动设置复杂格式，也是非常烦琐的操作。

例如，要为多个段落设置这样的格式：字体 "仿宋"，字号 "四号"，字体颜色 "紫色"，段落首行缩进两个字符，段前段后设置为 0.5 行。手动设置格式的方法大致分两种情况，如果是连续的段落，可以一次性选择这些段落，再进行设置；如果是不连续的段落，可能就会单独分别设置，或者先按照要求设置好一个段落的格式，然后通过格式刷复制格式。

如果是简单的小文档，那么这样的手动设置方法不会对排版速度有太大的影响；但如果是大型文档，那么问题将接踵而来：一是严重影响排版速度，二是当后期需要修改段落格式时，则又是一个非常烦琐的工作，而且还易出错。正确的做法应该是为不同的内容所要使用的格式单独创建一个样式，然后通过样式来快速为段落设置格式，具体的操作方法将在本书第9章进行讲解。

1.4 优化设置排版环境

工欲善其事，必先利其器，在使用 Word 2013 之前，用户可以根据自己的使用习惯，来打造一个合适的工作环境。通过相应的设置，可以帮助用户更好地使用 Word 2013 进行学习和工作，避免发生一些不必要的麻烦。

★ 新功能 1.4.1 认识 Word 2013 的操作界面

在使用 Word 2013 之前，首先需要熟悉其操作界面。启动 Word 2013 之后，首先打开的窗口中显示了最近使用的文档和程序自带的模板缩略图预览，此时按下【Enter】键或【Esc】键可跳转到空白文档界面，这就是用户要进行文档编辑的工作界面，如图 1-14 所示。该界面主要由标题栏、【文件】菜单选项卡、功能区、导航窗格、文档编辑区、状态栏和视图栏 7 个部分组成。

图 1-14

1. 标题栏

标题栏位于窗口的最上方，从左到右依次为控制菜单图标、快速访问工具栏、正在操作的文档的名称、程序的名称、【Microsoft Word 帮助】按钮、【功能区显示选项】按钮和窗口控制按钮。

➡ 控制菜单图标：单击该图标，将会弹出一个窗口控制菜单，通过该菜单，可对窗口执行还原、

最小化和关闭等操作。

➡ 快速访问工具栏：用于显示常用的工具按钮，默认显示的按钮有【保存】、【撤销】和【重复】3 个按钮，单击这些按钮可执行相应的操作，用户还可根据需要，手动将其他常用工具按钮添加到快速访问工具栏。

➡ 【Microsoft Word 帮助】按钮：对其单击可打开 Word 2013 的帮助窗口，在其中用户可查找需要的帮助信息。

➡ 【功能区显示选项】按钮：单击该按钮，会弹出一个下拉菜单，通过该菜单，可对功能区的显示方式进行设置。

➡ 窗口控制按钮：从左到右依次为【最小化】按钮、【最大化】按钮/【向下还原】按钮和【关闭】按钮，用于对文档窗口大小和关闭进行相应的控制。

2. 【文件】菜单选项卡

选择【文件】选项卡，可打开【文件】菜单，其中包括了【新建】【打开】【保存】等常用命令。

与 Word 2010 版本中的【文件】菜单相比较，Word 2013 发生了很大的变化。例如，在 Word 2013 中，选择左侧窗格的【打开】命令，会切换到【打开】页面，并显示了最近使用过的文档列表，以供用户选择需要的操作；而在 Word 2010 中，选择左侧窗格的【打开】命令，会直接弹出【打开】对话框，另外，若要浏览最近使用过的文档，需要选择左侧窗格

中的【最近所用文件】命令，从而进入到【最近所用文件】页面中进行查看。再如，在 Word 2013 中，选择左侧窗格的【另存为】命令，会切换到【另存为】页面，其中还罗列了最近访问过的文档路径；而在 Word 2010 中，选择左侧窗格的【另存为】命令，则会直接弹出【另存为】对话框。

3. 功能区

功能区中集合了各种重要功能，清晰可见，是 Word 的控制中心。默认情况下，功能区包含【开始】【插入】【设计】【页面布局】【引用】【邮件】【审阅】和【视图】8 个选项卡，单击某个选项卡便可将其展开。此外，当在文档中选中图片、艺术字、文本框或表格等对象时，功能区中会显示与所选对象设置相关的选项卡。例如，在文档中选中表格后，功能区中会显示【表格工具 / 设计】和【表格工具 / 布局】两个选项卡。

每个选项卡由多个组组成，如【开始】选项卡由【剪贴板】【字体】【段落】【样式】和【编辑】5 个组组成。有些组的右下角有一个小图标，我们将其称为【功能扩展】按钮，将鼠标指针指向该按钮时，可预览对应的对话框或窗格，单击该按钮，可弹出对应的对话框或窗格。

各个组又将执行指定类型任务时可能用到的所有命令放到一起，并在执行任务期间一直处于显示状态，保证可以随时使用。例如，【字体】组中显示了【字体】【字号】【加粗】等按钮，这些按钮用于对文本内容设

置相应的字符格式。

4. 【导航】窗格

默认情况下，Word 2013 的操作界面显示了【导航】窗格，在【导航】窗格的搜索框中输入内容，程序会自动在当前文档中进行搜索。

在【导航】窗格中有【标题】【页面】和【结果】3 个标签，单击某个标签，可切换到相对应的页面。其中，【标题】页面显示的是当前文档的标题，【页面】页面中是以缩略图的形式显示当前文档的每页内容，【结果】页面中非常直观地显示搜索结果。

技术看板

Word 2013 和 Word 2010 的【导航】窗格略有区别，在 Word 2013 中，分别以【标题】【页面】和【结果】来命名 3 个标签，而在 Word 2010 中是以 3 个图标来显示 3 个标签。所以在实际应用中，Word 2013 的【导航】窗格使用更加方便。

5. 文档编辑区

文档编辑区位于窗口中央，默认情况下以白色显示，是输入文字、编辑文本和处理图片的工作区域，并在该区域中向用户显示文档内容。

当文档内容超出窗口的显示范围时，编辑区右侧和底端会分别显示垂直与水平滚动条，拖动滚动条中的滚动块，或单击滚动条两端的小三角按钮，编辑区中显示的区域会随之滚动，从而可以查看到其他内容。

6. 状态栏

状态栏用于显示文档编辑的状态信息，默认显示了文档当前页数、总页数、字数、文档检错结果、输入语言等信息，根据需要，用户可自定义状态栏中要显示的信息。

7. 视图栏

视图栏包含视图切换按钮和显示比例调节工具，视图切换按钮用于切换当前文档的视图方式，显示比例调节工具用于调节和显示当前文档的显示比例。

★ 新功能 1.4.2 实战：自定义快速访问工具栏

实例门类	软件功能
教学视频	光盘\视频\第 1 章\1.4.2.mp4

快速访问工具栏用于显示常用的工具按钮，默认显示的按钮有【保存】、【撤销】和【重复】3 个按钮，用户可以根据操作习惯，将其他常用的按钮添加到快速访问工具栏中。

1. 添加下拉菜单中的命令

快速访问工具栏的右侧有一个下拉按钮，单击该按钮，会弹出一个下拉菜单，该菜单中提供了一些常用操作按钮，用户可快速将其添加到快速访问工具栏。例如，要将【电子邮件】按钮添加到快速访问工具栏，具体操作步骤如下。

Step01 在快速访问工具栏中，❶单击右侧的下拉按钮，❷在弹出的下拉菜单中选择【电子邮件】选项，如图 1-15 所示。

图 1-15

Step02 执行上述操作后，在快速访问

工具栏中可以看见添加的【电子邮件】按钮，效果如图 1-16 所示。

图 1-16

技能拓展——删除快速访问工具栏中的按钮

若要将快速访问工具栏中的某个按钮删除掉，可以在该按钮上右击，在弹出的快捷菜单中选择【从快速访问工具栏中删除】命令即可。

2. 添加功能区中的命令

快速访问工具栏中的下拉菜单中提供的按钮数量毕竟有限，如果希望添加更多的按钮，可以将功能区中的按钮添加到快速访问工具栏，具体操作步骤如下。

Step01 在功能区中，❶右击某个按钮，例如【字体】组中的【加粗】按钮，❷在弹出的快捷菜单中选择【添加到快速访问工具栏】命令，如图 1-17 所示。

图 1-17

Step02 此时，【加粗】按钮添加到了快速访问工具栏，效果如图 1-18

所示。

图 1-18

技能拓展——将组以按钮形式添加到快速访问工具栏

如果希望将某个组以按钮的形式添加到快速访问工具栏,只需右击该组的空白处,在弹出的快捷菜单中选择【添加到快速访问工具栏】命令即可。

3. 添加不在功能区中的命令

如果需要添加的按钮不在功能区中,则可通过【Word 选项】对话框进行设置,具体操作步骤如下。

Step01 打开【文件】菜单,选择【选项】命令,如图 1-19 所示。

图 1-19

Step02 弹出【Word 选项】对话框,❶ 切换到【快速访问工具栏】选项卡,❷ 在【从下列位置选择命令】下拉列表中选择命令的来源位置,本操作中选择【不在功能区中的命令】,❸ 在左侧列表框中选择需要添加的命令,如【复制为图片】,❹ 单击【添加】按钮,将所选命令添加到了右侧列表

框,❺ 单击【确定】按钮即可,如图 1-20 所示。

图 1-20

★ 新功能 1.4.3 实战:设置功能区的显示方式

实例门类	软件功能
教学视频	光盘 \ 视频 \ 第 1 章 \1.4.3.mp4

编辑文档的过程中,用户还可以根据操作习惯设置功能区的显示方式。在 Word 2013 的标题栏中提供了一个【功能区显示选项】按钮▣,通过该按钮,可以非常方便地设置功能区的显示方式。

默认情况下,功能区将选项卡和命令都显示了出来,为了扩大文档编辑区的显示范围,可以通过设置只显示选项卡,具体操作步骤如下。

Step01 ❶ 在标题栏中单击【功能区显示选项】按钮▣,❷ 在弹出的下拉菜单中选择【显示选项卡】命令,如图 1-21 所示。

图 1-21

Step02 此时,Word 窗口将只显示功能

区选项卡,效果如图 1-22 所示。

图 1-22

技能拓展——隐藏整个功能区

单击【功能区显示选项】按钮▣,在弹出的下拉菜单中若选择【自动隐藏功能区】命令,则整个功能区都将会被隐藏起来,单击窗口顶端,可临时显示功能区。

通过上述设置后,若选择某个选项卡,便可临时显示相关的命令。此外,还可通过以下几种方式来实现仅显示功能区选项卡。

➥ 在功能区右下角单击【折叠功能区】按钮▲。

➥ 双击除【文件】选项卡外的任意选项卡。

➥ 右击功能区的任意位置,在弹出的快捷菜单中选择【折叠功能区】命令。

➥ 按下【Ctrl+F1】组合键。

将功能区的显示方式设置为【显示选项卡】后,若还是希望始终显示选项卡和命令,则可通过以下几种方式实现。

➥ 单击【功能区显示选项】按钮▣,在弹出的下拉菜单中选择【显示选项卡和命令】命令。

➥ 双击除【文件】选项卡外的任意选项卡。

➥ 按下【Ctrl+F1】组合键。

在设置功能区的显示方式时，Word 2010 与 Word 2013 的操作略有不同，主要体现为以下几点。

（1）在 Word 2010 的标题栏中没有【功能区显示选项】按钮。

（2）在 Word 2010 中，【折叠功能区】按钮位于功能区的右上角。

（3）在 Word 2010 中不能隐藏整个功能区。

★ 新功能 1.4.4 实战：显示【开发工具】选项卡

实例门类	软件功能
教学视频	光盘\视频\第 1 章\1.4.4.mp4

使用 Word 2013 工作时，如果需要使用到宏、控件等功能，则需要将【开发工具】选项卡显示出来，具体操作步骤如下。

Step01 打开【文件】菜单，选择【选项】命令，如图 1-23 所示。

图 1-23

Step02 弹出【Word 选项】对话框，❶ 切换到【自定义功能区】选项卡，❷ 在右侧列表框中选中【开发工具】复选框，❸ 单击【确定】按钮即可，如图 1-24 所示。

图 1-24

1.4.5 实战：自定义功能区

实例门类	软件功能
教学视频	光盘\视频\第 1 章\1.4.5.mp4

根据操作习惯，用户不仅可以自定义快速访问工具栏，也可以自定义功能区。对功能区进行自定义时，大致分两种情况，一种是在现有的选项卡中添加命令，另一种是在新建的选项卡中添加命令。无论是哪种情况，都需要新建一个组，才能添加命令，而不能将命令直接添加到 Word 默认的组中。

例如，新建一个名为【常用工具】选项卡，在该选项卡中新建一个名为【基本格式】组，用于存放经常使用到的相关命令，具体操作步骤如下。

Step01 打开【Word 选项】对话框，❶ 切换到【自定义功能区】选项卡，❷ 单击【新建选项卡】按钮，如图 1-25 所示。

图 1-25

Step02 即可新建一个选项卡，并自动新建了一个组，❶ 选中【新建选项卡（自定义）】复选框，❷ 单击【重命名】按钮，如图 1-26 所示。

图 1-26

因为在第 1 步操作中，左侧列表框中默认选择的是【开始】选项卡，所以执行新建选项卡操作后，将在【开始】选项卡的下方新建一个选项卡，并在 Word 窗口中显示在【开始】选项卡的右侧。

Step03 弹出【重命名】对话框，❶ 在【显示名称】文本框中输入选项卡名称【常用工具】，❷ 单击【确定】按钮，如图 1-27 所示。

图 1-27

Step04 返回【Word 选项】对话框，❶ 选择【新建组（自定义）】选项，❷ 单击【重命名】按钮，如图 1-28 所示。

图 1-28

每次新建选项卡后，会自动包含一个默认的组，如果希望在该选项卡中创建更多的组，则可在右侧列表框中先选中该选项卡，然后单击【新建组】按钮进行创建即可。

Step07 通过上述操作后，返回 Word 窗口，可看见【开始】选项卡的右边新建了一个名为【常用工具】的选项卡，在该选项卡中有一个名为【基本格式】的组，并包含了添加的按钮，效果如图 1-31 所示。

图 1-31

Step05 弹出【重命名】对话框，① 在【显示名称】文本框中输入组的名称【基本格式】，② 单击【确定】按钮，如图 1-29 所示。

图 1-29

Step06 返回【Word 选项】对话框，① 在【从下列位置选择命令】下拉列表中选择命令的来源位置，如【常用命令】选项，② 在左侧列表框中选择需要添加的命令，通过单击【添加】按钮，将所选命令添加到了右侧列表框，③ 完成添加后单击【确定】按钮，如图 1-30 所示。

图 1-30

如果要删除所有新建的选项卡，可打开【Word 选项】对话框，切换到【自定义功能区】选项卡，然后单击【重置】按钮，在弹出的下拉菜单中选择【重置所有自定义项】命令即可。

1.4.6 实战：设置文档的自动保存时间间隔

实例门类	软件功能
教学视频	光盘\视频\第 1 章\1.4.6.mp4

Word 提供了自动保存功能，每隔一段时间会自动保存一次文档，从而最大限度地避免了因为停电、死机等意外情况导致当前编辑的内容丢失。

默认情况下，Word 会每隔 10 分钟自动保存一次文档，根据操作需要，用户可以改变这个时间间隔，具体操作方法为：打开【Word 选项】对话框，① 切换到【保存】选项卡，② 在【保存文档】栏中，【保存自动恢复信息时间间隔】复选框默认为选中状态，此时只需在右侧的微调框中

设置自动保存的时间间隔，③ 完成设置后单击【确定】按钮即可，如图 1-32 所示。

图 1-32

自动保存的时间间隔设置为 5~10 分钟为宜，若设置得过长，容易因为意外情况不能及时保存文档内容；若设置得过短，频繁的保存会影响文档的编辑，从而降低计算机的运行速度。

1.4.7 实战：设置最近使用的文档的数目

实例门类	软件功能
教学视频	光盘\视频\第 1 章\1.4.7.mp4

使用 Word 2013 时，无论是在启动过程中，还是在【文件】菜单的【打开】界面中，都显示有最近使用的文档，通过单击文档选项，可快速打开这些文档。

默认情况下，Word 只能记录最近打开过的 25 个文档，用户可以通过设置来改变 Word 记录的文档数量，具体操作方法为：打开【Word 选项】对话框，① 切换到【高级】选项卡，② 在【显示】栏中，通过【显示此数目的"最近使用的文档"】微调框设置文档显示数目，③ 完成设置后单击【确定】按钮即可，如图 1-33 所示。

图 1-33

1.4.8 显示或隐藏编辑标记

默认情况下，Word 文档中只显示段落标记，但在排版过程中，建议用户将编辑标记显示出来，这样能够清晰地查看文档中的格式符号，如文档中是否有多余的空格，是否有多余的制表符，文档中是否有分页符及分节符等。

显示编辑标记的操作方法为：在【开始】选项卡的【段落】组中，单击【显示/隐藏编辑标记】按钮后，该按钮呈选中状态显示，如图 1-34 所示。若要取消显示编辑标记，则再次单击【显示/隐藏编辑标记】按钮，取消其选中状态即可。

图 1-34

技能拓展——显示指定的标记

单击【显示/隐藏编辑标记】按钮，是将所有编辑标记显示在了文档中，如果只需要显示指定的编辑标记，可打开【Word选项】对话框，切换到【显示】选项卡，在【始终在屏幕上显示这些格式标记】栏中进行设置即可。

★ 新功能 1.4.9 实战：在状态栏显示【插入/改写】状态

实例门类	软件功能
教学视频	光盘\视频\第 1 章\1.4.9.mp4

在 Word 2010 及以往的 Word 版本中，状态栏中显示有【插入/改写】状态，而 Word 2013 的状态栏中没有显示【插入/改写】状态，根据操作习惯，用户可以将其显示出来，具体操作步骤如下。

Step01 ❶ 右击状态栏的空白处，❷ 在弹出的快捷菜单中选择【改写 插入】命令，如图 1-35 所示。

图 1-35

Step02 返回 Word 窗口，此时状态栏中显示了【插入/改写】状态，如图 1-36 所示。

图 1-36

技术看板

参照上述操作步骤，还可以将其他状态（如权限、修订等）显示在状态栏中。在快捷菜单中，其名称左侧带有选中标记的命令，表示已经被添加到状态栏中，如果不再需要某个状态显示在状态栏时，只需取消选中即可。

1.5 熟悉 Word 的文档视图

文档视图是指文档在屏幕中的显示方式，且不同的视图模式下配备的操作工具也有所不同。在排版过程中，可能会根据排版需求不同而切换到不同的视图中，从而能更好地完成排版任务。Word 2013 提供了多种视图处理方式，用户可以根据编排情况选择对应的文档视图。

1.5.1 Word 提供的视图模式

Word 2013 提供了页面视图、阅读视图、Web 版式视图、大纲视图和草稿视图 5 种视图模式，其中页面视图和大纲视图尤为常用。这些视图都有各自的作用和优点，下面将对它们的特点进行简单的介绍。

1. 页面视图

页面视图是 Word 文档的默认视图，也是使用得最多的视图方式。在页面视图中，用户可以看到文档的整个页面的分布情况，同时，它完美呈现了文档打印输出在纸张上的真实效果，可以说是"所见即所得"，如图 1-37 所示。

图 1-37

在页面视图中，用户可以非常方便地查看、调整排版格式，如进行页眉页脚设计、页面设计，以及处理图片、文本框等操作。所以说，页面视图是可以集浏览、编辑、排版于一体的视图模式，也是最方便的视图模式。

技能拓展——隐藏上下页间的空白部分

在 Word 文档中，页与页之间有部分空白，方便了在编辑文档时区分上下页。如果希望扩大文档内容的显示范围，可以将页与页之间的空白部分隐藏起来，以便阅读。具体操作方法为：在任意一个上下页之间，将鼠标指针指向上下页面之间的空白处，当鼠标指针变为 形状时，双击即可隐藏上下页面间的空白部分，并以一条横线作为分割线来区分上下页。

此外，双击分割线，可将隐藏的空白区域显示出来。

2. 阅读视图

如果只是查看文档内容，则可以使用阅读视图，该视图模式最大的优点是利用最大的空间来阅读或批注文档。在阅读视图模式下，Word 隐藏了功能区，直接以全屏方式显示文档内容，效果如图 1-38 所示。

图 1-38

在阅读视图模式下查看文档时，不能对文档内容进行编辑操作，从而可以防止因为操作失误而改变文档内容。当需要翻页时，可通过单击页面左侧的箭头按钮 向上翻页，单击页面右侧的箭头按钮 向下翻页。在阅读视图模式下，可以通过阅读工具栏中的【工具】按钮选择需要的阅读定位工具，以及通过【视图】按钮设置视图的相关选项，如显示导航窗格、显示批注、调整页面颜色及页面布局等。

3. Web 版式视图

Web 版式视图是以网页的形式显示文档内容在 Web 浏览器中的外观。通常情况下，如果要编排用于互联网中展示的网页文档或邮件，便可以使用 Web 版式视图。当选择 Web 版式视图时，编辑窗口将显示得更大，并自动换行以适应窗口大小，如图 1-39 所示。

图 1-39

在 Web 版式视图下，不显示页眉、页码等信息，而显示为一个带分页符的长页。如果文档中含有超链接，超链接会显示为带下画线的文本。

4. 大纲视图

大纲视图是显示文档结构和大纲工具的视图，它将文档中的所有标题分级显示出来，层次分明，非常适合层次较多的文档。文档切换到大纲视图后的效果如图 1-40 所示。

图 1-40

技术看板

在大纲视图模式下，用户可以非常方便地对文档标题进行升级、降级处理，以及移动和重组长文档，相关操作方法将在第 12 章中进行讲解。

5. 草稿视图

顾名思义，草稿视图就是以草稿形式来显示文档内容，便于快速编辑文本。在草稿视图下，不会显示图片、页眉、页脚、分栏等元素，如图1-41所示。

图 1-41

技术看板

在草稿视图模式下，图片、自选图形及艺术字等对象将以空白区域显示。此外，在该视图模式下，上下页面的空白处会以虚线的形式显示。

1.5.2 实战：切换视图模式

实例门类	软件功能
教学视频	光盘\视频\第1章\1.5.2.mp4

默认情况下，Word的视图模式为页面视图，根据操作需要，用户可以通过【视图】选项卡或状态栏中的视图按钮来切换文档视图。

例如，在页面视图中切换到阅读视图模式，再切换到Web版式视图模式，具体操作步骤如下。

Step01 打开"光盘\素材文件\第1章\投标书.docx"的文件，❶切换到【视图】选项卡，❷在【视图】组中单击【阅读视图】按钮，如图1-42所示。

Step02 文档即可切换到阅读视图模式，要从该模式切换到Web版式视图，在状态栏中单击【Web版式视图】按钮，如图1-43所示。

图 1-42

图 1-43

Step03 文档即可由阅读视图模式切换到Web版式视图，如图1-44所示。

图 1-44

技能拓展——切换视图模式的其他方法

默认情况下，状态栏中只提供了页面视图、阅读视图和Web版式视图3种视图模式，如果需要切换到其他视图模式，需要通过【视图】选项卡实现。除了阅读视图模式外，在页面

视图、Web版式视图、大纲视图和草稿视图中，均可通过【视图】选项卡来切换到需要的视图模式。

1.5.3 实战：设置文档显示比例

实例门类	软件功能
教学视频	光盘\视频\第1章\1.5.3.mp4

文档内容默认的显示比例为100%，有时为了浏览整个页面的版式布局，或者是更清楚地查看某一部分内容的细节，便需要设置合适的显示比例。设置文档显示比例的操作步骤如下。

Step01 在"投标书.docx"文档中，❶切换到【视图】选项卡，❷单击【显示比例】组中的【显示比例】按钮，如图1-45所示。

图 1-45

Step02 弹出【显示比例】对话框，可以在【显示比例】栏中选择提供的比例，也可以通过【百分比】微调框自定义设置需要的显示比例，❶本操作中通过微调框将显示比例设置为【65%】，❷单击【确定】按钮，如图1-46所示。

Step03 返回文档，即可以65%的显示比例显示文档内容，如图1-47所示。

技能拓展——通过状态栏调整显示文档显示比例

除了上述讲解的方法之外，用户还可以通过状态栏来调整文档内容的

显示比例。在状态栏中，通过单击【放大】按钮➕，将以10%的大小增大显示比例；通过单击【缩小】按钮➖，将以10%的大小减小显示比例；通过拖动【缩放】滑块❚，可任意调整显示比例。此外，【放大】按钮➕右侧的数字表示文档内容当前的显示比例，且该数字是一个可以单击的按钮，对其单击，可以弹出【显示比例】对话框。

图 1-46

图 1-47

1.6 Word 排版的辅助工具

为了帮助用户编辑和排版文档，Word 还提供了许多排版辅助工具，如标尺、网格线和导航窗格等，接下来就介绍这些辅助工具的使用方法。

1.6.1 标尺

在排版过程中，标尺是不可忽视的排版辅助工具之一，通过它，用户可以设置或查看段落缩进、制表位、页边距、表格大小和分栏栏宽等信息。

默认情况下，Word 窗口界面中并未显示标尺工具，若要将其显示出来，可切换到【视图】选项卡，在【显示】组中选中【标尺】复选框，即可在功能区的下方显示水平标尺，在文档窗口左侧显示垂直标尺，如图1-48 所示。

图 1-48

标尺虽然分水平标尺和垂直标尺，但使用频率最高的却是水平标尺。

在水平标尺中，其左右两端的明暗分界线（分别是【左边距】【右边距】）可用来调节页边距，标尺上的几个滑块可以用来调整段落缩进。水平标尺的结构示意图如图 1-49 所示，❶ 为左边距，❷ 为右边距，❸ 为首行缩进，❹ 为悬挂缩进，❺ 为左缩进，❻ 为右缩进。

图 1-49

水平标尺中的几个元素的使用方法简单介绍如下。

➡ 将鼠标指针指向【左边距】，当鼠标指针变为双向箭头⟺时，左右拖动标尺，可改变左侧页边距的大小。

➡ 将鼠标指针指向【右边距】，当鼠标指针变为双向箭头⟺时，左右拖动标尺，可改变右侧页边距的大小。

➡ 选中段落，拖动【首行缩进】滑块▽，可调整所选段落的首行缩进。

➡ 选中段落，拖动【悬挂缩进】滑块△，可调整所选段落的悬挂缩进。

➡ 选中段落，拖动【左缩进】滑块▢，可调整所选段落的左缩进。

➡ 选中段落，拖动【右缩进】滑块△，可调整所选段落的右缩进。

技能拓展——妙用标尺栏中的分界线

若要通过标尺栏来调整表格大小、分栏栏宽等信息，就需要使用标尺上的分界线。例如，要调整表格大小，将光标定位在表格中，标尺上面就会显示分界线，拖动分界线，便可对当前表格的大小进行调整，在拖动的同时，若同时按住【Alt】键还可实现微调。

1.6.2 网格线

使用 Word 提供的网格线工具，可以方便地将文档中的对象沿网格线对齐，如移动对齐图形、文本框或艺术字等。默认情况下，网格线并未显示出来，需要切换到【视图】选项卡，在【显示】组中选中【网格线】复选框，文档中即可显示出网格线，如图 1-50 所示。

图 1-50

★ 新功能 1.6.3　导航窗格

　　【导航】窗格是一个独立的窗格，主要用于显示文档标题，使文档结构一目了然。在【导航】窗格中，还可以按标题或页面的显示方式，通过搜索文本、图形或公式等对象来进行导航。

　　在 Word 窗口中，切换到【视图】选项卡，在【显示】组中选中【导航窗格】复选框，即可在窗口左侧显示【导航】窗格，如图 1-51 所示。

图 1-51

　　在【导航】窗格中，有【标题】【页面】【结果】3 个标签，单击某个标签可切换到对应的显示界面。

➡　【标题】界面为默认界面，在该界面中清楚地显示了文档的标题结构，单击某个标题可快速定位到该标题。单击某标题左侧的 按钮，可折叠该标题，隐藏其标题下所有的从属标题。折叠某标题内容后，按钮会变成 ，单击 按钮，可展开标题内容，将该标题下的从属标题显示出来。

➡　在【页面】界面中，显示的是分页缩略图，单击某个缩略图，可快速定位到相关页面，大大提高了查阅速度。

➡　【结果】页面，通常用于显示搜索结果，单击某个结果，可快速定位到需要搜索的位置。

妙招技法

　　通过前面知识的学习，相信读者已经了解 Word 2013 的相关基础知识，以及掌握了 Word 2013 的视图操作。下面结合本章内容，给大家介绍一些实用技巧。

技巧 01：关闭实时预览

教学视频	光盘＼视频＼第 1 章＼技巧 01.mp4

　　从 Word 2007 版本开始，Word 提供了实时预览功能，通过该功能，用户可以在设置某种格式前对其进行预览。无论是对文字、段落、图片还是表格等对象设置格式，只要在功能区中指向需要设置的格式，文档中的对象就会显示为所指格式，从而非常直观地预览到设置后的效果。

　　根据个人习惯，可能有的用户不喜欢使用实时预览功能，那么可以通过设置关闭该功能，具体操作方法为：打开【Word 选项】对话框，❶ 在【常规】选项卡的【用户界面选项】栏中，取消选中【启用实时预览】复选框，❷ 单击【确定】按钮即可，如图 1-52 所示。

图 1-52

技巧 02：取消显示【浮动工具栏】

教学视频	光盘＼视频＼第 1 章＼技巧 02.mp4

　　默认情况下，在文档中选择文本后将会自动显示浮动工具栏，通过该工具栏可以快速对选择的文本对象设置格式。

　　如果不需要显示浮动工具栏，可以通过设置将其隐藏，具体操作方法为：打开【Word 选项】对话框，❶ 在【常规】选项卡的【用户界面选项】栏中，取消选中【选择时显示浮动工具栏】复选框，❷ 单击【确定】按钮即可，如图 1-53 所示。

图 1-53

技巧 03：将常用文档固定在最近使用的文档列表中

教学视频	光盘\视频\第1章\技巧03.mp4

Word 2013 提供了最近使用文档列表，以便于快速打开最近使用的文档。但当打开过许多文档后，最近使用列表中可能就没有需要的文档了，因此，用户可以把需要频繁操作的文档固定在列表中，以方便使用。将常用文档固定在最近使用的文档列表中的具体操作步骤如下。

Step01 先打开要经常使用的文档，打开【文件】菜单，❶在左侧窗格单击【打开】命令，在右侧窗格的【最近使用的文档】列表中，❷将鼠标指针指向刚才打开的文档时，右侧会出现图标，单击该图标，如图 1-54 所示。

图 1-54

Step02 单击图标后，即可将刚才打开的文档固定到最近使用文档列表中，此时图标会变成，如图 1-55 所示。单击图标，可取消对应文档的固定。

图 1-55

技巧 04：防止网络路径自动替换为超链接

教学视频	光盘\视频\第1章\技巧04.mp4

在编辑文档时，输入的网址均会自动变成超链接形式。如果不希望这些网址自动转换为超链接，可通过【Word 选项】对话框进行设置，操作步骤如下。

Step01 打开【Word 选项】对话框，❶切换到【校对】选项卡，❷在【自动更正选项】栏中单击【自动更正选项】按钮，如图 1-56 所示。

图 1-56

Step02 弹出【自动更正】对话框，❶切换到【自动套用格式】选项卡，❷在【替换】栏中取消选中【Internet 及网络路径替换为超链接】复选框，如图 1-57 所示。

图 1-57

Step03 ❶切换到【键入时自动套用格式】选项卡，❷在【键入时自动替换】栏中取消选中【Internet 及网络路径替换为超链接】复选框，❸单击【确定】按钮，如图 1-58 所示。

图 1-58

Step04 返回【Word 选项】对话框，单击【确定】按钮保存设置即可。

技巧 05：让其他计算机使用相同的功能区和快速访问工具栏

教学视频	光盘\视频\第1章\技巧05.mp4

为了提高工作效率，用户往往会将常用的一些命令添加到快速访问工具栏或功能区中，但当在其他计算机上工作时，就得再次添加相关命令。为了不再这么麻烦，可以将自定义设置的配置文件导出，然后在其他计算机中导入，以便获得相同的界面环境。

导出／导入自定义设置文件的操作步骤如下。

Step01 打开【Word 选项】对话框，❶切换到【自定义功能区】选项卡，❷单击【导入／导出】按钮，❸在弹出的下拉菜单中选择【导出所有自定义设置】命令，如图 1-59 所示。

图 1-59

Step02 ❶ 在弹出的【保存文件】对话框中设置保存路径和文件名，❷ 单击【保存】按钮，如图 1-60 所示。

图 1-60

Step03 将导出的自定义文件复制到其他计算机。

Step04 打开【Word 选项】对话框，❶ 切换到【自定义功能区】选项卡，❷ 单击【导入 / 导出】按钮，❸ 在弹出的下拉菜单中选择【导入自定义文件】命令，如图 1-61 所示。

图 1-61

Step05 ❶ 在弹出的【打开】对话框中选择自定义配置文件，❷ 单击【打开】按钮，如图 1-62 所示。

Step06 弹出提示框询问是否替换此程序的全部现有的功能区和快速访问工具自定义设置，单击【是】按钮即可，

如图 1-63 所示。

图 1-62

图 1-63

本章小结

　　本章主要讲解了 Word 2013 的一些入门知识及视图操作，主要包括 Word 的用途、Word 文档排版原则、Word 排版中的常见问题、优化设置排版环境、熟悉 Word 的文档视图、Word 排版的辅助工具等内容。通过本章内容的学习，希望读者能对 Word 2013 有更进一步的了解，以便为后面的知识学习打下基础。

第2章 文档内容的录入与编辑

→ 怎样将 Word 文档转换成 PDF 文档？

→ 另类打开文档，你知道吗？

→ 计算机死机了，Word 文档没及时保存怎么办？

→ 还在用汉字输入法输入大量的大写中文数字？

→ 你知道 Word 文档中还可以输入特殊符号、繁字体、偏旁部首吗？

→ 还在为输入复杂公式发愁吗？

→ 还在逐字逐句敲键盘，想提高录入效率吗？

→ 编辑操作失误，怎么办？

→ 不会打印文档，怎么办？

通过本章内容的学习，读者将学会使用各种方法打开文档，并将文档打印成纸质文件，同时还会发现以前让人头疼的录入编辑问题原来可以如此方便快捷，瞬间提高工作效率。

2.1 Word 文档的基本操作

Word 作为专业的文字处理软件，其操作对象被称为文档。在使用 Word 进行工作之前，需要先掌握 Word 文档的一些基本操作，如创建空白文档、使用联机模板创建文档、保存文档等，接下来将分别进行具体的讲解。

★ 新功能 2.1.1 实战：创建空白文档

实例门类	软件功能
教学视频	光盘\视频\第2章\2.1.1.mp4

创建空白文档是最频繁的一项操作，因为很多时候，用户会新建一篇空白文档来开始制作文档。在 Word 2010 及之前的版本中，启动 Word 程序便会直接创建空白文档，而从 Word 2013 版本开始，启动 Word 程序后，需要在启动界面中选择启动类型来创建空白文档。在 Word 2013 中启动程序创建空白文档的操作步骤如下。

Step 01 启动 Word 2013，进入到 Word 程序的开始屏幕，选择【空白文档】选项（或按下【Esc】键），如图 2-1 所示。

图 2-1

Step 02 经过以上操作，即可创建空白文档，如图 2-2 所示。

图 2-2

在 Word 环境下，用户可以通过以下两种方式创建空白文档。

→ 按下【Ctrl+N】组合键。

→ 打开【文件】菜单，在左侧窗格单击【新建】命令，然后在右侧窗格中选择【空白文档】选项。

每次启动 Word 2013 程序时，都会出现开始屏幕，对于用惯了旧版本的 Word 用户来说可能不太适应，根据操作习惯，用户可以取消启动时显示开始屏幕，具体操作方法为：打开【Word 选项】对话框，在【常规】选项卡的【启动选项】栏中，取消【此应用程序启动时显示开始屏幕】复选框，然后单击【确定】按钮即可。

★ 重点 ★ 新功能 2.1.2 实战：使用模板创建文档

实例门类	软件功能
教学视频	光盘\视频\第 2 章\2.1.2.mp4

除了根据空白文档外，还可以根据系统自带的模板创建新文档，这些模板中既包含已下载到计算机上的模板，也包含未下载的 Word 模板。

根据模板创建新文档时，可以在启动 Word 过程中出现的开始屏幕中选择模板，也可以在 Word 窗口的【文件】菜单中的【新建】界面中选择模板。例如，要在启动 Word 后出现的开始屏幕中选择模板进行新文档的创建，具体操作步骤如下。

Step01 启动 Word 2013，进入 Word 程序的开始屏幕，在右侧选择需要的模板，如【年度报告（带封面）】，如图 2-3 所示。

图 2-3

Step02 选择好模板后，在弹出的窗口中可以预览该模板的效果，若确定要使用该模板，则单击【创建】按钮，如图 2-4 所示。

图 2-4

Step03 因为选择的是未下载过的模板，所以经过上步操作后，Word 便开始下载模板，待模板下载完成后，将基于该模板自动新建一个文档，如图 2-5 所示。

图 2-5

在开始屏幕中选择模板时，用户还可以通过在搜索框中输入模板类型关键字，或者直接单击【建议的搜索】提供的关键字，来搜索更多符合自己需求的模板。

★ 新功能 2.1.3 实战：保存文档

实例门类	软件功能
教学视频	光盘\视频\第 2 章\2.1.3.mp4

在编辑文档的过程中，保存文档是非常重要的一个操作，尤其是对新建文档，只有执行保存操作后才能存储到计算机硬盘或云端固定位置中，从而方便以后进行阅读和再次编辑。如果不保存，编辑的文档内容就会丢失。在保存新建文档时，需要选择保存的文件类型和保存位置，具体操作步骤如下。

Step01 在要保存的新建文档中，按下【Ctrl+S】组合键，或者单击快速访问工具栏中的【保存】按钮，如图 2-6 所示。

图 2-6

Step02 进入【文件】菜单的【另存为】界面，在中间栏中双击【计算机】选项，如图 2-7 所示。

图 2-7

在 Word 2010 中保存新建文档时，按下【Ctrl+S】组合键，或者单击快速访问工具栏中的【保存】按钮，不会进入【文件】菜单界面，而是直接弹出【另存为】对话框。

Step03 弹出【另存为】对话框，❶ 设置文档的存放位置，❷ 输入文件名称，

❸选择文件保存类型，❹单击【保存】按钮，即可保存当前文档，如图2-8所示。

图 2-8

⚙ **技能拓展——原有文档的保存**

对原有文档进行编辑后，直接按下【Ctrl+S】组合键，或者单击快速访问工具栏中的【保存】按钮💾进行保存即可。

如果需要将文档以新文件名保存或保存到新的路径，可按下【F12】键，或在【文件】菜单中选择【另存为】命令，在弹出的【另存为】对话框中重新设置文档的保存名称、保存位置或保存类型等参数，然后单击【保存】按钮即可。

★ **新功能 2.1.4 实战：将投标书保存为低版本的兼容模式**

实例门类	软件功能
教学视频	光盘\视频\第2章\2.1.4.mp4

Word 2013 可打开 Word 2010 及 Word 2010 以下版本的 Word 文档，如果需要将制作的 Word 文档在其他计算机中打开，为了避免其他计算机没有安装 Word 2013 不能打开文档的情况，可以将文档保存为 Word 97-2003 兼容模式，具体操作步骤如下。

Step01 打开"光盘\素材文件\第2章\投标书.docx"的文件，打开【文件】

菜单，❶在左侧窗格选择【另存为】命令，❷在中间窗格双击【计算机】选项，如图2-9所示。

图 2-9

Step02 弹出【另存为】对话框，❶设置保存路径，❷在【保存类型】下拉列表中选择【Word 97-2003 文档（*.doc）】选项，❸单击【保存】按钮，如图2-10所示。

图 2-10

Step03 如果文档内容含有图形图像对象，则保存为兼容模式时会弹出如图2-11所示的对话框，提示用户会让某些功能丢失或降级，直接单击【继续】按钮即可。

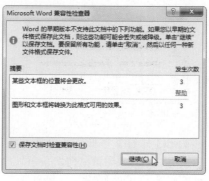

图 2-11

★ **重点 ★ 新功能 2.1.5 实战：将 Word 文档转换为 PDF 文件**

实例门类	软件功能
教学视频	光盘\视频\第2章\2.1.5.mp4

完成文档的编辑后，还可将其转换成 PDF 格式的文档。保存 PDF 文件后，不仅方便查看，还能防止其他用户随意修改内容。

将 Word 文档转换为 PDF 文件的方法最常见的有两种，一种是通过另存文档的方法打开【另存为】对话框，在【保存类型】下拉列表中选择【PDF（*.pdf）】选项，然后设置存放位置、保存名称等参数；另一种是通过导出功能进行转换。

例如，要通过导出功能将 Word 文档转换为 PDF 文件，具体操作步骤如下。

Step01 打开"光盘\素材文件\第2章\投标书.docx"的文件，❶在【文件】菜单中选择【导出】命令，❷在中间窗格双击【创建 PDF/XPS 文档】命令，如图2-12所示。

图 2-12

Step02 弹出【发布为 PDF 或 XPS】对话框，❶设置文件的保存路径，❷单击【发布】按钮，即可将当前 Word 文档转换为 PDF 文件，如图2-13所示。

图 2-13

★ 新功能 2.1.6 实战：打开与关闭文档

实例门类	软件功能
教学视频	光盘\视频\第 2 章\2.1.6.mp4

若要对计算机中已有的文档进行编辑，首先需要先将其打开。一般来说，先进入该文档的存放路径，再双击文档图标即可将其打开。此外，还可以通过【打开】命令打开文档，具体操作步骤如下。

Step 01 在 Word 窗口中打开【文件】菜单，❶ 在左侧窗格中选择【打开】命令，❷ 在中间窗格双击【计算机】选项，如图 2-14 所示。

图 2-14

Step 02 弹出【打开】对话框，❶ 进入文档存放的位置，❷ 在列表框中选择需要打开的文档，❸ 单击【打开】按钮即可，如图 2-15 所示。

图 2-15

技能拓展——一次性打开多个文档

在【打开】对话框中，按住【Shift】或【Ctrl】键的同时选择多个文件，然后单击【打开】按钮，可同时打开选择的多个文档。

对文档进行了各种编辑操作并保存后，如果确认不再对文档进行任何操作，可将其关闭，以减少所占用的系统内存。关闭文档的方法有以下几种。

➥ 在要关闭的文档中，单击右上角的【关闭】按钮 ✕。

➥ 在要关闭的文档中，打开【文件】菜单，然后选择左侧窗格的【关闭】命令。

➥ 在要关闭的文档中，按下【Alt+F4】组合键。

关闭 Word 文档时，若没有对各种编辑操作进行保存，则执行关闭操作后，系统会弹出如图 2-16 所示的提示框询问用户是否对文档所做的修改进行保存，此时可进行如下操作。

图 2-16

➥ 单击【保存】按钮，可保存当前文档，同时关闭该文档。

➥ 单击【不保存】按钮，将直接关

闭文档，且不会对当前文档进行保存，即文档中所做的更改都会被放弃。

➥ 单击【取消】按钮，将关闭该提示框并返回文档，此时用户可根据实际需要进行相应的编辑。

★ 重点 2.1.7 实战：以只读方式打开文档

实例门类	软件功能
教学视频	光盘\视频\第 2 章\2.1.7.mp4

在要查阅某个文档时，为了防止无意间对文档进行修改，可以以只读方式将其打开。以只读方式打开文档后，虽然还能对文档内容进行编辑，但是执行保存操作时，会弹出【另存为】对话框来另存修改后的文档。以只读方式打开文档的具体操作步骤如下。

Step 01 在 Word 窗口中打开【打开】对话框，❶ 选择需要以只读方式打开的文档，❷ 单击【打开】按钮右侧的下拉按钮 ▼，❸ 在弹出的下拉菜单中选择【以只读方式打开】命令，如图 2-17 所示。

图 2-17

Step 02 即可以只读方式打开该文档，且标题栏中会显示【只读】字样，同时默认显示为阅读视图模式，如图 2-18 所示。若需要对文档进行编辑操作，需要切换到页面视图模式。

图 2-18

★ 重点 2.1.8 实战：以副本方式打开文档

实例门类	软件功能
教学视频	光盘\视频\第 2 章\2.1.8.mp4

为了避免因误操作而造成重要文档数据丢失，用户可以以副本的方式打开文档。通过副本方式打开文档后，系统会自动生成一个一模一样的副本文件，且这个副本文件和原文档存放在同一位置，对该副本文件进行编辑后，可直接进行保存操作。以副本方式打开文档的具体操作步骤如下。

Step01 在 Word 窗口中打开【打开】对话框，❶ 选择需要以副本方式打开的文档，❷ 单击【打开】按钮右侧的下拉按钮▼，❸ 在弹出的下拉菜单中选择【以副本方式打开】命令，如图 2-19 所示。

图 2-19

Step02 通过上述操作后，将以副本方式打开所选文档，且标题栏中会显示【副本（1）】字样，如图 2-20 所示。

图 2-20

Step03 与此同时，在原文档所在的目录下，自动生成了一个副本文件，如图 2-21 所示。

图 2-21

2.1.9 实战：在受保护视图中打开文档

实例门类	软件功能
教学视频	光盘\视频\第 2 章\2.1.9.mp4

为了保护计算机安全，对于存在安全隐患的文档，可以在受保护的视图中打开。在受保护视图模式下打开文档后，大多数编辑功能都将被禁用，此时用户可以检查文档中的内容，以便降低可能发生的任何危险。在受保护视图中打开文档的具体操作步骤如下。

Step01 在 Word 窗口中打开【打开】对话框，❶ 选择需要打开的文档，❷ 单击【打开】按钮右侧的下拉按钮▼，

❸ 在弹出的下拉菜单中选择【在受保护的视图中打开】命令，如图 2-22 所示。

图 2-22

Step02 所选文档即可在受保护视图模式下打开，并以阅读视图模式进行显示，同时标题栏下方将显示警告信息，提示文件已在受保护的视图中打开，效果如图 2-23 所示。如果用户信任该文档并需要编辑，可单击【启用编辑】按钮获取编辑权限。

图 2-23

技术看板

默认情况下，在直接打开来自 Internet 源的文档时，系统会自动在受保护的视图中打开。

★ 重点 2.1.10 实战：恢复自动保存的文档

实例门类	软件功能
教学视频	光盘\视频\第 2 章\2.1.10.mp4

在前面讲解设置 Word 操作环境时，提到过 Word 有自动保存功能，即每隔一段时间会自动保存一次文档。但是，自动保存功能仅仅是将编辑的文档内容保存在草稿文件中，并未真正将内容保存到当前文档内，所以一旦在未手动保存文档的情况下而发生断电或死机等意外情况时，用户就需要恢复最近一次保存的草稿文件，以降低损失。

恢复自动保存文件的具体操作步骤如下。

Step01 例如，用户对"素材文件\第2章\投标书.docx"文档进行了编辑，编辑后的效果如图 2-24 所示。

Step02 此时，因为意外情况 Word 文档自动关闭。再次启动 Word 程序，其窗口左侧的【文档恢复】窗格中将显示最近一次保存的文档选项，将鼠标指针指向时，会提示文档的属性版本以便用户选择，单击需要的草稿文

档选项，如图 2-25 所示。

图 2-24

图 2-25

Step03 Word 窗口中将显示最近自动保存的一次编辑，如图 2-26 所示，然后对当前内容进行保存即可。

图 2-26

2.2 · 输入文档内容

要使用 Word 编辑文档，就需要先输入各种文档内容，如输入普通的文本内容、输入特殊符号、输入大写中文数字等。掌握 Word 文档内容的输入方法，是编辑各种格式文档的前提。

2.2.1 定位鼠标光标

启动 Word 后，在编辑区中不停闪动的"|"为鼠标光标，鼠标光标所在位置便是输入文本的位置。在文档中输入文本前，需要先定位好鼠标光标，其方法有以下几种。

1. 通过鼠标定位

➡ 在空白文档中定位鼠标光标：在空白文档中，鼠标光标就在文档的开始处，此时可直接输入文本。

➡ 在已有文本的文档中定位鼠标光标：若文档已有部分文本，当需要在某一具体位置输入文本时，可将鼠标指针指向该处，当鼠标

指针呈"I"形状时，单击即可。

2. 通过键盘定位

➡ 按下方向键（↑、↓、→或←），鼠标光标将向相应的方向进行移动。

➡ 按下【End】键，鼠标光标向右移动至当前行行末；按下【Home】键，鼠标光标向左移动至当前行行首。

➡ 按下【Ctrl+Home】组合键，鼠标光标可移至文档开头；按下【Ctrl+End】组合键，鼠标光标可移至文档末尾。

➡ 按下【Page Up】键，鼠标光标向上移动一页；按下【Page Down】

键，鼠标光标向下移动一页。

2.2.2 实战：输入放假通知文本内容

实例门类	软件功能
教学视频	光盘\视频\第2章\2.2.2.mp4

在 Word 文档中定位好鼠标光标，就可以输入文本内容了，具体操作步骤如下。

Step01 新建一个名为"放假通知"的文档，切换到合适的汉字输入法，输入需要的内容，如图 2-27 所示。

图 2-27

Step 02 ❶ 完成输入后按【Enter】键换行，输入第 2 段的内容，❷ 用同样的方法，继续输入其他文档内容，完成后的效果如图 2-28 所示。

图 2-28

★ 重点 2.2.3 实战：通过即点即输在放假通知的任意位置输入文本

实例门类	软件功能
教学视频	光盘\视频\第 2 章\2.2.3.mp4

用户在编辑文档时，有时需要在某个空白区域输入内容，最常见的做法是通过按【Enter】键或【Space】键的方法将鼠标光标定位到指定位置，再输入内容。这种操作方法是有一定局限性的，特别是当排版出现变化时，需要反复修改文档，非常烦琐且不方便。

为了能够准确又快捷地定位鼠标光标，实现在文档空白区域的指定位置输入内容，可以使用 Word 提供的"即点即输"功能，具体操作步骤如下。

Step 01 在"放假通知.docx"文档中，将鼠标指针指向要输入文本的任意空白位置并双击，如图 2-29 所示。

图 2-29

技术看板

在多栏方式、大纲视图及项目符号和编号的后面，无法使用"即点即输"功能。

Step 02 鼠标光标将定位在双击的位置，直接输入文本内容即可，如图 2-30 所示。

图 2-30

技能拓展——启用"即点即输"功能

在编辑文档时，有的用户无法使用"即点即输"功能在任意空白位置输入文本时，那是因为 Word 没有启用"即点即输"功能，需要手动开启，具体操作方法为：打开【Word选项】对话框，切换到【高级】选项卡，在【编辑选项】栏中选中【启用"即点即输"】复选框，然后单击【确定】按钮即可。

★ 重点 2.2.4 实战：在放假通知中插入符号

实例门类	软件功能
教学视频	光盘\视频\第 2 章\2.2.4.mp4

在输入文档内容的过程中，除了输入普通的文本之外，还可以输入一些特殊文本，如"*""&""☝""☺"等符号。有些符号能够通过键盘直接输入，如"*""&"等，但有的符号却不能直接输入，如"☝""☺"等，这时可以通过插入符号的方法进行输入，具体操作步骤如下。

Step 01 在"放假通知.docx"文档中，❶ 将鼠标光标定位在需要插入符号的位置，❷ 切换到【插入】选项卡，❸ 在【符号】组中单击【符号】按钮，❹ 在弹出的下拉列表中选择【其他符号】选项，如图 2-31 所示。

图 2-31

Step 02 弹出【符号】对话框，❶ 在【字体】下拉列表中选择字体集，如【Wingdings】，❷ 在列表框中选择要插入的符号，如【☙】，❸ 单击【插入】按钮，❹ 此时对话框中原来的【取消】按钮变为【关闭】按钮，单击该按钮关闭对话框，如图 2-32 所示。

Step 03 返回文档，可看见鼠标光标所在位置插入了符号"☙"，如图 2-33 所示。

Step 04 用同样的方法，在文本"2017春节放假通知"之后插入符号"☙"，效果如图 2-34 所示。

图 2-32

图 2-33

图 2-34

技术看板

在【符号】对话框中,【符号】选项卡用于插入字体中所带有的特殊符号;【特殊字符】选项卡用于插入文档中常用的特殊符号,其中的符号与字体无关。

★ 重点 2.2.5 实战:在通知单文档中输入大写中文数字

实例门类	软件功能
教学视频	光盘 \ 视频 \ 第 2 章 \ 2.2.5.mp4

在制作与金额相关的文档时,经常需要输入大写的中文数字。除了使用汉字输入法输入外,还可以使用 Word 提供的插入编号功能快速输入,

具体操作步骤如下。

Step01 打开"光盘 \ 素材文件 \ 第 2 章 \ 付款通知单 .docx"的文件,❶将鼠标光标定位到需要输入大写中文数字的位置,❷切换到【插入】选项卡,❸单击【符号】组中的【编号】按钮,如图 2-35 所示。

图 2-35

Step02 弹出【编号】对话框,❶在【编号】文本框中输入阿拉伯数字形式的数字,如【237840】,❷在【编号类型】列表中选择需要的编号类型,本例中选择【壹,贰,参…】选项,❸单击【确定】按钮,如图 2-36 所示。

图 2-36

Step03 返回文档,即可在当前位置输入大写的中文数字,如图 2-37 所示。

图 2-37

★ 重点 2.2.6 实战:输入繁体字

实例门类	软件功能
教学视频	光盘 \ 视频 \ 第 2 章 \ 2.2.6.mp4

在编辑一些诗词类的文档时,一般需要输入繁体字。在编辑文档时,输入简体中文后,通过"中文简繁转换"功能就能将简体中文转换成繁体中文,从而实现繁体字的输入,具体操作步骤如下。

Step01 打开"光盘 \ 素材文件 \ 第 2 章 \ 少年游·草 .docx"的文件,文档中已经输入好了内容,❶选中需要转换为繁体字的内容,❷切换到【审阅】选项卡,❸在【中文简繁转换】组中选择【简转繁】选项,如图 2-38 所示。

图 2-38

Step02 所选内容即可转换为繁体字,效果如图 2-39 所示。

图 2-39

2.2.7 实战：在识字卡片中输入偏旁部首

实例门类	软件功能
教学视频	光盘\视频\第2章\2.2.7.mp4

使用Word制作幼儿识字卡片时，就经常需要输入汉字的偏旁部首。许多用户会习惯性地使用五笔输入法来输入偏旁部首，那么对于不会五笔输入法的用户来说，该怎么办呢？此时，用户可以通过 Word 的插入符号功能来输入，具体操作步骤如下。

Step01 打开"光盘\素材文件\第2章\幼儿识字卡片.docx"的文件，❶将鼠标光标定位到需要输入偏旁部首的位置，❷切换到【插入】选项卡，❸在【符号】组中单击【符号】按钮，❹在弹出的下拉列表中选择【其他符号】选项，如图2-40所示。

图 2-40

Step02 弹出【符号】对话框，❶在【字体】下拉列表中选择【（普通文本）】选项，❷在列表框中找到并选择需要插入的偏旁部首，如本例中选择【犭】，❸单击【插入】按钮，❹此时对话框中原来的【取消】按钮变为【关闭】按钮，单击该按钮关闭对话框，如图2-41所示。

Step03 返回文档，即可看到鼠标光标所在位置插入了偏旁部首"犭"，如图2-42所示。

图 2-41

图 2-42

2.2.8 实战：输入生僻字

实例门类	软件功能
教学视频	光盘\视频\第2章\2.2.8.mp4

对于使用拼音输入法的用户来说，在文档中输入一些不常见的汉字时，如"㸼""赜"等，由于不知道读音，便无法进行输入。此时，可以利用插入符号的功能进行输入，具体操作步骤如下。

Step01 新建一篇名为"输入生僻字"的空白文档，❶切换到【插入】选项卡，❷在【符号】组中单击【符号】按钮，❸在弹出的下拉列表中选择【其他符号】选项，如图2-43所示。

Step02 弹出【符号】对话框，❶在【字体】下拉列表中选择【（普通文本）】选项，❷在列表框中找到并选择需要输入的生僻字，❸单击【插入】按钮，❹此时对话框中原来的【取消】按钮变为【关闭】按钮，单击该按钮关闭对话框，如图2-44所示。

图 2-43

图 2-44

Step03 返回文档，即可在鼠标光标所在位置输入选择的生僻字。用同样的方法，插入其他需要输入的生僻字，效果如图2-45所示。

图 2-45

★ 重点 2.2.9 实战：从文件中导入文本

实例门类	软件功能
教学视频	光盘\视频\第2章\2.2.9.mp4

若要输入的内容已经存在于某个文档中，那么用户可以将该文档中的内容直接导入到当前文档，从而提高文档输入效率。将现有文件内容导入到当前文档的具体操作步骤如下。

Step01 打开"光盘\素材文件\第2章\名酒介绍.docx"的文档，① 将鼠标光标定位到需要输入内容的位置，② 切换到【插入】选项卡，③ 在【文本】组单击【对象】按钮右侧的下拉按钮 ，④ 在弹出的下拉列表中选择【文件中的文字】选项，如图 2-46 所示。

图 2-46

Step02 弹出【插入文件】对话框，① 选择包含要导入内容的文件，本例中选择"名酒介绍——郎酒.docx"文档，② 单击【插入】按钮，如图 2-47 所示。

图 2-47

Step03 返回文档，即可将"名酒介绍——郎酒.docx"文档中的内容导入到【名酒介绍.docx】文档中，效果如图 2-48 所示。

技术看板

除了 Word 文件外，用户还可以将文本文件、XML 文件、RTF 文件等不同类型文件中的文字导入到 Word文档中。

图 2-48

2.2.10 实战：输入公式

实例门类	软件功能
教学视频	光盘\视频\第 2 章\2.2.10.mp4

在编辑数学或物理试卷等类型的文档时，通常需要输入公式。通过 Word 2013 提供的公式功能，用户可以轻松输入各种公式。

1. 输入内置公式

Word 中内置了一些常用公式，用户直接选择需要的公式样式，即可快速在文档中插入相应的公式。插入公式后，还可以对其进行相应的修改，以变为自己需要的公式。插入内置公式的具体操作步骤如下。

Step01 新建一篇名为"输入公式"的空白文档，① 输入文本内容，并将鼠标光标定位到需要输入公式的位置，② 切换到【插入】选项卡，③ 在【符号】组中单击【公式】按钮，④ 在弹出的下拉列表中即可看到提供的内置公式，选择需要的公式，如图 2-49 所示。

图 2-49

Step02 即可在文档中插入所选公式，并默认以【整体居中】对齐方式进行显示，如图 2-50 所示。

图 2-50

Step03 如果要修改公式内容，则在公式编辑窗口中选中某个内容，按【Delete】键将其删除，再输入新的内容即可，完成后的效果如图 2-51 所示。

图 2-51

技能拓展——更改公式对齐方式

插入的公式默认以【整体居中】对齐方式进行显示，若要更改对齐方式，可单击公式编辑窗口右侧的下拉按钮 ，在弹出的下拉菜单中选择【两端对齐】命令，在弹出的子菜单中选择需要的对齐方式即可。

2. 输入自定义公式

如果内置公式中没有提供需要的公式样式，用户可以通过公式编辑器自行创建公式。例如，要输入两向量的夹角公式，具体操作步骤如下。

Step01 在"输入公式.docx"文档中，❶先输入文本内容，然后定位鼠标光标，❷切换到【插入】选项卡，❸单击【符号】组中的【公式】按钮，❹在弹出的下拉列表中选择【插入新公式】选项，如图2-52所示。

图 2-52

Step02 文档中会插入一个公式编辑窗口（即公式编辑器），且功能区中显示【公式工具/设计】选项卡，❶在【结构】组中选择需要的公式结构，本例中选择【函数】选项，❷在弹出的下拉列表中选择需要的函数样式，本例中选择【余弦函数】，如图2-53所示。

图 2-53

Step03 此时，公式编辑窗口中原来的占位符消失，由刚才插入的函数结构所代替，❶选择"cos"右侧的占位符，❷在【符号】组的列表框中选择需要的符号，这里选择【θ】，如图2-54所示。

图 2-54

Step04 ❶在"θ"后面手动输入"="，此时，鼠标光标自动定位在"="的后面，❷在【结构】组中选择需要的公式结构，本例中选择【分数】选项，❸在弹出的下拉列表中选择需要的分数样式，本例中选择【分数（竖式）】，如图2-55所示。

图 2-55

Step05 ❶选择分子中的占位符，❷在【结构】组中选择需要的公式结构，本例中选择【上下标】选项，❸在弹出的下拉列表中选择需要的上下标样式，本例中选择【下标】，如图2-56所示。

图 2-56

Step06 分子中将显示所选上下标样式的占位符，如图2-57所示。

图 2-57

Step07 分别在占位符中输入相应的内容，如图2-58所示。

图 2-58

Step08 参照上述操作方法，输入公式其他内容，完成后的效果如图2-59所示。

图 2-59

技术看板

输入公式时，一般需要先选择公式结构，插入公式结构后，选择占位符，输入相应的内容即可。

2.3 选择与编辑文本

在文档中输入好文本后，可能会根据需要对文本进行一些编辑操作，主要包括通过复制文本快速输入相同内容，移动文本的位置，删除多余的文本等，接下来将详细介绍文本的编辑操作。

2.3.1 选择文本

若要对文档中的文本进行复制、移动或设置格式等操作，就要先选择需要操作的文本对象。在进行选择操作时，不仅可以通过鼠标或键盘选择文本，还可以将两者结合使用。

1. 通过鼠标选择文本

通过鼠标选择文本时，根据选中文本内容的多少，可将选择文本分为以下几种情况。

➡ 选择任意文本：将鼠标光标定位到需要选择的文本起始处，然后按住鼠标左键不放并拖动，直至需要选择的文本结尾处释放鼠标即可选中文本，选中的文本将以灰色背景显示，如图 2-60 所示。

图 2-60

➡ 选择词组：双击要选择的词组，即可将其选中，如图 2-61 所示。

图 2-61

➡ 选择一行：将鼠标指针指向某行左边的空白处，即"选定栏"，当鼠标指针呈"⁄"形状时，单击即可选中该行全部文本，如图 2-62 所示。

图 2-62

➡ 选择多行：将鼠标指针指向左边的空白处，当鼠标指针呈"⁄"形状时，按住鼠标左键不放，并向下或向上拖动鼠标，到文本目标处释放鼠标，即可实现多行选择，如图 2-63 所示。

图 2-63

➡ 选择段落：将鼠标指针指向某段落左边的空白处，当鼠标指针呈"⁄"时，双击即可选中当前段落，如图 2-64 所示。

图 2-64

> **技能拓展——选择段落的其他方法**
>
> 选择段落时，将鼠标光标定位到某段落的任意位置，然后连续单击 3 次也可选中该段落。

➡ 选择整篇文档：将鼠标指针指向编辑区左边的空白处，当鼠标指针呈"⁄"时，连续单击 3 次即可选中整篇文档。

> **技能拓展——通过功能区选择整篇文档**
>
> 在【开始】选项卡的【编辑】组中单击【选择】按钮，在弹出的下拉列表中选择【全选】选项，也可以选中整篇文档。

2. 通过键盘选择文本

键盘是计算机的重要输入设备，用户可以通过相应的按键快速选择目标文本。在选择文本对象时，若熟知许多快捷键的作用，可以提高工作效率。下面就来介绍选择文本的一些常用快捷键。

➡ 【Shift+→】：选中鼠标光标所在位置右侧的一个或多个字符。

➡ 【Shift+←】：选中鼠标光标所在

位置左侧的一个或多个字符。

➡ 【Shift+↑】：选中鼠标光标所在位置至上一行对应位置处的文本。

➡ 【Shift+↓】：选中鼠标光标所在位置至下一行对应位置处的文本。

➡ 【Shift+Home】：选中鼠标光标所在位置至行首的文本。

➡ 【Shift+End】：选中鼠标光标所在位置至行尾的文本。

➡ 【Ctrl+A】：选中整篇文档。

➡ 【Ctrl+ 小键盘数字键5】：选中整篇文档。

➡ 【Ctrl+ Shift+ →】：选中鼠标光标所在位置右侧的单字或词组。

➡ 【Ctrl+ Shift+ ←】：选中鼠标光标所在位置左侧的单字或词组。

➡ 【Ctrl+ Shift+↑】：与【Shift+Home】组合键的作用相同。

➡ 【Ctrl+ Shift+↓】：与【Shift+End】组合键的作用相同。

➡ 【Ctrl+ Shift+ Home】：选中鼠标光标所在位置至文档开头的文本。

➡ 【Ctrl+ Shift+ End】：选中鼠标光标所在位置至文档结尾的文本。

除了上述介绍的快捷键，还可以通过【F8】键选择文本，其使用方法如下。

➡ 首次按下【F8】键，将打开文本选择模式。

➡ 再次按下【F8】键，可以选中鼠标光标所在位置右侧的短语。

➡ 第3次按下【F8】键，可以选中鼠标光标所在位置的整句话。

➡ 第4次按下【F8】键，可以选中鼠标光标所在位置的整个段落。

➡ 第5次按下【F8】键，可以选中整篇文档。

⚙ 技能拓展——退出文本选择模式

在 Word 中按下【F8】键后，便会打开文本选择模式，若要退出该模式，按下【Esc】键即可。

3. 鼠标与键盘的结合使用

若将鼠标与键盘结合使用，还可以进行特殊选择，如选择分散文本、垂直文本等。

➡ 选择一句话：按下【Ctrl】键的同时，单击需要选择的句中任意位置，即可选中该句，如图 2-65 所示。

图 2-65

➡ 选择连续区域的文本：将鼠标光标定位到需要选择的文本起始处，按住【Shift】键不放，单击要选择文本的结束位置，可实现连续区域文本的选择，如图 2-66 所示。

图 2-66

➡ 选择分散文本：先拖动鼠标选中第一个文本区域，再按住【Ctrl】键不放，然后拖动鼠标选择其他不相邻的文本，选择完成后释放【Ctrl】键，即可完成分散文本的选择操作，如图 2-67 所示。

图 2-67

📋 技术看板

结合鼠标与键盘进行文本的选择时，操作是灵活多变的。鼠标与【Shift】键结合使用时，可以选择连续的多行、多段等；鼠标与【Ctrl】键结合使用时，可以选择不连续的多行、多段等。例如，要选择不连续的多个段落，先选择一段文本，然后按住【Ctrl】键不放，再依次选择其他需要选择的段落即可。所以，希望用户在学习过程中，能够举一反三，融会贯通，使工作达到事半功倍的效果。

➡ 选中垂直文本：按住【Alt】键不放，然后按住鼠标左键拖动出一块矩形区域，选择完成后释放【Alt】键和鼠标，即可完成垂直文本的选择，如图 2-68 所示。

图 2-68

2.3.2 实战：复制公司简介文本

实例门类	软件功能
教学视频	光盘 \ 视频 \ 第 2 章 \ 2.3.2.mp4

当要输入的内容与已有内容相同或相似时，可通过复制/粘贴操作加快文本的编辑速度，从而提高工作效率。

对于初学者来说，通过功能区对文本进行复制操作是首要选择。通过功能区进行文本复制的具体操作步骤如下。

Step01 打开"光盘\素材文件\第2章\公司简介.docx"的文件，❶选中需要复制的文本，❷在【剪贴板】组中单击【复制】按钮，如图2-69所示。

图2-69

Step02 ❶将鼠标光标定位到需要粘贴的目标位置，❷单击【剪贴板】组中的【粘贴】按钮，如图2-70所示。

图2-70

技术看板

如果要将复制的文本对象粘贴到其他文档中，则应先打开文档，再执行粘贴操作。

Step03 通过上述操作后，所选内容复制到了目标位置，效果如图2-71所示。

图2-71

技能拓展——通过快捷键执行复制/粘贴操作

选中文本后，按下【Ctrl+C】组合键，可快速对所选文本进行复制操作；将鼠标光标定位在要输入相同内容的位置后，按下【Ctrl+V】组合键，可快速实现粘贴操作。

2.3.3 实战：移动公司简介文本

实例门类	软件功能
教学视频	光盘\视频\第2章\2.3.3.mp4

在编辑文档的过程中，如果需要将某个词语或段落移动到其他位置，可通过剪切/粘贴操作来完成。通过剪切/粘贴操作移动文本位置的具体操作步骤如下。

Step01 在"公司简介.docx"文档中，❶选中需要移动的文本内容，❷在【开始】选项卡的【剪贴板】组中单击【剪切】按钮，如图2-72所示。

图2-72

技能拓展——通过快捷键执行剪切操作

选中文本后按下【Ctrl+X】组合键，可快速执行剪切操作。

Step02 ❶将鼠标光标定位到要移动的目标位置，❷单击【剪贴板】组中的【粘贴】按钮，如图2-73所示。

图2-73

Step03 执行以上操作后，选中的文本就被移动到了新的位置，效果如图2-74所示。

图2-74

技能拓展——通过拖动鼠标复制或移动文本

对文本进行复制或移动操作时，当目标位置与文本所在的原位置在同一屏幕显示范围内时，通过拖动鼠标的方式可快速实现文本的复制、移动操作。

选中文本后按住鼠标左键不放并拖动，当拖动至目标位置后释放鼠标，可实现文本的移动操作。在拖动过程中，若同时按住【Ctrl】键，可实现文本的复制操作。

2.3.4 实战：删除公司简介文本

实例门类	软件功能
教学视频	光盘\视频\第2章\2.3.4.mp4

当输入了错误或多余的内容时，可将其删除掉，具体操作步骤如下。

Step01 在"公司简介.docx"文档中，选中需要删除的文本内容，如图2-75所示。

图 2-75

Step02 按下【Delete】或【Backspace】键，即可将所选文本删除掉，效果如图2-76所示。

图 2-76

除了上述方法外，还可以通过以下几种方法删除文本内容。

➡ 按下【Backspace】键，可以删除鼠标光标前一个字符。

➡ 按下【Delete】键，可以删除鼠标光标后一个字符。

➡ 按下【Ctrl+Backspace】组合键，可删除鼠标光标前一个单词或短语。

➡ 按下【Ctrl+Delete】组合键，可以删除鼠标光标后一个单词或短语。

★ 重点 2.3.5 实战：选择性粘贴网页内容

实例门类	软件功能
教学视频	光盘\视频\第2章\2.3.5.mp4

在编辑文档的过程中，复制/粘贴是使用频率较高的操作。在执行粘贴操作时，用户可以使用 Word 提供的"选择性粘贴"功能实现更灵活的粘贴操作，如实现无格式粘贴（即只保留原文本内容），甚至还可以将文本或表格转换为图片格式等。

例如，在复制网页内容时，如果直接执行粘贴操作，不仅文本格式很多，而且还有图片，甚至会出现一些隐藏的内容。如果只需要复制网页上的文本内容，则可通过选择性粘贴实现，具体操作步骤如下。

Step01 在网页上选中内容后按下【Ctrl+C】组合键进行复制操作，如图2-77所示。

图 2-77

Step02 新建一篇名为"白菜的营养成分"的空白文档，❶ 在【剪贴板】组中单击【粘贴】按钮下方的下拉按钮，❷ 在弹出的下拉列表中选择粘贴方式，本例中选择【只保留文本】选项，如图2-78所示。

Step03 执行上述操作后，文档中将只粘贴了文本内容，效果如图2-79所示。

图 2-78

图 2-79

单击【粘贴】按钮下方的下拉按钮后，在弹出的下拉列表中若选择【选择性粘贴】选项，则可以在弹出的【选择性粘贴】对话框中选择粘贴方式，如图2-80所示。

图 2-80

在【选择性粘贴】对话框的【形式】列表框中有6个粘贴选项，其作用分别如下。

➡ Microsoft Office Word 文档对象：以 Word 对象的方式粘贴嵌入目标文档中，此后在目标文件中双击该嵌入的对象时，该对象将在新的 Word 窗口中打开，对其进行编辑的结果同样会反映在目标文件中。

➡ 带格式文本（RTF）：粘贴时带 RTF

格式，即与复制对象的格式一样。

➡ 无格式文本：粘贴不带任何格式（如字体、字号等）的纯文本。

➡ 图片（增强型图元文件）：将复制的内容作为增强型图元文件（EMF）粘贴到 Word 中。

➡ HTML 格式：以 HTML 格式粘贴文本。

➡ 无格式的 Unicode 文本：粘贴不带任何格式的纯文本。

技术看板

默认情况下，在 Word 文档中完成粘贴后，当前位置的右下角会出现一个【粘贴选项】按钮 🔳 (Ctrl)·，对其单击，可在弹出的下拉菜单中选择粘贴方式。当执行其他操作时，该按钮会自动消失。

★ 重点 2.3.6 实战：设置默认粘贴方式

实例门类	软件功能
教学视频	光盘\视频\第 2 章\2.3.6.mp4

在默认情况下，复制内容时是以保留源格式的方式进行粘贴的，根据操作需要，用户可以对默认粘贴方式进行设置，具体操作方法为：打开【Word 选项】对话框，❶ 切换到【高级】选项卡，❷ 在【剪切、复制和粘贴】栏中针对粘贴选项进行设置，❸ 设置完成后单击【确定】按钮即可，如图 2-81 所示。

图 2-81

2.3.7 实战：剪贴板的使用与设置

实例门类	软件功能
教学视频	光盘\视频\第 2 章\2.3.7.mp4

在 Word 程序中，剪贴板可以保留最近 24 次的复制或剪切操作数据。在剪贴板中，不仅可以对这些数据进行粘贴、清除等操作，还可以对剪贴板进行设置。

1. 使用剪贴板

在 Word 2013 中使用剪贴板数据的具体操作步骤如下。

Step01 打开"光盘\素材文件\第 2 章\销售人员管理制度.docx"的文件，依次选择不同的内容进行复制操作。

Step02 在【开始】选项卡中，❶ 单击【剪贴板】中的【功能扩展】按钮🔳，❷ Word 窗口的左侧将打开【剪贴板】窗格，并显示最近复制或剪切的操作数据，将鼠标光标定位到某个目标位置，❸ 在【剪贴板】窗格中单击某条要粘贴的数据，如图 2-82 所示。

图 2-82

技能拓展——管理剪贴板中的数据

上述操作是通过【剪贴板】窗格粘贴的单个数据，除此之外，用户还可以进行粘贴所有数据、删除所有数据等操作。将鼠标光标定位到目标位置后，单击【剪贴板】窗格中的【全部

粘贴】按钮，可粘贴所有数据；将鼠标指针指向某条数据，该数据的右侧将出现下拉按钮🔽，对其单击，在弹出的下拉列表中选择【删除】选项，可删除该数据；在【剪贴板】窗格中单击【全部清空】按钮，可将【剪贴板】窗格中的数据全部删除掉。

Step03 被单击的数据即可粘贴到鼠标光标所在位置，如图 2-83 所示。

图 2-83

2. 设置剪贴板

在【剪贴板】窗格中，单击左下角的【选项】按钮，将弹出一个下拉菜单，如图 2-84 所示。

图 2-84

在下拉菜单中，用户可以对剪贴板进行如下设置。

➡ 若选中【自动显示 Office 剪贴板】选项，系统将自动选中【按 Ctrl+C 两次后显示 Office 剪贴板】选项，此后，执行两次复制操作后，就会自动打开【剪贴板】窗格。

➡ 若选中【收集而不显示 Office 剪贴板】选项，则每次执行复制或

剪切操作时，会自动将数据存放在剪贴板中，但不会显示【剪贴板】窗格。

→ 若选中【在任务栏上显示 Office 剪贴板的图标】选项，则当 Office 剪贴板处于活动状态时，将在任务栏的通知区域中显示【剪贴板】图标，对其双击可以打开【剪贴板】窗格。

→ 若选中【复制时在任务栏附近显示状态】选项，则每次执行复制或剪切操作时，不仅会将项目存放在剪贴板中，还会在状态栏附近显示收集的项目信息。

2.3.8 插入与改写文本

实例门类	软件功能
教学视频	光盘\视频\第 2 章\2.3.8.mp4

"插入"与"改写"是 Word 的两个工作状态，通过状态栏可以查看当前状态。默认情况下，Word 2013 的状态栏中并未显示【插入/改写】状态，需要手动设置将其显示出来，具体操作方法请参考第 1 章 1.4.9 节的内容。

当文档处于插入状态时，状态栏中会显示【插入】字样，如图 2-85 所示。

图 2-85

当文档处于改写状态时，状态栏中会显示【改写】字样，如图 2-86 所示。

图 2-86

默认情况下，Word 处于插入状态。如果要在插入与改写状态间进行切换，直接按下【Insert】键，或者直接在状态栏中单击【插入】或【改写】按钮即可。

当 Word 处于插入状态时，可以在文档中直接插入文本，即输入的文字会插入到鼠标光标所在位置，且鼠标光标后面的文本按顺序后移；处于改写状态时，可以在文档中改写文本，即输入的文字会替换掉鼠标光标所在位置后面的文字，且其余文字位置不变。

下面通过具体实例来讲解文本的插入与改写操作，具体操作步骤如下。

Step01 打开"光盘\素材文件\第 2 章\插入与改写文本.docx"的文件，在插入状态下，将鼠标光标定位到文本"插入："之后，输入文本"公司"，所输入的内容直接插入到当前位置，如图 2-87 所示。

Step02 切换到改写状态，将鼠标光标定位到文本"改写："之后，输入文本"公司"，可发现"公司"二字替换掉了"员工"二字，如图 2-88 所示。

图 2-87

图 2-88

技术看板

在改写状态下，输入的文字将替换掉鼠标光标所在位置后面的文字，因此，输入的文本字数要与错误词组的字数一致，且修改完成后，要及时切换到插入状态下。

2.4 撤销、恢复与重复操作

在编辑文档的过程中，Word 会自动记录执行过的操作，当执行了错误操作时，可以通过"撤销"功能来撤销前一操作，从而恢复到误操作之前的状态。当错误地撤销了某些操作时，可以通过"恢复"功能取消之前撤销的操作，使文档恢复到撤销操作前的状态。此外，用户还可以利用"重复"功能来重复执行上一步操作，从而提高编辑效率。

2.4.1 撤销操作

在编辑文档的过程中，当出现一些误操作时，都可以利用 Word 提供的"撤销"功能来执行撤销操作，其方法有以下几种。

➡ 单击快速访问工具栏上的【撤销】按钮 ↶，可以撤销上一步操作，继续单击该按钮，可以撤销多步操作，直到"无路可退"。

➡ 按下【Ctrl+Z】组合键，可以撤销上一步操作，继续按下该组合键可以撤销多步操作。

➡ 单击【撤销】按钮 ↶ 右侧的下拉按钮 ▾，在弹出的下拉列表中可以选择撤销到某一指定的操作，如图 2-89 所示。

图 2-89

2.4.2 恢复操作

当撤销某一操作后，可以通过以下几种方法取消之前的撤销操作。

➡ 单击快速访问工具栏中的【恢复】按钮 ↷，可以恢复被撤销的上一步操作，继续单击该按钮，可以恢复被撤销的多步操作。

➡ 按下【Ctrl+Y】组合键，可以恢复被撤销的上一步操作，继续按下该组合键可以恢复被撤销的多步操作。

2.4.3 重复操作

在没有进行任何撤销操作的情况下，【恢复】按钮 ↷ 会显示为【重复】按钮 ↻，单击【重复】按钮或者按下【F4】键，可以重复上一步操作。

例如，在文档中选择某一文本对象，按下【Ctrl+I】组合键，将其设置为倾斜效果后，此时选中其他文本对象，单击【重复】按钮 ↻，可以将选中的文本直接设置为加粗效果。

2.5 打印文档

现如今，无纸办公已成为一种潮流，但在一些正式的应用场合，仍然需要将文档内容打印到纸张上，接下来本节将介绍一些常用的打印方法。

2.5.1 实战：直接打印投标书

实例门类	软件功能
教学视频	光盘\视频\第 2 章\2.5.1.mp4

将文档制作好后，便可通过 Word 提供的打印功能将其打印出来，具体操作方法为：打开"光盘\素材文件\第 2 章\投标书.docx"的文件，❶ 在【文件】菜单中选择【打印】命令，❷ 在中间窗格【打印机】下拉列表中选择可以执行打印任务的打印机，❸ 根据需要，还可以在【份数】微调框中设置需要打印的份数，❹ 设置好后单击【打印】按钮即可开始打印，如图 2-90 所示。

图 2-90

★ 重点 2.5.2 实战：打印指定的页面内容

实例门类	软件功能
教学视频	光盘\视频\第 2 章\2.5.2.mp4

在打印文档时，有时可能只需要打印部分页码的内容，其操作方法为：在要打印的文档中，❶ 在【文件】菜单中选择【打印】命令，❷ 在中间窗格的【设置】栏下第一个下拉列表中选择【自定义打印范围】选项，❸ 在【页码】文本框中输入要打印的页码范围，❹ 设置好后单击【打印】按钮进行打印即可，如图 2-91 所示。

图 2-91

⚙ **技能拓展——打印当前页**

在要打印的文档中，进入【文件】菜单的【打印】界面，在右侧窗格的预览界面中，通过单击◀或▶按钮来切换到需要打印的页面，然后在中间窗格的【设置】栏下第一个下拉列表中选择【打印当前页面】选项，然后单击【打印】按钮，将只打印当前页的内容。

在输入要打印的页码范围时，其输入方式可以分以下几种情况。

➥ 打印连续的多个页面：使用【-】符号指定连续的页码范围。例如，要打印第1~6页，输入【1-6】。

➥ 打印不连续的多个页面：使用逗号【，】指定不连续的页面范围。例如，要打印第4、7、9页，输入【4，7，9】。

➥ 打印连续和不连续的页面：综合使用【-】和【，】符号，指定连续和不连续的页面范围。例如，要打印第2、4、8~12页，输入【2，4，8-12】。

➥ 打印包含节的页面：如果为文档设置了分节，就使用字母p表示页，字母s表示节，页在前、节在后。输入过程中，字母不区分大小写，也可以结合使用【-】和【，】符号。例如，要打印第3节第6页，输入【p6s3】；要打印第1节第3页到第3节第8页的内容，输入【p3s1-

p8s3】；要打印第2节第4页、第3节第9页到第4节第2页的内容，输入【p4s2，p9s3-p2s4】。

★ 重点 2.5.3 实战：只打印选中的内容

实例门类	软件功能
教学视频	光盘\视频\第2章\2.5.3.mp4

打印文档时，除了以"页"为单位打印整页内容外，还可以打印选中的内容，它们可以是文本内容、图片、表格、图表等不同类型的内容。例如，只打印选中的，具体操作步骤如下。

Step 01 在要打印的文档中，选中要打印的指定内容，如图 2-92 所示。

图 2-92

Step 02 打开【文件】菜单，❶ 在左侧窗格选择【打印】命令，❷ 在中间窗格的【设置】栏下第一个下拉列表中选择【打印所选内容】选项，❸ 单击【打印】按钮，将只打印文档中选中的内容，如图 2-93 所示。

图 2-93

★ 重点 2.5.4 实战：在一页纸上打印多页内容

实例门类	软件功能
教学视频	光盘\视频\第2章\2.5.4.mp4

默认情况下，Word 文档中的每一个页面打印一张，也就是说文档有多少页，打印出的纸张就会有多少张。

有时为了满足特殊要求或者节省纸张，可以通过设置在一张纸上打印多个页面的内容，具体操作方法为：在要打印的文档中，❶ 打开【文件】菜单，在左侧窗格选择【打印】命令，❷ 在中间窗格的【设置】下方的最后一个下拉列表中，选择在每张纸上要打印的页面数量，如【每版打印2页】，❸ 单击【打印】按钮，将在每张纸张上打印两页内容，如图 2-94 所示。

图 2-94

⚙ **技能拓展——取消打印任务**

在打印过程中，如果发现打印选项设置错误，或者打印时间太长而无法完成打印，可停止打印，具体操作方法为：在系统任务栏的通知区域双击打印机图标，在打开的打印任务窗口中，右击要停止的打印任务，在弹出的快捷菜单中选择【取消】命令即可。

妙招技法

通过前面知识的学习，相信读者已经掌握了如何制作并打印 Word 文档。下面结合本章内容，给大家介绍一些实用技巧。

技巧 01：设置保存新文档时的默认文件格式

教学视频	光盘\视频\第 2 章\技巧 01.mp4

虽然 Word 已经发展到 2016 版本了，但是仍然有用户还在使用 Word 2003 或更早的版本。为了让制作的文档通用于使用不同 Word 版本的用户，通常会将文档保存为【Word 97-2003 文档】类型。

但是这样的方法太过烦琐，为了提高工作效率，用户可以通过设置，让 Word 每次都以【Word 97-2003 文档】为默认格式保存新文档，具体操作方法为：打开【Word 选项】对话框，❶ 切换到【保存】选项卡，❷ 在【保存文档】栏中的【将文件保存为此格式】下拉列表中选择【Word 97-2003 文档（*.doc）】选项，❸ 单击【确定】按钮保存设置即可，如图 2-95 所示。

图 2-95

技巧 02：防止输入英文时句首字母自动变大写

教学视频	光盘\视频\第 2 章\技巧 02.mp4

默认情况下，在文档中输入英文后按【Enter】键进行换行时，英文第一个单词的首字母会自动变为大写，如果希望在文档中输入的英文总是小写形式，则需要通过设置防止句首字母自动变大写，具体操作步骤如下。

Step01 打开【Word 选项】对话框，❶ 切换到【校对】选项卡，❷ 在【自动更正选项】栏中单击【自动更正选项】按钮，如图 2-96 所示。

图 2-96

Step02 弹出【自动更正】对话框，❶ 切换到【自动更正】选项卡，❷ 取消选中【句首字母大写】复选框，❸ 单击【确定】按钮，如图 2-97 所示。

Step03 返回【Word 选项】对话框，单击【确定】按钮即可。

图 2-97

技巧 03：输入常用箭头和线条

在编辑文档时，可能经常需要输入一些箭头和线条符号，下面介绍一些箭头和线条的快速输入方法。

- ➡ ←：在英文状态下输入【<】号和两个【-】号。
- ➡ →：在英文状态下输入两个【-】号和【>】号。
- ➡ ⇐：在英文状态下输入【<】号和两个【=】号。
- ➡ ⇨：在英文状态下输入两个【=】号和【>】号。
- ➡ ⇔：在英文状态下输入【<】【=】号和【>】号。
- ➡ 省略线：输入 3 个【*】号后，按下【Enter】键。
- ➡ 波浪线：输入 3 个【~】号后，按下【Enter】键。
- ➡ 实心线：输入 3 个【-】号后，按下【Enter】键。
- ➡ 实心加粗线：输入 3 个【_】，即下画线，然后按下【Enter】键。
- ➡ 实心等号线：输入 3 个【=】后，按下【Enter】键。

技巧 04：快速输入常用货币和商标符号

在输入文本内容时，很多符号都可以通过【符号】对话框输入，为了提高输入速度，有些货币和商标符号是可以通过快捷键输入的。

- ➡ 人民币符号￥：在中文输入法状态下，按下【Shift＋4】组合键输入。
- ➡ 美元符号 $：在英文输入状态下，按下【Shift＋4】组合键输入。
- ➡ 欧元符号€：不受输入法限制，按下【Ctrl+Alt+E】组合键输入。
- ➡ 商标符号 ™：不受输入法限制，按下【Ctrl+Alt+T】组合键输入。

➥ 注册商标符号®：不受输入法限制，按下【Ctrl+Alt+R】组合键输入。

➥ 版权符号©：不受输入法限制，按下【Ctrl+Alt+C】组合键输入。

技巧05：禁止【Insert】键控制改写模式

教学视频	光盘\视频\第2章\技巧05.mp4

在 Word 中输入文本时，默认为插入输入状态，输入的文本会插入到鼠标光标所在位置，鼠标光标后面的文本会按顺序后移。当不小心按了键盘上的【Insert】键，就会切换到改写输入状态，此时输入的文本会替换掉鼠标光标所在位置后面的文本。

为了防止因为误按【Insert】键而切换到改写状态，使输入的文字替换掉了鼠标光标后面的文字，可以设置禁止【Insert】键控制改写模式，操作方法为：打开【Word 选项】对话框，❶ 切换到【高级】选项卡，❷ 在【编辑选项】栏中取消选中【用 Insert 键控制改写模式】复选框，❸ 单击【确定】按钮即可，如图 2-98 所示。

图 2-98

技巧06：如何打印文档背景和图形对象

教学视频	光盘\视频\第2章\技巧06.mp4

在打印文档时，如果没有将文档中包含的图形对象和文档背景打印出来，则需要通过【Word 选项】对话框进行设置，操作方法为：打开【Word 选项】对话框，❶ 切换到【显示】选项卡，❷ 在【打印选项】栏中，选中【打印在 Word 中创建的图形】和【打印背景色和图像】两个复选框，❸ 单击【确定】按钮保存设置即可，如图 2-99 所示。

图 2-99

本章小结

本章主要讲解了制作 Word 文档的基础知识，主要包括 Word 文档的基本操作、输入文档内容、选择与编辑文本、打印文档等内容。通过本章内容的学习，相信读者能够制作出属于自己的文档了。

第2篇 文档排版篇

文档也是需要排版包装的，精美包装后的文档，不仅能明确向大众传达设计者的意图和各种信息，还能增强视觉效果。本篇主要介绍 Word 文档字符格式、段落格式、页面格式与页面布局设置方法，以及图文混排处理技术。

第3章 字符格式设置

- ➥ 怎样让文本加粗、倾斜显示？
- ➥ 文字下面的下画线是"画"上去的吗？
- ➥ 如何输入含上标、下标的文本？
- ➥ 文字间的距离也能调整吗？
- ➥ 希望突出显示重要内容，如何实现？
- ➥ 想要为文字标注拼音，怎么办？
- ➥ 不会输入 10 以上的带圈数字，怎么办？

读者是否常常感到自己所编辑的文档没有特色，不吸引人呢？怎样才能让自己的文档与众不同？通过下面的文档编辑学习，会发现原来自己也可以如此专业！

3.1 设置字体格式

要想自己的文档从众多的文档中脱颖而出，就必须对其精雕细琢，通过对文本设置各种格式，如设置字体、字号、字体颜色、下画线及字符间距等，从而让文档变得更加生动。本节先讲解如何设置字体格式，主要包括设置字体、字号、字体颜色等。

3.1.1 实战：设置会议纪要的字体

实例门类	软件功能
教学视频	光盘\视频\第 3 章\3.1.1.mp4

字体是指文字的外观形状，如宋体、楷体、华文行楷、黑体等。对文本设置不同的字体，其效果也就不同，如图 3-1 所示为对文字设置不同字体后的效果。

宋体	黑体	楷体	隶书
方正粗圆简体	方正仿宋简体	方正大黑简体	方正综艺简体
汉仪粗宋简	汉仪大黑简	汉仪中等线简	汉仪中圆简
华文行楷	华文隶书	华文细黑	华文新魏

图 3-1

设置字体的具体操作步骤如下。

Step01 打开"光盘\素材文件\第3章\会议纪要.docx"的文件，❶选中要设置字体的文本，❷在【开始】选项卡的【字体】组中，单击【字号】文本框 宋体(中文正文) 右侧的下拉按钮，如图3-2所示。

图 3-2

Step02 在弹出的下拉列表中，指向某字体选项时，可以预览效果，对其单击可将该字体应用到所选文本，如图3-3所示。

图 3-3

⚙ **技能拓展——设置字体格式的其他方法**

对选中的文本设置字体、字号、字体颜色、加粗、倾斜、下画线等格式时，不仅可以通过功能区设置，还可以通过浮动工具栏和【字体】对话框设置。

通过浮动工具栏设置：默认情况下，选中文本后会自动显示浮动工具栏，此时通过单击相应的按钮，便可设置相应的格式。

通过【字体】对话框设置：选中文本后，在【字体】组中单击【功能扩展】按钮，弹出【字体】对话框，在相应的选项中进行设置即可。

3.1.2 实战：设置会议纪要的字号

实例门类	软件功能
教学视频	光盘\视频\第3章\3.1.2.mp4

字号是指文本的大小，分中文字号和数字磅值两种形式。中文字号用汉字表示，称为"几"号字，如五号字、四号字等；数字磅值用阿拉伯数字表示，称为"磅"，如10磅、12磅等。

设置字号的具体操作步骤如下。

Step01 在"会议纪要.docx"文档中，❶选中要设置字号的文本，❷在【开始】选项卡的【字体】组中，单击【字号】文本框 五号 右侧的下拉按钮，如图3-4所示。

图 3-4

Step02 在弹出的下拉列表中选择需要的字号，如【三号】，如图3-5所示。

⚙ **技能拓展——快速改变字号大小**

选中文本内容后，按下【Ctrl+Shift+>】组合键，或者单击【字体】组中的【增大字号】按钮 A，可以快速放大字号；按下【Ctrl+Shift+<】组合键，或者单击【字体】组中的【减小字号】按钮 A，可以快速缩小字号。

图 3-5

Step03 用同样的方法，将文档中其他文本内容的字号设置为【四号】，如图3-6所示。

图 3-6

3.1.3 实战：设置会议纪要的字体颜色

实例门类	软件功能
教学视频	光盘\视频\第3章\3.1.3.mp4

字体颜色是指文字的显示色彩，如红色、蓝色、绿色等。编辑文档时，对文本内容设置不同的颜色，不仅可以起到强调区分的作用，还能达到美化文档的目的。设置字体颜色的具体操作步骤如下。

Step01 在"会议纪要.docx"文档中，❶选中要设置字体颜色的文本，❷在【开始】选项卡的【字体】组中，单击【字体颜色】按钮 A 右侧的下拉按钮，如图3-7所示。

图 3-7

Step02 在弹出的下拉列表中选择需要的颜色，如【蓝色】，如图 3-8 所示。

图 3-8

技术看板

在【字体颜色】下拉列表中，若选择【其他颜色】选项，可以在弹出的【颜色】对话框中自定义字体颜色；若选择【渐变】选项，在弹出的级联列表中，将以所选文本的颜色为基准对该文本设置渐变色。

3.1.4 实战：设置会议纪要的文本效果

实例门类	软件功能
教学视频	光盘\视频\第 3 章\3.1.4.mp4

Word 提供了许多华丽的文字特效，用户只需通过简单的操作就可以让平凡普通的文本变得生动活泼，具体操作步骤如下。

Step01 在"会议纪要.docx"文档中，❶选中需要设置文本效果的文本内容，❷在【开始】选项卡的【字体】组中，单击【文本效果和版式】按钮 A，如图 3-9 所示。

Step02 在弹出的下拉列表中提供了多种文本效果样式，直接单击需要的文本效果样式即可，如图 3-10 所示。

技能拓展——自定义文本效果样式

设置文本效果时，若下拉列表中没有需要的文本效果样式，用户可以自定义文本效果样式，具体操作方法为：选中要设置文本效果的文本内容，单击【文本效果和版式】按钮 A，在弹出的下拉列表中通过选择【轮廓】【阴影】【映像】或【发光】选项，来设置相对应的效果参数即可。

图 3-9

图 3-10

3.2 设置字体效果

设置文本格式时，还经常需要对一些文本内容设置加粗、倾斜、下画线等格式，接下来就分别讲解这些格式的具体设置方法。

3.2.1 实战：设置会议纪要的加粗效果

实例门类	软件功能
教学视频	光盘\视频\第 3 章\3.2.1.mp4

为了强调重要内容，用户可以对其设置加粗效果，因为它可以让文本的笔画线条看起来更粗一些。设置加粗效果的具体操作步骤如下。

Step01 在"会议纪要.docx"文档中，❶选中要设置加粗效果的文本，❷在【开始】选项卡的【字体】组中单击

【加粗】按钮 B，如图 3-11 所示。

技能拓展——快速设置加粗效果

选中文本内容后，按下【Ctrl+B】组合键，可快速对其设置加粗效果。

图 3-11

图 3-13

Step02 所选文本内容即可呈加粗显示，效果如图 3-12 所示。

图 3-12

3.2.2 实战：设置会议纪要的倾斜效果

实例门类	软件功能
教学视频	光盘\视频\第 3 章\3.2.2.mp4

设置文本格式时，对重要内容设置倾斜效果，也可以起到强调的作用。设置倾斜效果的具体操作步骤如下。

Step01 在"会议纪要 .docx"文档中，❶ 选中要设置倾斜效果的文本，❷ 在【开始】选项卡的【字体】组中单击【倾斜】按钮，如图 3-13 所示。

Step02 所选文本内容即可呈倾斜显示，效果如图 3-14 所示。

技能拓展——快速设置倾斜效果

选中文本内容后，按下【Ctrl+I】组合键，可快速对其设置倾斜效果。

图 3-14

技能拓展——取消加粗、倾斜效果

对文本内容设置加粗或倾斜效果后，【加粗】或【倾斜】按钮会呈选中状态显示，此时，单击【加粗】或【倾斜】按钮，取消其选中状态，便可取消加粗或倾斜效果。

3.2.3 实战：设置会议纪要的下画线

实例门类	软件功能
教学视频	光盘\视频\第 3 章\3.2.3.mp4

人们在查阅书籍、报纸或文件等纸质文档时，通常会在重点词句的下方添加一条下画线以示强调。其实，在 Word 文档中同样可以为重点词句添加下画线，并且还可以为添加的下画线设置颜色，具体操作步骤如下。

Step01 在"会议纪要 .docx"文档中，❶ 选中需要添加下画线的文本，❷ 在【开始】选项卡的【字体】组中，单击【下画线】按钮右侧的下拉按钮，❸ 在弹出的下拉列表中选择需要的下画线样式即可，如图 3-15 所示。

图 3-15

Step02 保持文本的选中状态，❶ 单击【下画线】按钮右侧的下拉按钮，❷ 在弹出的下拉列表中选择【下画线颜色】选项，❸ 在弹出的级联列表中选择需要的下画线颜色即可，如图 3-16 所示。

图 3-16

技能拓展——快速添加下画线

选中文本内容后，按下【Ctrl+U】组合键，可快速对该文本添加单横线样式的下画线，下画线颜色为文本当前正在使用的字体颜色。

★ 重点 3.2.4 实战：为数学试题设置下标和上标

实例门类	软件功能
教学视频	光盘\视频\第 3 章\3.2.4.mp4

在编辑诸如数学试题这样的文档时，经常会需要输入"x^1y^1""ab_2"这样的数据，这就涉及设置上标或下标的方法，具体操作步骤如下。

Step01 打开"光盘\素材文件\第 3 章\数学试题.docx"的文件，❶ 选中要设置为上标的文本，❷ 在【开始】选项卡的【字体】组中单击【上标】按钮，如图 3-17 所示。

图 3-17

Step02 ❶ 选中要设置为下标的文本对象，❷ 在【字体】组中单击【下标】按钮，如图 3-18 所示。

图 3-18

Step03 完成上标和下标的设置，效果如图 3-19 所示。

图 3-19

技能拓展——快速设置上标、下标

选中文本内容后，按下【Ctrl+Shift+=】组合键可将其设置为上标，按下【Ctrl+=】组合键可将其设置为下标。

3.2.5 实战：在会议纪要中使用删除线表示无用内容

实例门类	软件功能
教学视频	光盘\视频\第 3 章\3.2.5.mp4

对于文档中的一些无用内容，若暂时不想删除，但又想明确提醒浏览文档的相关人员该内容的含义，便可为这些文字设置删除线标记，具体操作步骤如下。

Step01 在"会议纪要.docx"文档中，❶ 选中要设置删除线的文本，❷ 在【开始】选项卡的【字体】组中单击【删除线】按钮，如图 3-20 所示。

图 3-20

Step02 通过上述设置后，即可对文本设置删除线，效果如图 3-21 所示。

图 3-21

★ 重点 3.2.6 实战：在英文文档中切换英文的大小写

实例门类	软件功能
教学视频	光盘\视频\第 3 章\3.2.6.mp4

Word 提供了英文大小写切换功能，通过该功能，用户在编辑英文文档时，可以根据英文大小写的不同需要选择切换方式，具体操作步骤如下：

Step01 打开"光盘\素材文件\第 3 章\Just for Today.docx"的文件，❶ 选中要转换英文大小写的文本，❷ 在【开始】选项卡的【字体】组中单击【更改大小写】按钮，❸ 在弹出的下拉列表中选择切换形式，如【句首字母大写】，如图 3-22 所示。

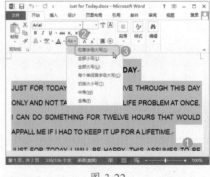

图 3-22

Step02 此时，Word 会以句为单位，将每句句首第一个字母转换为大写形式，如图 3-23 所示。

图 3-23

Word 提供了多种大小写切换形式，除了上述操作中介绍的"句首字母大写"形式之外，其他形式分别如下。

➡ 全部小写：将所选内容中的英文字母全部转换为小写形式。

➡ 全部大写：将所选内容中的英文字母全部转换为大写形式。

➡ 每个单词首字母大写：以单词为单位，将每个单词的第一个字母转换为大写形式。

➡ 切换大小写：将所选内容中的大写字母全部转换为小写字母，小写字母全部转换为大写字母。

3.3 设置字符缩放、间距与位置

排版文档时，为了让版面更加美观，有时还需要设置字符的缩放和间距效果，以及字符的摆放位置，接下来为读者进行介绍。

3.3.1 实战：设置会议纪要的缩放大小

实例门类	软件功能
教学视频	光盘 \ 视频 \ 第 3 章 \ 3.3.1.mp4

字符的缩放是指缩放字符的横向大小，默认为 100%，根据操作需要，可以进行调整，具体操作步骤如下。

Step01 在"会议纪要.docx"文档中，❶ 选中需要设置缩放大小的文字，❷ 在【开始】选项卡的【字体】组中，单击【功能扩展】按钮 ，如图 3-24 所示。

图 3-24

Step02 弹出【字体】对话框，❶ 切换到【高级】选项卡，❷ 在【缩放】

下拉列表中选择需要的缩放比例，或者直接在文本框中输入需要的比例大小，本例中在下拉列表中选择【150%】选项，❸ 单击【确定】按钮，如图 3-25 所示。

图 3-25

技能拓展——快速打开【字体】对话框

在 Word 文档中选择文本内容后，按下【Ctrl+D】组合键，可快速打开【字体】对话框。

Step03 返回文档，可看见设置后的效果，如图 3-26 所示。

图 3-26

技能拓展——通过功能区设置字符缩放大小

除了上述操作方法外，用户还可以通过功能区设置字符的缩放大小，操作方法为：选中文本内容后，在【开始】选项卡的【段落】组中单击【中文版式】按钮 ，在弹出的下拉列表中选择【字符缩放】选项，在弹出的级联列表中选择缩放比例即可。

3.3.2 实战：设置会议纪要的字符间距

实例门类	软件功能
教学视频	光盘\视频\第3章\3.3.2.mp4

顾名思义，字符间距就是指字符间的距离，通过调整字符间距可以使文字排列得更紧凑或者更疏散。Word 提供了"标准""加宽"和"紧缩"3种字符间距方式，其中默认以"标准"间距显示，若要调整字符间距，可按下面的操作步骤实现。

Step01 在"会议纪要 .docx"文档中，❶选中需要设置字符间距的文字，❷在【开始】选项卡的【字体】组中，单击【功能扩展】按钮，如图3-27所示。

图 3-27

Step02 弹出【字体】对话框，❶切换到【高级】选项卡，❷在【间距】下拉列表中选择间距类型，本例选择【加宽】选项，在右侧的【磅值】微调框中设置间距大小，❸设置完成后单击【确定】按钮，如图3-28所示。

图 3-28

Step03 返回文档，可查看设置后的效果，如图3-29所示。

图 3-29

3.3.3 实战：设置会议纪要的字符位置

实例门类	软件功能
教学视频	光盘\视频\第3章\3.3.3.mp4

通过调整字符位置，可以设置字符在垂直方向的位置。Word 提供了"标准""提升""降低"3种选择，默认为"标准"，若要调整位置，可按下面的操作步骤实现。

Step01 在"会议纪要 .docx"文档中，❶选中需要设置位置的文字，❷在【开始】选项卡的【字体】组中，单击【功能扩展】按钮，如图3-30所示。

图 3-30

Step02 弹出【字体】对话框，❶切换到【高级】选项卡，❷在【位置】下拉列表中选择位置类型，本例选择【提升】选项，在右侧的【磅值】微调框中设置间距大小，❸设置完成后单击

【确定】按钮，如图3-31所示。

图 3-31

Step03 返回文档，可查看设置后的效果，如图3-32所示。

图 3-32

3.4 设置文本突出显示

在编辑文档时，对于一些特别重要的内容，或者是存在问题的内容，可以通过"突出显示"功能对它们进行颜色标记，使其在文档中显得特别醒目。

★ 重点 3.4.1 实战：设置会议纪要的突出显示

实例门类	软件功能
教学视频	光盘\视频\第 3 章\3.4.1.mp4

在 Word 文档中，使用"突出显示"功能来对重要文本进行标记后，文字看上去就像用荧光笔作了标记一样，从而使文本更加醒目。设置文本突出显示的具体操作步骤如下。

Step01 在"会议纪要 .docx"文档中，①选中需要突出显示的文本，②在【开始】选项卡的【字体】组中，单击【以不同颜色突出显示文本】按钮右侧的下拉按钮，③在弹出的下拉列表中选择需要的颜色，如图 3-33 所示。

图 3-33

Step02 用同样的方法，对其他内容设置颜色标记，效果如图 3-34 所示。

图 3-34

3.4.2 实战：取消会议纪要的突出显示

实例门类	软件功能
教学视频	光盘\视频\第 3 章\3.4.2.mp4

设置突出显示后，如果不再需要颜色标记，可进行清除操作，具体操作步骤如下。

Step01 在"会议纪要 .docx"文档中，①选中已经设置突出显示的文本，②单击【以不同颜色突出显示文本】按钮右侧的下拉按钮，如图 3-35 所示。

Step02 在弹出的下拉列表中选择【无颜色】选项，即可取消突出显示效果，如图 3-36 所示。

图 3-35

图 3-36

技能拓展——快速取消突出显示

选中已经设置了突出显示的文本，直接单击【以不同颜色突出显示文本】按钮，可以快速取消突出显示。

3.5 设置其他字符格式

除了前面介绍的一些格式设置，用户还可以对文本设置边框、底纹、标识拼音等格式，接下来将分别进行讲解，以便让用户可以采用更多的方式来美化文档。

3.5.1 实战：设置管理制度的字符边框

实例门类	软件功能
教学视频	光盘\视频\第3章\3.5.1.mp4

对文档进行排版时，还可以对文本设置边框效果，从而让文档更加美观漂亮，而且还能突出重点内容。为文本设置边框的具体操作步骤如下。

Step 01 打开"光盘\素材文件\第3章\销售人员管理制度.docx"的文件，①选中要设置边框效果的文本，②在【开始】选项卡的【段落】组中，单击【边框】按钮右侧的下拉按钮，③在弹出的下拉列表中选择【边框和底纹】选项，如图3-37所示。

图 3-37

Step 02 弹出【边框和底纹】对话框，①在【边框】选项卡中的【设置】栏中选择边框类型，②在【样式】列表框中选择边框的样式，③在【颜色】下拉列表中选择边框颜色，④在【宽度】下拉列表中设置边框粗细，⑤在【应用于】下拉列表中选择【文字】选项，⑥单击【确定】按钮，如图3-38所示。

技术看板

设置好边框的样式、颜色等参数后，还可以在【预览】栏中通过单击相关边框线按钮，对相应的框线进行取消或显示操作。

图 3-38

Step 03 返回文档，即可查看设置的边框效果，如图3-39所示。

图 3-39

3.5.2 实战：设置管理制度的字符底纹

实例门类	软件功能
教学视频	光盘\视频\第3章\3.5.2.mp4

除了设置边框效果外，还可以对文本设置底纹效果，以达到美化、强调的作用。为文本设置底纹效果的具体操作步骤如下。

Step 01 在"销售人员管理制度.docx"文档中，①选中要设置底纹效果的文本，②在【开始】选项卡的【段落】组中，单击【边框】按钮右侧的下拉按钮，③在弹出的下拉列表中选择【边框和底纹】选项，如图3-40所示。

Step 02 弹出【边框和底纹】对话框，①切换到【底纹】选项卡，②在【填充】下拉列表中选择底纹颜色，③在【应

用于】下拉列表中选择【文字】选项，④单击【确定】按钮，如图3-41所示。

图 3-40

图 3-41

技能拓展——丰富底纹效果

设置底纹效果时，为了丰富底纹效果，用户还可以在【图案】组中的【样式】下拉列表中选择填充图案，在【颜色】下拉列表中选择图案的填充颜色。

Step 03 返回文档，即可查看设置的底纹效果，如图3-42所示。

图 3-42

第 1 篇

第 2 篇

第 3 篇

第 4 篇

第 5 篇

第 6 篇

技能拓展——通过功能区设置边框和底纹效果

通过【边框和底纹】对话框，可以对所选文本自定义设置各种样式的边框和底纹效果。如果只需要设置简单的边框和底纹效果，可以通过功能区快速实现，其方法有以下两种。

（1）选中要设置边框和底纹的文本，在【开始】选项卡的【字体】组中，单击【字符边框】按钮A，可以对所选文本设置默认效果的边框；单击【字符底纹】按钮A，可以对所选文本设置默认效果的底纹。

（2）选中要设置边框和底纹的文本，在【开始】选项卡的【段落】组中，单击【底纹】按钮🎨·右侧的下拉按钮▼，在弹出的下拉列表中可以设置底纹颜色；单击【边框】按钮⊞·右侧的下拉▼，在弹出的下拉列表中可以选择边框样式。

★ 重点 3.5.3 实战：设置管理制度的带圈字符

实例门类	软件功能
教学视频	光盘＼视频＼第 3 章＼3.5.3.mp4

Word 提供了带圈功能，利用该功能，可以通过圆圈或三角形等符号，将单个汉字、一位数或两位数，以及一个或两个字母圈起来。例如，要使用圆圈符号将汉字圈起来，具体操作步骤如下。

Step 01 在"销售人员管理制度.docx"文档中，① 选中要设置带圈效果的汉字，② 在【开始】选项的【字体】组中单击【带圈字符】按钮⊛，如图 3-43 所示。

Step 02 弹出【带圈字符】对话框，① 在【样式】栏中选择带圈样式，② 在【圈号】列表框中选择需要的形状，③ 单击【确定】按钮，如图 3-44 所示。

图 3-43

图 3-44

技术看板

在【样式】栏中，若选择【缩小文字】选项，则会缩小字符，让其适应圈的大小；若选择【增大圈号】选项，则会增大圈号，让其适应字符的大小。

Step 03 返回文档，即可查看设置带圈后的效果，如图 3-45 所示。

图 3-45

技能拓展——输入 10 以上的带圈数字

在编辑文档的过程中，有时候需要输入大量的带圈数字，而通过 Word 提供的插入符号功能，只能输入 ① ～ ⑩，无法输入 10 以上的带圈数字，此时就需要用到带圈字符功能。例如，要输入 12，先在文档中输入"12"并将其选中，然后打开【带圈字符】对话框进行设置即可。此功能最大可设置到数字 99。

★ 重点 3.5.4 实战：为课文文本标注拼音

实例门类	软件功能
教学视频	光盘＼视频＼第 3 章＼3.5.4.mp4

在编辑一些诸如小学课文这样的特殊文档时，往往需要对汉字标注拼音，以便阅读。为汉字标注拼音的具体操作步骤如下。

Step 01 打开"光盘＼素材文件＼第 3 章＼柳树醒了.docx"的文件，① 选中需要添加拼音的汉字，② 在【开始】选项卡的【字体】组中单击【拼音指南】按钮₩文，如图 3-46 所示。

图 3-46

Step 02 弹出【拼音指南】对话框，① 设置拼音的对齐方式、偏移量及字体等参数，其中【偏移量】是指拼音与汉字的距离，② 设置完成后单击【确定】按钮，如图 3-47 所示。

Step 03 参照上述操作步骤，对其他汉字添加拼音，完成后的效果如图 3-48 所示。

图 3-47

图 3-48

妙招技法

通过前面知识的学习，相信读者已经学会了如何设置文本内容的格式。下面结合本章内容，给大家介绍一些实用技巧。

技巧 01：设置特大号的文字

教学视频	光盘\视频\第3章\技巧01.mp4

在设置文本字号时，【字号】下拉列表中的字号为八号到初号，或5磅到72磅，这对一般办公人员来说已经足够了。但是在一些特殊情况下，如打印海报、标语或大横幅时，则需要更大的字号，【字号】下拉列表中提供的字号选项就无法满足需求了，此时可手动输入字号大小，具体操作步骤如下。

Step 01 打开"光盘\素材文件\第3章\横幅.docx"的文件，❶选中需要设置特大字号的文本，❷在【开始】选项卡【字体】组中的【字号】文本框中输入需要的字号大小磅值（1~1638），本例中输入的是【95】，如图 3-49 所示。

图 3-49

Step 02 完成输入后，按下【Enter】键确认，即可查看设置后的效果，如图 3-50 所示。

图 3-50

技巧 02：单独设置中文字体和西文字体

教学视频	光盘\视频\第3章\技巧02.mp4

若所选文本中既有中文，又有西文，为了实现更好的视觉效果，则可以分别对其设置字体，有以下两种方法。

➡ 选中文本后，在【开始】选项卡【字体】组中的【字体】下拉列表中先选择中文字体，此时所选字体将应用到所有文本中，然后在【字体】下拉列表中选择西文字体，此时所选字体将仅仅应用到西文中。

➡ 选中文本后，按下【Ctrl+D】组合键打开【字体】对话框，在【中文字体】下拉列表中选择中文字体，在【西文字体】下拉列表中选择西文字体，然后单击【确定】按钮即可，如图 3-51 所示。

图 3-51

技巧 03：输入小数点循环

教学视频	光盘\视频\第3章\技巧03.mp4

在日常计算中，经常会遇到循环小数，在用笔进行书写时，只需要把

循环小数的循环节的首末位上面用圆点"•"标示出来就可以了，那么在电子文档中又该如何输入呢？此时，可以通过拼音指南功能轻松解决问题，具体操作步骤如下。

Step01 打开"光盘＼素材文件＼第3章＼输入小数点循环.docx"的文件，通过【符号】对话框在文档中插入黑色圆点【•】，如图3-52所示。

图 3-52

Step02 ① 选中"•"，按下【Ctrl+C】组合键进行复制，② 选中数字"9"，③ 在【开始】选项卡的【字体】组中单击【拼音指南】按钮，如图3-53所示。

图 3-53

Step03 弹出【拼音指南】对话框，① 在【拼音文字】栏将鼠标光标定位到对应的文本框中，按下【Ctrl+V】组合键进行粘贴操作，② 单击【确定】按钮，如图3-54所示。

Step04 返回文档，可看到数字"9"上面添加了圆点"•"，如图3-55所示。

Step05 用同样的方法，在数字"8"上面添加圆点"•"，完成后的效果如图3-56所示。

图 3-54

图 3-55

图 3-56

技巧04：调整文本与下画线之间的距离

教学视频	光盘＼视频＼第3章＼技巧04.mp4

默认情况下，为文字添加下画线后，下画线与文本之间的距离非常近，为了美观，可以调整它们之间的距离，具体操作步骤如下。

Step01 打开"光盘＼素材文件＼第3章＼放假通知.docx"的文件，选中文本并添加下画线，如图3-57所示。

图 3-57

Step02 ① 添加下画线后，在文本的左侧和右侧各按一次【Space】键输入空格，然后选择文字部分，② 在【开始】选项卡的【字体】组中，单击【功能扩展】按钮，如图3-58所示。

图 3-58

Step03 弹出【字体】对话框，① 切换到【高级】选项卡，② 在【位置】下拉列表中选择【提升】选项，在右侧的【磅值】微调框中设置间距大小，③ 设置完成后单击【确定】按钮，如图3-59所示。

图 3-59

Step04 返回文档，可看到下画线与文字之间有了明显的距离，如图3-60所示。

图 3-60

技巧05：如何一次性清除所有格式

教学视频	光盘\视频\第3章\技巧05.mp4

对文本设置各种格式后，如果需要还原为默认格式，就需要清除已经设置的格式。若逐个清除，会是非常烦琐的一项工作，此时就需要使用到Word提供的"清除格式"功能，通过该功能，用户可以快速清除文本的所有格式，具体操作步骤如下。

Step01 打开"光盘\素材文件\第3章\放假通知1.docx"的文件，❶选中需要清除所有格式的文本，❷单击【字体】组中的【清除所有格式】按钮，如图3-61所示。

图 3-61

Step02 所选文本设置的字体、颜色等格式即可被清除掉，并还原为默认格式，效果如图3-62所示。

图 3-62

技术看板

通过"清除格式"功能清除格式时，对于一些比较特殊的格式是不能清除的，如突出显示、拼音指南、带圈字符等。

本章小结

本章主要讲解了如何对文本内容进行包装美化，主要包括设置字体格式、设置字体效果、设置文本突出显示等内容。通过本章内容的学习，希望读者能够熟练运用相应的功能对文本进行美化操作，从而让自己的文档从众多的文档中脱颖而出。

第4章 段落格式设置

- ➡ 如何让段落开端自动空两个字符？
- ➡ 内容太紧凑，怎么将段与段之间的距离调大一些？
- ➡ 如何制作多部门联合发文标识？
- ➡ 手动编号太麻烦，有更好的办法吗？
- ➡ 制表位有什么用？

一篇好的文档必定有一个好的格式，本章将通过不同类型格式的设置，教会读者如何设计出一篇令人满意的文档格式。

4.1 设置段落基本格式

段落格式是指以段落为单位的格式设置，是文档排版中主要操作的对象之一。与字体格式类似，段落格式也属于排版中的基本格式。对段落设置对齐方式、缩进、间距等基本格式时，不需要选择段落，只需要将鼠标光标定位到该段落内即可。当然，如果需要对多个段落设置相同格式，就需要先选中这些段落，然后再进行设置。

4.1.1 什么是段落

在 Word 文档中输入内容时，按下【Enter】键将结束当前段落的编辑，同时开始下一个新的段落。在 Word 文档中按下【Enter】键后，会自动产生段落标记⏎，该标记表示上一个段落的结束，在该标记之后的内容则位于下一个段落中，如图 4-1 所示中包含了 3 个段落。

图 4-1

段落中包含的格式存储于该段落结果的段落标记中，当按下【Enter】键后，下一个段落会延续上一个段落

的格式设置。例如，如果在上一段中设置了段前 0.5 行，那么在按【Enter】键后产生的新段落也会自动设置段前 0.5 行。

技术看板

段落标记属于非打印字符，即是说虽然可以在文档中看到该标记，但在打印文档时不会将该标记打印到纸张上。

在移动或复制段落内容时，如果希望保留段落中的格式，那么在选择段落时就必须同时选中段落结尾的段落标记；反之，如果只需要复制段落内容，但是不需要复制段落格式，则在选择段落内容时，不要选中段落结尾的段落标记。

4.1.2 硬回车与软回车的区别

在给读者讲解段落的概念时，提到过段落标记⏎是通过按【Enter】

键产生的，该标记俗称硬回车。如果按下的是【Shift+Enter】组合键，将会得到↓标记，俗称软回车（也称手动换行符），该标记并不是段落标记。

在⏎和↓两种标记之后，看似都产生了一个新的段落，但本质上并不相同。如图 4-2 和图 4-3 所示中，便说明了这两种标记在段落格式上的不同之处。

图 4-2

图 4-3

在图 4-2 中，通过按【Enter】键将内容分成了两个部分，然后对第一部分的内容设置 1.5 倍行距，悬挂缩进 1.5 字符，此时可以发现第二部分的内容并未受格式设置的影响，这是因为按【Enter】键产生的段落标记将两部分内容分成了格式独立的两个段落；在图 4-3 中，通过按【Shift+Enter】组合键将内容分成两个部分，然后对第一部分的内容设置 1.5 倍行距，悬挂缩进 1.5 字符，此时可以发现第二部分的内容也应用了该格式，这是因为按【Shift+Enter】组合键后产生的不是段落标记，虽然看似分出了两段，但实质上这两部分内容仍属于同一个段落，并共享相同的段落格式。

★ **重点 4.1.3 实战：设置放假通知的段落对齐方式**

实例门类	软件功能
教学视频	光盘 \ 视频 \ 第 4 章 \4.1.3.mp4

对齐方式是指段落在页面上的分布规则，其规则主要有水平对齐和垂直对齐两种。

1. 水平对齐方式

水平对齐方式是最常设置的段落格式之一。当用户要对段落设置对齐方式时，通常就是指设置水平对齐方式。水平对齐方式主要包括左对齐、

居中、右对齐、两端对齐和分散对齐 5 种，其含义如下。

➡ 左对齐：段落以页面左侧为基准对齐排列。

➡ 居中：段落以页面中间为基准对齐排列。

➡ 右对齐：段落以页面右侧为基准对齐排列。

➡ 两端对齐：段落的每行在页面中首尾对齐。当各行之间的字体大小不同时，Word 会自动调整字符间距。

➡ 分散对齐：与两端对齐相似，将段落在页面中分散对齐排列，并根据需要自动调整字符间距。与两端对齐相比较，最大的区别在于对段落最后一行的处理方式，当段落最后一行包含大量空白时，分散对齐会在最后一行文本之间调整字符间距，从而自动填满页面。

5 种对齐方式的效果如图 4-4 所示，从上到下依次为左对齐、居中对齐、右对齐、两端对齐、分散对齐。

图 4-4

设置段落水平对齐方式的具体操作步骤如下。

Step 01 打开"光盘 \ 素材文件 \ 第 4 章 \ 放假通知 .docx"的文件，❶ 将鼠标光标定位到需要设置对齐方式的段落，❷ 在【开始】选项卡的【段落】组中单击【居中】按钮，如图 4-5 所示。

Step 02 此时，当前段落将以"居中"对齐方式进行显示，效果如图 4-6 所示。

图 4-5

图 4-6

技能拓展——快速设置段落对齐方式

选中段落后，按下【Ctrl+L】组合键可设置"左对齐"对齐方式，按下【Ctrl+E】组合键可设置"居中"对齐方式，按下【Ctrl+R】组合键可设置"右对齐"对齐方式，按下【Ctrl+J】组合键可设置"两端对齐"方式，按下【Ctrl+Shift+J】组合键可设置"分散对齐"方式。

2. 垂直对齐方式

当段落中存在不同字号的文字，或存在嵌入式图片时，对其设置垂直对齐方式，可以控制这些对象的相对位置。段落的垂直对齐方式主要包括顶端对齐、居中、基线对齐、底端对齐和自动设置 5 种。设置垂直对齐方式的具体操作步骤如下。

Step 01 在"放假通知 .docx"文档中，❶ 将鼠标光标定位在需要设置垂直对齐方式的段落中，❷ 在【开始】选项

卡的【段落】组中单击【功能扩展】按钮，如图 4-7 所示。

图 4-7

Step02 弹出【段落】对话框，❶ 切换到【中文版式】选项卡，❷ 在【文本对齐方式】下拉列表中选择需要的垂直对齐方式，如【居中】，❸ 单击【确定】按钮，如图 4-8 所示。

图 4-8

Step03 返回文档，可查看设置后的效果，如图 4-9 所示。

图 4-9

★ 重点 4.1.4 实战：设置放假通知的段落缩进

实例门类	软件功能
教学视频	光盘\视频\第 4 章\4.1.4.mp4

为了增强文档的层次感，提高可阅读性，可以对段落设置合适的缩进。段落的缩进方式有左缩进、右缩进、首行缩进和悬挂缩进 4 种，其含义如下。

➥ 左缩进：指整个段落左边界距离页面左侧的缩进量。

➥ 右缩进：指整个段落右边界距离页面右侧的缩进量。

➥ 首行缩进：指段落首行第 1 个字符的起始位置距离页面左侧的缩进量。

➥ 悬挂缩进：指段落中除首行以外的其他行距离页面左侧的缩进量。

4 种缩进方式的效果如图 4-10 所示，从上到下依次为左缩进、右缩进、首行缩进、悬挂缩进。

图 4-10

例如，要对段落设置首行缩进 2 字符，具体操作步骤如下。

Step01 在"放假通知 .docx"文档中，❶ 选中需要设置缩进的段落，❷ 在【开始】选项卡的【段落】组中单击【功能扩展】按钮，如图 4-11 所示。

图 4-11

Step02 弹出【段落】对话框，❶ 在【缩进】栏的【特殊格式】下拉列表中选择【首行缩进】选项，❷ 在右侧的【缩进值】微调框中设置【2 字符】，❸ 单击【确定】按钮，如图 4-12 所示。

图 4-12

Step03 返回文档，可查看设置后的效果，如图 4-13 所示。

图 4-13

图 4-15

★ 重点 4.1.5 实战：使用标尺在放假通知中设置段落缩进

实例门类	软件功能
教学视频	光盘\视频\第4章\4.1.5.mp4

在本书第1章中讲解了标尺的结构，以及可以通过标尺中的滑块设置段落缩进。例如，要通过标尺为段落设置左缩进，具体操作步骤如下。

Step01 在"放假通知.docx"文档中，先将标尺显示出来，❶选中需要设置缩进的段落，❷在标尺上拖动【左缩进】滑块□，如图4-14所示。

图 4-14

Step02 拖动到合适的缩进位置后释放鼠标即可，设置后的效果如图4-15所示。

🔧 技术看板

通过标尺设置缩进虽然很快捷、方便，但是精确度不够，如果排版要求非常精确，那么建议用户使用【段落】对话框来设置。

★ 重点 4.1.6 实战：设置放假通知的段落间距

实例门类	软件功能
教学视频	光盘\视频\第4章\4.1.6.mp4

正所谓距离产生美，那么对于文档也是同样的道理。对文档设置适当的间距或行距，不仅可以使文档看起来疏密有致，更能提高阅读的舒适性。

段落间距是指相邻两个段落之间的距离，本节就先讲解段落间距的设置方法，具体操作步骤如下。

Step01 在"放假通知.docx"文档中，❶选中需要设置间距的段落，❷在【开始】选项卡的【段落】组中单击【功能扩展】按钮□，如图4-16所示。

图 4-16

Step02 弹出【段落】对话框，❶在【间距】栏中通过【段前】微调框可以设置段前距离，通过【段后】微调框可以设置段后距离，本例中设置段前【0.5行】、段后【0.5行】，❷单击【确定】按钮，如图4-17所示。

图 4-17

⚙️ 技能拓展——让文字不再与网格对齐

对文档进行页面设置时，如果指定了文档网格，则文字就会自动和网格对齐。为了使文档排版更精确美观，对段落设置格式时，建议在【段落】对话框中取消选中【如果定义了文档网格，则对齐到网格】复选框。

Step03 返回文档，可查看设置后的效果，如图4-18所示。

图 4-18

技能拓展——通过功能区设置段落间距

除了通过【段落】对话框设置段落间距外，还可以通过功能区设置段落间距，具体方法为：选中需要设置间距的段落，切换到【页面布局】选项卡，在【段落】组的【间距】栏中，分别通过【段前】微调框与【段后】微调框进行设置即可。

★ 重点 4.1.7 实战：设置放假通知的段落行距

实例门类	软件功能
教学视频	光盘\视频\第4章\4.1.7.mp4

行距是指段落中行与行之间的距离，通过设置合适的行距，可以拉开行与行之间的距离，从而有效地避免发生阅读错行的情况。默认情况下，

段落的行距间隔是单倍行距，如果需要更改，可按下面的操作步骤实现。

Step01 在"放假通知.docx"文档中，❶选中需要设置行距的段落，❷在【开始】选项卡的【段落】组中，单击【行和段落间距】按钮，如图 4-19 所示。

图 4-19

Step02 在弹出的下拉列表中提供了一些数值选项，这些数值表示的是每行字体高度的倍数，用户根据需要选择需要的行距选项即可，如【1.15】，如图 4-20 所示。

图 4-20

技能拓展——通过对话框设置段落行距

除了上述介绍的方法外，还可以通过【段落】对话框设置段落行距，具体操作方法为：选中需要设置段落行距的段落，打开【段落】对话框，在【缩进和间距】选项卡的【行距】下拉列表中进行选择即可。

4.2 设置特殊的段落格式

在设置段落格式时，还遇到一些比较常用的特殊格式，如首字下沉、双行合一、纵横混排等。下面将介绍这些格式是怎么设置的。

★ 重点 4.2.1 实战：设置企业宣言首字下沉

实例门类	软件功能
教学视频	光盘\视频\第4章\4.2.1.mp4

首字下沉是一种段落修饰，是将文档中第一段第一个字放大并占几行显示，这种格式在报刊、杂志中比较常见。设置首字下沉的具体操作步骤如下。

Step01 打开"光盘\素材文件\第4章\企业宣言.docx"的文件，❶将鼠标光标定位在要设置首字下沉的段落中，❷切换到【插入】选项卡，❸单击【文本】组中的【首字下沉】按钮，❹在弹出的下拉列表中选择【首字下沉选项】选项，如图 4-21 所示。

图 4-21

Step02 弹出【首字下沉】对话框，❶在【位置】栏中选择【下沉】选项，❷在【选项】栏中设置首字的字体、下沉行数等参数，❸设置完成后单击【确定】按钮，如图 4-22 所示。

图 4-22

Step03 返回文档，可看到设置首字下沉后的效果，如图 4-23 所示。

图 4-23

将鼠标光标定位在要设置首字下沉的段落中后，在【插入】选项卡的【文本】组中单击【首字下沉】按钮，在弹出的下拉列表中直接选择【下沉】选项，Word 将按默认设置对当前段落设置首字下沉格式。

★ 重点 4.2.2 实战：设置集团简介首字悬挂

实例门类	软件功能
教学视频	光盘 \ 视频 \ 第 4 章 \4.2.2.mp4

首字悬挂是另外一种段落修饰，设置方法与首字下沉相似，具体操作步骤如下。

Step01 打开"光盘 \ 素材文件 \ 第 4 章 \ 集团简介 .docx"的文件，❶ 将鼠标光标定位在要设置首字悬挂的段落中，❷ 切换到【插入】选项卡，❸ 单击【文本】组中的【首字下沉】按钮，❹ 在弹出的下拉列表中单击【首字下沉选项】选项，如图 4-24 所示。

图 4-24

Step02 弹出【首字下沉】对话框，❶ 在【位置】栏中选择【悬挂】选项，❷ 在【选项】栏中设置首字的字体、下沉行数等参数，❸ 设置完成后单击【确定】按钮，如图 4-25 所示。

图 4-25

Step03 返回文档，可看到设置首字悬挂后的效果，如图 4-26 所示。

图 4-26

★ 重点 4.2.3 实战：双行合一

实例门类	软件功能
教学视频	光盘 \ 视频 \ 第 4 章 \4.2.3.mp4

对于企业或政府部门的用户来说，经常需要制作多单位联合发文的文件，文件头如图 4-27 所示。

图 4-27

要想制作出图 4-27 中的文件头，可通过双行合一功能实现。双行合一是 Word 的一个特色功能，通过该功能，可以轻松地制作出两行合并成一行的效果。其操作步骤如下。

Step01 新建一个名为"联合公文头"的空白文档，在文档中输入"XX 市人民政府妇女联合会文化厅文件"，将字符格式设置为：字体【方正大黑简体】、字号【三号】、字体颜色【红色】【加粗】；将段落格式设置为：水平对齐方式【居中】，垂直对齐方式【居中】。

Step02 ❶ 选中"妇女联合会文化厅"，❷ 在【开始】选项卡的【段落】组中，单击【中文版式】按钮✕，❸ 在弹出的下拉列表中选择【双行合一】选项，如图 4-28 所示。

图 4-28

Step03 弹出【双行合一】对话框，在【预览】栏中可看到所选文字按字数平均分布在了两行，如图 4-29 所示。

图 4-29

Step04 因为两个联合发文机构名称的字数不同，所以合并效果并不理想，此时，需要在【文字】文本框中，通过输入空格的方式对字数较少的机构名称进行调整。❶ 本例中分别在

"文"字与"化"字的后面输入两个空格，❷在【预览】栏中确定效果无误后单击【确定】按钮，如图4-30所示。

图 4-30

⚙ **技能拓展——设置带括号的双行合一效果**

如果要制作带括号的双行合一效果，则在【双行合一】对话框中选中【带括号】复选框，然后在【括号样式】下拉列表中选择需要的括号样式即可。

Step05 返回文档，选中"妇女联合会文 化 厅"，对其设置大一些的字号，如【小初】。至此，完成了联合公文头的制作，效果如图4-31所示。

图 4-31

⚙ **技能拓展——取消双行合一效果**

对文档中的文字设置了双行合一的效果后，如果要取消该效果，可先选中设置了双行合一效果的文本对象，打开【双行合一】对话框，单击【删除】按钮即可。

通过双行合一功能只能制作两个单位联合的公文头，若要制作两个以上单位联合的公文头，就需要使用到表格，关于表格的使用，详见第7章。

4.2.4 实战：合并字符

实例门类	软件功能
教学视频	光盘\视频\第4章\4.2.4.mp4

合并字符是指将多个字符以两行的形式显示在文档中的一行中，且只占用一个字符的位置。合并后的文本将会作为一个字符看待，且不能对其进行编辑。

通过合并字符功能，用户可以制作简单的联合公文头，具体操作步骤如下。

Step01 新建一篇名为"制作联合公文头"的空白文档，在文档中输入"XX市税务局财政局文件"，将字符格式设置为：字体【方正大标宋简体】、字号【三号】、字体颜色【红色】【加粗】；将段落格式设置为：水平对齐方式【居中】，垂直对齐方式【居中】。

Step02 ❶选中"税务局财政局"，❷在【开始】选项卡的【段落】组中，单击【中文版式】按钮，❸在弹出的下拉列表中选择【合并字符】选项，如图4-32所示。

图 4-32

Step03 弹出【合并字符】对话框，❶设置合并字符的字体、字号，❷设置好后单击【确定】按钮，如图4-33所示。
Step04 返回文档，可查看设置后的效果，如图4-34所示。

图 4-33

图 4-34

🎥 **技术看板**

通过合并字符功能，最多能将6个字符合并为一个字符。合并为一个字符后，可以对其设置字体、字号等格式，但不能对内容进行修改操作。

4.2.5 实战：在公司发展历程中使用纵横混排

实例门类	软件功能
教学视频	光盘\视频\第4章\4.2.5.mp4

纵横混排是指文档中有的文字进行纵向排列，有的文字进行横向排列。如果对文档进行纵向排版时，数字也会向左旋转，这与用户的阅读习惯相悖，此时可以通过纵横混排功能将其正常显示，具体操作步骤如下。
Step01 打开"光盘\素材文件\第4章\公司发展历程.docx"的文件，❶选中需要纵横混排的文本，❷在【开始】选项卡的【段落】组中，单击【中文版式】按钮，❸在弹出的下拉列表中选择【纵横混排】选项，如图4-35所示。

图 4-35

Step② 弹出【纵横混排】对话框，在【预览】栏中可以预览设置后的效果，直接单击【确定】按钮，如图 4-36 所示。

图 4-36

Step③ 返回文档，可查看设置后的效果，如图 4-37 所示。

图 4-37

Step④ 用同样的方法，对文档中其他数字设置纵横混排，完成后的效果如图 4-38 所示。

图 4-38

技能拓展——设置适应行宽

在【纵横混排】对话框中，【适应行宽】复选框默认为选中状态，从而使选择的数字自动调整文字大小，以适应行的宽度。若取消选中该复选框，那么将手动调整行的宽度来适应文字的大小。

4.3 设置边框与底纹

编辑文档时，用户可以对某个段落设置边框或底纹，以便突出文档重要内容，以及达到美化文档的目的，接下来就分别讲解边框与底纹的设置方法。

4.3.1 实战：设置试用期管理制度的段落边框

实例门类	软件功能
教学视频	光盘\视频\第4章\4.3.1.mp4

段落边框的设置方法与字符边框类似，区别在于边框的应用范围不同，字符边框作用于所选文本，段落边框作用于整个段落，如图 4-39 所示为字符边框与段落边框的区别。

设置段落边框的具体操作步骤如下。

Step① 打开"光盘\素材文件\第4章\试用期管理制度.docx"的文件，❶ 选中要设置边框的段落，❷ 在【开始】选项卡的【段落】组中，单击【边框】按钮 右侧的下拉按钮 ，❸ 在弹出的下拉列表中选择【边框和底纹】选项，如图 4-40 所示。

图 4-39

Step② 弹出【边框和底纹】对话框，❶ 在【边框】选项卡的【设置】栏中

选择边框类型，❷ 在【样式】列表框中选择边框的样式，❸ 在【颜色】下拉列表中选择边框颜色，❹ 在【宽度】下拉列表中选择边框粗细，❺ 单击【确定】按钮，如图 4-41 所示。

图 4-40

图 4-41

Step03 返回文档，可查看设置了边框后的效果，如图 4-42 所示。

图 4-42

技术看板

设置字符边框或段落边框时，通过【边框和底纹】对话框中的【选项】按钮，可以调整边框线与文本或段落之间的距离。

4.3.2 实战：设置试用期管理制度的段落底纹

实例门类	软件功能
教学视频	光盘\视频\第 4 章\4.3.2.mp4

同段落边框一样，段落底纹的设置方法与字符底纹的设置方法类似，也是区别于应用范围不同，图 4-43 所示为字符底纹与段落底纹的区别。

图 4-43

设置段落底纹的操作步骤如下。
Step01 在"试用期管理制度 .docx"文档中，❶ 选中要设置底纹的段落，❷ 在【开始】选项卡的【段落】组中，单击【边框】按钮 右侧的下拉按钮，❸ 在弹出的下拉列表中选择【边框和底纹】选项，如图 4-44 所示。
Step02 弹出【边框和底纹】对话框，❶ 切换到【底纹】选项卡，❷ 在【填充】下拉列表中选择底纹颜色，❸ 单击【确定】按钮，如图 4-45 所示。

Step03 返回文档，即可看到设置的底纹效果，如图 4-46 所示。

图 4-44

图 4-45

图 4-46

4.4 使用项目符号

项目符号是指添加在段落前的符号，一般用于并列关系的段落。为段落添加项目符号，可以更加直观、清晰地查看文本。

★ 重点 4.4.1 实战：为试用期管理制度添加项目符号

实例门类	软件功能
教学视频	光盘\视频\第 4 章\4.4.1.mp4

对于文档中具有并列关系的内容而言，通常包含了多条信息，用户可以为它们添加项目符号，从而让这些内容的结构更清晰，也更具可读性。

添加项目符号的具体操作方法为：在"试用期管理制度 .docx"文档中，❶ 选中需要添加项目符号的段落，❷ 在【开始】选项卡的【段落】组中，单击【项目符号】按钮 右侧的下拉按钮，❸ 在弹出的下拉列表中选择需要的项目符号样式即可，如图 4-47 所示。

图 4-47

技能拓展——取消自动添加的项目符号

在含有项目符号的段落中，按下【Enter】键换到下一段时，会在下一段自动添加相同样式的项目符号，此时若直接按下【BackSpace】键或再次按下【Enter】键，可取消自动添加项目符号。

4.4.2 实战：为试用期管理制度设置个性化项目符号

实例门类	软件功能
教学视频	光盘\视频\第4章\4.4.2.mp4

除了使用 Word 内置的项目符号外，用户还可以将喜欢的符号设置为项目符号，具体操作步骤如下。

Step01 在"试用期管理制度.docx"文档中，❶选中需要添加项目符号的段落，❷在【开始】选项卡的【段落】组中，单击【项目符号】按钮 ≔ ▾ 右侧的下拉按钮 ▾ ，❸在弹出的下拉列表中选择【定义新项目符号】选项，如图 4-48 所示。

图 4-48

Step02 弹出【定义新项目符号】对话框，单击【符号】按钮，如图 4-49 所示。

图 4-49

Step03 ❶在弹出的【符号】对话框中选择需要的符号，❷单击【确定】按钮，如图 4-50 所示。

图 4-50

技能拓展——使用图片作为项目符号

根据操作需要，还可以将图片设置为项目符号，操作方法为：选中需要设置项目符号的段落，打开【定义新项目符号】对话框中，单击【图片】按钮，在打开的【插入图片】窗口中，选择计算机中的图片或网络图片设置为项目符号即可。

Step04 返回【定义新项目符号】对话框，在【预览】栏中可以预览所设置的效果，单击【确定】按钮，如图 4-51

所示。

图 4-51

Step05 返回文档，保持段落的选中状态，❶单击【项目符号】按钮 ≔ ▾ 右侧的下拉按钮 ▾ ，❷在弹出的下拉列表中选择之前设置的符号样式，此时，所选段落即可应用该样式，如图 4-52 所示。

图 4-52

技术看板

为段落设置自定义样式的项目符号时，若段落设置了缩进，则需要执行上面第 5 步操作；若段落没有设置缩进，则不需要执行第 5 步操作。

4.4.3 实战：为试用期管理制度设置项目符号格式

实例门类	软件功能
教学视频	光盘\视频\第4章\4.4.3.mp4

如果为段落设置的是符号类型的项目符号，用户还可以通过设置格式的方法来美化项目符号，具体操作步骤如下。

Step 01 在"试用期管理制度.docx"文档中，❶选中需要设置项目符号格式的段落，❷在【开始】选项卡的【段落】组中，单击【项目符号】按钮≡ ·右侧的下拉按钮 ▾，❸在弹出的下拉列表中选择【定义新项目符号】选项，如图4-53所示。

图 4-53

Step 02 弹出【定义新项目符号】对话框，单击【字体】按钮，如图4-54所示。

图 4-54

Step 03 ❶在弹出的【字体】对话框中设置需要的格式，本例中设置了字号和字体颜色，❷单击【确定】按钮，如图4-55所示。

Step 04 返回【定义新项目符号】对话框，单击【确定】按钮，如图4-56所示。

图 4-55

图 4-56

Step 05 返回文档，可查看设置后的效果，如图4-57所示。

图 4-57

技能拓展——删除项目符号

对段落添加了项目符号之后，若要删除项目符号，可先选中段落，然后在【开始】选项卡的【段落】组

中，单击【项目符号】按钮≡ ·右侧的下拉按钮 ▾，在弹出的下拉列表中选择【无】选项即可。

★ 重点 4.4.4 实战：为仪表礼仪调整项目列表级别

实例门类	软件功能
教学视频	光盘\视频\第4章\4.4.4.mp4

默认情况下，添加的项目符号级别为"1级"，用户可以根据需要更改级别，具体操作步骤如下。

Step 01 打开"光盘\素材文件\第4章\商务礼仪-仪表礼仪.docx"的文件，❶选中需要修改项目符号级别的段落，❷在【开始】选项卡的【段落】组中，单击【项目符号】按钮≡ ·右侧的下拉按钮 ▾，❸在弹出的下拉列表中选择【更改列表级别】选项，❹在弹出的级联列表中为项目符号选择所需要的级别，如【2级】，如图4-58所示。

图 4-58

Step 02 所选段落的项目符号即可更改为2级，且项目符号会自动更改为该级别所对应的符号样式，如图4-59所示。

图 4-59

Step03 若不需要更改后的符号样式，❶可单击【项目符号】按钮右侧的下拉按钮，❷在弹出的下拉列表中选择其他项目符号样式，如图 4-60 所示。

图 4-60

Step04 按照上面的操作步骤，对其他段落调整相应的项目符号级别即可，完成后的效果如图 4-61 所示。

图 4-61

4.5 使用编号列表

在制作规章制度、管理条例等方面的文档时，除了使用项目符号外，还可以使用编号来组织内容，从而使文档层次分明、条理清晰。

★ 重点 4.5.1 实战：为试用期管理制度添加编号

实例门类	软件功能
教学视频	光盘\视频\第 4 章\4.5.1.mp4

对于具有一定顺序或层次结构的段落，可以为其添加编号。默认情况下，在以 "一、""1.""（1）""①" 或 "a."等编号开始的段落中，按下【Enter】键换到下一段时，下一段会自动产生连续的编号，如图 4-62 所示。

图 4-62

若要对已经输入好的段落添加编号，可以通过【段落】组中的【编号】按钮实现，具体操作方法为：在

"试用期管理制度.docx"文档中，❶选中需要添加编号的段落，❷在【开始】选项卡的【段落】组中，单击【编号】按钮右侧的下拉按钮，❸在弹出的下拉列表中选择需要的编号样式即可，如图 4-63 所示。

图 4-63

★ 重点 4.5.2 实战：为试用期管理制度自定义编号列表

实例门类	软件功能
教学视频	光盘\视频\第 4 章\4.5.2.mp4

除了使用 Word 内置的编号样式

外，用户还可以自定义编号样式。例如，要自定义一个"流程 1、流程 2……"的编号列表为例，具体操作步骤如下。

Step01 在"试用期管理制度.docx"文档中，❶选中需要添加编号的段落，❷在【开始】选项卡的【段落】组中，单击【编号】按钮右侧的下拉按钮，❸在弹出的下拉列表中选择【定义新编号格式】选项，如图 4-64 所示。

图 4-64

Step02 弹出【定义新编号格式】对话框，在【编号样式】下拉列表中选择编号样式，本例中需选择【1,2,3,…】，此时，【编号格式】文本框中将出现

"1."字样，且"1"以灰色显示，表示不可修改或删除，如图4-65所示。

图 4-65

Step03 ❶将"1"后面的"."删除掉，然后在"1"前面输入文本"流程"，❷设置完成后单击【确定】按钮，如图4-66所示。

图 4-66

Step04 返回到文档，保持段落的选中状态，❶在【段落】组中单击【编号】按钮右侧的下拉按钮，❷在弹出的下拉列表中选择设置的编号样式即可，如图4-67所示。

图 4-67

与自定义项目符号一样，若没有对段落设置缩进格式，则无须进行上述第4步操作。

★ 重点 4.5.3 实战：为出差管理制度使用多级列表

实例门类	软件功能
教学视频	光盘\视频\第4章\4.5.3.mp4

对于含有多个层次的段落，为了能够清晰地体现层次结构，可对其添加多级列表。添加多级列表的操作步骤如下。

Step01 打开"光盘\素材文件\第4章\员工出差管理制度.docx"的文件，❶选中需要添加列表的段落，❷在【开始】选项卡的【段落】组中单击【多级列表】按钮，❸在弹出的下拉列表中选择需要的列表样式，如图4-68所示。

图 4-68

Step02 此时所有段落的编号级别为1级，效果如图4-69所示。

图 4-69

Step03 ❶选中需要调整级别的段落，❷单击【多级列表】按钮，❸在弹出的下拉列表中依次选择【更改列表级别】→【2级】选项，如图4-70所示。

图 4-70

Step04 此时，所选段落的级别调整为【2级】，其他段落的编号依次发生变化，如图4-71所示。

图 4-71

Step05 参照上述操作步骤，对其他段落调整相应的编号级别即可，完成后的效果如图4-72所示。

图 4-72

技能拓展——使用快捷键调整列表级别

将鼠标光标定位在编号与文本之间，按下【Tab】键，可以降低一个列表级别；按下【Shift+Tab】组合键，可以提高一个列表级别。

★ 重点 4.5.4 实战：为文书管理制度自定义多级列表

实例门类	软件功能
教学视频	光盘\视频\第4章\4.5.4.mp4

除了使用内置的列表样式，用户还可以定义新的多级列表样式，具体操作步骤如下。

Step01 打开"光盘\素材文件\第4章\文书管理制度.docx"的文件，❶选中需要添加列表的段落，❷在【开始】选项卡的【段落】组中单击【多级列表】按钮，❸在弹出的下拉列表中选择【定义新的多级列表】选项，如图4-73所示。

图 4-73

Step02 弹出【定义新多级列表】对话框，❶在【单击要修改的级别】列表框中选择【1】选项，❷在【此级别的编号样式】下拉列表中选择该级别的编号样式，如【一、二、三(简)…】，❸在【输入编号的格式】文本框中将显示"一."字样，删除".",在"一"的前面输入"第"，在"一"的后面输入"条"，如图4-74所示。

Step03 ❶在【单击要修改的级别】列表框中选择【2】选项，❷在【此级别的编号样式】下拉列表中选择该级别的编号样式，如图4-75所示。

图 4-74

图 4-75

Step04 ❶在【单击要修改的级别】列表框中选择【3】选项，❷在【此级别的编号样式】下拉列表中选择该级别的编号样式，❸本例中所选段落仅有3个级别，因而只设置前3个级别的样式即可。相应级别的格式设置完成后，可以通过预览框进行预览。若确定当前样式，则单击【确定】按钮，如图4-76所示。

图 4-76

Step05 返回文档，所选段落的编号级别都为1级，如图4-77所示。

图 4-77

Step06 参照4.5.3节的操作步骤，调整段落的列表级别，调整后的效果如图4-78所示。

图 4-78

★ 重点 4.5.5 实战：为目录表设置起始编号

实例门类	软件功能
教学视频	光盘\视频\第4章\4.5.5.mp4

当文档前面已出现一组编号时，对其他段落添加相同样式的编号时，用户既可以重新单独编号，也可以继续前一组的编号，其效果分别如图4-79和图4-80所示。

图 4-79

图 4-80

设置起始编号的具体操作步骤如下。

Step01 打开"光盘\素材文件\第4章\目录.docx"文件，❶ 将鼠标光标定位到需要重新编号的段落，❷ 在【开始】选项卡的【段落】组中，单击【编号】按钮 右侧的下拉按钮 ，❸ 在弹出的下拉列表中选择【设置编号值】选项，如图4-81所示。

图 4-81

Step02 弹出【起始编号】对话框，❶ 选中【开始新列表】单选按钮，❷ 在【值设置为】微调框中将值设置

为【1】，❸ 单击【确定】按钮，如图4-82所示。

图 4-82

技能拓展——快速将起始编号设置为"1"

右击需要重新开始编号的段落，在弹出的快捷菜单中选择【重新开始于1】命令，可快速将起始编号设置为1。

Step03 返回文档，可看到设置后的效果，如图4-83所示。

图 4-83

技能拓展——继续上一列表的编号

如果希望继续前一组编号，则将鼠标光标定位到需要继续编号的段落并右击，在弹出的快捷菜单中选择【继续编号】选项即可。

4.5.6 实战：为试用期管理制度设置编号格式

实例门类	软件功能
教学视频	光盘\视频\第4章\4.5.6.mp4

为段落添加编号列表后，为了使编号更加美观，用户还可以对其设置格式，具体操作步骤如下。

Step01 在"试用期管理制度.docx"文档中，❶ 选中需要设置格式的编号，❷ 在【开始】选项卡的【段落】组中，单击【编号】按钮 右侧的下拉按钮 ，❸ 在弹出的下拉列表中选择【定义新编号格式】选项，如图4-84所示。

图 4-84

Step02 弹出【定义新编号格式】对话框，单击【字体】按钮，如图4-85所示。

图 4-85

Step03 ❶ 在弹出的【字体】对话框中设置相应格式，❷ 单击【确定】按钮，如图4-86所示。

图 4-86

Step 04 返回【定义新编号格式】对话框，单击【确定】按钮，如图 4-87 所示。

图 4-87

Step 05 返回文档，可查看设置后的效果，如图 4-88 所示。

图 4-88

4.5.7 实战：为试用期管理制度调整编号与文本之间的距离

实例门类	软件功能
教学视频	光盘\视频\第 4 章\4.5.7.mp4

为段落添加项目符号或编号之后，可能会觉得项目符号 / 编号与其右侧文本之间的距离过大或过小，根据需要，可以借助标尺来调整项目符号 / 编号与文本之间的间距。

例如，要调整编号与文本之间的距离，具体操作步骤如下。

Step 01 在 "试用期管理制度 .docx" 文档中，先将标尺显示出来，❶ 选中要调整编号与文本间距的段落，❷ 在标尺上拖动【悬挂缩进】滑块，如图 4-89 所示。

图 4-89

Step 02 拖动至合适的位置后，释放鼠标即可，效果如图 4-90 所示。

图 4-90

4.6 制表位的使用

制表位是指在水平标尺上的位置，指定文字缩进的距离或一栏文字开始之处。制表位的最大功能就是可以用来使鼠标光标精确地定位到需要的地方，从而方便文字在工作区内排列。制表位的三要素包括制表位位置、制表位对齐方式和制表位的前导字符。

4.6.1 认识制表位与制表符

默认情况下，在输入文本内容时，每按一次【Tab】键，插入点会从当前位置向右移动 2 个字符的距离。每次按【Tab】键后，鼠标光标定位到的新位置被称为 "制表位"，制表位标记显示为➡，如图 4-91 所示。

图 4-91

技术看板

默认情况下，Word 中的编辑标记只显示了段落标记，并未显示制表位标记，所以需要将制表位标记显示出来，具体操作方法请参考第 1 章内容。

在使用制表位的时候，还必须要认识另外一个概念，即制表符。制表符是指标尺上显示制表位所在位置的标记。直接单击标尺上的某个位置，即可创建一个制表符，如图 4-92 所示中，标尺上的【L】标记便是制表符。

图 4-92

Word 提供了 5 种制表符，分别是左对齐 L、居中对齐 ⊥、右对齐 ⊥、小数点对齐 ⊥、竖线对齐 |，它们用于指定文本的对齐方式。在标尺上设置制表位之前，先单击标尺左侧的标记按钮来切换制表符类型，再在标尺上设置制表位。默认情况下，标尺左侧的标记按钮显示

为【左对齐式制表符】按钮 L（在图 4-92 中可以看到），单击一次该按钮，可切换到另一种对齐方式的制表符，同时标记按钮也会发生变化，图 4-93 中显示的是【右对齐式制表符】按钮 ⊥。

图 4-93

不同的制表符，用于指定不同的对齐方式，其作用分别如下。

➥ 左对齐：使文字靠左对齐。
➥ 居中对齐：使文字居中对齐
➥ 右对齐：使文字靠右对齐。
➥ 小数点对齐：针对含有小数的数字进行的设置，以小数点为对齐中心。
➥ 竖线对齐：用处不大，【Tab】键对它几乎不起作用。

如图 4-94 所示为前 4 种对齐方式的效果，❶ 为左对齐，❷ 为居中对齐，❸ 为右对齐，❹ 为小数点对齐。

图 4-94

★ 重点 4.6.2 实战：使用标尺在成绩单中设置制表位

实例门类	软件功能
教学视频	光盘\视频\第 4 章\4.6.2.mp4

在标尺上单击某个位置，即可产生相应的制表位，下面通过具体实例来进行讲解。其具体操作步骤如下。

Step 01 新建一篇名为"员工培训成绩"的空白文档，输入内容，然后将标尺显示出来，如图 4-95 所示。

图 4-95

Step 02 ❶ 选中所有段落，❷ 单击标记按钮切换到【居中制表符标记】⊥，❸ 在标尺上单击添加制表位，如图 4-96 所示。

图 4-96

Step 03 添加制表位后，如果对位置不满意，还可以拖动【居中制表符标记】⊥进行调整，如图 4-97 所示。

图 4-97

Step 04 按照上面的操作步骤，依次添

加其他制表位即可，最终效果如图
4-98 所示。

图 4-98

技能拓展——精确调整制表位的位置

拖动标尺上的制表符标记调整制表位的位置时，如果按住【Alt】键的同时，再拖动鼠标，可精确调整制表位的位置。

★ **重点 4.6.3 实战：通过对话框在销售表中精确设置制表位**

实例门类	软件功能
教学视频	光盘\视频\第4章\4.6.3.mp4

除了通过标尺的方法来设置制表位外，还可以通过对话框来设置制表位，具体操作步骤如下。

Step01 打开"光盘\素材文件\第4章\食品销售表.docx"的文件，❶选中要添加制表位的段落，❷在【开始】选项卡的【段落】组中单击【功能扩展】按钮，如图 4-99 所示。

图 4-99

Step02 弹出【段落】对话框，单击【制表位】按钮，如图 4-100 所示。

图 4-100

Step03 弹出【制表位】对话框，❶在【制表位位置】文本框中输入第一个制表位的位置，以"字符"为单位，本例中输入"12 字符"，❷在【对齐方式】栏中选择对齐方式，如【右对齐】，❸设置好后单击【设置】按钮，如图 4-101 所示。

图 4-101

Step04 列表框中将显示刚才设置的制表位，从而完成第一个制表位的创建，如图 4-102 所示。

Step05 ❶按照上述操作步骤，创建其他制表位，将制表位位置依次设置为"20 字符""28 字符"，❷单击【确定】按钮，如图 4-103 所示。

图 4-102

图 4-103

Step06 返回文档，可查看设置了制表位后的效果，如图 4-104 所示。

图 4-104

技能拓展——更改制表位的对齐方式

设置好制表位后，如果发现制表位的对齐方式有误，可以对其进行修改，其操作方法为：选中要修改制表位对齐方式的段落，在标尺上双击任意一个制表位，弹出【制表位】对话框，在列表框中选择需要修改对齐方式的制表位，然后在【对齐方式】栏中重新选择需要的对齐方式即可。

★ 重点 4.6.4　实战：在书籍目录中制作前导符

实例门类	软件功能
教学视频	光盘\视频\第4章\4.6.4.mp4

前导符是制表位的辅助符号，用来填充制表位前的空白区间。例如，在制作菜单价格目录时，就经常利用前导符来索引具体的菜品价钱，如图4-105所示。

图 4-105

前导符有实线、粗虚线、细虚线和点画线4种样式，用户可以根据需要进行选择。设置前导符的具体操作步骤如下。

Step01 打开"光盘\素材文件\第4章\书籍目录.docx"的文件，❶选中要设置前导符的段落，❷在标尺中双击任意一个制表位，如图4-106所示。

图 4-106

Step02 弹出【制表位】对话框，❶在列表框中选择需要设置前导符的制表位，❷在【前导符】栏中选择需要的前导符样式，❸单击【确定】按钮，如图4-107所示。

图 4-107

Step03 返回文档，可看到设置了前导符后的效果，如图4-108所示。

图 4-108

技能拓展——清除前导符

对于设置了前导符的段落，如果要清除前导符，则先选中这些段落，打开【制表位】对话框，在【前导符】栏中选中【1无(1)】单选按钮，然后单击【确定】按钮即可。

4.6.5　实战：在书籍目录中删除制表位

实例门类	软件功能
教学视频	光盘\视频\第4章\4.6.5.mp4

对于不再需要的制表位，用户可以将其删除掉，具体操作步骤如下。

Step01 在"书籍目录.docx"文档中，❶选中要删除制表位的段落，❷在标尺中双击任意一个制表位，如图4-109所示。

图 4-109

Step02 弹出【制表位】对话框，❶在列表框中选择需要删除的制表位，❷单击【清除】按钮，如图4-110所示。

图 4-110

技能拓展——一次性清除全部制表位

如果要一次性清除全部制表位，可以先选中要清除制表位的段落，打开【制表位】对话框，单击【全部清除】按钮即可。

Step03 列表框中将不再显示刚才所选的制表位，单击【确定】按钮，如图4-111所示。

Step04 返回文档，可查看清除制表位后的效果，如图4-112所示。

图 4-111

图 4-112

妙招技法

通过前面知识的学习，相信读者已经掌握了段落格式的设置方法。下面将结合本章内容，给大家介绍一些实用的技巧。

技巧01：利用格式刷复制格式

实例门类	软件功能
教学视频	光盘\视频\第4章\技巧01.mp4

格式刷是一种快速应用格式的工具，能够将某文本对象的格式复制到另一个对象上，从而避免重复设置格式的麻烦。当需要对文档中的文本或段落设置相同格式时，便可通过格式刷复制格式，具体操作步骤如下。

Step01 打开"光盘\素材文件\第4章\函数语法介绍.docx"的文件，❶选中需要复制的格式所属文本，❷在【开始】选项卡的【剪贴板】组中单击【格式刷】按钮，如图4-113所示。

图 4-113

Step02 鼠标指针将呈刷子形状，按住鼠标左键不放，然后拖动鼠标选择需要设置相同格式的文本，如图4-114所示。

图 4-114

Step03 此时，被拖动的文本将应用相同格式，即应用了相同的底纹效果，如图4-115所示。

图 4-115

技巧02：让英文在单词中间换行

实例门类	软件功能
教学视频	光盘\视频\第4章\技巧02.mp4

默认情况下，当一行末尾的空间不足以容纳一个英文单词或连续英文内容时，Word会自动转入下一行完成显示英文内容，而上一行的内容会在编辑区域均匀分布。若上一行的内容太少，则文字之间的间距就会很大，从而影响文档的美观，如图4-116所示。

图 4-116

针对这样的情况，可以通过设置让英文在单词中间自动换行，具体操作步骤如下。

Step01 在"函数语法介绍.docx"文档中，① 选中要设置的段落，② 在【开始】选项卡的【段落】组中单击【功能扩展】按钮 ，如图 4-117 所示。

图 4-117

Step02 弹出【段落】对话框，① 切换到【中文版式】选项卡，② 在【换行】栏中选中【允许西文在单词中间换行】复选框，③ 单击【确定】按钮，如图 4-118 所示。

图 4-118

Step03 返回文档，可查看设置后的效果，如图 4-119 所示。

图 4-119

技巧 03：在同一页面显示完整的段落

实例门类	软件功能
教学视频	光盘\视频\第 4 章\技巧 03.mp4

在编辑文档时，经常会遇到页面底端的段落分别显示在当前页底部和下一页顶部的情况，如图 4-120 所示。

图 4-120

如果希望该段落包含的所有内容都显示在同一个页面中，那么可以对段落的换行和分页进行设置，具体操作步骤如下。

Step01 在"函数语法介绍.docx"文档中，① 选中要设置的段落，② 在【开始】选项卡的【段落】组中单击【功能扩展】按钮 ，如图 4-121 所示。

Step02 弹出【段落】对话框，① 切换到【换行和分页】选项卡，② 在【分页】栏中选中【段中不分页】复选框，③ 单击【确定】按钮，如图 4-122 所示。

图 4-121

图 4-122

Step03 返回文档，可查看设置后的效果，如图 4-123 所示。

图 4-123

在【段落】对话框的【换行和分页】选项卡中，在【分页】栏中共有以下几个复选框供用户选择。

➡ 孤行控制：选中该复选框，可以

避免段落的第一行位于当前页的页面底部，或者最后一行位于下一页的页面顶端。

➡ 与下段同页：选中该复选框，会将当前段落移动到下一段所在的页面中，使该段落与其下一段位于同一个页面中。该复选框通常用于标题的设置，当标题位于一页的底部，而标题下方的内容位于下一页，通过选中该复选框，可以确保标题及其下方的内容位于同一页中。

➡ 段中不分页：选中该复选框，可以确保段落不被分到两个页面上。

➡ 段前分页：该复选框与分页符的效果相同。选中该复选框后，该段落将位于一个新页面的顶部。

技巧 04：防止输入的数字自动转换为编号

实例门类	软件功能
教学视频	光盘 \ 视频 \ 第 4 章 \ 技巧 04.mp4

默认情况下，在以下两种情况时，Word 会自动对其进行编号列表。

➡ 在段落开始输入类似"1."" (1) ""①"等编号格式的字符时，然后按下【Space】键或【Tab】键。

➡ 在以"1."" (1) ""①"或"a. "等编号格式的字符开始的段落中，按下【Enter】键换到下一段时。

这是因为 Word 提供了自动编号功能，如果不希望输入的数字自动转换为编号，可以设置 Word 的自动更正功能，具体操作步骤如下。

Step01 打开【Word 选项】对话框，❶ 切换到【校对】选项卡，❷ 在【自动更正选项】栏中单击【自动更正选项】按钮，如图 4-124 所示。

Step02 弹出【自动更正】对话框，❶ 切换到【键入时自动套用格式】选项卡，❷ 在【键入时自动应用】栏中，取消选中【自动编号列表】复选框，

❸ 单击【确定】按钮，如图 4-125 所示。

图 4-124

图 4-125

Step03 返回【Word】选项对话框，单击【确定】按钮即可。

技能拓展——防止将插入的图标自动转换为项目符号

默认情况下，在段落开始插入了一个图标，在图标右侧输入一些内容后按【Enter】键进行换行，Word 会自动将图标转换为项目符号。之所以出现这样的情况，是因为 Word 提供了自动项目符号功能，要解决该问题，可以在【自动更正】对话框中切换到【键入时自动套用格式】选项卡，然后在【键入时自动应用】栏中取消选中【自动项目符号列表】复选框即可。

技巧 05：结合制表位设置悬挂缩进

实例门类	软件功能
教学视频	光盘 \ 视频 \ 第 4 章 \ 技巧 05.mp4

在编辑文档时，如果对段落使用的是手动编号，则会发现设置的悬挂缩进不是很整洁，如图 4-126 所示。

图 4-126

要想设置出漂亮整洁的悬挂缩进，就需要结合制表位的使用，具体操作步骤如下。

Step01 打开"光盘 \ 素材文件 \ 第 4 章 \ 仓库管理制度 .docx"的文件，❶ 先在编号与文字之间通过按下【Tab】键输入制表位，然后选中这些要设置悬挂缩进的段落，❷ 在【开始】选项卡的【段落】组中单击【功能扩展】按钮，如图 4-127 所示。

图 4-127

Step02 ❶ 弹出【段落】对话框，在【缩进】栏中的【特殊格式】下拉列表中选择【悬挂缩进】选项，在【缩进值】微调框中设置缩进值，❷ 完成设置后单击【确定】按钮，如图 4-128 所示。

图 4-128

Step⑬ 返回文档，可看到设置的悬挂缩进效果，如图 4-129 所示。

图 4-129

技能拓展——通过标尺设置悬挂缩进

在编号与文本之间插入制表位后，还可以通过标尺来快速设置悬挂缩进，其操作方法为：将标尺显示出来，选中需要设置悬挂缩进的段落，在标尺上通过拖动【悬挂缩进】滑块进行设置即可。

本章小结

　　本章主要讲解了段落格式的设置方法，主要包括设置段落基本格式与特殊格式、设置边框与底纹、使用项目符号与编号列表，以及制表位的使用等内容。通过本章内容的深入学习，希望读者能够熟练运用相关功能对段落格式进行合理的设置。

第5章 图文混排处理技术

- ➡ Word 也能对屏幕截图吗？
- ➡ 使用 Word 删除图片背景，你会吗？
- ➡ 插入的图片颜色过暗，可以调整吗？
- ➡ 如何在形状中添加文字？
- ➡ 什么是绘图画布？
- ➡ 什么是 SmartArt 图形？SmartArt 图形能做什么？

通过本章内容的学习，读者会发现，不用其他编辑图片软件，也可以编辑图片。本章通过实例教会读者，如何使用 Word 编辑日常工作、生活中的一些常用图片。

5.1 在文档中插入图片

在制作产品说明书、企业内刊及公司宣传册等之类的文档时，可以通过 Word 的图片编辑功能插入图片，从而使文档图文并茂，给读者带来精美、直观的视觉冲击。

5.1.1 实战：在产品介绍中插入计算机中的图片

实例门类	软件功能
教学视频	光盘\视频\第5章\5.1.1.mp4

在制作文档的过程中，可以插入计算机中收藏的图片，以配合文档内容或美化文档。插入图片的具体操作步骤如下。

Step01 打开"光盘\素材文件\第5章\产品介绍.docx"文件，❶将鼠标光标定位到需要插入图片的位置，❷切换到【插入】选项卡，❸单击【插图】组中的【图片】按钮，如图5-1所示。

技术看板

Word 的图片功能非常强大，可以支持很多图片格式，如 jpg、jpeg、wmf、png、bmp、gif、tif、eps、wpg 等。

图 5-1

Step02 弹出【插入图片】对话框，❶选择需要插入的图片，❷单击【插入】按钮，如图5-2所示。

图 5-2

Step03 返回文档，选择的图片即可插入鼠标光标所在位置，如图5-3所示。

图 5-3

★ 新功能 5.1.2 实战：在感谢信中插入联机图片

实例门类	软件功能
教学视频	光盘\视频\第5章\5.1.2.mp4

Word 2013 提供了联机图片功能，取代了以往版本中的剪贴画功能。通过联机图片功能，可以从各种联机来源中查找和插入图片。插入联

机图片的具体操作步骤如下。

Step01 打开"光盘\素材文件\第5章\感谢信.docx"文件，❶将鼠标光标定位到需要插入图片的位置，❷切换到【插入】选项卡，❸单击【插图】组中的【联机图片】按钮，如图5-4所示。

图 5-4

Step02 打开【插入图片】界面，❶在文本框中输入需要的图片类型，如"横线花边"，❷单击【搜索】按钮，如图5-5所示。

图 5-5

Step03 开始搜索图片，有时搜索出来显示没有搜索结果，可以单击【显示所有Web结果】按钮，如图5-6所示。

图 5-6

Step04 ❶在搜索到的图片列表框中选择需要的图片，❷单击【插入】按钮，如图5-7所示。

图 5-7

Step05 返回文档，选择的图片即可插入到鼠标光标所在位置，如图5-8所示。

图 5-8

5.1.3　实战：**插入屏幕截图**

实例门类	软件功能
教学视频	光盘\视频\第5章\5.1.3.mp4

从Word 2010开始新增了屏幕截图功能，通过该功能，可以快速截取屏幕图像，并直接插入文档中。

1. 截取活动窗口

Word的"屏幕截图"功能会智能监视活动窗口（打开且没有最小化的窗口），可以很方便地截取活动窗口的图片并插入当前文档中，具体操作步骤如下。

Step01 ❶将鼠标光标定位在要插入图片的位置，❷切换到【插入】选项卡，❸单击【插图】组中的【屏幕截图】按钮，❹在弹出的下拉列表的【可用视窗】栏中，将以缩略图的形式显示当前所有活动窗口，单击要插入的窗口图，如图5-9所示。

图 5-9

Step02 此时，Word会自动截取该窗口图片并插入文档中，如图5-10所示。

图 5-10

2. 截取屏幕区域

使用Word 2013的截取屏幕区域功能，可以截取计算机屏幕上的任意图片，并将其插入文档中，具体操作步骤如下。

Step01 ❶将鼠标光标定位在需要插入图片的位置，❷切换到【插入】选项卡，❸单击【插图】组中的【屏幕截图】按钮，❹在弹出的下拉列表中选择【屏幕剪辑】选项，如图5-11所示。

图 5-11

Step02 当前文档窗口自动缩小，整个屏幕将朦胧显示，这表示进入屏幕剪辑状态，这时用户可以按住鼠标左键不放，拖动鼠标选择截取区域，被选中的区域将呈高亮显示，如图 5-12 所示。

图 5-12

Step 03 截取好区域后，松开鼠标左键，Word 会自动将截取的屏幕图像插入文档中，如图 5-13 所示。

图 5-13

技术看板

截取屏幕截图时，选择【屏幕剪辑】选项后，屏幕中显示的内容是打开当前文档之前所打开的窗口或对象。

进入屏幕剪辑状态后，如果又不想截图了，按下【Esc】键退出截图状态即可。

5.2 调整图片格式

插入图片之后，功能区中将显示【图片工具 / 格式】选项卡，通过该选项卡，用户可以对选中的图片进行调整大小、调整图片色彩、设置图片样式和环绕方式等设置。

5.2.1 实战：调整图片大小和角度

实例门类	软件功能
教学视频	光盘\视频\第 5 章\5.2.1.mp4

在文档中插入图片后，首先需要调整图片大小，以避免图片过大而占据太多的文档空间。为了满足各种排版需要，还可以通过旋转图片的方式随意调整图片的角度。

1. 使用鼠标调整图片大小和角度

使用鼠标来调整图片大小和角度，既快速又便捷，所以许多用户都会习惯性使用鼠标来调整图片大小和角度。

➜ 调整图片大小：打开"光盘 \ 素材文件 \ 第 5 章 \ 调整图片大小和角度 .docx"文件，选中图片，图片四周会出现控制点，将鼠标指针停放在控制点上，待鼠标指针变成双向箭头时，按下鼠标左键并任意拖动，即可改变图片的大小，拖动时，鼠标指针显示为 ，如图 5-14 所示。

图 5-14

技术看板

若拖动图片 4 个角上的控制点，则图片会按等比例缩放大小；若拖动图片 4 边中线处的控制点，则只会改变图片的高度或宽度。

➜ 调整图片角度：在"调整图片大小和角度 .docx"文档中，选中图片，将鼠标指针指向旋转手柄 ，鼠标指针显示为 ，此时按下鼠标左键并进行拖动，可以旋转该图片，旋转时，鼠标指针显示为 ，如图 5-15 所示，当拖动到合适角度后释放鼠标即可。

图 5-15

2. 通过功能区调整图片大小和角度

如果要调整更为精确的图片大小和角度，可以通过功能区实现。

➥ 调整图片大小：在"调整图片大小和角度 .docx"文档中，❶选中图片，❷切换到【图片工具 / 格式】选项卡，❸在【大小】组中设置高度值和宽度值即可，如图 5-16 所示。

图 5-16

➥ 调整图片角度：在"调整图片大小和角度 .docx"文档中，❶选中图片，❷切换到【图片工具 / 格式】选项卡，❸在【排列】组中单击【旋转】按钮，❹在弹出的下拉列表中选择需要的旋转角度，如图 5-17 所示。

图 5-17

3. 通过对话框调整图片大小和角度

要想精确调整图片大小和角度，还可以通过对话框来设置，具体操作步骤如下。

Step01 在"调整图片大小和角度 .docx"文档中，❶选中图片，❷切换到【图片工具 / 格式】选项卡，❸在【大小】组中单击【功能扩展】按钮，如图 5-18 所示。

Step02 弹出【布局】对话框，❶在【大小】选项卡的【高度】栏中设置图片高度值，此时【宽度】栏中的值会自动进行调整，❷在【旋转】栏中设置

旋转度数，❸设置完成后单击【确定】按钮，如图 5-19 所示。

图 5-18

图 5-19

技能拓展——恢复图片原始大小

在【布局】对话框的【大小】选项卡中，单击【重置】按钮，可以使图片恢复到原始大小。原始大小并非将图片插入该文档时的图片大小，而是指图片本身的大小。图片的原始大小参数，可在【原始尺寸】栏中进行查看。

Step03 返回文档，可查看设置后的效果，如图 5-20 所示。

图 5-20

技能拓展——恢复图片原始大小

在【布局】对话框调整图片大小时，还可以在【缩放】栏中通过【高度】或【宽度】微调框设置图片的缩放比例。

在【布局】对话框的【大小】选项卡中，【锁定纵横比】复选框默认为选中状态，所以通过功能区或对话框调整图片大小时，无论是高度还是宽度的值发生改变，另外一个值便会按图片的比例自动更正；反之，若取消选中【锁定纵横比】复选框，则调整图片大小时，图片不会按照比例进行自动更正，容易出现图片变形的情况。

5.2.2 实战：裁剪图片

实例门类	软件功能
教学视频	光盘\视频\第 5 章\5.2.2.mp4

Word 提供了裁剪功能，通过该功能，可以非常方便地对图片进行裁剪操作，具体操作步骤如下。

Step01 打开"光盘\素材文件\第 5 章\裁剪图片 .docx"文件，❶选中图片，❷切换到【图片工具 / 格式】选项卡，❸单击【大小】组中的【裁剪】按钮，如图 5-21 所示。

图 5-21

Step02 此时，图片将处于可裁剪状态，指向图片的某个裁剪标志，鼠标指针将变成裁剪状态，如图 5-22 所示。

图 5-22

技能拓展——退出裁剪状态

图片处于可裁剪状态时，按下【Esc】键可退出裁剪状态。

Step03 鼠标指针处于裁剪状态时，拖动鼠标可进行裁剪，如图 5-23 所示。

图 5-23

Step04 当拖动至需要的位置时释放鼠标，此时阴影部分表示将要被剪掉的部分，确认无误按下【Enter】键确认即可，如图 5-24 所示。

图 5-24

技能拓展——放弃当前裁剪

图片处于裁剪状态下时，拖动鼠标选择好要裁剪掉的部分后，若要放弃当前裁剪，按下【Ctrl+Z】组合键即可。

Step05 完成裁剪，裁剪后的效果如图 5-25 所示。

图 5-25

技术看板

在 Word 2010 以上的版本中，选中要裁剪的图片后，单击【裁剪】按钮下方的下拉按钮，在弹出的下拉列表中还提供了【裁剪为形状】和【纵横比】两种裁剪方式，通过这两种方式，可直接选择预设好的裁剪方案。

★ 重点 5.2.3 在产品介绍中删除图片背景

实例门类	软件功能
教学视频	光盘\视频\第 5 章\5.2.3.mp4

在编辑图片时，还可以通过 Word 提供的"删除背景"功能删除图片背景，具体操作步骤如下。

Step01 在"产品介绍 .docx"文档中，① 选中图片，② 切换到【图片工具 / 格式】选项卡，③ 单击【调整】组中的【删除背景】按钮，如图 5-26 所示。

图 5-26

Step02 图片将处于删除背景编辑状态，① 通过图片上的编辑框调整图片要保留的区域，确保需要保留部分全部包含在保留区域内，② 在【背景消除】选项卡的【关闭】组中单击【保留更改】按钮，如图 5-27 所示。

图 5-27

技能拓展——灵活删除图片背景

图片处于删除背景编辑状态时，在【背景消除】选项卡的【优化】组中，单击【标记要保留的区域】按钮，可以在图片中标记出要保留下来的图片区域；单击【标记要删除的区域】按钮，可以在图片中标记出要删除的图片区域。

Step03 图片的背景将被删掉了，效果如图 5-28 所示。

技术看板

Word 毕竟不是专业的图形图像处理软件，对于一些背景非常复杂的图片，建议用户使用图形图像软件进行处理。

图 5-28

5.2.4 实战：在公司形象展示中设置图片效果

实例门类	软件功能
教学视频	光盘\视频\第5章\5.2.4.mp4

在 Word 中插入图片后，用户可以对其设置阴影、映像、柔化边缘等效果，以达到美化图片的目的。这些效果的设置方法相似，如要设置 25 磅的柔化边缘效果，具体操作方法为：打开"光盘\素材文件\第 5 章\公司形象展示 .docx"文件，❶ 选中图片，❷ 切换到【图片工具 / 格式】选项卡，❸ 单击【图片样式】组中的【图片效果】按钮，❹ 在弹出的下拉列表中依次选择【柔化边缘】→【25 磅】选项即可，如图 5-29所示。

图 5-29

⚙ **技能拓展——对图片使用预设效果**

单击【图片效果】按钮后，

在弹出的下拉列表中选择【预设】选项，可以在弹出的级联列表中选择已经预设好的效果方案。

★ 重点 5.2.5 实战：在公司形象展示中设置图片边框

实例门类	软件功能
教学视频	光盘\视频\第5章\5.2.5.mp4

图片边框功能主要是针对图片边框是白色的图片。当图片边框是白色的时候，则图片四周没有明显的边界，插入文档后可能会影响视觉效果，这时可以通过为图片添加边框来改善显示效果。设置图片边框的具体操作步骤如下。

Step01 在"公司形象展示 .docx"文档中，❶ 选中图片，❷ 切换到【图片工具 / 格式】选项卡，❸ 在【图片样式】组中单击【图片边框】按钮右侧的下拉按钮，❹ 在弹出的下拉列表中选择【虚线】选项，❺ 在弹出的级联列表中选择边框线样式，如图 5-30所示。

图 5-30

🔧 **技术看板**

在【虚线】级联列表中，若选择【其他线条】选项，可在打开的【设置图片格式】窗格中进行更多的边框线参数设置。

Step02 保持图片的选中状态，❶ 单击【图片边框】按钮右侧的下拉按

钮，❷ 在弹出的下拉列表中选择【粗细】选项，❸ 在弹出的级联列表中选择边框线的粗细，如图 5-31 所示。

图 5-31

Step03 保持图片的选中状态，❶ 单击【图片边框】按钮右侧的下拉按钮，❷ 在弹出的下拉列表中选择边框线颜色，效果如图 5-32 所示。

图 5-32

★ 重点 5.2.6 实战：在公司形象展示中调整图片色彩

实例门类	软件功能
教学视频	光盘\视频\第5章\5.2.6.mp4

在 Word 中插入图片后，还可以对图片的亮度、对比度，以及图片颜色的饱和度、色调进行调整，以达到更理想的色彩状态。调整图片色彩的具体操作步骤如下。

Step01 在"公司形象展示 .docx"文档中，❶ 选中图片，❷ 切换到【图片工具 / 格式】选项卡，❸ 单击【调整】组中的【更正】按钮，❹ 在弹出的下拉列表中的【亮度 / 对比度】栏中选择需要的调整方案，如图 5-33 所示。

图 5-33

技术看板

单击【更正】按钮后，在弹出的下拉列表中若选择【图片更正选项】选项，可在打开的【设置图片格式】窗格中自定义设置亮度和对比度的百分比值。

Step 02 保持图片的选中状态，❶ 在【调整】组中单击【颜色】按钮，❷ 在弹出的下拉列表的【颜色饱和度】栏中选择饱和度值，如图 5-34 所示。

图 5-34

Step 03 保持图片的选中状态，❶ 在【调整】组中单击【颜色】按钮，❷ 在弹出的下拉列表的【色调】栏中选择需要的色调值，如图 5-35 所示。

图 5-35

Step 04 通过上述设置后，最终效果如

图 5-36 所示。

图 5-36

技能拓展——改变图片的整体色彩

在文档中插入图片后，可以通过 Word 提供的重新着色功能改变图片的颜色，其操作方法为：选中图片后，在【调整】组中单击【颜色】按钮，在弹出的下拉列表的【重新着色】栏中选择需要的颜色。若【重新着色】栏中没有需要的颜色，可以选择【其他变体】选项，在弹出的级联列表中进行选择即可。

5.2.7 实战：在公司形象展示中设置图片的艺术效果

实例门类	软件功能
教学视频	光盘\视频\第 5 章\5.2.7.mp4

以前要对图片制作艺术效果，只能依赖于 Photoshop 这样的专业图形处理软件，现在可以直接在 Word 中轻松实现了。

在 Word 中设置图片艺术效果的具体操作方法为：在 "公司形象展示 .docx" 文档中，❶ 选中图片，❷ 切换到【图片工具 / 格式】选项卡，❸ 单击【调整】组中的【艺术效果】按钮，❹ 在弹出的下拉列表中选择需要的艺术效果样式即可，如图 5-37 所示。

图 5-37

5.2.8 实战：在公司形象展示中应用图片样式

实例门类	软件功能
教学视频	光盘\视频\第 5 章\5.2.8.mp4

从 Word 2007 开始，为插入的图片提供了多种内置样式，这些内置样式主要是由阴影、映像、发光等效果元素创建的混合效果。

通过内置样式，可以快速为图片设置外观样式，具体操作方法为：在 "公司形象展示 .docx" 文档中，❶ 选中图片，❷ 切换到【图片工具 / 格式】选项卡，❸ 在【图片样式】组的列表框中选择需要的样式即可，如图 5-38 所示。

图 5-38

技能拓展——快速还原图片

对图片进行大小调整、裁剪、删除背景或颜色调整等各种设置后，若要撤销这些操作，可以通过 Word 提供的重设功能进行还原，操作方法为：选中图片，切换到【图片工具 / 格式】

选项卡，在【调整】组中单击【重设图片】按钮右侧的下拉按钮 ，在弹出的下拉列表中若选择【重设图片】选项，将保留设置的大小，清除其余的全部格式；若选择【重设图片和大小】选项，将清除对图片设置的所有格式，并还原到图片的原始尺寸大小。

★ 重点 5.2.9 实战：在公司形象展示中设置图片环绕方式

实例门类	软件功能
教学视频	光盘\视频\第5章\5.2.9.mp4

Word 提供了嵌入型、四周型、紧密型、穿越型、上下型、衬于文字下方和浮于文字上方7种文字环绕方式，不同的环绕方式可为阅读者带来不一样的视觉感受。在文档中插入图片的默认版式为嵌入型，该版式类型的图片的行为方式与文字相同，若将图片插入包含文字的段落中，该行的行高将以图片的高度为准。若将图片设置为"嵌入型"以外的任意一种环绕方式，图片将以不同形式与文字结合在一起，从而实现各种排版效果。

设置图片环绕方式的操作步骤如下。

Step01 在"公司形象展示.docx"文档中，❶选中图片，❷切换到【图片工具 / 格式】选项卡，❸在【排列】组中单击【自动换行】按钮，❹在弹出的下拉列表中选择需要的环绕方式，如图5-39所示。

图 5-39

Step02 对图片设置了"嵌入型"以外的环绕方式后，可任意拖动图片调整其位置，调整位置后的效果如图5-40所示。

图 5-40

技能拓展——图片与指定段落同步移动

对图片设置了"嵌入型"以外的环绕方式后，选中图片，图片附近的段落左侧会显示锁定标记 ，表示当前图片的位置依赖于该标记右侧的段落。当移动图片所依附的段落的位置时，图片会随着一起移动，而移动其他没有依附关系的段落时，图片则不会移动。

如果想要改变图片依附的段落，则使用鼠标拖动锁定标记 到目标段落左侧即可。

除了上述操作方法之外，还可通过以下两种方式设置图片的环绕方式。

➡ 使用鼠标右击图片，在弹出的快捷菜单中选择【环绕方式】命令，在弹出的子菜单中选择需要的环绕方式即可。

➡ 选中图片，图片右上角会自动显示【布局选项】按钮 ，单击该按钮，可在打开的【布局选项】窗格中选择环绕方式。

技能拓展——调整图片与文字之间的距离

对图片设置四周型、紧密型、穿越型、上下型这4种环绕方式后，还可以调整图片与文字之间的距离，具体操作方法为：选中图片，切换到【图片工具 / 格式】选项卡，在【排列】组中单击【自动换行】按钮，在弹出的下拉列表中选择【其他布局选项】选项，弹出【布局】对话框，在【文字环绕】选项卡的【距正文】栏中通过【上】【下】【左】【右】微调框进行调整即可。其中，上下型环绕方式只能设置【上】和【下】两个距离参数。

5.3 使用图形对象让文档更加生动

为了使文档内容更加丰富，可在其中插入形状、文本框或艺术字等图形对象进行点缀。在 Word 2013 中插入形状、文本框或艺术字后，如果要对它们进行美化编辑操作，就都需要在【绘图工具 / 格式】选项卡中进行，所以它们的操作是有一定共性的。读者在学习的过程中，要融会贯通。

5.3.1 实战：在礼献母亲节中插入形状

实例门类	软件功能
教学视频	光盘\视频\第5章\5.3.1.mp4

为了满足用户在制作文档时的不同需要，Word 提供了多个类别的形状，如线条、矩形、基本形状、箭头等，用户可以从指定类别中找到需要使用的形状，然后将其插入文档中。在文档中插入形状的具体操作步骤如下。

Step01 打开"光盘\素材文件\第5章\礼献母亲节.docx"文件，❶切换到【插入】选项卡，❷单击【插图】组中的【形状】按钮，❸在弹出的下拉列表中选择需要的形状，如图 5-41 所示。

图 5-41

Step02 此时鼠标指针呈十字状"十"，在需要插入形状的位置按住鼠标左键不放，然后拖动鼠标进行绘制，如图 5-42 所示。

图 5-42

Step03 当绘制到合适大小时释放鼠标，即可完成绘制，如图 5-43 所示。

图 5-43

技术看板

在 Word 中插入形状、文本框或艺术字等对象后，都可通过拖动鼠标的方式，调整它们的位置。

5.3.2 调整形状大小和角度

插入形状后，还可以调整形状的大小和角度，其方法和图片的调整相似，所以，此处只进行简单的介绍。

➜ 使用鼠标调整：选中形状，形状四周会出现控制点，将鼠标指针指向控制点，待鼠标指针变成双向箭头时，按下鼠标左键并任意拖动，即可改变形状的大小；将鼠标指针指向旋转手柄，鼠标指针将显示为，此时按下鼠标左键并进行拖动，可以旋转形状。

技术看板

有的形状（如 5.3.1 节中插入的形状）选中后，还会出现黄色控制点，对其拖动，可以改变形状的外观，甚至可以实现一些特殊的外观效果。

➜ 使用功能区调整：选中形状，切换到【绘图工具/格式】选项卡，在【大小】组中可以设置形状的大小，在【排列】组中单击【旋转】按钮，在弹出的下拉列表中

可以选择形状的旋转角度。

➜ 使用对话框调整：选中形状，切换到【绘图工具/格式】选项卡，在【大小】组中单击【功能扩展】按钮，弹出【布局】对话框，在【大小】选项卡中可以设置形状大小和旋转度数。

技术看板

使用鼠标调整形状的大小时，按住【Shift】键的同时再拖动形状，可等比例缩放形状大小。

此外，形状大小和角度的调整方法，同样适用于文本框、艺术字编辑框的调整，后面的相关知识讲解中将不再赘述。

5.3.3 实战：在礼献母亲节中更改形状

实例门类	软件功能
教学视频	光盘\视频\第5章\5.3.3.mp4

在文档中绘制形状后，可以随时改变它们的形状。例如，要将 5.3.1 节中绘制的形状更改为云形，具体操作步骤如下。

Step01 在"礼献母亲节.docx"文档中，❶选中形状，❷切换到【绘图工具/格式】选项卡，❸在【插入形状】组中单击【编辑形状】按钮，❹在弹出的下拉列表中依次选择【更改形状】→【云形】选项，如图 5-44 所示。

图 5-44

Step02 通过上述操作后，所选形状即可更改为云形，如图 5-45 所示。

图 5-45

★ 重点 5.3.4 实战：为礼献母亲节中的形状添加文字

实例门类	软件功能
教学视频	光盘\视频\第5章\5.3.4.mp4

插入的形状中是不包含文字内容的，但是也可以像文本框和艺术字那样，在形状中输入文字，具体操作步骤如下。

Step01 在"礼献母亲节.docx"文档中，❶ 右击形状，❷ 在弹出的快捷菜单中选择【添加文字】命令，如图 5-46 所示。

图 5-46

Step02 形状中将出现鼠标光标，此时可直接输入文字内容，如图 5-47 所示。

图 5-47

Step03 选中输入的文字，通过【开始】选项卡的【字体】组设置字体格式，设置后的效果如图 5-48 所示。

图 5-48

5.3.5 实战：在礼献母亲节中插入文本框

实例门类	软件功能
教学视频	光盘\视频\第5章\5.3.5.mp4

在编辑与排版文档时，文本框是最常使用的对象之一。若要在文档的任意位置插入文本，一般是通过插入文本框的方法实现。Word 提供了多种内置样式的文本框，用户可以直接插入使用，具体操作步骤如下。

Step01 在"礼献母亲节.docx"文档中，❶ 切换到【插入】选项卡，❷ 单击【文本】组中的【文本框】按钮，❸ 在弹出的下拉列表中选择需要的文本框样式，如图 5-49 所示。

图 5-49

Step02 所选样式的文本框将自动插入到文档中，根据操作需要，选中文本框并拖动，以调整至合适的位置，效果如图 5-50 所示。

图 5-50

Step03 选中文本框中的占位符【使用文档中的独特引言……只需拖动它即可。】，按下【Delete】键删除，然后输入文字内容，并对其设置字体格式和段落格式，设置后的效果如图 5-51 所示。

图 5-51

技能拓展——手动绘制文本框

插入内置文本框时，不同的文本框样式带有不同的格式。如果需要插入没有任何内容提示和格式设置的空白文本框，可手动绘制文本框，操作方法为：在【插入】选项卡的【文本】组中，单击【文本框】按钮，在弹出的下拉列表中若选择【绘制文本框】选项，可手动在文档中绘制横排文本框；若选择【绘制竖排文本框】选项，可在文档中手动绘制竖排文本框。

5.3.6 实战：在礼献母亲节中插入艺术字

实例门类	软件功能
教学视频	光盘\视频\第5章\5.3.6.mp4

在制作海报、广告宣传等之类的文档时，通常会使用艺术字来作为标题，以达到强烈、醒目的外观效果。之所以会选择艺术字来作为标题，是因为艺术字在创建之初就具有特殊的字体效果，可以直接使用而无须做太多额外的设置。从本质上讲，形状、文本框、艺术字都具有相同的功能。

插入艺术字的具体操作步骤如下。

Step01 在"礼献母亲节.docx"文档中，❶切换到【插入】选项卡，❷单击【文本】组中的【艺术字】按钮，❸在弹出的下拉菜单中选择需要的艺术字样式，如图 5-52 所示。

图 5-52

Step02 在文档的鼠标光标所在位置将出现一个艺术字编辑框，占位符【请在此放置您的文字】为选中状态，如图 5-53 所示。

图 5-53

Step03 按下【Delete】键删除占位符，输入艺术字内容，并对其设置字体格式，然后将艺术字拖动到合适位置，完成设置后的效果如图 5-54 所示。

图 5-54

技能拓展——更改艺术字样式

插入艺术字后，若对选择的样式不满意，可以进行更改，操作方法为：选中艺术字，切换到【绘图工具 / 格式】选项卡，在【艺术字样式】组的列表框中重新选择需要的样式即可。

5.3.7 实战：在礼献母亲节中设置艺术字样式

实例门类	软件功能
教学视频	光盘\视频\第5章\5.3.7.mp4

插入艺术字后，根据个人需要，还可以在【绘图工具 / 格式】选项卡中的【艺术字样式】组中，通过相关功能对艺术字的外观进行调整，具体操作步骤如下。

Step01 在"礼献母亲节.docx"文档中，❶选中艺术字，❷切换到【绘图工具/格式】选项卡，❸在【艺术字样式】组中单击【文本效果】按钮，❹在弹出的下拉列表中选择需要设置的效果，如【阴影】，❺在弹出的级联列表中选择需要的阴影样式，如图 5-55 所示。

Step02 保持艺术字的选中状态，❶在【艺术字样式】组中单击【文本效果】按钮，❷在弹出的下拉列表中选择需要设置的效果，如【转换】，❸在弹出的级联列表中选择转换样式，如图 5-56 所示。

图 5-55

图 5-56

Step03 至此，完成了对艺术字外观的设置，最终效果如图 5-57 所示。

图 5-57

技能拓展——设置艺术字的文本填充和轮廓颜色

选中艺术字，在【绘图工具 / 格式】选项卡的【艺术字样式】组中，单击【文本填充】按钮右侧的下拉按钮，在弹出的下拉列表中可以设置文本的填充颜色；单击【文本轮廓】按钮右侧的下拉按钮，在弹出的下拉列表中可以设置艺术字的轮廓颜色。

5.3.8　实战：在礼献母亲节中设置图形的边框和填充效果

实例门类	软件功能
教学视频	光盘\视频\第 5 章\5.3.8.mp4

对于形状、文本框和艺术字而言，可以对它们设置边框和填充效果，至于是否需要特别设置边框和填充效果，则根据个人美感而定。

例如，要对形状设置边框和填充效果，具体操作步骤如下。

Step01 在"礼献母亲节.docx"文档中，❶选中形状，❷切换到【绘图工具/格式】选项卡，❸在【形状样式】组中单击【形状填充】按钮右侧的下拉按钮，❹在弹出的下拉列表中选择填充方案，本例中单击【绿色，着色 6，淡色 60%】选项，如图 5-58 所示。

图 5-58

Step02 保持形状的选中状态，❶在【形状样式】组中单击【形状轮廓】按钮右侧的下拉按钮，❷在弹出的下拉列表中选择形状的轮廓颜色，如图 5-59 所示。

图 5-59

技能拓展——快速设置图形的外观样式

Word 提供了大量的图形内置样式，以便用户快速美化图形。使用内置样式美化图形的操作方法为：选中图形，切换到【绘图工具/格式】选项卡，在【形状样式】组的列表框中选择需要的内置样式即可。

Step03 完成设置后的效果如图 5-60 所示。

图 5-60

★ 重点 5.3.9　实战：宣传板中的文字在文本框中流动

实例门类	软件功能
教学视频	光盘\视频\第 5 章\5.3.9.mp4

在对文本框的大小有限制的情况下，如果要放置到文本框中的内容过多时，则一个文本框可能无法完全显示这些内容。这时，可以创建多个文本框，然后将它们链接起来，链接之后的多个文本框中的内容可以连续显示。

例如，某微店要制作产品宣传板，宣传板是通过绘制形状而成的，设计过程中，希望将宣传内容分配到 4 个宣传板上，且要求这 4 个宣传板的内容是连续的，这时可以通过文本框的链接功能进行制作，具体操作步骤如下。

Step01 新建一个名为"微店产品宣传板.docx"的空白文档，将页边距的【上】【下】【左】【右】均设置为

2 厘米（具体操作方法请参考第 6 章的内容）。

Step02 在文档中绘制 4 个大小相同的"圆角矩形"形状，并进行相应的格式设置，然后通过添加文字功能将这 4 个形状转换为文本框，最后将产品宣传内容全部添加到第一个文本框中，如图 5-61 所示。

图 5-61

Step03 ❶选中第 1 个形状，❷切换到【绘图工具/格式】选项卡，❸单击【文本】组中的【创建链接】按钮，如图 5-62 所示。

图 5-62

Step04 此时，鼠标指针变为形状，将鼠标指针移动到第 2 个形状上时，鼠标指针变为形状，如图 5-63 所示。

图 5-63

Step05 在第 2 个形状上单击，即可在第 1 个形状和第 2 个形状之间创建链接，如图 5-64 所示。

图 5-64

Step06 用同样的方法，在第 2 个形状和第 3 个形状之间创建链接，在第 3 个形状和第 4 个形状之间创建链接，最终效果如图 5-65 所示。

图 5-65

★ 重点 5.3.10 实战：在产品介绍中将多个对象组合为一个整体

实例门类	软件功能
教学视频	光盘 \ 视频 \ 第 5 章 \5.3.10.mp4

在编辑与排版 Word 文档时，用户可以通过设置排列层次和组合，对图片、文本框、艺术字等对象进行自由组合，以便达到自己需要的效果。将多个对象组合为一个整体后，便于整体移动和复制，且在调整大小时，不会改变各对象的相对大小和位置。

1. 设置对象的排列层次

默认情况下，当在文档中创建多个图形时，新绘制的图形位于最上层。为了达到最佳组合效果，有时还需要为对象的排列层次进行调整。

为图形对象设置排列层次的具体操作步骤如下。

Step01 在"产品介绍 .docx"文档中，先将图片设置为"嵌入型"以外的任意环绕方式，如【四周型】，并拖动鼠标调整图片的位置；然后依次插入"云形标注""圆角矩形标注"和"椭圆" 3 个形状，并在"云形标注"和"椭圆"形状中添加并编辑文字，最后分别调整这 3 个形状的位置、大小及外观样式等参数，上述设置后的效果如图 5-66 所示。

图 5-66

技术看板

在本操作中，之所以要先将图片设置为"嵌入型"以外的任意环绕方式，是因为在 Word 文档中，是无法对嵌入型的图形对象设置排列层次、组合等操作的。

Step02 ❶选中要设置排列层次的图形，本例中选择椭圆形状，❷ 切换到【绘图工具 / 格式】选项卡，❸ 在【排列】组中，单击【下移一层】按钮下方的下拉按钮，❹ 在弹出的下拉列表中选择下移方式，本例中选择【置于底层】选项，如图 5-67 所示。

Step03 此时，所选的椭圆形状将置于所有图形的最底层，如图 5-68 所示。

图 5-67

图 5-68

为图形对象调整排列层次时，可以通过【排列】组中的【上移一层】或【下移一层】按钮灵活设置。

单击【上移一层】按钮下方的下拉按钮，在弹出的下拉列表中提供了【上移一层】【置于顶层】和【浮于文字上方】 3 种排列方式，如图 5-69 所示，这 3 种方式主要用来下移图形，其作用如下。

图 5-69

➥【上移一层】：将选中的图形移动到与其相邻的上方图形的上面。

➥【置于顶层】：将选中的图形移动到所有图形的最上面。

➥【浮于文字上方】：将选中的图

形移动到文字的上方。

单击【下移一层】按钮下方的下拉按钮，在弹出的下拉列表中提供了【下移一层】【置于底层】和【衬于文字下方】3 种排列方式（图 5-67），这 3 种方式主要用来下移图形，其作用如下。

➡ 【下移一层】将选中的图形移动到与其相邻的上方图形的下面。

➡ 【置于底层】将选中的图形移动到所有图形的最下面。

➡ 【浮于文字下方】将选中的图形移动到文字的下方。

技能拓展——通过快捷菜单设置图形的排列层次

选中图形并右击，在弹出的快捷菜单中通过【置于顶层】或【置于底层】命令也可以设置图形的排列层次。

2. 组合对象

将各个图形的排列层次调整好后，便可将它们组合成一个整体了，其操作方法有以下两种。

➡ 在"产品介绍 .docx"文档中，❶ 按住【Ctrl】键不放，依次选择需要组合的图形，右击任意一个图形，❷ 在弹出的快捷菜单中依次选择【组合】→【组合】命令即可，如图 5-70 所示。

图 5-70

➡ ❶ 选中需要组合的多个图形，❷ 切换到【绘图工具 / 格式】选项卡，❸ 单击【排列】组中的【组合】按钮，❹ 在弹出的下拉列表中选

择【组合】选项即可，如图 5-71 所示。

图 5-71

技能拓展——一次性选择多个图形

对多个图形对象进行组合时，通常是配合【Ctrl】键进行逐个选择，但是当要选择的图形太多时，该方法就显得有些烦琐，此时可通过 Word 提供的选择功能进行快速选择，操作方法为：切换到【开始】选项卡，单击【编辑】组中的【选择】按钮，在弹出的下拉列表中选择【选择对象】选项，此时鼠标指针呈 ▷ 形状，按住鼠标左键并拖动，即可出现一个虚线矩形，拖动到合适位置后释放鼠标，矩形范围内的图形对象将被选中。

技能拓展——解除组合对象

将多个图形对象组合成一个整体后，如果需要解除组合，可以右击组合后的图形对象，在弹出的快捷菜单中依次选择【组合】→【取消组合】命令即可。

★ 重点 5.3.11 实战：使用绘图画布将多个零散图形组织到一起

实例门类	软件功能
教学视频	光盘 \ 视频 \ 第 5 章 \5.3.11.mp4

在 5.3.10 节中，通过组合功能将各自独立的图形彼此连接在一起，从而形成一个整体；而本节中要讲解的绘图画布则是提供了一个场所，可以在其中绘制多个图形，而且在以后任何时间均可在绘图画布中添加或删除图形。

使用绘图画布最大的优势是，无须再进行组合操作，只要移动整个绘图画布，其内部的所有图形会随着一起移动，各自的相对位置也不会混乱。绘图画布的操作步骤如下。

Step01 新建一个名为"猕猴桃简介"的空白文档，❶ 切换到【插入】选项卡，❷ 单击【插图】组中的【形状】按钮，❸ 在弹出的下拉列表中选择【新建绘图画布】选项，如图 5-72 所示。

图 5-72

Step02 文档中将自动插入一个绘图画布，且默认为选中状态，如图 5-73 所示。

图 5-73

Step03 保持绘图画布的选中状态，依次在其中插入并编辑各个对象，并调

整好相应的位置。本例中在绘图画布中放入了一张图片、一个艺术字、一个文本框，其效果如图 5-74 所示。

图 5-74

Step04 ❶ 添加好图形后，若绘图画布中有额外的空白部分，则可以右击绘图画布的边框，❷ 在弹出的快捷菜单中选择【调整】命令，如图 5-75 所示。

图 5-75

技术看板

插入图形时，一定要保持绘图画布的选中状态，否则插入的图形将是独立的一个对象，且无法置于绘图画布之中。

插入文本框时，需要手动绘制文本框，如果使用内置样式的文本框，则无法放置到绘图画布中。

Step05 绘图画布将根据其内部包含的内容多少而自动缩放，从而减少绘图画布中额外的空白部分，如图 5-76 所示。

图 5-76

5.4 插入与编辑 SmartArt 图形

SmartArt 图形主要用于表明单位、公司部门之间的关系，以及各种报告、分析之类的文件，并通过图形结构和文字说明有效地传达作者的观点和信息。

5.4.1 实战：在公司概况中插入 SmartArt 图形

实例门类	软件功能
教学视频	光盘\视频\第 5 章\5.4.1.mp4

编辑文档时，如果需要通过图形结构来传达信息，便可通过插入 SmartArt 图形轻松解决问题，具体操作步骤如下。

Step01 打开"光盘\素材文件\第 5 章\公司概况 .docx"文件，❶ 将鼠标光标定位到要插入 SmartArt 图形的位置，❷ 切换到【插入】选项卡，❸ 单击【插图】组中的【SmartArt】按钮，如图 5-77 所示。

图 5-77

Step02 弹出【选择 SmartArt 图形】对话框，❶ 在左侧列表框中选择图形类型，本例中选择【层次结构】，❷ 在右侧列表框中选择具体的图形布局，❸ 单击【确定】按钮，如图 5-78 所示。

图 5-78

Step03 所选样式的 SmartArt 图形将插入到文档中，选中 SmartArt 图形，其四周会出现控制点，将鼠标指针指向这些控制点，当鼠标指针呈双向箭头时拖动鼠标可调整其大小，调整后的效果如图 5-79 所示。

Step04 将鼠标光标定位在某个形状内，【文本】字样的占位符将自动删除，此时可输入并编辑文本内容，完成输入后的效果如图 5-80 所示。

图 5-79

图 5-80

技能拓展——更改 SmartArt 图形的布局

插入 SmartArt 图形后，如果对选择的布局不满意，可以随时更改布局。选中 SmartArt 图形，切换到【SmartArt 工具/设计】选项卡，在【布局】组的列表框中可以选择同类型下的其他一种布局方式。若需要选择 SmartArt 图形的其他类型的布局，则单击列表框右侧的 ⬇ 按钮，在弹出的下拉列表中选择【其他布局】选项，在弹出的【选择 SmartArt 图形】对话框中进行选择即可。

★ 重点 5.4.2 实战：调整公司概况中的 SmartArt 图形结构

实例门类	软件功能
教学视频	光盘\视频\第5章\5.4.2.mp4

调整 SmartArt 的结构，主要是针对 SmartArt 图形内部包含的形状

在级别和数量方面的调整。

像层次结构这种类型的 SmartArt 图形，其内部包含的形状具有上级、下级之分，因此就涉及形状级别的调整，如将高级别形状降级，或将低级别形状升级。选中需要调整级别的形状，切换到【SmartArt 工具/设计】选项卡，在【创建图形】组中单击【升级】按钮可提升级别，单击【降级】按钮可降低级别，如图 5-81 所示。

图 5-81

技能拓展——水平翻转 SmartArt 图形

编辑 SmartArt 图形时，选中整个 SmartArt 图形，在【创建图形】组中单击【从右向左】按钮，可以将 SmartArt 图形进行左右方向的切换。

当 SmartArt 图形中包含的形状数目过少时，可以在相应位置添加形状，具体操作步骤如下。

Step01 在"公司概况.docx"文档中，❶ 选中"监事会"形状，❷ 切换到【SmartArt 工具/设计】选项卡，❸ 在【创建图形】组中单击【添加形状】按钮右侧的下拉按钮 ⬇，❹ 在弹出的下拉列表中选择【在后面添加形状】选项，如图 5-82 所示。

Step02 "监事会"后面将新增一个形状，将其选中，直接输入文本内容即可，如图 5-83 所示。

Step03 参照上述步骤，依次在其他相应位置添加形状并输入内容。完善 SmartArt 图形的内容后，根据实际

需要调整 SmartArt 图形的大小，调整各个形状的大小，以及设置文本内容的字号，完成后的效果如图 5-84 所示。

图 5-82

图 5-83

图 5-84

添加形状时，在弹出的下拉列表中有 5 个选项，其作用分别如下。

➡ 【在后面添加形状】：在选中的形状后面添加同一级别的形状。

➡ 【在前面添加形状】：在选中的形状前面添加同一级别的形状。

➡ 【在上方添加形状】：在选中的形状上方添加形状，且所选形状降低一个级别。

➡ 【在下方添加形状】：在选中的形状下方添加形状，且低于所选

形状一个级别。

→ 【添加助理】：为所选形状添加一个助理，且比所选形状低一个级别。

技术看板

添加形状时，其下拉列表中的选项是动态变化的，会根据 SmartArt 图形的不同布局而发生变化。例如，本例中所使用的 SmartArt 图形，【添加助理】选项就为不可用状态，表示不能添加助理。

5.4.3 实战：美化公司概况中的 SmartArt 图形

实例门类	软件功能
教学视频	光盘\视频\第 5 章\5.4.3.mp4

Word 为 SmartArt 图形提供了多种颜色和样式供用户选择，从而快速实现对 SmartArt 图形美化操作。美化 SmartArt 图形的具体操作步骤如下。

Step01 在"公司概况 .docx"文档中，❶选中 SmartArt 图形，❷切换到【SmartArt 工具 / 设计】选项卡，❸在【SmartArt 样式】组的列表框中选择需要的 SmartArt 样式，如图 5-85 所示。

图 5-85

Step02 保持 SmartArt 图形的选中状态，❶在【SmartArt 样式】组中单击【更改颜色】按钮，❷在弹出的下拉列表中选择需要的图形颜色，如图 5-86 所示。

Step03 保持 SmartArt 图形的选中状态，❶切换到【SmartArt 工具 / 格式】选项卡，❷在【艺术字样式】组中，单击【文本填充】按钮 **A** 右侧的下拉按钮，❸在弹出的下拉列表中选择需要的文本颜色，如图 5-87 所示。

图 5-86

图 5-87

Step04 至此，完成了 SmartArt 图形的美化操作，最终效果如图 5-88 所示。

图 5-88

技术看板

根据操作需要，用户还可以对 SmartArt 内的形状单独设置外观，操作方法为：选择需要设置外观的形状，切换到【SmartArt 工具 / 格式】选项卡，然后通过相关选项功能进行设置即可。

★ 重点 5.4.4 实战：将图片转换为 SmartArt 图形

实例门类	软件功能
教学视频	光盘\视频\第 5 章\5.4.4.mp4

从 Word 2010 开始，可以非常方便地将图片直接转换为 SmartArt 图形。在转换时，如果图片的环绕方式是"嵌入型"，则一次只能转换一张图片。如果图片使用的环绕方式是"嵌入型"以外的方式，则可以选择多张图片，然后一次性将其转换为 SmartArt 图形。

将图片转换为 SmartArt 图形的操作步骤如下。

Step01 打开"光盘\素材文件\第 5 章\图片转换为 SmartArt 图形 .docx"的文件，❶选中图片，❷切换到【图片工具 / 格式】选项卡，❸单击【图片样式】组中的【图片版式】按钮，❹在弹出的下拉列表中选择一种 SmartArt 布局，如图 5-89 所示。

图 5-89

Step02 图片将转换为所选布局的 SmartArt 图形，直接在文本编辑框中输入文本内容即可，效果如图 5-90 所示。

图 5-90

妙招技法

通过前面知识的学习，相信读者已经掌握了如何在文档中插入并编辑各种图形对象。下面结合本章内容，给大家介绍一些实用技巧。

技巧 01：设置在文档中插入图片的默认版式

教学视频	光盘\视频\第 5 章\技巧 01.mp4

默认情况下，每次在文档中插入的图片都是"嵌入型"环绕方式。如果经常需要将插入的图片设置为某种环绕方式，如"紧密型"，那么在排版时就需要逐个设置图片的环绕方式。

为了提高工作效率，用户可以将"紧密型"设定为插入图片的默认版式，具体操作方法为：打开【Word选项】对话框，❶ 切换到【高级】选项卡，❷ 在【剪切、复制和粘贴】栏的【将图片插入/粘贴为】下拉列表中选择需要设置默认版式的选项，本例中选择【紧密型】选项，❸ 完成设置后单击【确定】按钮即可，如图 5-91 所示。

图 5-91

技巧 02：保留格式的情况下更换图片

教学视频	光盘\视频\第 5 章\技巧 02.mp4

在文档中插入图片后，对图片的大小、外观、环绕方式等参数进行了设置，此时觉得图片并不适合文档内容，那么就需要更换图片。许多用户最常用的方法便是先选中该图片，然后按【Delete】键进行删除，最后重新插入并编辑图片。

如果新插入的图片需要设置和原图片一样的格式参数，那么为了提高工作效率，可以通过 Word 提供的更换图片功能，在不改变原有图片大小和外观的情况下快速更改图片，具体操作步骤如下。

Step 01 打开"光盘\素材文件\第 5 章\企业简介.docx"文件，❶ 选中图片，❷ 切换到【图片工具/格式】选项卡，❸ 单击【调整】组中的【更改图片】按钮，如图 5-92 所示。

图 5-92

Step 02 打开【插入图片】界面，单击【浏览】按钮，如图 5-93 所示。

图 5-93

Step 03 ❶ 在弹出的【插入图片】对话框中选择新图片，❷ 单击【插入】按钮，如图 5-94 所示。

图 5-94

Step 04 返回文档，可看到选择的新图片替换了原有图片，并保留了原图片设置的特性，如图 5-95 所示。

图 5-95

技巧 03：导出文档中的图片

教学视频	光盘\视频\第 5 章\技巧 03.mp4

Word 提供了导出图片功能，即可以将 Word 文档中的图片保存为图片文件，根据操作需要，既可以导出单张图片，也可以一次性导出文档中包含的所有图片。

1. 导出单张图片

从 Word 2010 开始，提供了保存图片的功能，通过该功能，可以非常方便地将某张图片保存出来，具体操作步骤如下。

Step01 在 "公司形象展示 .docx" 文档中，❶ 单击需要保存的图片，❷ 在弹出的快捷菜单中选择【另存为图片】命令，如图 5-96 所示。

图 5-96

Step02 ❶ 在弹出的【保存文件】对话框中设置图片的保存路径、文件名及保存类型等参数，❷ 单击【保存】按钮即可，如图 5-97 所示。

图 5-97

2. 一次性导出所有图片

如果要一次性导出文档中包含的所有图片，可以通过将文档另存为网页格式的方法来实现，具体操作步骤如下。

Step01 在 "公司形象展示 .docx" 文档中，按下【F12】键打开【另存为】对话框，❶ 设置好存储路径及文件名，❷ 在【保存类型】下拉列表中选择【网页】选项，❸ 完成设置后单击【保存】按钮，如图 5-98 所示。

Step02 通过上述操作后，将在指定的存储路径中看到一个网页文件，以及与网页文件同名的一个文件夹，打开该文件夹，便可看到对应文档中包含的所有图片，如图 5-99 所示。

图 5-98

图 5-99

技巧 04： 连续使用同一绘图工具

教学视频	光盘 \ 视频 \ 第 5 章 \ 技巧 04.mp4

在绘制形状时，有时需要连续绘制多个相同的形状，如要连续绘制 5 个矩形。

最烦琐的方法是，每次都在【插入】选项卡的【插图】组中单击【形状】按钮，在弹出的下拉列表中选择【矩形】，然后在文档中进行绘制。

要想提高工作效率，可以先锁定绘图模式，以便连续多次使用同一个形状进行绘制，具体操作方法为：❶ 切换到【插入】选项卡，❷ 单击【插图】组中的【形状】按钮，❸ 在弹出的下拉列表中，右击某一形状，如【矩形】，❹ 在弹出的快捷菜单中

选择【锁定绘图模式】命令即可，如图 5-100 所示。

图 5-100

通过这样的操作后，将进入锁定绘图模式，此时可以在文档中反复绘制矩形。当需要退出锁定绘图模式时，按下【Esc】键退出即可。

技巧 05： 巧妙使用【Shift】键绘制图形

在绘制形状的过程中，配合【Shift】键可绘制出特殊形状。

例如，要绘制一个圆形，先选择 "椭圆" 形状，然后按住【Shift】键不放，通过拖动鼠标进行绘制即可。用同样的方法，还可以绘制出其他特殊的图形。例如，绘制 "矩形" 形状时，同时按住【Shift】键不放，可以绘制出一个正方形；绘制 "平行四边形" 形状时，同时按住【Shift】键不放，可以绘制出一个菱形。

> **技能拓展——结合【Ctrl】键绘制图形**
>
> 在绘制某个形状时，若按住【Ctrl】键不放进行绘制，则可以绘制一个以鼠标指针起点为中心点的图形；在绘制圆形、正方形或菱形等特殊形状时，若按住【Shift】和【Ctrl】键不放进行绘制，则可以绘制一个以鼠标指针起点为中心点的特殊图形。

本章小结

　　本章主要讲解了各种图形对象在 Word 文档中的应用，主要包括图片的插入与编辑，形状、文本框、艺术字的插入与编辑，SmartArt 图形的插入与编辑等内容。通过本章知识的学习和案例练习，相信读者已经熟练掌握了各种对象的编辑，并能够制作出各种图文并茂的漂亮文档。

第6章 页面格式与页面布局

➥ 文档页面由哪些部分组成？你知道可以对它们做出哪些调整吗？

➥ 分页与分节有什么区别？

➥ 不会分栏排版，怎么办？

➥ 怎样让每页的页面顶端自动显示相同内容？

➥ 如何让每页的页面底部自动显示连续页码？

➥ 厌烦了千篇一律的白色页面背景，怎样改变页面背景？

一篇优秀的文档还需要不断的精雕细琢，通过本章内容的学习，读者将快速掌握不同纸张的设计，学会如何轻松自如地分栏排版、编辑页眉页脚及设置页码。

6.1 页面设置

无论对文档进行何种样式的排版，所有操作都是在页面中完成的，页面直接决定了版面中内容的多少及摆放位置。在排版过程中，可以使用默认的页面设置，也可以根据需要对页面进行设置，主要包括纸张大小、纸张方向、页边距等。为了保证版式的整洁，一般建议在排版文档之前先设置好页面。

6.1.1 页面结构与文档组成部分

在进行页面设置前，先来了解一下页面的基本结构和文档组成部分。

1. 页面结构

页面的基本结构主要由版心、页边距、页眉、页脚、天头和地脚几部分构成，如图 6-1 所示。

图 6-1

➥ 版心：由文档 4 个顶角上的灰色十字形围住的区域，即图 6-1 中的灰色矩形区域。

➥ 页边距：版心的 4 个边缘与页面的 4 个边缘之间的区域。

➥ 页眉：版心以上的区域。

➥ 页脚：版心以下的区域。

➥ 天头：在页眉中输入内容后，页眉以上剩余的空白部分就为天头。

➥ 地脚：在页脚中输入内容后，页脚以下剩余的空白部分就为地脚。

2. 文档组成部分

根据文档的复杂程度不同，文档的组成部分也会不同。最简单的文档可能只有一页，如《放假通知》这样的文档只有一个页面，没有特别之处；复杂一些的文档可能由多个页面组成，而且按内容类型可能会分为几个部分，如《产品使用手册》；体系最为庞大的文档莫过于书籍了，它由多个部分组成，其结构和组成部分非常复杂。

一本书籍中，像类似第 1 章、第 2 章这样的内容，是书籍的正文，也是书籍中的核心部分，在整个书籍中占有很大的篇幅。正文之前的内容称为文前，文前一般包含扉页、序言、前言、目录等内容。正文之后的内容称为文后，文后一般包含附录、索引等内容。总而言之，书籍的大致结构为扉页→序言→前言→目录→正文→附录→索引。

6.1.2 实战：设置纸张样式

实例门类	软件功能
教学视频	光盘\视频\第 6 章\6.1.2.mp4

在制作一些特殊版式的文档时，如小学生作业本、信纸等，可以通过稿纸功能设置纸张样式。Word 提供了 3 种纸张样式，分别是方格式稿纸、行线式稿纸和外框式稿纸。设置纸张样式的具体操作步骤如下。

Step01 新建空白文档，❶ 切换到【页面布局】选项卡，❷ 单击【稿纸】组中的【稿纸设置】按钮，如图 6-2 所示。

图 6-2

Step02 弹出【稿纸设置】对话框，❶ 在【格式】下拉列表中选择纸张样式，如【行线式稿纸】，❷ 在【行数×列数】下拉列表中选择行列数参数，如【20×25】，❸ 在【网格颜色】下拉列表中选择网格线颜色，如【青色】，❹ 设置完成后单击【确认】按钮，如图 6-3 所示。

图 6-3

Step03 返回文档，即可按照所设参数生成方格式稿纸，效果如图 6-4 所示。

图 6-4

6.1.3 实战：设置员工出差管理制度开本大小

实例门类	软件功能
教学视频	光盘\视频\第6章\6.1.3.mp4

进行页面设置时，通常是先确定页面的大小，即开本大小（纸张大小）。在设置开本大小前，先了解"开本"和"印张"两个基本概念。

开本是指以整张纸为计算单位，将一整张纸裁切和折叠多少个均等的小张就称其为多少开本。例如，整张纸经过 1 次对折后为对开，经过 2 次对折后为 4 开，经过 3 次对折后为 8 开，经过 4 次对折后为 16 开，依此类推。为了便于计算，可以使用公式 2^n 来计算开本大小，其中 n 表示对折的次数。

印张是指整张纸的一个印刷面，每个印刷面包含指定数量的书页，书页的数量由开本决定。例如，一本书以 32 开来印刷，一共使用了 15 个印张，那么这本书的页数就是 32×15=480 页。反之，根据一本书的总页数和开本大小可以计算出需要使用的印张数。例如，一本 16 开 360 页的书，需要的印张数为 360÷16=22.5 个印张。

技术看板

国内生产的纸张常见大小主要有 787 mm×1092 mm、850 mm×1168 mm 和 880 mm×1320 mm 3 种。787 mm×1092 mm 这种尺寸是我们当前文化用纸的主要尺寸，国内现有的造纸、印刷机械绝大部分都生产和使用这种尺寸的纸张；850 mm×1168 mm 这种尺寸主要用于较大的开本，如大 32 开的书籍就是用的这种纸张；880 mm×1320 mm 这种尺寸比其他同样开本的尺寸要大，是国际上通用的一种规格。

此外，还有一些特殊规格的纸张尺寸，如 787 mm×980 mm、890 mm×1240 mm、900 mm×1280 mm 等，像这些特殊规格的纸张需要由纸厂特殊生产。

Word 提供了内置纸张大小供用户快速选择，用户也可以根据需要自定义设置，具体操作步骤如下。

Step01 打开"光盘\素材文件\第6章\员工出差管理制度.docx"的文件，❶ 切换到【页面布局】选项卡，❷ 在【页面设置】组中单击【功能扩展】按钮 ⌐，如图 6-5 所示。

图 6-5

技能拓展——通过功能区设置纸张大小

在【页面设置】组中，单击【纸张大小】按钮，在弹出的下拉列表中可以快速选择需要的纸张大小。

Step02 弹出【页面设置】对话框，❶ 切换到【纸张】选项卡，❷ 在【纸张大小】下拉列表中选择需要的纸张大小，如【16 开（18.4×26 厘米）】，❸ 单击【确定】按钮即可，如图 6-6 所示。

图 6-6

图 6-7

图 6-8

技能拓展——自定义纸张大小

在【页面设置】对话框的【纸张】选项卡中，若【纸张大小】下拉列表中没有需要的纸张大小，可以通过【宽度】和【高度】微调框自定义纸张的大小。

6.1.4 实战：设置员工出差管理制度纸张方向

实例门类	软件功能
教学视频	光盘\视频\第 6 章\6.1.4.mp4

纸张的方向主要包括"纵向"与"横向"两种，纵向为 Word 文档的默认方向，根据需要，用户可以设置纸张方向，具体操作方法为：在"员工出差管理制度.docx"文档中，❶ 切换到【页面布局】选项卡，❷ 在【页面设置】组中单击【纸张方向】按钮，❸ 在弹出的下拉列表中选择需要的纸张方向即可，本例中选择【横向】，如图 6-7 所示。

技能拓展——通过对话框设置纸张方向

除了通过功能区设置纸张方向外，还可以通过【页面设置】对话框设置纸张方向，操作方法为：打开【页面设置】对话框，在【页边距】选项卡的【纸张方向】栏中，选择需要的纸张方向，然后单击【确定】按钮即可。

★ 重点 6.1.5 实战：设置员工出差管理制度版心大小

实例门类	软件功能
教学视频	光盘\视频\第 6 章\6.1.5.mp4

确定了纸张大小和纸张方向后，便可设置版心大小了。版心的大小决定了可以在一页中输入的内容量，而版心大小由页面大小和页边距大小决定。简单地讲，版心的尺寸可以用下面的公式计算得到。

版心的宽度 = 纸张宽度 - 左边距 - 右边距

版心的高度 = 纸张高度 - 上边距 - 下边距

所以，在确定了页面的纸张大小后，只需要指定好页边距大小，即可完成对版心大小的设置。设置页边距大小的操作步骤如下。

Step❶ 在"员工出差管理制度.docx"文档中，❶ 切换到【页面布局】选项卡，❷ 在【页面设置】组中单击【功

能扩展】按钮，如图 6-8 所示。

技能拓展——设置内置大小的页边距

在【页面设置】组中，单击【页边距】按钮，在弹出的下拉列表中提供了一些内置的页边距，以供用户直接选择。

Step❷ 弹出【页面设置】对话框，❶ 切换到【页边距】选项卡，❷ 在【页边距】栏中通过【上】【下】【左】【右】微调框设置相应的值，❸ 完成设置后单击【确定】按钮即可，如图 6-9 所示。

图 6-9

如果需要将文档打印成纸质文档并进行装订，还可以设置装订线的位置和大小。装订线有左侧和顶端两个位置，大多数文件是选择的左侧装订，尤其是要进行双面打印的文档都选择在左侧装订。

设置装订线的操作方法为：打开【页面设置】对话框，在【页边距】选项卡的【页边距】栏中，在【装订线位置】下拉列表中选择装订位置，在【装订线】微调框中设置装订线的宽度，然后单击【确定】按钮即可。

★ 重点 6.1.6 实战：设置员工出差管理制度页眉和页脚的大小

实例门类	软件功能
教学视频	光盘\视频\第6章\6.1.6.mp4

确定了版心大小后，就可以设置页眉、页脚的大小了。页眉的大小取决于上边距和天头的大小，即页眉 = 上边距 – 天头；页脚的大小取决于下边距和地脚的大小，即页脚 = 下边距 – 地脚。

所以，在确定了页边距大小后，只需要设置好天头、地脚的大小，便可完成对页眉、页脚大小的设置。设置天头和地脚的具体操作步骤如下。

Step01 在"员工出差管理制度.docx"文档中，❶ 切换到【页面布局】选项卡，❷ 在【页面设置】组中单击【功能扩展】按钮，如图6-10所示。

Step02 弹出【页面设置】对话框，❶ 切换到【版式】选项卡，❷ 在【页眉】微调框中设置页眉距离上边距的距离，即天头大小，在【页脚】微调框中设置页脚距离下边距的距离，即地脚大小，❸ 完成设置后单击【确定】按钮即可，如图6-11所示。

图 6-10

图 6-11

6.1.7 实战：设置劝学的文字方向和字数

实例门类	软件功能
教学视频	光盘\视频\第6章\6.1.7.mp4

在编辑文档时，默认的文字方向为横向。当在编辑一些特殊文档时，如诗词之类的文档，可以将文字方向设置为纵向。此外，在排版文档时，还可以指定每页的行数及每行的字符数。设置文字方向和字数的具体操作步骤如下。

Step01 打开"光盘\素材文件\第6章\劝学.docx"文件，❶ 切换到【页面布局】选项卡，❷ 在【页面设置】组

中单击【功能扩展】按钮，如图6-12所示。

图 6-12

Step02 弹出【页面设置】对话框，❶ 切换到【文档网格】选项卡，❷ 在【文字排列】栏中设置文字方向，本例中选中【垂直】单选按钮，❸ 在【网格】栏中选择字符数指定方式，本例中选中【指定行和字符网格】单选按钮，❹ 在【字符数】栏中通过【每行】微调框设置每行需要显示的字符数，通过【跨度】微调框设置字符之间的距离，❺ 在【行数】栏中通过【每页】微调框设置每页需要显示的行数，通过【跨度】微调框设置每行之间的距离，❻ 设置完成后单击【确定】按钮，如图6-13所示。

图 6-13

Step03 返回文档，可查看设置后的效果，如图 6-14 所示。

图 6-14

★ 新功能 6.1.8 实战：为员工出差管理制度插入封面

实例门类	软件功能
教学视频	光盘\视频\第6章\6.1.8.mp4

从 Word 2007 版本开始，Word 提供了"封面"功能，通过该功能，可快速选择一种封面样式插入到文档中，然后在相应位置输入需要的文字即可，从而为用户省去了制作封面的麻烦。插入封面的具体操作步骤如下。

Step01 在"员工出差管理制度.docx"文档中，❶切换到【插入】选项卡，❷在【页面】组中单击【封面】按钮，❸在弹出的下拉列表中选择需要的封面样式，如图 6-15 所示。

图 6-15

Step02 所选样式的封面将自动插入到文档首页，此时用户只需在占位符中

输入相关内容即可（根据实际操作，对于不需要的占位符可以自行删除），最终效果如图 6-16 所示。

图 6-16

6.2 设置分页与分节

编排格式较复杂的 Word 文档时，分页、分节是两个必不可少的功能，所以读者有必要了解分页、分节的区别，以及如何进行分页、分节操作。

★ 重点 6.2.1 实战：为季度工作总结设置分页

实例门类	软件功能
教学视频	光盘\视频\第6章\6.2.1.mp4

当一页的内容没有填满并需要换到下一页，或者需要将一页的内容分成多页显示时，通常用户会通过按下【Enter】键的方式输入空行，直到换到下一页为止。但是，一旦当内容有增减，则需要反复去调整空行的数量。

此时，用户可以通过插入分页符进行强制分页，从而轻松解决问题。插入分页符的具体操作步骤如下。

Step01 打开"光盘\素材文件\第6章\2016年季度工作总结.docx"文件，❶将鼠标光标定位到需要分页的

位置，❷切换到【页面布局】选项卡，❸单击【页面设置】组中的【分隔符】按钮，❹在弹出的下拉列表中的【分页符】栏中选择【分页符】选项，如图6-17所示。

图 6-17

Step02 通过上述操作后，鼠标光标所在位置后面的内容将自动显示在下一页。插入分页符后，上一页的内容结尾处会显示分页符标记，效果如图6-18所示。

图 6-18

技术看板

在【分隔符】下拉列表的【分页符】栏中有【分页符】【分栏符】和【自动换行符】3个选项，除了本例中介绍的【分页符】外，另外两个选项的含义分别如下。

【分栏符】：在文档分栏状态下，使用分栏符可强行设置内容开始分栏显示的位置，强行将分栏符之后的内容移至另一栏。如果文档未分栏，其效果与分页符相同。

【自动换行符】：表示从该处强制换行，并显示换行标记↓，即第4章中讲到过的软回车。

除了上述操作方法外，还可以通过以下两种方式插入分页符。

→ 将鼠标光标定位到需要分页的位置，切换到【插入】选项卡，然后单击【页面】组中的【分页】按钮即可。

→ 将鼠标光标定位到需要分页的位置，按下【Ctrl+Enter】组合键即可。

★ 重点 6.2.2 实战：为季度工作总结设置分节

实例门类	软件功能
教学视频	光盘\视频\第6章\6.2.2.mp4

在Word排版中，"节"是一个非常重要的概念，这个"节"并非书籍中的"章节"，而是文档格式化的最大单位，通俗地理解，"节"是指排版格式（包括页眉、页脚、页面设置等）要应用的范围。默认情况下，Word将整个文档视为一个"节"，所以对文档的页面设置、页眉设置等格式是应用于整篇文档的。若要在不同的页码范围设置不同的格式（如第1页采用纵向纸张方向，第2~7页采用横向纸张方向），只需插入分节符对文档进行分节，然后单独为每"节"设置格式即可。

插入分节符的具体操作步骤如下。

Step01 在"2016年季度工作总结.docx"文档中，❶将鼠标光标定位到需要插入分节符的位置，❷切换到【页面布局】选项卡，❸单击【页面设置】组中的【分隔符】按钮，❹在弹出下拉列表中的【分节符】栏中选择【下一页】选项，如图6-19所示。

图 6-19

Step02 通过上述操作后，将在鼠标光标所在位置插入分节符，并在下一页开始新节。插入分节符后，上一页的内容结尾处会显示分节符标记，如图6-20所示。

图 6-20

技术看板

对文档进行了分节、分页或分栏操作后，在文档中都会看到分隔标记，不过前提是Word设置了显示编辑标记（方法请参考第1章的内容）。

插入分节符时，在【分节符】栏中有4个选项，分别是【下一页】【连续】【偶数页】【奇数页】，选择不同的选项，可插入不同的分节符，在排版时，使用最为频繁的分节符是【下一页】。除了本例中介绍的【下一页】外，其他选项介绍如下。

→ 【连续】：插入点后的内容可做新的格式或部分版面设置，但其内容不转到下一页显示，是从插入点所在位置换行开始显示。对文档混合分栏时，就会使用到该分节符。

→【偶数页】：插入点所在位置以后的内容将会转到下一个偶数页上，Word会自动在两个偶数页之间空出一页。

→【奇数页】：插入点所在位置以后的内容将会转到下一个奇数页上，Word会自动在两个奇数页之间空出一页。

技术看板

分页符与分节符最大的区别在于页眉页脚与页面设置，分页符只是纯

粹的分页，前后还是同一节，且不会影响前后内容的格式设置；而分节符是对文档内容进行分节，可以是同一页中不同节，也可以在分节的同时跳转到下一页，分节后，可以为单独的某个节设置不同的版面格式。

6.3 对文档进行分栏排版

使用Word提供的分栏功能，可以将版面分成多栏，从而提高了文档的阅读性，且版面显得更加生动活泼。在分栏的外观设置上具有很大的灵活性，不仅可以控制栏数、栏宽及栏间距，还可以很方便地设置分栏长度。

6.3.1 实战：为销售人员管理制度创建分栏排版

实例门类	软件功能
教学视频	光盘\视频\第6章\6.3.1.mp4

默认情况下，页面中的内容呈单栏排列，如果希望文档分栏排版，可利用Word的分栏功能实现，具体操作步骤如下。

Step01 打开"光盘\素材文件\第6章\销售人员管理制度.docx"文件，❶切换到【页面布局】选项卡，❷单击【页面设置】组中的【分栏】按钮，❸在弹出的下拉列表中选择需要的分栏方式，如【两栏】，如图6-21所示。

图 6-21

Step02 此时，Word将按默认设置对文档进行双栏排版，如图6-22所示。

图 6-22

6.3.2 实战：在销售人员管理制度中显示分栏的分隔线

实例门类	软件功能
教学视频	光盘\视频\第6章\6.3.2.mp4

对文档进行分栏排版时，为了让分栏效果更加明显，可以将分隔线显示出来，具体操作步骤如下。

Step01 在"销售人员管理制度.docx"文档中，❶切换到【页面布局】选项卡，❷单击【页面设置】组中的【分栏】按钮，❸在弹出的下拉列表中选择【更多分栏】选项，如图6-23所示。

Step02 弹出【分栏】对话框，❶选中【分

隔线】复选框，❷单击【确定】按钮，如图6-24所示。

图 6-23

图 6-24

Step03 返回文档，即可看到显示了分隔线，且分栏效果更加明显了，如图6-25所示。

图 6-25

★ 重点 6.3.3 实战：为办公室行为规范调整栏数和栏宽

实例门类	软件功能
教学视频	光盘\视频\第6章\6.3.3.mp4

对文档分栏排版时，除了使用Word提供的内置方案外，还可以自定义设置栏数和栏宽，具体操作步骤如下。

Step01 打开"光盘\素材文件\第6章\办公室行为规范.docx"文件，❶切换到【页面布局】选项卡，❷单击【页面设置】组中的【分栏】按钮，❸在弹出的下拉列表中选择【更多分栏】选项，如图6-26所示。

图 6-26

Step02 弹出【分栏】对话框，❶在【栏数】微调框中设置需要的栏数，❷在【宽度和间距】栏中设置栏宽，设置栏宽时，【间距】和【宽度】微调框中的值是彼此影响的，即设置其中一个微调框的值后，另外一个微调框中的值会自动做出适当的调整。例如，

本例中将【间距】微调框的值设置为【1字符】，【宽度】微调框的值会自动调整为【16.6字符】，❸选中【分隔线】复选框，❹单击【确定】按钮，如图6-27所示。

图 6-27

技术看板

在【分栏】对话框中，【栏宽相等】复选框默认为选中状态，因此只需要设置第一栏的栏宽，其他栏会自动与第一栏的栏宽相同。若取消选中【栏宽相等】复选框，则可以分别为各栏设置栏宽。

Step03 返回文档，可查看设置分栏后的效果，如图6-28所示。

图 6-28

技能拓展——拖动鼠标调整栏宽

对文档设置了分栏版式后，还可以通过拖动鼠标的方式调整栏宽，操

作方法为：在水平标尺上，将鼠标指针指向要改变栏宽的左边界或右边界处，待鼠标指针变成"↔"形状时，按住鼠标左键，拖动栏的边界，即可调整栏宽。

★ 重点 6.3.4 实战：为办公室行为规范设置分栏的位置

实例门类	软件功能
教学视频	光盘\视频\第6章\6.3.4.mp4

在对文档进行分栏排版时，有时可能需要将文档中的段落分排在不同的栏中，即另栏排版。想要另栏排版，就需要控制栏中断，其方法有以下两种。

1. 通过【段落】对话框控制栏中断

当一个标题段落正好排在某一栏的最底部，而标题下的正文内容排在了下一栏的最顶部，为了便于文档的阅读，用户可以将标题放置到下一栏的开始位置，具体操作步骤如下。

Step01 在"办公室行为规范.docx"文档中，❶选中需要设置栏中断的段落，❷在【开始】选项卡的【段落】组中单击【功能扩展】按钮，如图6-29所示。

图 6-29

Step02 弹出【段落】对话框，❶切换到【换行和分页】选项卡，❷在【分页】栏中选中【与下段同页】复选框，❸单击【确定】按钮，如图6-30所示。

图 6-30

Step03 返回文档，可查看设置后的效果，如图 6-31 所示。

图 6-31

2. 插入分栏符控制栏中断

如果要对文档内容进行强制分栏，可以通过插入分栏符的方法实现，具体操作步骤如下。

Step01 在"办公室行为规范 .docx"文档中，❶ 将鼠标光标定位到需要强制分栏的地方，❷ 切换到【页面布局】选项卡，❸ 单击【分隔符】按钮，❹ 在弹出下拉列表中的【分页符】栏中选择【分栏符】选项，如图 6-32 所示。

Step02 鼠标光标所在位置将插入一

个分栏符，同时分栏符后面的内容跳转到下一栏的开始处，如图 6-33 所示。

图 6-32

图 6-33

★ 重点 6.3.5 实战：企业文化规范中的单栏、多栏混合排版

实例门类	软件功能
教学视频	光盘\视频\第 6 章\6.3.5.mp4

单栏、多栏混合排版就比较灵活了，用户可以根据排版需要自行设计。例如，在一篇文档中，有的内容单栏排版，有的内容采用双栏排版，有的内容使用三栏排版等。进行混合排版时，需要先选中文本，然后单独设置分栏即可。混合排版的具体操作步骤如下。

Step01 打开"光盘\素材文件\第 6 章\企业文化规范 .docx"文件，❶ 选中需要分栏的文本，❷ 切换到【页面布局】选项卡，❸ 单击【页面设置】组中的【分栏】按钮，❹ 在弹出的

下拉列表中选择需要的分栏方式，如【两栏】，如图 6-34 所示。

图 6-34

Step02 所选内容将以两栏形式分栏排版，且文本前后会自动插入连续分节符，如图 6-35 所示。

图 6-35

Step03 ❶ 选中需要分栏的文本，❷ 单击【页面设置】组中的【分栏】按钮，❸ 在弹出的下拉列表中选择需要的分栏方式，如【三栏】，如图 6-36 所示。

图 6-36

Step04 通过上述设置后，文档中的内容实现了混栏排版，效果如图 6-37 所示。

图 6-37

6.3.6 实战：为企业文化规范平均分配左右栏的内容

实例门类	软件功能
教学视频	光盘\视频\第6章\6.3.6.mp4

默认情况下，每一栏的长度都是由系统根据文本数量和页面大小自动设置的。当没有足够的文本填满一页时，往往会出现各栏内容不平衡的局面，即一栏内容很长，而另一栏内容

很短，甚至是没有内容，如图 6-38 所示。

图 6-38

为了使文档的版面效果更好，就需要平衡栏长，具体操作步骤如下。

Step01 在"企业文化规范.docx"文档中，❶ 将鼠标光标定位在需要平衡栏长的文本结尾处，❷ 切换到【页面布局】选项卡，❸ 在【页面设置】组中单击【分隔符】按钮 ，❹ 在弹出的下拉列表中的【分节符】栏中选择【连续】选项，如图6-39所示。

图 6-39

Step02 通过设置后，各栏长即可得到平衡，效果如图 6-40 所示。

图 6-40

6.4 设置页眉页脚

页眉、页脚分别位于文档的最上方和最下方，编排文档时，在页眉和页脚处输入文本或插入图形，如页码、公司名称、书稿名称、日期或公司徽标等，可以对文档起到美化点缀的作用。

★ 重点 6.4.1 实战：为公司简介设置页眉、页脚内容

实例门类	软件功能
教学视频	光盘\视频\第6章\6.4.1.mp4

Word 提供了多种样式的页眉、页脚，用户可以根据实际需要进行选择，具体操作步骤如下。

Step01 打开"光盘\素材文件\第6章\公司简介.docx"文件，❶ 切换到【插入】选项卡，❷ 单击【页眉和页脚】组中的【页眉】按钮，❸ 在弹出的下拉列表中选择页眉样式，如图6-41 所示。

Step02 所选样式的页眉将添加到页面顶端，同时文档自动进入页眉编辑区，

❶ 通过单击占位符或在段落标记处输入并编辑页眉内容，❷ 完成页眉内容的编辑后，在【页眉和页脚工具/设计】选项卡的【导航】组中单击【转至页脚】按钮，如图6-42所示。

图 6-41

图 6-42

技术看板

编辑页眉页脚时，在【页眉和页脚工具/设计】选项卡的【插入】组中，通过单击相应的按钮，可在页眉/页脚中插入图片，以及插入作者、文件路径等文档信息。

Step03 自动转至当前页的页脚，此时，页脚为空白样式，如果要更改其样式，❶ 在【页眉和页脚工具 / 设计】选项卡的【页眉和页脚】组中单击【页脚】按钮，❷ 在弹出的下拉列表中选择需要的样式，如图 6-43 所示。

图 6-43

Step04 ❶ 通过单击占位符或在段落标记处输入并编辑页脚内容，❷ 完成页脚内容的编辑后，在【页眉和页脚工具 / 设计】选项卡的【关闭】组中单击【关闭页眉和页脚】按钮，如图 6-44 所示。

图 6-44

Step05 退出页眉 / 页脚编辑状态，即可看到设置了页眉页脚后的效果，如图 6-45 所示。

技能拓展——自定义页眉页脚

编辑页眉页脚时，还可以自定义页眉页脚，操作方法为：双击页眉或页脚，即文档上方或下方的页边距，进入页眉、页脚编辑区，此时根据需要直接编辑页眉、页脚内容即可。

图 6-45

★ 重点 6.4.2 实战：在薪酬方案中插入和设置页码

实例门类	软件功能
教学视频	光盘\视频\第 6 章\6.4.2.mp4

对文档进行排版时，页码是必不可少的。在使用 Word 提供的页眉、页脚样式中，部分样式提供了添加页码的功能，即插入某些样式的页眉页脚后，会自动添加页码。若使用的样式没有自动添加页码，则需要手动添加。在 Word 中，可以将页码插入到页面顶端、页面底端、页边距等位置。

例如，要在页面顶端插入页码，具体操作步骤如下。
Step01 打开"光盘\素材文件\第 6 章\企业员工薪酬方案.docx"文件，❶ 切换到【插入】选项卡，❷ 单击【页眉和页脚】组中的【页码】按钮，❸ 在弹出的下拉列表中选择【页面顶端】选项，❹ 在弹出的级联菜单中选择需要的页码样式，如图 6-46 所示。
Step02 所选样式的页码将插入到页面顶端，❶ 在【页眉和页脚工具 / 设计】选项卡中，单击【页眉和页脚】组中的【页码】按钮，❷ 在弹出的下拉列表中选择【设置页码格式】选项，如图 6-47 所示。

图 6-46

图 6-47

Step03 弹出【页码格式】对话框，❶ 在【编号格式】下拉列表中可以选择需要的编号格式，❷ 单击【确定】按钮，如图 6-48 所示。

图 6-48

Step04 返回文档，在【页眉和页脚工具 / 设计】选项卡的【关闭】组中单击【关闭页眉和页脚】按钮，如图 6-49 所示。
Step05 退出页眉页脚编辑状态，即可看到设置了页码后的效果，如图 6-50 所示。

图 6-49

图 6-50

技能拓展——设置页码的起始值

插入页码后，根据操作需要，还可以设置页码的起始值。对于没有分节的文档，打开【页码格式】对话框后，在【页码编号】栏中选中【起始页码】单选按钮，然后直接在右侧的微调框中设置起始页码即可。对于设置了分节的文档，打开【页码格式】对话框后，在【页码编号】栏中若选中【续前节】单选按钮，则页码与上一节相接续；若选中【起始页码】单选按钮，则可以自定义当前节的起始页码。

★ 重点 6.4.3　实战：为工作计划的首页创建不同的页眉和页脚

实例门类	软件功能
教学视频	光盘\视频\第 6 章\6.4.3.mp4

Word 提供了"首页不同"功能，通过该功能，可以单独为首页设置不

同的页眉、页脚效果，具体操作步骤如下。

Step01 打开"光盘\素材文件\第 6 章\人力资源部 2017 年工作计划 .docx"文件，双击页眉或页脚进入编辑状态，❶ 切换到【页眉和页脚工具 / 设计】选项卡，❷ 选中【选项】组中的【首页不同】复选框，❸ 在首页页眉中编辑页眉内容，❹ 单击【导航】组中的【转至页脚】按钮，如图 6-51 所示。

图 6-51

技术看板

编辑页眉页脚内容时，依然可以对文本对象设置字体、段落等格式，操作方法和正文的操作相同。

Step02 自动转至当前页的页脚，❶ 编辑首页的页脚内容，❷ 单击【导航】组中的【下一节】按钮，如图 6-52 所示。

图 6-52

Step03 跳转到第 2 页的页脚，❶ 编辑页脚内容（本例中插入的页码），❷ 单击【导航】组中的【转至页眉】按钮，如图 6-53 所示。

Step04 自动转至当前页的页眉，❶ 编

辑页眉内容，❷ 在【关闭】组中单击【关闭页眉和页脚】按钮，如图 6-54 所示。

图 6-53

图 6-54

Step05 退出页眉页脚编辑状态，首页和其他任意一页的页眉页脚效果分别如图 6-55、图 6-56 所示。

图 6-55

图 6-56

技术看板

　　在本操作中，在第2页中编辑的页眉页脚将应用到除了首页外的所有页面，所以无须在其他页面单独设置页眉页脚。

★ 重点 6.4.4 实战：为产品介绍的奇、偶页创建不同的页眉和页脚

实例门类	软件功能
教学视频	光盘\视频\第6章\6.4.4.mp4

　　在实际应用中，有时还需要为奇、偶页创建不同的页眉和页脚，这需要通过 Word 提供的"奇偶页不同"功能实现，具体操作步骤如下。

Step01 打开"光盘\素材文件\第6章\产品介绍.docx"文件，双击页眉或页脚进入编辑状态，❶切换到【页眉和页脚工具/设计】选项卡，❷选中【选项】组中的【奇偶页不同】复选框，❸在奇数页页眉中编辑页眉内容，❹单击【导航】组中的【转至页脚】

按钮，如图 6-57 所示。

图 6-57

Step02 自动转至当前页的页脚，❶编辑奇数页的页脚内容，❷单击【导航】组中的【下一节】按钮，如图 6-58 所示。

图 6-58

Step03 自动转至偶数页的页脚，❶编辑偶数页的页脚内容，❷单击【导航】组中的【转至页眉】按钮，如图 6-59 所示。

图 6-59

Step04 自动转至当前页的页眉，❶编辑偶数页的页眉内容，❷在【关闭】组中单击【关闭页眉和页脚】按钮，如图 6-60 所示。

Step05 退出页眉页脚编辑状态，奇数页和偶数页的页眉页脚效果分别如图 6-61、图 6-62 所示。

图 6-60

图 6-61

图 6-62

6.5 设置页面背景

所谓设置页面背景，就是对文档底部进行相关设置，如添加水印、设置页面颜色及页面边框等，通过这一系列的设置，可以起到渲染文档的作用。

Word 2013 新增了【设计】选项卡，在该选项卡的【页面背景】组中通过单击相关按钮，便可设置水印、页面颜色等效果；而在 Word 2010 中则是切换到【页面布局】选项卡，然后通过【页面背景】组来设置水印、页面颜色等效果，接下来讲解在 Word 2013 中如何设置页面背景。

★ 重点 ★ 新功能6.5.1 实战：设置财务盘点制度的水印效果

实例门类	软件功能
教学视频	光盘\视频\第6章\6.5.1.mp4

水印是指将文本或图片以水印的方式设置为页面背景，其中文字水印多用于说明文件的属性，通常用作提醒功能，而图片水印则大多用于修饰文档。

对于文字水印而言，Word 提供了几种文字水印样式，用户只需切换到【设计】选项卡，单击【页面背景】组中的【水印】按钮，在弹出的下拉列表中选择需要的水印样式即可，如图 6-63 所示。

图 6-63

⚙ 技能拓展——删除水印

在设置了水印的文档中，如果要删除水印，在【页面背景】组中单击【水印】按钮，在弹出的下拉列表中选择【删除水印】选项即可。

但在编排商务办公文档时，Word

提供的文字水印样式并不能满足用户的需求，此时就需要自定义文字水印，具体操作步骤如下。

Step01 打开"光盘\素材文件\第6章\财务盘点制度.docx"文件，❶切换到【设计】选项卡，❷单击【页面背景】组中的【水印】按钮，❸在弹出的下拉列表中选择【自定义水印】选项，如图 6-64 所示。

图 6-64

Step02 弹出【水印】对话框，❶选中【文字水印】单选按钮，❷在【文字】文本框中输入水印内容，❸根据操作需要对文字水印设置字体、字号等参数，❹完成设置后，单击【确定】按钮，如图 6-65 所示。

图 6-65

Step03 返回文档，即可查看设置后的效果，如图 6-66 所示。

图 6-66

⚙ 技能拓展——设置图片水印

为了让文档页面看起来更加美观，还可以设计图片样式的水印，具体操作方法为：打开【水印】对话框后选中【图片水印】单选按钮，单击【选择图片】按钮，在弹出的【插入图片】页面中单击【浏览】按钮，弹出【插入图片】对话框，选择需要作为水印的图片，单击【插入】按钮，返回【水印】对话框，设置图片的缩放比例等参数，完成设置后单击【确定】按钮即可。

★ 新功能 6.5.2 实战：设置会议管理制度的填充效果

实例门类	软件功能
教学视频	光盘\视频\第6章\6.5.2.mp4

Word 默认的页面背景颜色为白色，为了让文档页面看起来更加赏心

悦目，用户可以对其设置填充效果，如纯色填充、渐变填充、纹理填充、图案填充、图片填充等。例如，要为文档设置图片填充效果，具体操作步骤如下。

Step01 打开"光盘\素材文件\第6章\会议管理制度.docx"文件，❶切换到【设计】选项卡，❷在【页面背景】组中单击【页面颜色】按钮，❸在弹出的下拉列表中选择【填充效果】选项，如图6-67所示。

图 6-67

技能拓展——设置纯色填充效果

单击【页面背景】组中的【页面颜色】按钮后，在弹出的下拉列表中直接选择某个颜色选项，便可为文档设置纯色填充效果。

Step02 弹出【填充效果】对话框，❶切换到【图案】选项卡，❷设置前景色和背景色，❸在【图案】栏中选择图案样式，❹单击【确定】按钮，如图6-68所示。

技术看板

在【填充效果】对话框中，切换到某个选项卡，便可设置对应的填充效果。例如，切换到【纹理】选项卡，便可对文档纹理填充效果。

Step03 返回文档，即可查看设置的图案填充效果，如图6-69所示。

图 6-68

图 6-69

★ 新功能 6.5.3 实战：设置会议管理制度的页面边框

实例门类	软件功能
教学视频	光盘\视频\第6章\6.5.3.mp4

在编排文档时，用户还可以添加页面边框，让文档更加赏心悦目。添加页面边框的具体操作步骤如下。

Step01 在"会议管理制度.docx"文档中，❶切换到【设计】选项卡，❷单击【页面背景】组中的【页面边框】按钮，如图6-70所示。

Step02 弹出【边框和底纹】对话框，在【页面边框】选项卡中根据需要设置边框样式、宽度等参数，❶本例中在【设置】栏中选择【方框】选项，

❷在【样式】列表框中选择边框样式，❸在【颜色】下拉列表中选择边框线颜色，❹设置完成后单击【确定】按钮，如图6-71所示。

图 6-70

图 6-71

Step03 返回文档，即可查看设置后的效果，如图6-72所示。

图 6-72

妙招技法

通过前面知识的学习，相信读者已经掌握了如何完善页面布局。下面结合本章内容，给大家介绍一些实用技巧。

技巧 01：让文档内容自动在页面中居中对齐

教学视频	光盘\视频\第6章\技巧01.mp4

默认情况下，文档内容总是以页面顶端为基准对齐，如果要让文档内容自动置于页面中央，可以通过页面设置实现，具体操作步骤如下。

Step01 打开"光盘\素材文件\第6章\请假条.docx"文件，❶切换到【页面布局】选项卡，❷在【页面设置】组中单击【功能扩展】按钮，如图6-73所示。

图 6-73

Step02 弹出【页面设置】对话框，❶切换到【版式】选项卡，❷在【垂直对齐方式】下拉列表中选择【居中】选项，❸单击【确定】按钮，如图6-74所示。

技术看板

在【垂直对齐方式】下拉列表中，有【顶端对齐】【居中】【两端对齐】和【底端对齐】4个选项。【顶端对齐】为默认的对齐方式，在

该对齐方式下，未布满页面的文本页中，上下端与其他各页的上下端保持一致；在【居中】对齐方式下，未布满页面的文本页中，以页面上下边距为基准，将文本分布在中间位置；在【两端对齐】方式下，未布满页面的文本页中，上下两端与其他页的上下两端保持一致，且未布满页面的文本行距与其他页的行距不一致，并平均分布在页面上；在【底端对齐】方式下，未布满页面的文本页上，下端与其他各页的下端保持一致。

图 6-74

Step03 返回文档，可看到文档内容自动在页面中居中显示，如图6-75所示。

图 6-75

技巧 02：设置对称页边距

教学视频	光盘\视频\第6章\技巧02.mp4

在设置文档的页边距时，有时为了便于装订，通常会把左侧页边距设置得大一些。但是当进行双面打印时，左右页边距在纸张的两面正好相反，反而难以装订。因此，对于需要双面打印的文档，最好设置对称页边距。

对称页边距是指设置双面文档的对称页面的页边距。例如，书籍或杂志，在这种情况下，左侧页面的页边距是右侧页面页边距的镜像（即内侧页边距等宽，外侧页边距等宽）。

对文档进行双面打印时，通过"对称页边距"功能，可以使纸张正反两面的内、外侧均具有同等大小，这样装订后会显得更整齐美观些。设置对称页边距的具体操作方法为：打

开【页面设置】对话框，❶ 切换到【页边距】选项卡，❷ 在【多页】下拉列表中选择【对称页边距】选项，❸ 此时，【页边距】栏中的【左】和【右】微调框将变为【内侧】和【外侧】，然后设置相应的页边距大小，❹ 完成设置后单击【确定】按钮即可，如图 6-76 所示。

图 6-76

技巧 03：利用分节在同一文档设置两种纸张方向

教学视频	光盘\视频\第 6 章\技巧03.mp4

在编辑比较复杂的文档时，如有的大型表格，在纵向页面中无法完全显示所有列的内容，这时用户可以将包含表格的页面改为横向来解决问题。但是在默认情况下，一旦改变文档中任意一页的方向，其他页也会自动改为相同方向。如果要在同一个文档中同时包含纵向和横向的页面，就需要通过分节来实现。

假设文档中包含了 3 个纵向页面，希望前两页保持为纵向，将第 3 页改为横向，实现此要求的具体操作

步骤如下。

Step 01 打开"光盘\素材文件\第 6 章\人事档案管理制度 .docx"文件，❶ 将鼠标光标定位到第 3 页的起始位置，❷ 切换到【页面布局】选项卡，❸ 单击【页面设置】组中的【分隔符】按钮，❹ 在弹出下拉列表中的【分节符】栏中选择【下一页】选项，如图 6-77 所示。

图 6-77

Step 02 此时，第 2 页的内容结尾处插入一个分节符标记，如图 6-78 所示。

图 6-78

Step 03 ❶ 将鼠标光标定位在第 3 页的任意位置，❷ 在【页面布局】选项卡的【页面设置】组中单击【功能扩展】按钮，如图 6-79 所示。

图 6-79

Step 04 弹出【页面设置】对话框，❶ 在【纸张方向】栏中选择【横向】选项，❷ 在【应用于】下拉列表中选择【本节】选项，❸ 单击【确定】按钮，如图 6-80 所示。

图 6-80

Step 05 返回文档，可发现第 3 页已经改为了横向，前两页保持不变，如图 6-81 所示。

图 6-81

技巧 04：对文档分节后，为各节设置不同的页眉

教学视频	光盘\视频\第 6 章\技巧04.mp4

在介绍分节时，提到过通过分节

能设置不同的页眉、页脚效果，但在操作过程中，许多读者分节后依然无法设置不同的页眉、页脚效果，这是因为默认情况下，页眉和页脚在文档分节后自动"与上一节相同"，因此需要分别为各节进行简单的设置（第 1 节无须设置）。

例如，要为各节设置不同的页眉效果，具体操作方法为：双击页眉 / 页脚处，进入页眉页 / 页脚编辑状态，将鼠标光标定位到页眉处，在【页眉和页脚工具 / 设计】选项卡的【导航】组中，单击【链接到前一条页眉】按钮，如图 6-82 所示，取消该按钮的选中状态，从而使当前节断开与前一节的联系。参照这样的操作方法，依次对其他节进行断开设置。通过上述设置后，分别为各节设置页眉效果即可。

图 6-82

在设置页眉时，如果希望当前节与上一节设置相同的页眉效果，则将鼠标光标定位在当前节的页眉处，单击【链接到前一条页眉】按钮，使该按钮呈选中状态即可。

技能拓展——同一文档设置多种页码格式

参照上述方法，还可以为文档设置多重页码格式。例如，对于一本书籍来说，希望目录部分使用罗马数字格式的页码，正文部分使用阿拉伯数字格式的页码。为了实现此效果，先插入分节符将目录与正文分开，然后通过单击【链接到前一条页眉】按钮，取消目录页脚与正文页脚之间的联系，最后分别在目录页脚、正文页脚中插入页码即可。

技巧 05：删除页眉中多余的横线

教学视频	光盘 \ 视频 \ 第 6 章 \ 技巧 05.mp4

在文档中添加页眉后，页眉里面有时会出现一条多余的横线，且无法通过【Delete】键删除，此时可以通

过隐藏边框线的方法实现，具体操作方法为：打开"光盘 \ 素材文件 \ 第 6 章 \ 营销预算结构 .docx"文件，双击页眉 / 页脚处，进入页眉 / 页脚编辑状态，❶ 在页眉区中选中多余横线所在的段落，❷ 在【开始】选项卡的【段落】组中单击【边框】按钮右侧的下拉按钮，❸ 在弹出的下拉列表中选择【无框线】选项即可，如图 6-83 所示。

图 6-83

本章小结

通过本章知识的学习和案例练习，相信读者能够独立完成页面的设置与布局了。另外，在实际应用中，分节与页眉页脚的设置是非常灵活的，结合这两者的使用，可以制作出各种漂亮、出色的页眉页脚样式。希望读者在学习的过程中融会贯通，举一反三，从而制作出各种出色版式的文档。

3 第 篇

表格与图表
应用篇

在日常办公应用中，经常需要制作一些表格和数据图表。在 Word 文档中处理与分析一些简单数据时，表格与图表无疑是最佳选择。

第 7 章　表格创建与编辑

- ➥ 创建表格的方法，你知道几种？
- ➥ 单元格中的斜线表头怎么制作？
- ➥ 在大型表格中，如何让表头显示在每页上？
- ➥ 表格与文本之间也能相互转换吗？
- ➥ 不会对表格中的数据进行计算，怎么办？
- ➥ 如何对表格中的数据进行排序？

不用 Excel 也能计算表格数据，通过本章内容的学习，读者将了解到如何使用 Word 来创建并设置表格，以及通过 Word 来计算表格中的相关数据。

7.1　创建表格

表格是将文字信息进行归纳和整理，通过条理化的方式呈现给读者，相比一大篇的文字，这种方式更易被读者接受。若要想通过表格处理文字信息，就需要先创建表格。创建表格的方法有很多种，可以通过 Word 提供的插入表格功能创建表格，也可以手动绘制表格，甚至还可以将输入好的文字转换为表格，灵活掌握这些方法，便可随心所欲创建自己需要的表格。

7.1.1　实战：虚拟表格的使用

实例门类	软件功能
教学视频	光盘\视频\第 7 章\7.1.1.mp4

　　Word 提供了虚拟表格功能，通过该功能，可以快速在文档中插入表格。例如，要插入一个 5 列 4 行的表格，具体操作步骤如下。

Step01 打开"光盘\素材文件\第 7 章\创建表格 .docx"文件，❶ 将鼠标光标定位到需要插入表格的位置，❷ 切换到【插入】选项卡，❸ 单击【表格】组中的【表格】按钮，在弹出的下拉列表的【插入表格】栏中提供了一个 10 列 8 行的虚拟表格，如图 7-1 所示。

Step02 在虚拟表格中移动鼠标指针可以选择表格的行列值。例如，将鼠标指针指向坐标为 5 列、4 行的单元格，鼠标指针前的区域将呈选中状态，并显示为橙色，选择表格区域时，虚表格的上方会显示"5×4表格"之类的提示文字，该信息表示鼠标指针划过的表格范围，也意味着即将创建的表格大小。与此同时，文档中将模拟出所选大小的表格，但并没有将其真正插入文档中，如图7-2所示。

图7-1

图7-2

Step03 单击鼠标左键，可在文档中插入一个5列4行的表格，如图7-3所示。

图7-3

技能拓展——在表格中输入内容

创建表格后，就可以在表格中输入所需的内容了，其方法非常简单，

只需要将鼠标光标定位在需要输入内容的单元格内，然后直接输入文本内容即可，其方法与在文档中输入内容的方法相似。

7.1.2 实战：使用【插入表格】对话框

实例门类	软件功能
教学视频	光盘\视频\第7章\7.1.2.mp4

使用虚拟表格，最大只能创建10列8行的表格，若要创建的表格超出了这个范围，可以通过【插入表格】对话框进行创建，具体操作步骤如下。

Step01 在"创建表格.docx"文档中，❶将鼠标光标定位到需要插入表格的位置，❷切换到【插入】选项卡，❸单击【表格】组中的【表格】按钮，❹在弹出的下拉列表中选择【插入表格】选项，如图7-4所示。

图7-4

Step02 弹出【插入表格】对话框，❶分别在【列数】和【行数】微调框中设置表格的列数和行数，❷设置好后单击【确定】按钮，如图7-5所示。

图7-5

Step03 返回文档，可以看到文档中插入了指定行、列数的表格，如图7-6所示。

图7-6

在【插入表格】对话框的【"自动调整"操作】栏中有3个单选按钮，其作用如下。

➥ 【固定列宽】：表格的宽度是固定的，表格大小不会随文档版心的宽度或表格内容的多少而自动调整，表格的列宽以"厘米"为单位。当单元格中的内容过多时，会自动进行换行。

➥ 【根据内容调整表格】：表格大小会根据表格内容的多少而自动调整。若选中该单选按钮，则创建的初始表格会缩小至最小状态。

➥ 【根据窗口调整表格】：插入的表格的总宽度与文档版心相同，当调整页面的左、右页边距时，表格的总宽度会自动随之改变。

技能拓展——重复使用同一表格尺寸

在【插入表格】对话框中设置好表格大小参数后，若选中【为新表格记忆此尺寸】复选框，则再次打开【插入表格】对话框时，该对话框中会自动显示之前设置的尺寸参数。

7.1.3 调用 Excel 电子表格

当涉及复杂的数据关系时，可以调用 Excel 电子表格。在【插入】选项卡的【表格】组中单击【表格】按钮，在弹出的下拉列表中选择【Excel 电子表格】选项，将在 Word 文档中插入一个嵌入的 Excel 工作表并进入数据编辑状态，该工作表与在 Excel 应用程序中的操作相同。

关于在 Word 文档中插入并使用 Excel 工作表的具体操作方法，将在第 17 章进行讲解。

7.1.4 实战：使用"快速表格"功能

实例门类	软件功能
教学视频	光盘\视频\第7章\7.1.4.mp4

Word 提供了"快速表格"功能，该功能提供了一些内置样式的表格，用户可以根据要创建的表格外观来选择相同或相似的样式，然后在此基础之上修改表格，从而提高了表格的创建和编辑速度。使用"快速表格"功能创建表格的具体操作步骤如下。

Step01 在"创建表格.docx"文档中，❶将鼠标光标定位到需要插入表格的位置，❷切换到【插入】选项卡，❸单击【表格】组中的【表格】按钮，❹在弹出的下拉列表中选择【快速表格】选项，❺在弹出的级联列表中选择需要的表格样式，如图 7-7 所示。

图 7-7

Step02 通过上述操作后，即可在文档中插入所选样式的表格，如图 7-8 所示。

图 7-8

7.1.5 实战：手动绘制表格

实例门类	软件功能
教学视频	光盘\视频\第7章\7.1.5.mp4

一般情况下，通常不会使用手动绘制的方法来创建表格，除非要创建极不规则结构的表格。手动绘制表格的具体操作步骤如下。

Step01 在"创建表格.docx"文档中，❶切换到【插入】选项卡，❷单击【表格】组中的【表格】按钮，❸在弹出的下拉列表中选择【绘制表格】选项，如图 7-9 所示。

图 7-9

Step02 进入表格绘制模式，此时鼠标指针呈 ⬝ 形状，将鼠标光标定位在要插入表格的起始位置，然后按住鼠标左键并进行拖动，即可在文档中画出一个虚线框，如图 7-10 所示。

图 7-10

Step03 直至大小合适后，释放鼠标即可绘制出表的外框，如图 7-11 所示。

图 7-11

Step04 参照上述操作步骤，在框内绘制出需要的横纵线即可，如图 7-12 所示。

图 7-12

Step05 如果发现某些边框线绘制错误，可以按住【Shift】键不放，此时鼠标指针呈 ⬝ 形状，直接单击错误的线条，如图 7-13 所示。

图 7-13

Step06 被单击的线条即可被删除掉，

如图 7-14 所示。

图 7-14

Step07 完成全部绘制工作后，按【Esc】键退出表格绘制模式即可。

7.2 表格的基本操作

插入表格后，还涉及表格的一些基本操作，如选择操作区域、设置行高与列宽、插入行或列、删除行或列、合并与拆分单元格等，本节将分别进行讲解。

7.2.1 选择操作区域

无论是要对整个表格进行操作，还是要对表格中的部分区域进行操作，在操作前都需要先选择它们。根据选择元素的不同，其选择方法也不同。

1. 选择单元格

单元格的选择主要分为选择单个单元格、选择连续的多个单元格、选择分散的多个单元格 3 种情况，选择方法如下。

➥ 选择单个单元格：将鼠标指针指向某单元格的左侧，待指针呈黑色箭头时，单击即可选中该单元格，如图 7-15 所示。

图 7-15

➥ 选择连续的多个单元格：将鼠标指针指向某个单元格的左侧，当指针呈黑色箭头时按住鼠标左键并拖动，拖动的起始位置到终止位置之间的单元格将被选中，如图 7-16 所示。

图 7-16

> **技能拓展——配合【Shift】键选择连续的多个单元格**
>
> 选择连续的多个单元格区域时，还可以通过【Shift】键实现，操作方法为：先选中第一个单元格，然后按住【Shift】键不放，同时单击另一个单元格，此时这两个单元格包含的范围内的所有单元格将被选中。

➥ 选择分散的多个单元格：选中第一个要选择的单元格后按住【Ctrl】键不放，然后依次选择其他分散的单元格即可，如图 7-17 所示。

图 7-17

2. 选择行

行的选择主要分为选择一行、选择连续的多行、选择分散的多行 3 种情况，选择方法如下。

➥ 选择一行：将鼠标指针指向某行的左侧，待指针呈白色箭头时，单击即可选中该行，如图 7-18 所示。

图 7-18

➥ 选择连续的多行：将鼠标指针指向某行的左侧，待指针呈白色箭头时，按住鼠标左键不放并向上或向下拖动，即可选中连续的多行，如图 7-19 所示。

图 7-19

➡ 选中分散的多行：将鼠标指针指向某行的左侧，待指针呈白色箭头时，按住【Ctrl】键不放，然后依次单击要选择的行的左侧即可，如图 7-20 所示。

图 7-20

3. 选择列

列的选择主要分为选择一列、选择连续的多列、选择分散的多列 3 种情况，选择方法如下。

➡ 选择一列：将鼠标指针指向某列的上边，待指针呈黑色箭头时，单击即可选中该列，如图 7-21 所示。

图 7-21

➡ 选择连续的多列：将鼠标指针指向某列的上边，待指针呈黑色箭头时，按住鼠标左键不放并向左或向右拖动，即可选中连续的多列，如图 7-22 所示。

图 7-22

➡ 选中分散的多列：将鼠标指针指向某列的上边，待指针呈黑色箭头时，按住【Ctrl】键不放，然后依次单击要选择的列的上方即可，如图 7-23 所示。

图 7-23

4. 选择整个表格

选择整个表格的方法非常简单，只需将鼠标光标定位在表格内，表格左上角会出现标志，右下角会出现标志，单击任意一个标志，都可以选中整个表格，如图 7-24 所示。

图 7-24

技能拓展——通过功能区选择操作区域

除了上述介绍的方法外，还可以通过功能区选择操作区域。将鼠标光标定位在某单元格内，切换到【表格工具 / 布局】选项卡，在【表】组中单击【选择】按钮，在弹出的下拉列表中选择某个选项可实现相应的选择操作。

7.2.2 实战：设置表格行高与列宽

实例门类	软件功能
教学视频	光盘\视频\第 7 章\7.2.2.mp4

插入表格后，可以根据操作需要调整表格的行高与列宽。调整时，既可以使用鼠标任意调整，也可以通过对话框精确调整，还可以通过分布功能快速让各行、各列平均分布。

1. 使用鼠标调整

在设置行高或列宽时，拖动鼠标可以快速调整行高与列宽。

➡ 设置行高：打开"光盘\素材文件\第 7 章\设置表格行高与列宽 .docx"文件，鼠标指针指向行与行之间，待指针呈形状时，按鼠标左键并拖动，表格中将出现虚线，待虚线到达合适位置时释放鼠标，即可实现行高的调整，如图 7-25 所示。

图 7-25

➡ 设置列宽：在"设置表格行高与列宽 .docx"文档中，将鼠标指针指向列与列之间，待指针呈形状时，按鼠标左键并拖动，当出现的虚线到达合适位置时释放鼠标，即可实现列宽的调整，如图 7-26 所示。

图 7-26

技能拓展——只设置某个单元格的宽度

一般情况下，调整列宽时，都会同时改变该列中所有单元格的宽度，如果只想改变一列中某个单元格的宽度，则可以先选中该单元格，然后按住鼠标左键拖动单元格左右两侧的边框线，便可只改变该单元格的宽度，如图 7-27 所示。

图 7-27

2. 使用对话框调整

如果需要精确设置行高与列宽，则可以通过【表格属性】对话框来实现，具体操作步骤如下。

Step01 在"设置表格行高与列宽.docx"文档中，❶ 将鼠标光标定位到要调整的行或列中的任意单元格，❷ 切换到【表格工具 / 布局】选项卡，❸ 单击【单元格大小】组中的【功能扩展】按钮，如图 7-28 所示。

图 7-28

技能拓展——通过功能区设置行高与列宽

将鼠标光标定位到要调整的行或列中的任意单元格后，在【表格工具 / 布局】选项卡的【单元格大小】组中，通过【高度】微调框可设置当前单元格所在行的行高，通过【宽度】微调框可设置当前单元格所在列的列宽。

Step02 弹出【表格属性】对话框，❶ 切换到【行】选项卡，❷ 选中【指定高度】复选框，然后在右侧的微调框中设置当前单元格所在行的行高，如图 7-29 所示。

图 7-29

技能拓展——设置其他行的行高

在【表格属性】对话框的【行】选项卡中，单击【上一行】或【下一行】按钮，可切换到其他行并设置行高。

Step03 ❶ 切换到【列】选项卡，❷ 选中【指定宽度】复选框，然后在右侧的微调框中设置当前单元格所在列的列宽，❸ 完成设置后，单击【确定】按钮即可，如图 7-30 所示。

图 7-30

技能拓展——设置其他列的列宽

在【表格属性】对话框的【列】选项卡中，单击【前一列】或【后一列】按钮，可切换到其他列并设置列宽。

3. 均分行高和列宽

为了使表格美观整洁，通常希望表格中的所有行等高、所有列等宽。若表格中的行高或列宽参差不齐，则可以使用 Word 提供的功能快速均分多个行的行高或多个列的列宽，具体操作步骤如下。

Step01 在"设置表格行高与列宽.docx"文档中，❶ 将鼠标光标定位在表格内，❷ 切换到【表格工具 / 布局】选项卡，❸ 单击【单元格大小】组中的【分布行】按钮，如图 7-31 所示。

图 7-31

Step02 此时，表格中的所有行高将自动进行平均分布，如图7-32所示。

图 7-32

Step03 在【表格工具/布局】选项卡的【单元格大小】组中，单击【分布列】按钮，如图7-33所示。

图 7-33

Step04 此时，表格中的所有列宽将自动进行平均分布，如图7-34所示。

图 7-34

★ 新功能 7.2.3 实战：插入单元格、行或列

实例门类	软件功能
教学视频	光盘\视频\第7章\7.2.3.mp4

当表格范围无法满足数据的输入时，可以根据实际情况插入单元格、行或列。

1. 插入单元格

单元格的插入操作并不常用，下面只进行一个简单的讲解。插入单元格的具体操作步骤如下。

Step01 打开"光盘\素材文件\第7章\插入单元格、行或列.docx"文件，❶将鼠标光标定位到某个单元格，❷切换到【表格工具/布局】选项卡，❸单击【行和列】组中的【功能扩展】按钮，如图7-35所示。

图 7-35

Step02 ❶弹出【插入单元格】对话框，选择相对于当前单元格将要插入的新单元格的位置，Word提供了【活动单元格右移】和【活动单元格下移】两种方式，本例中选中【活动单元格下移】单选按钮，❷单击【确定】按钮，如图7-36所示。

图 7-36

Step03 返回文档，当前单元格的上方插入了一个新单元格，如图7-37所示。

图 7-37

2. 插入行

当表格中没有额外的空行或空列来输入新内容时，就需要插入行或列。其中，插入行的具体操作步骤如下。

Step01 在"插入单元格、行或列.docx"文档中，❶将鼠标光标定位在某个单元格，❷切换到【表格工具/布局】选项卡，❸在【行和列】组中，选择相对于当前单元格将要插入的新行的位置，Word提供了【在上方插入】和【在下方插入】两种方式，本例中单击【在下方插入】按钮，如图7-38所示。

图 7-38

Step02 通过上述操作后，当前单元格所在行的下方将插入一个新行，如图7-39所示。

图 7-39

除了上述操作方法之外，还可以通过以下几种方式插入新行。

➥ 将鼠标光标定位在某行最后一个单元格的外边，按下【Enter】键，即可在该行的下方添加一个新行。

➥ 将鼠标光标定位在表格最后一个单元格内，若单元格内有内容，则将鼠标光标定位在文字末尾，然后按下【Tab】键，即可在表格底端插入一个新行。

➡ 在表格的左侧，将鼠标指针指向行与行之间的边界线时，将显示 ➕ 标记，单击 ➕ 标记，即可在该标记的下方添加一个新行。

🔘 技术看板

➕ 标记是 Word 2013 新增的一个功能，将鼠标指针指向行与行之间的边界线，或列与列的边界线时，都会显示 ➕ 标记，对其单击，可以新增一个新行或新列。

3. 插入列

要在表格中插入新列，其操作步骤如下。

Step01 在"插入单元格、行或列.docx"文档中，❶ 将鼠标光标定位在某个单元格，❷ 切换到【表格工具/布局】选项卡，❸ 在【行和列】组中，选择相对于当前单元格将要插入的新列的位置，Word 提供了【在左侧插入】和【在右侧插入】两种方式，本例中单击【在左侧插入】按钮，如图 7-40 所示。

图 7-40

Step02 通过上述操作，当前单元格所在列的左侧将插入一个新列，如图 7-41 所示。

图 7-41

⚙ 技能拓展——快速插入多行或多列

如果需要插入大量的新行或新列，可一次性插入多行或多列。一次性插入多行或多列的操作方法相似，下面就以一次性插入多行为例进行讲解。例如，要插入 3 个新行，则先选中连续的 3 行，然后在【表格工具/布局】选项卡的【行和列】组中单击【在下方插入】按钮，即可在所选对象的最后一行的下方插入 3 个新行。

7.2.4　实战：删除单元格、行或列

实例门类	软件功能
教学视频	光盘\视频\第 7 章\7.2.4.mp4

编辑表格时，对于多余的行或列，可以将其删除，从而使表格更加整洁。

1. 删除单元格

同插入单元格一样，单元格的删除操作也不常用。删除单元格的具体操作步骤如下。

Step01 打开"光盘\素材文件\第 7 章\删除单元格、行或列.docx"文件，❶ 选中需要删除的单元格，❷ 切换到【表格工具/布局】选项卡，❸ 单击【行和列】组中的【删除】按钮，❹ 在弹出的下拉列表中选择【删除单元格】选项，如图 7-42 所示。

图 7-42

Step02 弹出【删除单元格】对话框，

❶ 选择删除当前单元格后其右侧或下方单元格的移动方式，Word 提供了【右侧单元格左移】和【下方单元格上移】两种方式，本例中选中【右侧单元格左移】单选按钮，❷ 单击【确定】按钮，如图 7-43 所示。

图 7-43

Step03 返回文档，可以发现当前单元格已被删除，与此同时，该单元格右侧的所有单元格均向左移动了，如图 7-44 所示。

图 7-44

2. 删除行

要想删除不需要的行，可按下面的操作步骤实现。

Step01 在"删除单元格、行或列.docx"文档中，❶ 选中要删除的行，❷ 切换到【表格工具/布局】选项卡，❸ 单击【行和列】组中的【删除】按钮，❹ 在弹出的下拉列表中选择【删除行】选项，如图 7-45 所示。

图 7-45

Step02 通过上述操作，所选的行被删除了，如图 7-46 所示。

图 7-46

除了上述操作方式之外，还可以通过以下几种方式删除行。

➡ 选中要删除的行并右击，在弹出的快捷菜单中选择【删除行】命令即可。

➡ 选中要删除的行，按【Backspace】键可快速将其删除。

3. 删除列

要想删除不需要的列，可以按下面的操作步骤实现。

Step01 在"删除单元格、行或列.docx"文档中，❶ 选中要删除的列，❷ 切换到【表格工具/布局】选项卡，❸ 单击【行和列】组中的【删除】按钮，❹ 在弹出的下拉列表中选择【删除列】选项，如图 7-47 所示。

图 7-47

Step02 通过上述操作，所选的列被删除了，如图 7-48 所示。

图 7-48

除了上述操作方式之外，还可以通过以下几种方式删除列。

➡ 选中要删除的列并右击，在弹出的快捷菜单中选择【删除列】命令即可。

➡ 选中要删除的列，按【Backspace】键可快速将其删除。

7.2.5 实战：删除整个表格

实例门类	软件功能
教学视频	光盘\视频\第7章\7.2.5.mp4

在删除整个表格时，若选中表格后直接按【Delete】键，则只能删除表格中的全部内容，而无法删除表格。

删除整个表格的正确操作方法为：❶ 选中表格，❷ 切换到【表格工具/布局】选项卡，❸ 单击【行和列】组中的【删除】按钮，❹ 在弹出的下拉列表中选择【删除表格】选项即可，如图 7-49 所示。

图 7-49

除了上述操作方法之外，还可以通过以下几种方式删除表格。

➡ 选中表格后按【Backspace】键。

➡ 选中表格后按【Shift+Delete】组合键。

★ 重点 7.2.6 实战：合并生产记录表中的单元格

实例门类	软件功能
教学视频	光盘\视频\第7章\7.2.6.mp4

合并单元格是指对同一个表格内的多个单元格进行合并操作，以便容纳更多内容，或者满足表格结构上

的需要。合并单元格的具体操作步骤如下。

Step01 打开"光盘\素材文件\第7章\生产记录表.docx"文件，❶ 选中需要合并的多个单元格，❷ 切换到【表格工具/布局】选项卡，❸ 单击【合并】组中的【合并单元格】按钮，如图 7-50 所示。

图 7-50

Step02 通过上述操作，选中的多个单元格合并为了一个单元格，如图 7-51 所示。

图 7-51

Step03 参照上述方法，对其他单元格进行合并操作即可，合并后的效果如图 7-52 所示。

图 7-52

★ 重点 7.2.7 实战：拆分税收税率明细表中的单元格

实例门类	软件功能
教学视频	光盘\视频\第7章\7.2.7.mp4

在表格的实际应用中，为了满足内容的输入，可以将一个单元格拆分成多个单元格。拆分单元格的具体操作步骤如下。

Step01 打开"光盘\素材文件\第7章\税收税率明细表.docx"文件，❶选中需要进行拆分的单元格，❷切换到【表格工具/布局】选项卡，❸单击【合并】组中的【拆分单元格】按钮，如图7-53所示。

图 7-53

Step02 弹出【拆分单元格】对话框，❶设置需要拆分的列数和行数，❷单击【确定】按钮，如图7-54所示。

图 7-54

Step03 所选单元格将拆分成所设置的列数和行数，如图7-55所示。

图 7-55

Step04 参照上述操作方法，对第3行第4列的单元格进行拆分，完成拆分后，在空白单元格中输入相应的内容，最终效果如图7-56所示。

图 7-56

★ 重点 7.2.8 实战：在税收税率明细表中同时拆分多个单元格

实例门类	软件功能
教学视频	光盘\视频\第7章\7.2.8.mp4

在拆分单元格时，还可以同时对多个单元格进行拆分，具体操作步骤如下。

Step01 在"税收税率明细表.docx"文档中，❶选中要拆分的多个单元格，❷切换到【表格工具/布局】选项卡，❸单击【合并】组中的【拆分单元格】按钮，如图7-57所示。

图 7-57

Step02 弹出【拆分单元格】对话框，❶取消选中【拆分前合并单元格】复选框，❷设置需要拆分的列数和行数，❸单击【确定】按钮，如图7-58所示。

Step03 此时，Word会将选中的多个单元格视为各自独立的单元格，将每个单元格按照设置的列数和行数进行拆

分，拆分后的效果如图7-59所示。

图 7-58

图 7-59

Step04 在空白单元格中输入相应的内容，最终效果如图7-60所示。

图 7-60

技术看板

默认情况下，【拆分单元格】对话框中的【拆分前合并单元格】复选框为选中状态。该复选框为选中状态时，则Word会在拆分前，先将选中的多个单元格进行合并操作，再按照设置的拆分行列数对合并后的单元格进行拆分。

★ 重点 7.2.9 实战：合并与拆分表格

实例门类	软件功能
教学视频	光盘\视频\第7章\7.2.9.mp4

合并表格就是将两个或两个以上的表格合并为一个表格，而拆分表格

是将一个表格拆分成两个或两个以上的表格。

1. 合并表格

要将多个表格合并为一个表格，可以按下面的操作步骤实现。

Step01 打开"光盘\素材文件\第7章\员工销售提成结算表.docx"的文件，可看到两个表格是同一类型的表格，且都是5列的表格，如图7-61所示。

图 7-61

Step02 删除两个表格之间所有的内容及空行，即可将两个表格合并为一个表格，如图7-62所示。

图 7-62

Step03 合并表格后，发现表格中多了一行重复的内容，将其删除即可，效果如图7-63所示。

图 7-63

2. 拆分表格

若需要将表格进行拆分操作，可以按下面的操作步骤实现。

Step01 打开"光盘\素材文件\第7章\工资表.docx"文件，❶ 将鼠标光标定位在要成为新表格首行的任意单元格中，❷ 切换到【表格工具/布局】选项卡，❸ 单击【合并】组中的【拆分表格】按钮，如图7-64所示。

图 7-64

Step02 执行上述操作后，将按照鼠标光标所在位置对表格进行拆分，效果如图7-65所示。

图 7-65

★重点★ 新功能7.2.10 实战：在手机销售情况中绘制斜线表头

实例门类	软件功能
教学视频	光盘\视频\第7章\7.2.10. mp4

斜线表头是比较常见的一种表格操作，其位置一般在第一行的第一列。绘制斜线表头的具体操作步骤如下。

Step01 打开"光盘\素材文件\第7章\手机销售情况表.docx"文件，❶ 选中要绘制斜线表头的单元格，❷ 切换到【表格工具/设计】选项卡，❸ 在【边框】组中单击【边框】按钮下方的下拉按钮，❹ 在弹出的下拉列表中选择【斜下框线】选项，如图7-66所示。

图 7-66

Step02 绘制好斜线表头后，在其中输入相应的内容，并设置好对齐方式即可，效果如图7-67所示。

图 7-67

7.3　设置表格格式

插入表格后，要想使表格更加赏心悦目，仅仅对表格内容设置字体格式是远远不够的，还需要对其设置样式、边框或底纹等格式。

7.3.1　实战：在付款通知单中设置表格对齐方式

实例门类	软件功能
教学视频	光盘\视频\第7章\7.3.1.mp4

默认情况下，表格的对齐方式为左对齐。如果需要更改对齐方式，可以按下面的操作步骤实现。

Step01 打开"光盘\素材文件\第7章\付款通知单.docx"文件，❶选中表格，❷切换到【表格工具/布局】选项卡，❸单击【表】组中的【属性】按钮，如图7-68所示。

图7-68

Step02 弹出【表格属性】对话框，❶切换到【表格】选项卡，❷在【对齐方式】栏中选择需要的对齐方式，如【居中】，❸单击【确定】按钮，如图7-69所示。

技能拓展——调整单元格的内容与边框之间的距离

在【表格属性】对话框的【表格】选项卡中，若单击【选项】按钮，将弹出【表格选项】对话框，此时可通过【上】【下】【左】和【右】微调框调整单元格内容与单元格边框之间的距离。

图7-69

Step03 返回文档，可看到当前表格以居中对齐方式进行显示，如图7-70所示。

图7-70

7.3.2　实战：在付款通知单中设置表格文字对齐方式

实例门类	软件功能
教学视频	光盘\视频\第7章\7.3.2.mp4

Word为单元格中的文本内容提供了靠上两端对齐、靠上居中对齐、靠上右对齐等9种对齐方式，各种对齐方式的显示效果如图7-71所示。

图7-71

默认情况下，文本内容的对齐方式为靠上两端对齐，根据实际操作可以进行更改，具体操作步骤如下。

Step01 在"付款通知单.docx"文档中，❶选中需要设置文字对齐方式的单元格，❷切换到【表格工具/布局】选项卡，❸在【对齐方式】组中单击某种对齐方式相对应的按钮，本例中单击【水平居中】按钮，如图7-72所示。

图7-72

Step02 执行上述操作后，所选单元格中的文字将以水平居中对齐方式进行显示，如图7-73所示。

图7-73

★ 重点 ★ 新功能 7.3.3 实战：为生产记录表设置边框与底纹

实例门类	软件功能
教学视频	光盘\视频\第7章\7.3.3.mp4

默认情况下，表格使用的是粗细相同的黑色边框线。在制作表格时，是可以对表格的边框线颜色、粗细等参数进行设置的。另外，表格底纹是指为表格中的单元格设置一种颜色或图案。在制作表格时，许多用户喜欢单独为表格的标题行设置一种底纹颜色，以便区别于表格中的其他行。

为表格设置边框与底纹的操作步骤如下。

Step01 在"生产记录表.docx"文档中，❶选中表格，❷切换到【表格工具/设计】选项卡，❸在【边框】组中单击【功能扩展】按钮 ⬈，如图7-74所示。

图 7-74

📌 技术看板

Word 2010 中的操作略有不同，选中表格并切换到【表格工具/设计】选项卡后，需要在【绘图边框】组中单击【功能扩展】按钮 ⬈，进而打开【边框和底纹】对话框。

Step02 弹出【边框和底纹】对话框，❶在【样式】列表框中选择边框样式，❷在【颜色】下拉列表中选择边框颜色，❸在【宽度】下拉列表中选择边框粗细，❹在【预览】栏中通过单击相关按钮，设置需要使用当前格式的

边框线，本例中选择上框线、下框线、左框线和右框线，如图7-75所示。

图 7-75

Step03 ❶在【样式】列表框中选择边框样式，❷在【颜色】下拉列表中选择边框颜色，❸在【宽度】下拉列表中选择边框粗细，❹在【预览】栏中通过单击相关按钮，设置需要使用当前格式的边框线，本例中选择内部横框线和内部竖框线，❺完成设置后单击【确定】按钮，如图7-76所示。

图 7-76

📌 技能拓展——显示表格边框的参考线

如果对表格设置了无框线，为了方便查看表格，可以将表格边框的参考线显示出来，操作方法为：将鼠标光标定位在表格内，切换到【表格工具/布局】选项卡，在【表】组中单击【查看网格线】按钮即可。

显示表格边框的参考线后，打印表格时不会打印这些参考线。

Step04 返回表格，❶选中需要设置底纹的单元格，❷在【表格工具/设计】选项卡的【表格样式】组中，❸单击【底纹】按钮下方的下拉按钮 ▾，❹在弹出的下拉列表中选择需要的底纹颜色即可，如图7-77所示。

图 7-77

📌 技能拓展——设置图案式表格底纹

如果需要设置图案式表格底纹，可以先选中要设置底纹的单元格，然后打开【边框和底纹】对话框，切换到【底纹】选项卡，在【图案】栏中设置图案样式和图案颜色即可。

7.3.4 实战：使用表样式美化销售业绩表

实例门类	软件功能
教学视频	光盘\视频\第7章\7.3.4.mp4

Word 为表格提供了多种内置样式，通过这些样式，可快速达到美化表格的目的。应用表样式的操作步骤如下。

Step01 打开"光盘\素材文件\第7章\销售业绩表.docx"文件，❶将鼠标光标定位在表格内，❷切换到【表格

工具/设计】选项卡，❸ 在【表格样式】组的列表框中选中需要的表样式，如图 7-78 所示。

图 7-78

Step②应用表样式后的效果如图 7-79 所示。

图 7-79

★ 重点 7.3.5 实战：为产品销售清单设置表头跨页

实例门类	软件功能
教学视频	光盘\视频\第7章\7.3.5.mp4

默认情况下，同一表格占用多个页面时，表头（即标题行）只在首页显示，而其他页面均不显示，从而影响阅读，如图 7-80 和图 7-81 所示分别为表格第 1 页、第 2 页的显示效果。

此时，需要通过设置，让标题行跨页重复显示，具体操作步骤如下。

Step①打开"光盘\素材文件\第 7 章\产品销售清单 .docx"文件，❶ 选中标题行，❷ 切换到【表格工具 / 布局】选项卡，❸ 单击【数据】组中的【重复标题行】按钮，如图 7-82 所示。

图 7-80

图 7-81

图 7-82

Step②通过上述操作后，可看到标题行跨页重复显示，如图 7-83 所示为表格第 2 页的显示效果。

图 7-83

技能拓展——通过对话框设置标题行跨页显示

在表格中选中标题行后，切换到【表格工具 / 布局】选项卡，单击【表】组中的【属性】按钮，在弹出的【表格属性】对话框中切换到【行】选项卡，然后选中【在各页顶端以标题行形式重复出现】复选框，也可以实现标题行跨页重复显示。

★ 重点 7.3.6 实战：防止利润表中的内容跨页断行

实例门类	软件功能
教学视频	光盘\视频\第 7 章\7.3.6.mp4

在同一页面中，当表格最后一行的内容超过单元格高度时，会在下一页以另一行的形式出现，从而导致同一单元格的内容被拆分到不同的页面上，影响了表格的美观及阅读效果，如图 7-84 所示。

图 7-84

针对这样的情况，需要通过设置，以防止表格跨页断行，具体操作步骤如下。

Step①打开"光盘\素材文件\第 7 章\利润表 .docx"文件，❶ 选中表格，❷ 切换到【表格工具 / 布局】选项卡，❸ 单击【表】组中的【属性】按钮，如图 7-85 所示。

Step②弹出【表格属性】对话框，❶ 切换到【行】选项卡，❷ 取消选中

【允许跨页断行】复选框，❸单击【确定】按钮，如图 7-86 所示。

图 7-85

图 7-86

Step❸ 完成设置后的效果如图 7-87 所示。

图 7-87

7.4 表格与文本相互转换

为了更加方便地编辑和处理数据，还可以在表格和文本之间相互转换，接下来将详细讲解转换方法。

★ 重点 7.4.1 实战：将员工资料中的文本转换成表格

实例门类	软件功能
教学视频	光盘\视频\第7章\7.4.1.mp4

对于规范化的文本，即每项内容之间以特定的字符（如逗号、段落标记、制表位等）间隔，可以将其转换成表格。例如，要将以制表位为间隔的文本转换成表格，可以按下面的操作步骤实现。

Step❶ 打开"光盘\素材文件\第7章\员工资料.docx"的文件，可看到已经输入了以制表位为间隔的文本内容，如图 7-88 所示。

图 7-88

技术看板

在输入文本内容时，若要输入以逗号作为特定符号对文字内容进行间隔，则逗号必须要在英文状态下输入。

Step❷ ❶选中文本，❷切换到【插入】选项卡，❸单击【表格】组中的【表格】按钮，❹在弹出的下拉列表中选择【文本转换成表格】选项，如图 7-89 所示。

图 7-89

技术看板

选中文本内容后，在【插入】选项卡的【表格】组中单击【表格】按钮，在弹出的下拉列表中若选择【插入表格】选项，Word 会自动对所选内容进行识别，并直接将其转换为表格。

Step❸ 弹出【将文字转换成表格】对话框，该对话框会根据所选文本自动设置相应的参数，❶确认信息无误（若有误，需手动更改），❷单击【确定】按钮，如图 7-90 所示。

图 7-90

Step❹ 返回文档，可看到所选文本转换成了表格，如图 7-91 所示。

图 7-91

技术看板

在输入文本时，如果连续的两个制表位之间没有输入内容，则转换成表格后，两个制表位之间的空白就会形成一个空白单元格。

7.4.2 实战：将冰箱销售统计表转换成文本

实例门类	软件功能
教学视频	光盘\视频\第 7 章\7.4.2.mp4

如果要将表格转换为文本，可以按照下面的操作步骤实现。

Step01 打开"光盘\素材文件\第 7 章\冰箱销售统计表.docx"文件，❶选中需要转换为文本的表格，❷切换到【表格工具/布局】选项卡，❸单击【数据】组中的【转换为文本】按钮，如图 7-92 所示。

Step02 弹出【表格转换成文本】对话框，❶在【文字分隔符】栏中选择文本的分隔符，如【逗号】，❷单击【确定】按钮，如图 7-93 所示。

图 7-92

图 7-93

Step03 返回文档，可看到当前表格转换为了以逗号为间隔的文本内容，如图 7-94 所示。

图 7-94

技能拓展——将表格"粘贴"成文本

要将表格转换为文本，还可以通过粘贴的方式实现，具体操作方法为：选中表格后按【Ctrl+C】组合键进行复制，在【开始】选项卡的【剪贴板】组中，单击【粘贴】按钮下方的下拉按钮，在弹出的下拉列表中选择【只保留文本】选项，即可将表格转换为以制表位为间隔的文本内容。

7.5 处理表格数据

Word 文档不仅可以通过表格来表达文字内容，还可以对表格中的数据进行运算、排序等操作，下面将分别进行讲解。

★ 重点 7.5.1 实战：计算营业额统计周报表中的数据

实例门类	软件功能
教学视频	光盘\视频\第 7 章\7.5.1.mp4

Word 提供了 SUM、AVERAGE、MAX、MIN、IF 等常用函数，通过这些函数，可以对表格中的数据进行计算。

1. 单元格命名规则

对表格数据进行运算之前，需要先了解 Word 对单元格的命名规则，以便在编写计算公式时对单元格进行准确的引用。在 Word 表格中，单元格的命名与 Excel 中对单元格的命名相同，以"列编号＋行编号"的形式对单元格进行命名，如图 7-95 所示为单元格命名方式。

	A	B	C	D	
1	A1	B1	C1	D1	...
2	A2	B2	C2	D2	...
3	A3	B3	C3	D3	...
4	A4	B4	C4	D4	...
5	A5	B5	C5	D5	...
:	:	:	:	:	:

图 7-95

如果表格中有合并单元格，则该单元格以合并前包含的所有单元格中的左上角单元格的地址进行命名，表格中其他单元格的命名不受合并单元格的影响，如图 7-96 所示为有合并单元格的命名方式。

图 7-96

2. 计算数据

了解了单元格的命名规则后，就可以对单元格数据进行运算了，具体操作步骤如下。

Step 01 打开"光盘\素材文件\第7章\营业额统计周报表.docx"文件，❶ 将鼠标光标定位在需要显示运算结果的单元格中，❷ 切换到【表格工具/布局】选项卡，❸ 单击【数据】组中的【公式】按钮，如图7-97所示。

图 7-97

Step 02 弹出【公式】对话框，❶ 在【公式】文本框内输入运算公式，当前单元格的公式应为【=SUM(B2:E2)】（其中，【SUM】为求和函数），❷ 根据需要，可以在【编号格式】下拉列表中为计算结果选择一种数字格式，或者在【编号格式】文本框中自定义输入编号格式，本例中输入【￥0】，❸ 完成设置后单击【确定】按钮，如图7-98所示。

图 7-98

Step 03 返回文档，可看到当前单元格的运算结果，如图7-99所示。

图 7-99

Step 04 用同样的方法，使用【SUM】函数计算出其他时间的营业总额，效果如图7-100所示。

图 7-100

★ 重点 7.5.2 实战：对员工培训成绩表中的数据进行排序

实例门类	软件功能
教学视频	光盘\视频\第7章\7.5.2.mp4

为了能直观地显示数据，可以对表格进行排序操作，具体操作步骤如下。

Step 01 打开"光盘\素材文件\第7章\员工培训成绩表.docx"文件，❶ 选中表格，❷ 切换到【表格工具/布局】选项卡，❸ 单击【数据】组中的【排序】按钮，如图7-101所示。

图 7-101

Step 02 弹出【排序】对话框，❶ 在【主要关键字】栏中设置排序依据，❷ 选择排序方式，❸ 单击【确定】按钮，如图7-102所示。

Step 03 返回文档，当前表格中的数据将按上述设置的排序参数进行排序，如图7-103所示。

图 7-102

图 7-103

★ 重点 7.5.3 实战：筛选员工信息表中的数据

实例门类	软件功能
教学视频	光盘\视频\第7章\7.5.3.mp4

在Word中，可以通过插入数据库功能对表格数据进行筛选，以提取符合条件的数据。

例如，如图7-104所示为"光盘\素材文件\第7章\员工信息表.docx"文档中的数据。

图 7-104

现在，要将研发部门的数据筛选出来，具体操作步骤如下。

Step 01 参照 1.4.2 小节所讲知识，将【插入数据库】按钮添加到快速访问工具栏。

Step 02 新建一篇名为"筛选'员工信息表'数据"的空白文档，单击快速访问工具栏中的【插入数据库】按钮 🖳，如图 7-105 所示。

图 7-105

Step 03 弹出【数据库】对话框，单击【数据源】栏中的【获取数据】按钮，如图 7-106 所示。

图 7-106

Step 04 弹出【选取数据源】对话框，❶ 选择数据源文件，❷ 单击【打开】按钮，如图 7-107 所示。

图 7-107

Step 05 返回【数据库】对话框，单击【数据选项】栏中的【查询选项】按钮，如图 7-108 所示。

图 7-108

Step 06 弹出【查询选项】对话框，❶ 设置筛选条件，❷ 单击【确定】按钮，如图 7-109 所示。

图 7-109

Step 07 返回【数据库】对话框，在【将数据插入文档】栏中单击【插入数据】按钮，如图 7-110 所示。

图 7-110

Step 08 弹出【插入数据】对话框，❶ 在【插入记录】栏中选中【全部】单选按钮，❷ 单击【确定】按钮，如图 7-111 所示。

图 7-111

Step 09 此时，Word 会将符合筛选条件的数据筛选出来，并将结果显示在文档中，如图 7-112 所示。

图 7-112

妙招技法

通过前面知识的学习，相信读者已经掌握了 Word 文档中表格的使用方法了。下面结合本章内容，给大家介绍一些实用技巧。

技巧 01： 灵活调整表格大小

在调整表格大小时，绝大多数用户都会通过拖动鼠标的方式来调整行高或列宽，但这种方法会影响相邻单元格的行高或列宽。例如，调整某个单元格的列宽时，就会影响其右侧单元格的列宽，针对这样的情况，可以利用【Ctrl】键和【Shift】键来灵活调整表格大小。

下面以调整列宽为例，讲解这两个键的使用方法。

➡ 先按住【Ctrl】键，再拖动鼠标调整列宽，通过该方式可以在不改变整体表格宽度的情况下，调整当前列宽。当前列以后的其他各列依次向后进行压缩，表格的右边线是不变的，除非当前列以后的各列已经压缩至极限。

➡ 先按住【Shift】键，再拖动鼠标调整列宽，通过该方式达到的效果是：当前列宽发生变化但其他各列宽度不变，表格整体宽度会因此增加或减少。

➡ 先按住【Ctrl+Shift】组合键，再拖动鼠标调整列宽，通过该方式可以在不改变表格宽度的情况下，调整当前列宽，并将当前列之后的所有列宽调整为相同。但如果当前列之后的其他列的列宽往表格尾部压缩到极限时，表格会向右延。

技巧 02： 在表格上方的空行输入内容

教学视频	光盘＼视频＼第 7 章＼技巧 02.mp4

在新建的空白文档中创建表格后，可能会发现无法通过定位鼠标光标在表格上方输入文字。要想在表格上方输入文字，可以按下面的操作步骤实现。

Step01 打开"光盘＼素材文件＼第 7 章＼食品销售表.docx"的文件，先将鼠

标光标定位在表格左上角单元格内文本的开头，如图 7-113 所示。

图 7-113

Step02 按【Enter】键，即可将表格下移，同时表格上方会空出一个新的段落，然后输入需要的内容即可，如图 7-114 所示。

图 7-114

技巧 03： 利用文本文件中的数据创建表格

教学视频	光盘＼视频＼第 7 章＼技巧 03.mp4

在文档中制作表格时，还可以从文本文件中导入数据，从而提高输入速度。

如图 7-115 所示中为文本文件中的数据，这些数据均使用了逗号作为分隔符。

图 7-115

现在要将图 7-115 中的数据导入到 Word 文档并生成表格，具体操作步骤如下。

Step01 参照第 1 章 1.4.2 小节所讲知识，将【插入数据库】按钮添加到快速访问工具栏。

Step02 新建一篇名为"奶粉销售情况"的空白文档，单击快速访问工具栏中的【插入数据库】按钮，如图 7-116 所示。

图 7-116

Step03 弹出【数据库】对话框，单击【数据源】栏中的【获取数据】按钮，如图 7-117 所示。

图 7-117

Step04 弹出【选取数据源】对话框，❶选择数据源文件，❷单击【打开】按钮，如图 7-118 所示。

图 7-118

Step 05 弹出【文件转换】对话框，单击【确定】按钮，如图 7-119 所示。

图 7-119

Step 06 返回【数据库】对话框，在【将数据插入文档】栏中单击【插入数据】按钮，如图 7-120 所示。

图 7-120

Step 07 弹出【插入数据】对话框，❶ 在【插入记录】栏中选中【全部】单选按钮，❷ 单击【确定】按钮，如图 7-121 所示。

图 7-121

Step 08 返回文档，可看到通过文本文件数据创建的表格，如图 7-122 所示。

图 7-122

技巧 04：在表格中使用编号

教学视频	光盘 \ 视频 \ 第 7 章 \ 技巧 04.mp4

在输入表格数据时，若要输入连续的编号内容，可使用 Word 的编号功能进行自动编号，以避免手动输入编号的烦琐。在表格中使用自动编号的具体操作步骤如下。打开"光盘 \ 素材文件 \ 第 7 章 \ 员工考核标准 .docx"的文件，选择需要输入编号的单元格，在【开始】选项卡的【段落】组中，单击【编号】按钮 右侧的下拉按钮 ，在弹出的下拉列表中选择需要的编号样式即可，如图 7-123 所示。

图 7-123

技巧 05：创建错行表格

教学视频	光盘 \ 视频 \ 第 7 章 \ 技巧 05.mp4

错行表格是指在一个包含两列的表格中，两列高度相同，但每列包含的行数不同。如图 7-124 所示就为一个错行表格。

图 7-124

要想创建图 7-124 中的错行表格，通过 Word 的分栏功能可轻松实现，具体操作步骤如下。

Step 01 新建一篇名为"创建错行表格"的空白文档，在文档中插入一个 11 行 1 列的表格。

Step 02 ❶ 选中表格的前 6 行，❷ 切换到【表格工具 / 布局】选项卡，❸ 单击【表】组中的【属性】按钮，如图 7-125 所示。

图 7-125

Step 03 弹出【表格属性】对话框，❶ 切换到【行】选项卡，❷ 在【尺寸】栏中选中【指定高度】复选框，将高度设置为【1 厘米】，❸ 单击【确定】按钮，如图 7-126 所示。

图 7-126

Step 04 返回文档，用同样的方法，将表格最后 5 行的高度设置为【1.2 厘米】，如图 7-127 所示。

图 7-127

之所以将后 5 行的高度设置为 1.2 厘米，是因为当前表格一共有 11 行，而要制作的错行表格为左列 6 行、右列 5 行。为了让左右两列可以对齐，需要确保左列和右列的总高度相同。本案例中，已经将前 6 行的高度设置为 1 厘米，那么前 6 行的总高度就为 1×6=6 厘米，而右列只有 5 行，为了让右列 5 行的总高度等于 6 厘米，则需要将右列每行的高度设置为 6÷5=1.2 厘米。

Step 05 返回文档，① 选中整个表格，② 切换到【页面布局】选项卡，③ 单击【页面设置】组中的【分栏】按钮，④ 在弹出的下拉列表中选择【更多分栏】选项，如图 7-128 所示。

图 7-128

Step 06 弹出【分栏】对话框，① 在【预设】栏中选择【两栏】选项，② 将【间距】的值设置为【0 字符】，③ 单击【确定】按钮，如图 7-129 所示。

Step 07 返回文档，可看到原来的 11 行 1 列的表格变为了左列 6 行、右列 5 行的错行表格，如图 7-130 所示。

图 7-129

图 7-130

本章小结

本章的重点在于 Word 文档中插入与编辑表格，主要包括创建表格、表格的基本操作、设置表格格式、表格与文本相互转换、处理表格数据等内容。通过本章内容的学习，希望读者能够灵活自如地在 Word 中使用表格。

第8章 图表的创建与应用

➡ 同一图表中可以使用两种图表类型吗？

➡ 怎样在图表中增加新的数据系列？

➡ 如何隐藏图表中的数据？

➡ 如何在图表中添加趋势线？

➡ 图表中也能筛选查看数据吗？

通过本章内容的学习，读者将了解并掌握如何将枯燥的表格转化为清楚、明了并且合适的图表，以及编辑修饰图表的技巧。

8.1 认识与创建图表

图表就是将表格中的数据以易于理解的图形方式呈现出来，是表格数据的可视化工具。因此，从某种意义上来说，图表比表格更易于表现数据之间的关系。

★ 新功能 8.1.1 认识图表分类

Word 2013 提供了多种类型的图表，主要包括柱形图、折线图、饼图、条形图、面积图、XY（散点图）、股价图等，并提供了一些常用的组合图表，以方便用户选择使用。

与 Word 2010 相比较，Word 2013 取消了圆环图和气泡图两种类型，新增了组合图表功能。

1. 柱形图

在工作表中以列或行的形式排列的数据可以使用柱形图。柱形图主要用于显示一段时间内的数据变化或各项之间的比较情况。在柱形图中，通常沿水平轴显示类别数据，即 X 轴；而沿垂直轴显示数值，即 Y 轴。图 8-1 所示为柱形图效果。

2. 折线图

在工作表中以列或行的形式排列的数据可以使用折线图。折线图可以显示随时间变化的连续数据，适用于显示在相等时间间隔下（如月、季度或财政年度）的数据趋势。

图 8-1

在折线图中，类别数据沿水平轴均匀分布，所有值数据沿垂直轴均匀分布。图 8-2 所示为折线图效果。

图 8-2

3. 饼图

在工作表中以列或行的形式排列的数据可以使用饼图。饼图用于显示一个数据系列中各项的大小与各项总和的比例，饼图中的数据点显示为整

个饼图的百分比。图 8-3 所示为饼图效果。

图 8-3

如果遇到以下情况，可以考虑使用饼图。

➡ 只有一个数据系列。

➡ 数据中的值没有负数。

➡ 数据中的值几乎没有零值。

➡ 类别数目不超过 7 个，并且这些类别共同构成了整个饼图。

4. 条形图

在工作表中以列或行的形式排列的数据可以使用条形图。条形图用于显示各个项目之间的比较情况。在条形图中，通常沿垂直坐标轴组织类别，沿水平坐标轴组织值。图 8-4 所示为条形图效果。

图 8-4

如果满足以下条件，可以考虑使用条形图。

➡ 轴标签过长。

➡ 显示的数值为持续型，如时间等。

5. 面积图

在工作表中以列或行的形式排列的数据可以使用面积图。面积图用于强调数量随时间而变化的程度，也可以用于引起人们对总值趋势的关注。面积图还可以显示部分与整体的关系。图 8-5 所示为面积图效果。

图 8-5

6. XY（散点图）

在工作表中以列或行的形式排列的数据可以使用 XY（散点图）。将 X 值放在一行或一列，然后在相邻的行或列中输入对应的 Y 值。

XY（散点图）用于显示若干数据系列中各数值之间的关系，或者将两组数绘制为 XY 坐标的一个系列。散点图通常用于显示和比较数值，如科学数据、统计数据、工程数据等。

XY（散点图）有两个数值轴，沿水平轴方向显示一组数值数据，即 X 轴；沿垂直轴方向显示另一组数值数据，即 Y 轴。图 8-6 所示为 XY（散点图）效果。

图 8-6

出现以下情况时，可以使用 XY（散点图）。

➡ 需要更改水平轴的刻度。

➡ 需要将轴的刻度转换为对数刻度。

➡ 水平轴上有许多数据点。

➡ 水平轴的数值不是均匀分布的。

➡ 需要有效地显示包含成对或成组数值集的工作表数据，并调整散点图的独立坐标轴刻度，以便显示关于成组数值的详细信息。

➡ 需要显示大型数据集之间的相似性而非数据点之间的区别。

➡ 在不考虑时间的情况下比较大量数据点，在散点图中包含的数据越多，所进行的比较的效果就越好。

7. 股价图

以特定顺序排列在工作表的列或行中的数据，可以绘制为股价图。

顾名思义，股价图可以用来显示股价的波动。此外，股价图也可以用来显示科学数据，如日降雨量或每年温度的波动等。股价图的数据在工作表中的组织方式非常重要，必须按照正确的顺序组织数据才能创建股价图。

例如，要创建一个简单的盘高 - 盘低 - 收盘股价图，根据按盘高、盘低和收盘次序输入的列标题来排列数据。图 8-7 所示为股价图效果。

图 8-7

8. 曲面图

在工作表中以列或行的形式排列的数据可以绘制为曲面图。当希望找到两组数据之间的最佳组合，或者当类别和数据系列这两组数据都为数值时，可以使用曲面图。图 8-8 所示为曲面图效果。

图 8-8

9. 雷达图

在工作表中以列或行的形式排列的数据可以绘制为雷达图。雷达图用于比较若干数据系列的聚合值。图 8-9 所示为雷达图效果。

图 8-9

10. 组合图

以列和行的形式排列的数据可以绘制为组合图。组合图是将两种或更多图表类型组合在一起，以便让数据更容易理解。组合图表中使用了次坐标轴，所以直观易懂。当数据变化范围较大时，一般建议使用组合图。

如图 8-10 所示中，使用柱形图显示第 1 季度到第 4 季度房屋销售量数据，使用折线图显示第 1 季度到第 4 季度房屋销售平均价格，从而让数据非常直观。

图 8-10

Word 提供了众多的图表类型，最常用的图表类型包括柱形图、折线图、饼图、条形图、面积图和 XY（散点图），用户可根据实际需求进行选择。

8.1.2 图表的组成结构

图表由许多图表元素组成，在编辑图表的过程中，其实是在对这些元素进行操作。所以，在创建与编辑图表之前，读者有必要先来了解一下图表的组成结构。图 8-11 所示为柱形图图表，其中包含了大部分的图表元素，各元素的作用如下。

图 8-11

➡ 图表区：图表中最大的白色区域，用于容纳图表中其他元素。一般来说，选中整个图表，便能选中图表区。

➡ 绘图区：图表中黄色底纹部分为绘图区，其中包含了数据系列和数据标签。

➡ 图表标题：图表上方的文字，一般用来描述图表的功能或作用。

➡ 图例：图表中最底部带有颜色块的文字，用于标识不同数据系列

代表的内容。

➡ 数据系列：绘图区中不同颜色的矩形，表示用于创建图表的数据区域中的行或列。

➡ 数据标签：数据系列外侧的数字，表示数据系列代表的具体数值。

➡ 横坐标轴：数据系列下方的诸如【第 1 季度】【第 2 季度】等内容，便是横坐标轴，用于显示数据的分类信息。

➡ 横坐标轴标题：横坐标轴下方的文字，用于说明横坐标轴的含义。

➡ 纵坐标轴：数据系列左侧的诸如【100000】【200000】等内容，便是纵坐标轴，用于显示数据的数值。

➡ 纵坐标轴标题：纵坐标轴左侧的文字，用于说明纵坐标轴的含义。

➡ 网格线：贯穿绘图区的线条，用于作为估算数据系列所处值的标准。

除了上述介绍的图表元素外，还有其他一些元素，如数据表等。数据表通常显示在绘图区的下方，用于显示图表的源数据。但由于数据表占有的区域比较大，一般不在图表中显示，以便节省空间。

★ 新功能 8.1.3 实战：创建纸尿裤销售图表

实例门类	软件功能
教学视频	光盘 \ 视频 \ 第 8 章 \ 8.1.3.mp4

了解了图表的类型及组成结构后，接下来就可以创建图表了，具体操作步骤如下。

Step01 新建一篇名为"纸尿裤销售情况"的空白文档，❶切换到【插入】选项卡，❷单击【插图】组中的【图表】按钮，如图 8-12 所示。

Step02 弹出【插入图表】对话框，❶在左侧列表中选择需要的图表类型，如

【柱形图】，❷在右侧栏中选择需要的图表样式，❸单击【确定】按钮，如图 8-13 所示。

图 8-12

图 8-13

Step03 文档中将插入所选样式的图表，同时自动打开一个 Excel 窗口，该窗口中显示了图表所使用的预置数据，如图 8-14 所示。

图 8-14

Step04 ❶在 Excel 窗口中输入需要的行列名称和对应的数据内容，Word 文档图表中的数据会自动同步更新，❷编辑完成后，单击【关闭】按钮 ✕ 关闭 Excel 窗口，如图 8-15 所示。

图 8-15

技术看板

在 Excel 窗口中的预置数据区域中，可以在右下角看到一个蓝色标记■，该标记的位置表示绘制到图表中的数据区域的范围，将鼠标指针指向蓝色标记，当鼠标指针变为双向箭头时，拖动鼠标，可调整数据区域的范围。

Step05 在 Word 文档中，直接在【图表标题】框中输入图表标题内容，并对其设置字符格式，最终效果如图 8-16 所示。

图 8-16

技术看板

在 Word 2010 中插入图表后，默认情况下并没显示【图表标题】框，而需要手动设置将图表标题元素显示出来。

★ 新功能 8.1.4 实战：在一个图表中使用多个图表类型

实例门类	软件功能
教学视频	光盘\视频\第 8 章\8.1.4.mp4

若图表中包含两个及两个以上的数据系列，还可以为不同的数据系列设置不同的图表类型，即前面提到过的组合图。

1. 新建组合图表

Word 2013 新增了组合图表的功能，通过该功能，可以直接创建多图表类型的图表。例如，要创建一个包含两个数据系列的组合图表，具体操作步骤如下。

Step01 新建一篇名为"新住宅销售"的空白文档，❶ 切换到【插入】选项卡，❷ 单击【插图】组中的【图表】按钮，如图 8-17 所示。

图 8-17

Step02 弹出【插入图表】对话框，❶ 在左侧列表中选择【组合】选项，❷ 在右侧界面中，在【系列 1】栏右侧的下拉列表中选择图表类型，❸ 在【系列 2】栏右侧的下拉列表中选择图表类型，然后选中右边对应的复选框，使次坐标轴上显示该系列，❹ 完成设置后，单击【确定】按钮，如图 8-18 所示。

Step03 文档中将插入所选样式的组合图表，同时自动打开一个 Excel 窗口，该窗口中显示了图表所使用的预置数据，如图 8-19 所示。

图 8-18

图 8-19

Step04 本例中只设置两个数据系列，通过拖动数据区域右下角的蓝色标记■，调整数据区域的范围，如图 8-20 所示。

图 8-20

Step05 ❶ 在 Excel 窗口中输入需要的行列名称和对应的数据内容，Word 文档图表中的数据会自动同步更新，❷ 编辑完成后，单击【关闭】按钮 ✖ 关闭 Excel 窗口，如图 8-21 所示。

Step06 在 Word 文档中，直接在【图表标题】框中输入图表标题内容，并对其设置字符格式，最终效果如图 8-22 所示。

图 8-21

图 8-22

2. 将已有图表更改为组合图表

如果是已经创建好的图表，用户同样可以将其更改为组合图表，此方法同样适用于 Word 2010 及之前的版本，只是操作方法略有不同而已。例如，在"书籍销售分析 .docx"文档中，要更改数据系列"盈利总额"的图表类型，具体操作步骤如下。

Step01 打开"光盘 \ 素材文件 \ 第 8 章 \ 书籍销售分析 .docx"文件，❶选中需要设置不同图表类型的数据系列，如【盈利总额】，右击，❷在弹出的快捷菜单中选择【更改系列图表类型】命令，如图 8-23 所示。

图 8-23

Step02 弹出【更改图表类型】对话框，左侧列表中自动选择【组合】选项，❶在右侧窗格中，在【盈利总额】右侧的下拉列表中选择该系列数据的图表类型，然后选中右边对应的复选框，使次坐标轴上显示该系列，❷单击【确定】按钮，如图 8-24 所示。

图 8-24

Step03 返回文档，即可查看设置后的效果，如图 8-25 所示。

图 8-25

8.2 编辑图表

完成图表的创建后，可随时对图表进行编辑修改操作，如更改图表类型、编辑图表数据、显示 / 隐藏图表元素、为图表添加趋势线等，接下来将分别进行讲解。

★ 新功能 8.2.1 实战：更改员工培训成绩的图表类型

实例门类	软件功能
教学视频	光盘\视频\第8章\8.2.1.mp4

创建图表后，若图表的类型不符合用户的需求，则可以更改图表的类型，具体操作步骤如下。

Step01 打开"光盘 \ 素材文件 \ 第 8 章 \ 员工培训成绩分析 .docx"文件，❶选中整个图表，❷切换到【图表工具 / 设计】选项卡，❸单击【类型】组中的【更改图表类型】按钮，如图 8-26 所示。

图 8-26

Step02 弹出【更改图表类型】对话框，❶重新选择图表类型及样式，❷单击【确定】按钮，如图 8-27 所示。

图 8-27

Step 03 返回文档，可看到图表的类型已经发生改变，效果如图 8-28 所示。

图 8-28

技术看板

与 Word 2010 版本相比较，Word 2013 图表功能的操作界面发生了比较大的变化。其中，尤为明显的是 Word 2010 中插入图表后，功能区中会显示【图表工具/设计】【图表工具/布局】和【图表工具/格式】3 个选项卡，而 Word 2013 中只有【图表工具/设计】和【图表工具/格式】两个选项卡，在 Word 2013 的【图表工具/设计】选项卡的【图表布局】组中，有一个【添加图表元素】按钮，该按钮几乎囊括了 2010 版本【图表工具/布局】选项卡中的相关功能。因为操作界面的变化，有的操作难免会有所差异，希望读者自行变通，后面不再赘述。

8.2.2 调整图表大小

为了便于查看图表中的数据，可以对图表大小进行适当的调整，将其显示在可观察的范围内。与图片大小的调整方法相似，下面简单介绍一下图表大小的调整方法。

➡ 拖动鼠标调整：选中图表，图表四周会出现控制点，将鼠标指针停放在控制点上，当鼠标指针变成双向箭头时，按鼠标左键并任意拖动，即可改变图表的大小。

➡ 通过功能区调整：选中图表，切换到【图表工具/格式】选项卡，

在【大小】组中设置高度值和宽度值即可。

➡ 通过对话框调整：选中图表，切换到【图表工具/格式】选项卡，在【大小】组中单击【功能扩展】按钮，弹出【布局】对话框，在【大小】选项卡中设置需要的大小，设置完成后单击【确定】按钮即可。

★ 重点 ★ 新功能 8.2.3 实战：编辑家电销售情况的图表数据

实例门类	软件功能
教学视频	光盘\视频\第 8 章\8.2.3.mp4

在文档中创建图表后，如果要对图表中的数据进行修改、增加或删除等操作，直接在与图表相关联的数据表中进行操作即可。

1. 修改图表数据

编辑好图表后，如果发现图表中的数据有误，需要及时进行修改，具体操作步骤如下。

Step 01 打开"光盘\素材文件\第 8 章\家电销售情况.docx"文件，❶ 选中图表，❷ 切换到【图表工具/设计】选项卡，❸ 在【数据】组中单击【编辑数据】按钮下方的下拉按钮，❹ 在弹出的下拉列表中任选一个命令，本例中选择【编辑数据】选项，如图 8-29 所示。

图 8-29

Step 02 打开 Excel 窗口，显示了与当前图表相关联的数据，如图 8-30 所示。

图 8-30

Step 03 直接在 Excel 窗口中修改有错误的数据，图表中的数据系列同步更新，完成修改后，单击【关闭】按钮关闭 Excel 窗口即可，如图 8-31 所示。

图 8-31

2. 增加或删除数据系列

根据操作需要，通过与图表相关联的工作表，还可以随时对数据系列进行增加或删除操作。

例如，在"家电销售情况.docx"文档中，要在【空调】左侧新增一个电器数据系列，可以按下面的操作步骤实现。

Step 01 在"家电销售情况.docx"文档中，❶ 选中图表，❷ 切换到【图表工具/设计】选项卡，❸ 在【数据】组中单击【编辑数据】按钮下方的下拉按钮，❹ 在弹出的下拉列表

中选择【编辑数据】选项，如图 8-32 所示。

图 8-32

Step 02 打开与当前图表相关联的 Excel 工作表，❶选中【空调】单元格，右击，❷在弹出的快捷菜单中依次选择【插入】→【在左侧插入表列】命令，如图 8-33 所示。

图 8-33

Step 03 ❶即可在【空调】的左侧新增一个列，在其中输入新增电器的销售数据，此时图表中的数据会同步更新，❷完成编辑后，单击【关闭】按钮 ✕ 关闭 Excel 窗口即可，如图 8-34 所示。

图 8-34

若要在横坐标轴中新增分类信息，就需要插入行来实现，操作方法为：选中要在其上方插入新行的单元格并右击，在弹出的快捷菜单中依次选择【插入】→【在上方插入表行】命令，然后在插入的新行中输入相应的数据即可。

若要删除数据系列，可通过以下两种方法实现。

➡ 打开与图表相关联的 Excel 工作表，选中某列并右击，在弹出的快捷菜单中选择【删除】命令，如图 8-35 所示，即可删除该列数据，同时图表中对应的数据系列也会被删除。

图 8-35

➡ 在图表中选中要删除的数据系列，直接按【Delete】键，或者右击，在弹出的快捷菜单中选择【删除】命令，如图 8-36 所示，即可删除该数据系列。通过此方法删除数据系列后，打开 Excel 窗口，可发现该数据系列对应的数据还在表格中，并没有随之删除。

图 8-36

默认情况下，在 Excel 工作表中对列进行增加或删除操作，便是对图表中的数据系列进行增加或删除操作；在 Excel 工作表中对行进行增加或删除操作，便是对图表坐标轴中的分类信息进行增加或删除操作。

3. 隐藏或显示图表数据

在不删除表格数据的情况下，通过对数据表中的行或列进行隐藏或显示操作，可以控制数据在图表中的显示。

例如，在"家电销售情况 .docx"文档中要隐藏【热水器】数据系列，可按下面的操作步骤实现。

Step 01 在"家电销售情况 .docx"文档中，❶选中图表，❷切换到【图表工具 / 设计】选项卡，❸在【数据】组中单击【编辑数据】按钮下方的下拉按钮▾，❹在弹出的下拉列表中选择【编辑数据】选项，如图 8-37 所示。

图 8-37

Step 02 打开与当前图表相关联的 Excel 工作表，❶选中【热水器】所在的 E 列并右击，❷在弹出的快捷菜单中选择【隐藏】命令，如图 8-38 所示。

Step 03 通过上述操作后，【热水器】所在的 E 列将被隐藏起来，且 D 列列标和 F 列列标之间的网格线显示为 ▯状，同时图表中也不再显示【热水器】数据系列，如图 8-39 所示。

图 8-38

图 8-39

将图表关联的工作表中的行或列隐藏后，还可以根据需要再次显示出来。例如，要将隐藏的列显示出来，可将鼠标指针指向被隐藏的列所处位置的‖标记，待鼠标指针显示为◆‖◆时，双击即可，如图 8-40 所示。

图 8-40

★ 重点 ★ 新功能 8.2.4 实战：
显示 / 隐藏新住宅销售中的图表元素

实例门类	软件功能
教学视频	光盘 \ 视频 \ 第 8 章 \8.2.4.mp4

创建图表后，为了便于查看和编辑图表，还可以根据需要对图表元素进行显示 / 隐藏操作，具体操作步骤如下。

Step01 在 "新住宅销售 .docx" 文档中，❶ 选中图表，❷ 图表右侧会出现一个【图表元素】按钮 ✛，单击该按钮，如图 8-41 所示。

图 8-41

Step02 打开【图表元素】窗口，选中某个复选框，便可在图表中显示对应的元素；反之，取消选中某个复选框，则会隐藏对应的元素。本例中选中【坐标轴标题】和【数据标签】复选框，即可在各个坐标轴处显示相应的标题框，以及在数据系列中显示具体的数值，从而方便用户更好地查看图表，如图 8-42 所示。

图 8-42

Step03 再次单击【图表元素】按钮 ✛，可关闭【图表元素】窗口。在图表中的各个坐标轴标题框中输入标题内容，完成设置后的最终效果如图 8-43 所示。

技术看板

在 Word 2010 中选中图表后，是没有【图表元素】按钮的，因此需要

切换到【图表工具 / 布局】选项卡，然后通过单击某个元素按钮来设置对应的图表元素。

图 8-43

★ 重点 ★ 新功能 8.2.5 实战：
在纸尿裤销售情况中设置图表元素的显示位置

实例门类	软件功能
教学视频	光盘 \ 视频 \ 第 8 章 \8.2.5.mp4

将某个图表元素显示到图表后，还可以根据需要调整其显示位置，以便更好地查看图表。例如，在 "纸尿裤销售情况 .docx" 文档中，要调整数据标签的显示位置，具体操作步骤如下。

Step01 在 "纸尿裤销售情况 .docx" 文档中，打开【图表元素】窗口，将数据标签显示出来。

Step02 在【图表元素】窗口中，❶ 将鼠标指针指向【数据标签】选项，右侧会出现一个 ▶ 按钮，单击该按钮，❷ 在弹出的列表中选择某个位置选项即可，如图 8-44 所示。

图 8-44

技能拓展——通过功能区设置图表元素的位置

选中图表后，切换到【图表工具／设计】选项卡，在【图表布局】组中单击【添加图表元素】按钮，在弹出的下拉列表中选择某个元素选项，在弹出的级联列表中选择显示位置，该元素即可显示到图表的指定位置。

★ 新功能 8.2.6　实战：快速布局葡萄酒销量中的图表

实例门类	软件功能
教学视频	光盘＼视频＼第 8 章＼8.2.6.mp4

对图表中的图表元素进行显示／隐藏，以及设置图表元素的显示位置等操作时，实质上就是对其进行自定义布局。Word 2013 为图表提供了几种内置布局样式，从而可以快速对图表进行布局，具体操作步骤如下。

Step① 打开"光盘＼素材文件＼第 8 章＼葡萄酒销量 .docx"文件，❶ 选中图表，❷ 切换到【图表工具／设计】选项卡，❸ 在【图表布局】组中单击【快速布局】按钮，❹ 在弹出的下拉列表中选择需要的布局方案，如图 8-45 所示。

图 8-45

Step② 当前图表即可应用所选的布局方案，效果如图 8-46 所示。

图 8-46

★ 重点 ★ 新功能 8.2.7　实战：为葡萄酒销量中的图表添加趋势线

实例门类	软件功能
教学视频	光盘＼视频＼第 8 章＼8.2.7.mp4

创建图表后，为了能更加直观地对系列中的数据变化趋势进行分析与预测，可以为数据系列添加趋势线。

例如，在"葡萄酒销量 .docx"文档中，要为【金牌露雅博斯香槟】数据系列添加趋势线，具体操作步骤如下。

Step① 在葡萄酒销量 .docx 文档中，❶ 选中图表，❷ 打开【图表元素】窗格，选中【趋势线】复选框，如图 8-47 所示。

图 8-47

Step② 弹出【添加趋势线】对话框，❶ 在列表框中选择要添加趋势线的数据系列，本例中选择【金牌露雅博斯香槟】，❷ 单击【确定】按钮，如图 8-48 所示。

图 8-48

Step③ 即可为【金牌露雅博斯香槟】数据系列添加趋势线，效果如图 8-49 所示。

图 8-49

技能拓展——更改趋势线类型

添加趋势线后，若要更改其类型，可以右击趋势线，在弹出的快捷菜单中选择【设置趋势线格式】命令，打开【设置趋势线格式】窗格，在【趋势线选项】界面中选择趋势线类型即可。

8.3　美化图表

创建好图表后，用户还可以根据需要对图表进行美化操作，如设置图表元素格式、设置图表中文本的格式等，从而使图表更实用、更美观。

8.3.1 实战：精确选择图表元素

实例门类	软件功能
教学视频	光盘\视频\第8章\8.3.1.mp4

一个图表通常由图表区、图表标题、图例及各个系列数据等元素组成，当要对某个元素对象进行操作时，需要先将其选中。

一般来说，通过鼠标单击某个对象，便可将其选中。当图表内容过多时，通过单击的方式，可能会选择错误，要想精确选择某元素，可以通过功能区来实现。例如，通过功能区选择绘图区，具体操作步骤如下。

Step01 ❶ 选中图表，❷ 切换到【图表工具/格式】选项卡，❸ 在【当前所选内容】组的【图表元素】下拉列表中，选择需要的元素选项，如【绘图区】，如图8-50所示。

图 8-50

Step02 图表中的绘图区即可被选中，如图8-51所示。

图 8-51

8.3.2 实战：设置新住宅销售的图表元素格式

实例门类	软件功能
教学视频	光盘\视频\第8章\8.3.2.mp4

在图表中选中图表区、绘图区或数据系列等元素后，可以在【图表工具/格式】选项卡的【形状样式】组中通过相关选项对它们进行美化操作，如设置填充效果、设置边框、设置形状效果等，从而使图表更加美观。

这些图表元素的格式设置方法大同小异，下面以绘图区来举例说明，讲解格式的设置方法，具体操作步骤如下。

Step01 在"新住宅销售.docx"文档中，❶ 选中绘图区，❷ 切换到【图表工具/格式】选项卡，❸ 在【形状样式】组中单击【形状填充】按钮右侧的下拉按钮，❹ 在弹出的下拉列表中选择需要的填充方案，本例中直接选择一种颜色作为纯色填充，如图8-52所示。

图 8-52

Step02 ❶ 在【形状样式】组中单击【形状轮廓】按钮右侧的下拉按钮，❷ 在弹出的下拉列表中设置轮廓参数，本例中仅设置轮廓颜色，如图8-53所示。

图 8-53

> **技能拓展——使用内置样式快速美化绘图区**
>
> 选中绘图区后，切换到【图表工具/格式】选项卡，在【形状样式】组的列表框中提供了许多内置样式，选择某个样式，可以快速对绘图区进行美化操作。

★ 新功能 8.3.3 实战：设置新住宅销售的文本格式

实例门类	软件功能
教学视频	光盘\视频\第8章\8.3.3.mp4

编辑图表的过程中，有时还需要设置文本格式。根据操作需要，既可以一次性对图表中的文本设置格式，也可以单独对某部分文字设置格式，接下来简单介绍文本格式的设置方法，具体操作步骤如下。

Step01 在"新住宅销售.docx"文档中，❶ 选中图表，❷ 在【开始】选项卡的【字体】组中设置字符格式，本例中设置了字体、字号和字体颜色，此时可发现图表中所有文字的字符格式发生了变化，如图8-54所示。

图 8-54

Step02 统一设置格式时，图表标题格式也会一起发生变化，只是字号会比其他文字略大一些，根据操作需要，选中图表标题文字单独调整字符格式，效果如图8-55所示。

图 8-55

选择要设置格式的文本对象后，切换到【图表工具 / 格式】选项卡，在【艺术字样式】组中可以对所选文本对象设置艺术效果。

Step03 ① 选中纵坐标轴的标题并右击，② 在弹出的快捷菜单中选择【设置坐标轴标题格式】命令，如图 8-56 所示。

图 8-56

Step04 打开【设置坐标轴标题格式】对话框，① 切换到【文本选项】界面，② 切换到【布局属性】设置界面，③ 在【文字方向】下拉列表中选择【竖排】选项，④ 单击【关闭】按钮 ✕ 关闭【设置坐标轴标题格式】对话框，如图 8-57 所示。

Step05 在文档中，可看到纵坐标轴的标题以竖排方式进行显示，如图 8-58 所示。

图 8-57

图 8-58

Step06 用同样的方法，将次坐标轴标题的文字方向设置为竖排，效果如图 8-59 所示。

图 8-59

与 Word 2013 相比较，在 Word 2010 中设置坐标轴标题的文字方向的操作步骤略有差异。例如，在设置纵坐标轴标题的文字方向时，会弹出【设置坐标轴标题格式】对话框，然后在【对齐方式】选项卡中进行设置即可。

★ 新功能 8.3.4　实战：使用图表样式美化葡萄酒销量

实例门类	软件功能
教学视频	光盘 \ 视频 \ 第 8 章 \8.3.4.mp4

Word 提供了许多内置图表样式，通过这些样式，可快速对图表进行美化操作，具体操作步骤如下。

Step01 在"葡萄酒销量 .docx"文档中，① 选中图表，② 切换到【图表工具 / 设计】选项卡，③ 在【图表样式】组的列表框中选择需要的图表样式，如图 8-60 所示。

图 8-60

Step02 所选样式即可应用到图表中，如图 8-61 所示。

图 8-61

选中图表后，切换到【图表工具 / 设计】选项卡，在【图表样式】组中单击【更改颜色】按钮，在弹出的下拉列表中可以为数据系列选择需要的颜色方案。从而省去了逐个设置的麻烦。

妙招技法

通过前面知识的学习，相信读者已经掌握了图表的使用方法。下面结合本章内容，给大家介绍一些实用技巧。

技巧 01：分离饼形图扇区

教学视频	光盘\视频\第8章\技巧01.mp4

在工作表中创建饼形图表后，所有的数据系列都是一个整体。根据操作需要，可以将饼图中的某扇区分离出来，以便突出显示该数据。分离扇区的具体操作步骤如下。

Step01 打开"光盘\素材文件\第8章\文具销售情况.docx"文档，在图表中选择要分离的扇区，然后按住鼠标左键不放并进行拖动，如图8-62所示。

图 8-62

Step02 拖动至目标位置后，释放鼠标左键，即可实现该扇区的分离，如图8-63所示。

图 8-63

技巧 02：设置饼图的标签值类型

教学视频	光盘\视频\第8章\技巧02.mp4

在饼图类型的图表中，将数据标

签显示出来后，默认显示的是具体数值，为了让饼图更加形象直观，可以将数值设置成百分比形式，具体操作步骤如下。

Step01 在"文具销售情况.docx"文档中，参照8.2节的内容，将图表中的数据标签显示出来，并将显示位置设置为【数据标签内】，效果如图8-64所示。

图 8-64

Step02 ❶选中所有数据标签并右击，❷在弹出的快捷菜单中选择【设置数据标签格式】命令，如图8-65所示。

图 8-65

Step03 打开【设置数据标签格式】对话框，默认显示在【标签选项】界面，❶在【标签包括】栏中选中【百分比】复选框，取消选中【值】复选框，❷单击【关闭】按钮 ✕ 关闭该窗口，如图8-66所示。

图 8-66

Step04 图表中的数据标签即可以百分比的形式进行显示，效果如图8-67所示。

图 8-67

技巧 03：将图表转换为图片

教学视频	光盘\视频\第8章\技巧03.mp4

创建图表后，如果对数据源中的数据进行了修改，图表也会自动更新，如果不想让图表再做任何更改，可将图表转换为图片，具体操作步骤如下。

Step01 在"文具销售情况.docx"文档中，选中图表，按【Ctrl+C】组合键进行复制操作。

Step02 ❶ 定位鼠标光标，❷ 在【开始】选项卡的【剪贴板】组中，单击【粘贴】按钮下方的下拉按钮 ▾，❸ 在弹出的下拉列表中选择【图片】选项 📋，如图 8-68 所示。

图 8-68

Step03 通过上述操作后，将在鼠标光标所在位置插入一张图片，效果如图 8-69 所示。

图 8-69

技巧 04：筛选图表数据

教学视频	光盘\视频\第8章\技巧04.mp4

创建图表后，还可以通过图表筛选器功能对图表数据进行筛选，将需要查看的数据筛选出来，从而帮助用户更好地查看与分析数据。

例如，在"员工培训成绩分析.docx"文档中，要将图表中数据系列为"杨青青""李洋洋"，类别为"电脑操作""财会知识"的数据筛选出来，具体操作步骤如下。

Step01 在"员工培训成绩分析.docx"文档中，❶ 选中图表，❷ 单击右侧的

【图表筛选器】按钮 ▼，如图 8-70 所示。

图 8-70

Step02 打开筛选窗格，❶ 在【数值】界面的【系列】栏中，选中要显示的数据系列，❷ 在【类别】栏中选中要显示的数据类别，❸ 单击【应用】按钮，如图 8-71 所示。

图 8-71

Step03 通过上述操作后，图表中将只显示数据系列为"杨青青""李洋洋"，类别为"电脑操作""财会知识"的数据，如图 8-72 所示。

图 8-72

技巧 05：切换图表的行列显示方式

教学视频	光盘\视频\第8章\技巧05.mp4

创建图表后，还可以对图表统计的行列方式进行随意切换，以便用户更好地查看和比较数据。切换图表行列显示方式的具体操作步骤如下。

Step01 打开"光盘\素材文件\第8章\化妆品销售统计.docx"文档，❶ 选中图表，❷ 切换到【图表工具/设计】选项卡，❸ 单击【数据】组中的【选择数据】按钮，如图 8-73 所示。

图 8-73

Step02 弹出【选择数据源】对话框，单击【切换行/列】按钮，如图 8-74 所示。

图 8-74

Step03 此时，可发现【图例项（系列）】和【水平（分类）轴标签】列表框中的数据进行了交换，单击【确定】按钮确认，如图 8-75 所示。

图 8-75

图 8-76

Step 04 返回文档，可查看图表行列显示方式切换后的效果，如图 8-76 所示。

技术看板

在【选择数据源】对话框中，通过【图例项（系列）】列表框中的【添加】或【删除】按钮，可对数据系列进行增加或删除操作，只是操作后的数据不会体现在关联的 Excel 工作表中。

本章小结

    本章主要讲解了通过图表展现与分析数据的方法，主要包括创建图表、编辑图表、美化图表等知识。通过本章内容的学习，希望读者能够灵活运用图表功能查看与分析数据。

第 4 篇

效率提升篇

仅仅会制作 Word 文档还远远不够，要想提升 Word 编排技能，还需要学习更多的 Word 功能，如样式与模板的应用、查找与替换的功能的灵活应用、长文档处理技术等。

第 9 章　样式与主题

→ 样式能做什么？如何创建样式？

→ 如何有效管理样式？

→ 样式集是什么？

→ 主题是什么？

针对以上问题，本章将一一给出答案，相信通过本章内容的学习，读者将学会如何使用样式，以及更深一步了解样式、样式集与主题的使用区别。

9.1　创建与使用样式

在编辑长文档或者要求具有统一格式风格的文档时，通常需要对多个段落设置相同的文本格式，若逐一设置或者通过格式刷复制，都会显得非常烦琐，此时可通过样式进行排版，以减少工作量，从而提高工作效率。

9.1.1　了解样式

对于从未接触过样式的用户来说，可以先阅读本节内容，从而快速了解样式的基本情况。

1. 什么是样式

在排版 Word 文档的过程中，除了输入基础内容外，大部分工作都是在设置内容格式，这些格式主要包括字符格式、段落格式、项目符号和编号、边框和底纹等。

当需要为同一内容设置多种格式时，可以对该内容依次设置所需的多种格式。如果要对文档中的多处内容设置同样的多种格式，则需要分别为这些内容依次设置所需的多种格式，如图 9-1 所示。如果是处理大型文档，通过这样的方式设置格式，不仅费时费力，还容易出错。如果要对其他文档的多处内容也设置相同的多种格式，操作起来会更加烦琐。

图 9-1

对于上述提到的情况，虽然可以通过使用格式刷来加快操作速度，但也只是临时的解决办法。样式的出现，解决了上述问题，而且还提供了许多可以提高效率的操作方式。

样式是一种集合了多种格式的复合格式。通俗地讲，样式是一组格式化命令，集合了字体、段落等相关格式，如图 9-2 所示。

图 9-2

使用样式来设置内容的格式，就会将样式中的所有格式一次性设置到内容中，避免了逐一设置格式的麻烦，并提高了文档编排的效率，如图 9-3 所示。

图 9-3

技术看板

在不同文档之间，还可以对样式进行复制操作，因此可以很轻松地对不同文档中的内容设置相同的格式。

2. 使用样式的理由

之所以使用样式排版文档，是因为使用样式能够简化操作，提高效率。除此之外，使用样式还具有以下两个明显的优点。

➡ 批量编辑：当使用样式对多个段落设置格式后，还可以非常方便地同时对这些段落进行一系列操作。例如，通过样式快速选择所有应用了该样式的段落，然后可以对这些段落进行复制、移动、删除等操作。

➡ 排查错误：在对复杂文档进行排版时，非常容易出错，而且某些错误很难被发现。但是使用样式格式化段落后，就很容易排查格式上的错误。例如，对多个段落应用同一个样式后，由于误操作，可能导致其中的某些段落没有成功应用该样式，这时可以使用【样式】窗格来排查错误。打开【样式】窗格，将鼠标光标定位在需要检查的段落中，然后在【样式】窗格中查看是否自动选中了应该为该段落使用的样式，如果样式没有被选中，则说明当前段落没有使用该样式。

技术看板

样式的功能非常强大，不仅可以用来设置文本内容的格式，还可以用来设置图片、表格等嵌入型对象。对于非嵌入型对象中的文本框和艺术字而言，可以使用样式设置对象中文字的格式。所以，在排版文档时，样式是很好的选择。

3. Word 中包含的样式类型

根据样式应用方向的不同，样式被划分为 5 个类型，分别是字符样式、段落样式、链接段落和字符样式、表格样式、列表样式。其中，前 3 个类型最常用，主要应用于文本，后两个类型样式的应用针对性很强，表格样式应用于表格，列表样式应用于包含自动多级编号的段落。下面主要对前 3 个类型样式进行简单的介绍。

➡ 字符样式：可以包含字体格式、边框和底纹格式，仅用于控制所选文字的字体格式。换言之，字符样式不能设置段落格式。

➡ 段落样式：可以同时包含字体格式、段落格式、编号格式、边框和底纹格式，用于控制整个段落的格式。无论是否选中段落，只要鼠标光标定位于段落中，就可以将样式应用于当前段落。

➡ 链接段落和字符样式：与段落样式包含的格式内容相同，唯一的区别就是设置效果不同。链接段落和字符样式将根据是否选中部分内容来决定格式的应用范围，如果只选择了段落内的部分文字，则将样式中的字符格式应用到选区上；如果选择整个段落或者将鼠标光标定位在段落内，则会同时应用字符和段落两种格式。

9.1.2 实战：在公司简介中应用样式

实例门类	软件功能
教学视频	光盘\视频\第 9 章\9.1.2.mp4

样式的大多数操作都是在【样式】窗格中进行的，所以本节主要通过【样式】窗格来使用样式。

1. 打开与认识【样式】窗格

默认情况下，【样式】窗格并未打开，需要用户手动打开，具体操作步骤如下。

Step01 在【开始】选项卡的【样式】组中，单击【功能扩展】按钮，如图 9-4 所示。

图 9-4

Step 02 打开【样式】窗格，该窗格中显示了一些 Word 推荐的样式。如果是首次打开【样式】窗格，外观如图9-5 所示。

图 9-5

Step 03 在【样式】窗格中，若选中底部的【显示预览】复选框，则可以根据样式名的显示外观来大致了解此样式中包含的格式，如图9-6 所示。

图 9-6

Step 04 当不再使用【样式】窗格时，单击右上角的【关闭】按钮✖关闭该窗格即可。

技术看板

首次打开【样式】窗格时，该窗格默认为浮动在文档窗口中，双击窗格顶部的位置，可以将其固定在 Word 窗口的一侧，从而方便使用【样式】窗格。

在【样式】窗格中，每个样式名的右侧都显示了一个符号，如图9-7 所示，这些符号用于指明样式的类型。

图 9-7

➡ ↵符号：带此符号的样式是段落样式。

➡ a符号：带此符号的样式是字符样式。

➡ ↵a符号：带此符号的样式是链接段落和字符样式。

2. 使用【样式】窗格应用样式

Word 提供有许多内置的样式，用户可直接使用内置样式来排版文档。要使用【样式】窗格来格式化文本，可按如下操作步骤实现。

Step 01 打开"光盘\素材文件\第9章\公司简介.docx"的文件，❶选中要应用样式的段落（可以是多个段落），❷在【样式】窗格中单击需要的样式，如图9-8 所示。

图 9-8

Step 02 此时，该样式即可应用到所选段落中，效果如图9-9 所示。

图 9-9

技能拓展——使用样式库格式化文本

除了【样式】窗格外，还可通过样式库来使用内置样式格式化文本，具体操作方法为：选中要应用样式的段落，在【开始】选项卡的【样式】组中选择需要的样式即可。

★ 重点 9.1.3 实战：为工作总结新建样式

实例门类	软件功能
教学视频	光盘\视频\第9章\9.1.3.mp4

除了使用内置样式排版文档外，还可以自己创建和设计样式，以便制作出具有独特风格的 Word 文档。

1. 了解【根据格式设置创建新样式】对话框中的参数

在【样式】窗格中单击【新建】按钮，可在弹出的【根据格式设置创建新样式】对话框中进行新样式的创建，如图9-10 所示。

图 9-10

在【根据格式设置创建新样式】对话框创建新样式之前，先对该对话框中的一些参数设置进行简单的了解。

在【属性】栏中，主要设置样式的基本信息，如图 9-11 所示。各参数含义介绍如下。

图 9-11

➡ 名称：设置样式的名称。在【样式】窗格和样式库中都将以该名称显示当前新建的样式。

➡ 样式类型：选择新建样式的类型。

➡ 样式基准：选择以哪种样式中的格式为参照来创建新样式，然后由此开始进行设置。需要注意的是，一旦在【样式基准】下拉列表中选择了一种样式，那么以后在修改该样式的格式时，新建样式的格式也会随之发生变化，因为新建样式是基于该样式基础之上的。

➡ 后续段落样式：在【后续段落样式】下拉列表中所选的样式将应用于下一段落。通俗地讲，就是在当前新建样式所应用的段落中按【Enter】键换到下一段落后，下一段落所应用的样式便是在【后续段落样式】下拉列表中选择的样式。

在【格式】栏中，列出了一些常用字体格式和段落格式，如图 9-12 所示。如果创建的样式不是特别复杂，这里给出的格式基本够用。

图 9-12

在【预览】栏中，用于预览设置效果，即每一项设置参数生效后，都会在预览窗格中显示设置效果，这样可以方便用户大体了解样式的整体外观。同时，在预览窗格下方还会以文字的形式描述样式包含的具体格式信息，如图 9-13 所示。

图 9-13

在【预览】栏下方，提供了几个选项，用于设置样式的保存位置与更新方式，如图 9-14 所示。

图 9-14

➡ 添加到样式库：默认为选中状态，可以使当前新建的样式添加到样式库中。

➡ 自动更新：新建样式时，若勾选了该复选框，以后如果手动对该样式所作用的内容的格式进行修改，那么该样式的格式会自动随手工修改的格式进行更新。在实际应用中，建议不要选中该复选框，以免引起混乱效果。

➡ 仅限此文档：默认选中的该单选按钮，表示样式的创建与修改操作仅在当前文档内有效。

➡ 基于该模板的新文档：若选中该单选按钮，则样式的创建与修改将被传送到当前文档所依赖的模板中。选中该单选按钮后，模板中就会包含新建的样式，那么以后在使用该模板创建新文档时，会自动包含新建的样式。

在【根据格式设置创建新样式】对话框的左下角单击【格式】按钮，会弹出如图 9-15 所示的菜单。该菜单中提供了众多选项，用于为样式定义更多的格式，选择要设置的格式类型，可在打开的相应对话框中进行详细设置。

图 9-15

2. 创建新样式

对【根据格式设置创建新样式】对话框中的各个参数有了一定的了解后，下面通过具体实例来讲解创建新样式，具体操作步骤如下。

Step01 在"公司简介 .docx"文档中，❶ 将鼠标光标定位到需要应用样式的段落中，❷ 在【样式】窗格中单击【新建样式】按钮，如图 9-16 所示。

图 9-16

Step02 弹出【根据格式设置创建新样式】对话框，❶ 在【属性】栏中设置样式的名称、样式类型等参数，❷ 单击【格式】按钮，❸ 在弹出的菜单中选择【字体】命令，如图 9-17 所示。

图 9-17

Step03 ❶ 在弹出的【字体】对话框中设置字体格式参数，❷ 完成设置后单击【确定】按钮，如图9-18所示。

图 9-18

Step04 返回【根据格式设置创建新样式】对话框，❶ 单击【格式】按钮，❷ 在弹出的菜单中选择【段落】命令，如图9-19所示。

图 9-19

Step05 ❶ 在弹出的【段落】对话框中设置段落格式，❷ 完成设置后单击【确定】按钮，如图9-20所示。

Step06 返回【根据格式设置创建新样式】对话框，单击【确定】按钮，如图9-21所示。

图 9-20

图 9-21

技能拓展——基于现有内容的格式创建新样式

如果文档中某个内容所具有的格式符合要求，可直接将该内容中包含的格式提取出来创建新样式，方法为：将鼠标光标定位到包含符合要求格式的段落内，在【样式】窗格中单击【新建样式】按钮 ，在弹出的【根据格式设置创建新样式】对话框中显示了该段落的格式参数，确认无误后，直接在【名

称】文本框中输入样式名称，然后单击【确定】按钮即可。

Step07 返回文档，即可看见当前段落应用了新建的样式"公司简介-正文标题"，如图9-22所示。

图 9-22

Step08 将新建的"公司简介-正文标题"样式应用到其他相关段落，效果如图9-23所示。

图 9-23

Step09 参照前面所讲知识，新建一个名为"公司简介-正文首行缩进"的新样式，并应用到相关段落，如图9-24所示。至此，完成了对"公司简介.docx"文档的样式创建工作。

图 9-24

★ 重点 9.1.4 实战：创建表格样式

实例门类	软件功能
教学视频	光盘\视频\第9章\9.1.4.mp4

在第7章讲解了使用内置表样式美化表格，根据实际需要，还可以自己手动创建表样式。因为表样式是用来美化表格的，所以创建的表样式不会显示在【样式】窗格中，而是在【表格工具/设计】选项卡【表格样式】组中的样式库中进行显示。

下面通过具体操作步骤来讲解表格样式的创建方法。

Step01 新建一个名为"创建表格样式"的空白文档，在【样式】窗格中单击【新建样式】按钮，如图9-25所示。

图 9-25

Step02 弹出【根据格式设置创建新样式】对话框，❶在【名称】文本框中输入表样式名称，❷在【样式类型】下拉列表中选择【表格】选项，❸单击【格式】按钮，❹在弹出的菜单中选择【边框和底纹】命令，如图9-26所示。

Step03 弹出【边框和底纹】对话框，设置表格的上框线和下框线样式，如图9-27所示。

图 9-26

图 9-27

Step04 ❶设置表格的内部框线，❷完成设置后单击【确定】按钮，如图9-28所示。

图 9-28

Step05 返回【根据格式设置创建新样式】对话框，❶在【将格式应用于】下拉列表中选择【标题行】选项，❷进入标题行设置模式，设置字体、字号、加粗和字符颜色，❸在【填充颜色】下拉列表中为标题行设置底纹颜色，如图9-29所示。

图 9-29

Step06 ❶在【将格式应用于】下拉列表中选择【整个表格】选项，❷进入整个表格的设置模式，设置字体、字号和字符颜色，如图9-30所示。

图 9-30

Step07 ❶在【将格式应用于】下拉列表中选择【偶条带行】选项，❷进入偶数行的设置模式，在【填充颜色】下拉列表中为偶数行设置底纹颜色，❸完成设置后，通过预览栏可预览应用效果，确认无误后单击【确定】按钮，如图9-31所示。

图 9-31

Step08 返回文档，完成表样式的创建。❶ 若要使用表样式美化表格，可先在文档中插入一个表格，然后将鼠标光标定位到表格内，❷ 切换到【表格工具/设计】选项卡，❸ 在【表格样式】组的样式库中单击下拉按钮▾，如图9-32所示。

图 9-33

9.1.5 实战：通过样式来选择相同格式的文本

实例门类	软件功能
教学视频	光盘\视频\第9章\9.1.5.mp4

对文档中的多处内容应用同一样式后，可以通过样式快速选择这些内容，具体操作步骤如下。

Step01 在"公司简介.docx"文档中，❶ 在【样式】窗格中右击某样式，如"公司简介-正文首行缩进"，❷ 在弹出的快捷菜单中选择【选择所有 n 个实例】命令，其中，【n】表示当前文档中应用该样式的实例个数，如图9-34所示。

图 9-34

Step02 此时，文档中应用了【公司简介-正文首行缩进】样式的所有内容为选中状态，如图9-35所示。

图 9-35

★ 重点 9.1.6 实战：在书稿中将多级列表与样式关联

实例门类	软件功能
教学视频	光盘\视频\第9章\9.1.6.mp4

在第4章讲解了多级列表的使用。其实，在实际应用中，还可以将多级列表与样式关联在一起，这样就可以让多级列表具有样式中包含的字体和段落格式。同时，使用这些样式为文档内容设置格式时，文档中的内容也会自动应用样式中包含的多级列表编号。

需要注意的是，与多级列表关联的样式必须是 Word 内置的样式，用户手动创建的样式无法与多级列表相关联。在大多数情况下，多级列表与样式关联主要用于设置标题格式，具体操作步骤如下。

Step01 打开"光盘\素材文件\第9章\书稿.docx"的文件，❶ 在【开始】选项卡的【段落】组中单击【多级列表】按钮，❷ 在弹出的下拉列表中选择【定义新的多级列表】选项，如图9-36所示。

图 9-32

Step09 在弹出的下拉列表的【自定义】栏中，可看见自定义的表样式，直接对其单击，可将该样式应用到当前表格，如图9-33所示。

⚙ 技能拓展——修改表样式

若要修改表样式的设置参数，可在样式库中右击要修改的表样式，在弹出的快捷菜单中选择【修改表格样式】命令，在弹出的【修改样式】对话框中进行相应的设置即可。

🔭 技术看板

通过样式批量选择文本后，可以很方便地对这些文本重新应用其他样式，或者进行复制、删除等操作。

图 9-36

Step 02 弹出【定义新多级列表】对话框，单击【更多】按钮，如图9-37所示。

图 9-37

Step 03 展开【定义新多级列表】对话框，❶ 在【单击要修改的级别】列表框中选择【1】选项，❷ 在【此级别的编号样式】下拉列表中选择该级别的编号样式，❸ 在【输入编号的格式】文本框中，在"1"的前面输入"第"，在"1"的后面输入"章"，❹ 在【将级别链接到样式】下拉列表中选择要与当前编号关联的样式，这里选择【标题1】，如图9-38所示。

Step 04 参照上述方法，设置2级编号样式，并与【标题2】相关联，如图9-39所示。

Step 05 参照上述方法，设置3级编号样式，并与【标题3】相关联，完成设置后，单击【确定】按钮，如图9-40所示。

图 9-38

图 9-39

图 9-40

Step 06 返回文档，在【样式】窗格中可以看到，在建立了关联的样式名称中会显示对应的编号，将这些样式应用到相应的标题中即可，如图9-41所示。

图 9-41

技术看板

在本案例中，"标题2"和"标题3"样式与列表关联后，默认设置了左缩进，为了达到更好的效果，可以参考9.2.2小节的内容对样式进行修改，将左缩进设置为"0厘米"。

9.2 管理样式

在文档中创建样式后，还可对样式进行合理的管理操作，如重命名样式、修改样式、显示或隐藏样式等，下面将分别对这些操作进行介绍。

9.2.1 实战：重命名公司简介中的样式

实例门类	软件功能
教学视频	光盘\视频\第9章\9.2.1.mp4

为了方便使用样式来排版文档，样式名称通常表示该样式的作用。若样式名称不能体现出相应的作用，则可以对样式进行重新命名，具体操作步骤如下。

Step 01 在"公司简介.docx"文档中，❶ 在【样式】窗格中右击需要重命名的样式，❷ 在弹出的快捷菜单中选择【修改】命令，如图9-42所示。

图 9-42

Step02 弹出【修改样式】对话框，❶ 在【名称】文本框中输入样式新名称，❷ 单击【确定】按钮即可，如图 9-43 所示。

图 9-43

9.2.2 实战：修改公司简介中的样式

实例门类	软件功能
教学视频	光盘\视频\第9章\9.2.2.mp4

通过内置样式或新建的样式排版文档后，若对某些格式不满意，可直接对样式的格式参数进行修改，修改样式后，所有应用了该样式的文本都会发生相应的格式变化，从而提高排版效率。

1. 通过对话框修改

修改样式的方法主要有两种，

一种是通过对话框修改样式，另一种是通过文本修改样式。接下来先讲解通过对话框修改样式的操作方法。例如，在"公司简介.docx"文档中，要对"标题"样式进行修改，具体操作步骤如下。

Step01 在"公司简介.docx"文档中，❶ 在【样式】窗格中右击【标题】样式，❷ 在弹出的快捷菜单中选择【修改】命令，如图 9-44 所示。

图 9-44

Step02 弹出【修改样式】对话框，❶ 在【格式】栏中修改字符格式，❷ 若不再进行其他格式的更改，则单击【确定】按钮，如图 9-45 所示。

图 9-45

Step03 返回文档，可看见应用了"标题"样式的文本发生了格式变化，如图 9-46 所示。

图 9-46

2. 通过文本修改样式

通过对话框修改样式时，可发现和新建样式的方法相似，接下来讲解如何通过文本修改样式。例如，在"公司简介.docx"文档中，要对"公司简介 - 正文标题"样式进行修改，具体操作步骤如下。

Step01 在"公司简介.docx"文档中，❶ 选中"公司简介 - 正文标题"样式所应用的任意一个段落，❷ 将该段落设置为需要的样式，如将字体颜色设置为浅蓝，如图 9-47 所示。

图 9-47

Step02 ❶ 在【样式】窗格中，右击【公司简介 - 正文标题】样式，❷ 在弹出的快捷菜单中选择【更新公司简介 - 正文标题以匹配所选内容】命令，如图 9-48 所示。

图 9-48

Step03 此时，文档中所有应用"公司简介 - 正文标题"样式的文本即可更新为最新修改的样式，如图9-49所示。

图 9-49

★ 重点 9.2.3 实战：为公司简介中的样式指定快捷键

实例门类	软件功能
教学视频	光盘\视频\第9章\9.2.3.mp4

使用样式排版文档时，对于一些使用较多的样式，可以对其设置快捷键，从而加快文档的排版速度。

例如，在"公司简介.docx"文档中，要对"公司简介 - 正文首行缩进2字符"样式设置快捷键，具体操作步骤如下。

Step01 在"公司简介.docx"文档中，❶在【样式】窗格中右击【公司简介 - 正文首行缩进2字符】样式，❷在弹出的快捷菜单中选择【修改】命令，如图9-50所示。

图 9-50

Step02 弹出【修改样式】对话框，❶单击【格式】按钮，❷在弹出的菜单中选择【快捷键】命令，如图9-51所示。

图 9-51

Step03 弹出【自定义键盘】对话框，❶鼠标光标将自动定位到【请按新快捷键】文本框中，在键盘上按要设置的快捷键，如【Ctrl+Alt+K】，该快捷键即可显示在文本框中，❷在【将更改保存在】下拉列表框中选择保存位置，❸单击【指定】按钮，如图9-52所示。

图 9-52

Step04 对样式指定快捷键后，该快捷键将移动到【当前快捷键】列表中，单击【关闭】按钮关闭【自定义键盘】对话框，如图9-53所示。

Step05 返回【修改样式】对话框，单击【确定】按钮，如图9-54所示。

Step06 通过上述设置后，选中某段落，然后按【Ctrl+Alt+K】组合键，所选

段落即可应用"公司简介 - 正文首行缩进2字符"样式。

图 9-53

图 9-54

★ 重点 9.2.4 实战：复制公司简介中的样式

实例门类	软件功能
教学视频	光盘\视频\第9章\9.2.4.mp4

在编辑文档或模板文件时，如果需要使用其他文档或模板中的样式，可以对样式进行复制操作。

例如，要将"公司简介.docx"文档中的"公司简介 - 正文标题"样式复制到"文书管理制度.docx"文档中，具体操作步骤如下。

Step01 在"公司简介.docx"文档中，单击【样式】窗格中的【管理样式】按钮，如图 9-55 所示。

图 9-55

Step02 弹出【管理样式】对话框，单击【导入/导出】按钮，如图 9-56 所示。

图 9-56

Step03 弹出【管理器】对话框，在左侧窗格显示了当前文档及包含的样式。右侧窗格默认显示的是【Normal.dotm（共用模板）】及包含的样式，因为本例中是要将样式复制到"文书管理制度.docx"文档，所以需要在右侧窗格中单击【关闭文件】按钮，如图 9-57 所示。

Step04 此时，【关闭文件】按钮变成了【打开文件】按钮，单击该按钮，如图 9-58 所示。

Step05 弹出【打开】对话框，❶在【文件类型】下拉列表中选择【Word 文

档（*.docx）】选项，❷找到并选中要使用样式的目标文档，❸单击【打开】按钮，如图 9-59 所示。

图 9-57

图 9-58

图 9-59

Step06 返回【管理器】对话框，❶在左侧窗格的列表框中选择需要复制的样式，本例中选择【公司简介 - 正文标题】样式，❷单击【复制】按钮，如图 9-60 所示。

图 9-60

Step07 此时，所选样式将被复制到右侧窗格的列表框中，表示将样式复制

到了"文书管理制度.docx"文档中，完成样式的复制后，单击【关闭】按钮，如图 9-61 所示。

图 9-61

技术看板

复制样式时，如果遇到同名样式，会显示如图 9-62 所示的提示信息，如果需要使用新样式，则单击【是】按钮，让新样式覆盖旧样式即可。

图 9-62

Step08 弹出提示框，询问是否保存更改，单击【保存】按钮保存即可，如图 9-63 所示。

图 9-63

技能拓展——复制文本的同时复制样式

通过复制文本的方式，可以快速实现样式的复制。分别打开源文档和目标文档，在源文档中，选中需要复制的样式所应用的任意一个段落（必须含段落标记），按【Ctrl+C】组合键进行复制操作，在目标文档中按【Ctrl+V】组合键进行粘贴，所选段落文本将以带格式的形式粘贴到目标文档，从而实现样式的复制。

如果目标文档中含有同名的样式，执行粘贴操作后，新样式无法覆盖旧样式，目标文档中依然会使用旧样式。

9.2.5 实战：删除文档中的多余样式

实例门类	软件功能
教学视频	光盘\视频\第9章\9.2.5.mp4

对于文档中多余的样式，可以将其删除，以便更好地应用样式。删除样式的具体操作步骤如下。

Step01 在要编辑的文档中，❶ 在【样式】窗格中右击需要删除的样式，❷ 在弹出的快捷菜单中选择【删除……】命令，如图9-64所示。

图 9-64

Step02 弹出提示框询问是否要删除，单击【是】按钮即可，如图9-65所示。

图 9-65

技术看板

删除样式时，Word 提供的内置样式是无法删除的。另外，在新建样式时，若样式基准选择的是除了【正文】以外的其他内置样式，则删除方法略有不同。例如，新建样式时，选择的样式基准是【无间隔】，则在删除该样式时，需要在快捷菜单中选择【还原为无间隔】命令。

★ 重点 9.2.6 实战：显示或隐藏公司简介中的样式

实例门类	软件功能
教学视频	光盘\视频\第9章\9.2.6.mp4

在删除文档中的样式时，会发现无法删除内置样式。那么对于不需要的内置样式，可以将其隐藏起来，从而使【样式】窗格清爽、整洁，以提高样式的使用效率。隐藏样式的具体操作步骤如下。

Step01 在"公司简介.docx"文档中，单击【样式】窗格中的【管理样式】按钮，如图9-66所示。

图 9-66

Step02 弹出【管理样式】对话框，❶ 切换到【推荐】选项卡，❷ 在列表框中选择需要隐藏的样式，❸ 在【设置查看推荐的样式时是否显示该样式】栏中单击【隐藏】按钮，如图9-67所示。

图 9-67

Step03 此时，设置隐藏后的样式会显示为灰色，且还会出现【无间隔（始终隐藏）】字样，完成设置后单击【确定】按钮保存设置即可，如图9-68所示。

图 9-68

隐藏样式后，若要将其显示出来，则在【管理样式】对话框的【推荐】选项卡中，选择需要显示的样式，然后单击【显示】按钮即可，如图9-69所示。

图 9-69

9.2.7 实战：样式检查器的使用

实例门类	软件功能
教学视频	光盘\视频\第9章\9.2.7.mp4

若希望能够非常清晰地查看某内容的全部格式，并能对应用两种不同格式的文本进行比较，则可以通过Word提供的样式检查器实现，具体操作步骤如下。

Step01 在"公司简介.docx"文档中，单击【样式】窗格中的【样式检查器】按钮 ，如图9-70所示。

图 9-70

Step02 打开【样式检查器】窗格，单击【显示格式】按钮 ，如图9-71所示。

Step03 打开【显示格式】窗格，将鼠标光标定位到需要查看格式详情的段落中，即可在【显示格式】窗格中显示当前段落的所有格式，如图9-72所示。

图 9-71

图 9-72

Step04 若要对应用了两种不同格式的文本进行比较，❶在【显示格式】窗格中选中【与其他选定内容比较】复选框，❷将鼠标光标定位到需要比较格式的段落中，此时【显示格式】窗格中将显示两处文本内容的格式区别，如图9-73所示。

图 9-73

9.3 样式集与主题的使用

样式集与主题都是统一改变文档格式的工具，只是它们针对的格式类型有所不同。使用样式集，可以改变文档的字体格式和段落格式；使用主题，可以改变文档的字体、颜色及图形图像的效果（这里所说的图形图像的效果是指：图形对象的填充色、边框色，以及阴影、发光等特效）。

★ 新功能 9.3.1 实战：使用样式集设置工作总结格式

实例门类	软件功能
教学视频	光盘\视频\第9章\9.3.1.mp4

Word提供了多套样式集，每套样式集都提供了成套的内置样式，分别用于设置文档标题、副标题等文本的格式。在排版文档的过程中，可以先选择需要的样式集，再使用内置样式或新建样式排版文档，具体操作步骤如下。

Step01 打开"光盘\素材文件\第9章\工作总结.docx"的文件，❶切换到

【设计】选项卡，❷在【文档格式】组的列表框中选择需要的样式集，如图9-74所示。

图 9-74

Step02 确定样式集后，可以通过内置样式来排版文档内容，排版后的效果

如图9-75所示。

图 9-75

技术看板

将文档格式调整好后，若再重新选择样式集，则文档中内容的格式也

会发生相应的变化。

此外，在 Word 2010 中只提供了样式集、主题字体和主题颜色这几个功能，在【开始】选项卡的【样式】组中单击【更改样式】按钮，在弹出的下拉列表中单击某个选项，便可执行相应的操作。

★ 新功能 9.3.2 实战：使用主题改变工作总结外观

实例门类	软件功能
教学视频	光盘\视频\第9章\9.3.2.mp4

Word 2013 新增了主题功能，使用主题可以快速改变整个文档的外观，与样式集不同的是，主题将不同的字体、颜色、形状效果组合在一起，形成多种不同的界面设计方案。使用主题时，不能改变段落格式，且主题中的字体只能改变文本内容的字体格式（即宋体、仿宋、黑体等），不能改变文本的大小、加粗等格式。

在排版文档时，如果希望同时改变文档的字体格式、段落格式及图形对象的外观，需要同时使用样式集和主题。

使用主题的操作步骤如下。

Step01 在"工作总结.docx"文档中，❶切换到【设计】选项卡，❷单击【文档格式】按钮组中的【主题】按钮，❸在弹出的下拉列表中选择需要的主题，如图 9-76 所示。

图 9-76

Step02 应用所选主题后，文档中的风格发生改变，如图 9-77 所示。

图 9-77

选择一种主题方案后，还可在此基础之上选择不同的主题字体、主题颜色或主题效果，从而搭配出不同外观风格的文档。

➡ 设置主题字体：在【设计】选项卡的【文档格式】组中，单击【字体】按钮，在弹出的下拉列表中选择需要的主题字体即可，如图 9-78 所示。

图 9-78

➡ 设置主题颜色：在【设计】选项卡的【文档格式】组中，单击【颜色】按钮，在弹出的下拉列表中选择需要的主题颜色即可，如图 9-79 所示。

图 9-79

➡ 设置主题效果：在【设计】选项卡的【文档格式】组中，单击【效果】按钮，在弹出的下拉列表中选择需要的主题效果即可，如图 9-80 所示。

图 9-80

★ 重点 ★ 新功能 9.3.3 实战：自定义主题字体

实例门类	软件功能
教学视频	光盘\视频\第9章\9.3.3.mp4

除了使用 Word 内置的主题字体外，用户还可根据需要自定义主题字体，具体操作步骤如下。

Step01 ❶切换到【设计】选项卡，❷单击【文档格式】组中的【字体】按钮，❸在弹出的下拉列表中选择【自定义字体】选项，如图 9-81 所示。

图 9-81

Step02 弹出【新建主题字体】对话框，❶在【名称】文本框中输入新建主题字体的名称，❷在【西文】栏中分别设置标题文本和正文文本的西文字体，❸在【中文】栏中分别设置标题文本和正文文本的中文字体，❹完成设置后单击【保存】按钮，如图9-82所示。

图 9-82

Step03 新建的主题字体将被保存到主题字体库中，打开主题字体列表时，在【自定义】栏中可看到新建的主题字体，单击该主题字体，可将其应用到当前文档中，如图9-83所示。

图 9-83

技能拓展——修改主题字体

新建主题字体后，如果对有些参数设置不满意，可以进行修改。打开主题字体列表，在【自定义】栏中右击需要修改的主题字体，在弹出的快捷菜单中选择【编辑】命令，在弹出的【编辑主题字体】对话框中进行设置即可。

★ 重点 ★ 新功能 9.3.4 实战：自定义主题颜色

实例门类	软件功能
教学视频	光盘\视频\第9章\9.3.4.mp4

除了使用 Word 内置的主题颜色外，用户还可根据需要自定义主题颜色，具体操作步骤如下。

Step01 ❶ 切换到【设计】选项卡，❷ 单击【文档格式】组中的【颜色】按钮，❸ 在弹出的下拉列表中选择【自定义颜色】选项，如图9-84所示。

图 9-84

Step02 弹出【新建主题颜色】对话框，❶ 在【名称】文本框中输入新建主题颜色的名称，❷ 在【主题颜色】栏中自定义各个项目的颜色，❸ 完成设置后单击【保存】按钮，如图9-85所示。

图 9-85

技能拓展——重置颜色选项

在【新建主题颜色】对话框中，将各个项目的颜色定义好后，若不满意这些颜色，可单击左下角的【重置】按钮快速恢复到设置之前的状态，然后重新进行设置即可。

Step03 新建的主题颜色将被保存到主题颜色库中，打开主题颜色列表时，在【自定义】栏中可看到新建的主题颜色，单击该主题颜色，可将其应用到当前文档中，如图9-86所示。

图 9-86

技能拓展——修改主题颜色

新建主题颜色后，如果对某些颜色设置不满意，可以进行修改。打开主题颜色列表，在【自定义】栏中右击需要修改的主题颜色，在弹出的快捷菜单中选择【编辑】命令，在弹出的【编辑主题颜色】对话框中进行设置即可。

★ 重点 ★ 新功能 9.3.5 实战：保存自定义主题

实例门类	软件功能
教学视频	光盘\视频\第9章\9.3.5.mp4

为了搭配不同外观风格的文档，有时会在文档中分别设置主题字体、主题颜色和主题效果。进行各种组合设置后，如果对当前的文档外观比较满意，可以将当前外观设置保存为新的主题，以方便以后直接设置这样的外观。保存新主题的操作步骤如下。

Step01 ❶ 切换到【设计】选项卡，❷ 单击【文档格式】组中的【主题】按钮，❸ 在弹出的下拉列表中选择【保存当前主题】选项，如图9-87所示。

图 9-87

图 9-88

Step02 弹出【保存当前主题】对话框，保存位置会自动定位到【Document Themes】文件夹中，该文件夹是存放 Office 主题的默认位置，❶直接在【文件名】文本框中输入新主题的名称，❷单击【保存】按钮，如图 9-88 所示。

Step03 新主题将被保存到主题库中，打开主题列表，在【自定义】栏中可看到新主题，单击该主题，可将其应用到当前文档中，如图 9-89 所示。

图 9-89

妙招技法

下面结合本章内容，给大家介绍一些实用技巧。

技巧01：保护样式不被编辑

教学视频	光盘\视频\第9章\技巧 01.mp4

在文档中新建样式后，若要将文档发送给其他用户查看，但不希望修改新建的样式时，可以启动强制保护，防止其他用户修改。

Step01 打开"光盘\素材文件\第9章\员工培训管理制度.docx"文件，单击【样式】窗格中的【管理样式】按钮，如图 9-90 所示。

Step02 弹出【管理样式】对话框，❶切换到【限制】选项卡，❷在列表框中选择需要保护的一个样式或多个样式（按住【Ctrl】键不放，依次单击需要保护的样式），❸选中【仅限对允许的样式进行格式设置】复选框，

❹单击【限制】按钮，如图 9-91 所示。

Step03 此时，所选样式的前面会添加带锁标记🔒，单击【确定】按钮，如图 9-92 所示。

Step04 弹出【启动强制保护】对话框，❶设置密码，❷单击【确定】按钮即可，如图 9-93 所示。

图 9-90

图 9-91

图 9-92

图 9-93

技巧 02：设置样式的显示方式

| 教学视频 | 光盘\视频\第 9 章\技巧 02.mp4 |

在使用【样式】窗格中的样式排版文档时，有时会发现该窗格中显示了很多用不上的样式。为了更方便地使用【样式】窗格，可以设置【样式】窗格中的样式显示方式，具体操作步骤如下。

Step01 在"员工培训管理制度 .docx"文档中，单击【样式】窗格中的【选项】链接，如图 9-94 所示。

Step02 弹出【样式窗格选项】对话框，❶ 在【选择要显示的样式】下拉列表中选择样式显示方式，一般推荐选择【当前文档中的样式】，❷ 单击【确定】按钮即可，如图 9-95 所示。

图 9-94

图 9-95

技能拓展——设置样式的排序方式

根据操作需要，还可对【样式】窗格中的样式进行排序操作，方法为：打开【样式窗格选项】对话框，在【选择列表的排序方式】下拉列表中选择需要的排序方式即可。

技巧 03：将字体嵌入文件

| 教学视频 | 光盘\视频\第 9 章\技巧 03.mp4 |

当计算机中安装了一些非系统默认的字体，并在文档中设置字符格式或新建样式时使用了这些字体，而在其他没有安装这些字体的计算机中打开该文档时，就会出现显示不正常的问题。

为了解决这个问题，可以将字体嵌入文件中，具体操作步骤如下。

在需要操作的文档中，打开

【Word 选项】对话框，❶ 切换到【保存】选项卡，❷ 在【共享该文档时保留保真度】栏中选中【将字体嵌入文件】复选框，❸ 单击【确定】按钮即可，如图 9-96 所示。

图 9-96

技巧 04：让内置样式名显示不再混乱

| 教学视频 | 光盘\视频\第 9 章\技巧 04.mp4 |

默认情况下，对内置样式的名称进行修改后，新名称和旧名称会同时显示在【样式】窗格中，图 9-97 和图 9-98 所示分别为修改前和修改后的效果。

图 9-97

图 9-98

如果希望【样式】窗格中的内置样式只显示修改后的新名称，可按下面的操作步骤实现。

Step01 在要编辑的文档中，单击【样式】窗格中的【选项】链接，如图 9-99 所示。

图 9-99

Step02 弹出【样式窗格选项】对话框，❶ 在【选择内置样式名的显示方式】栏中选中【存在替换名称时隐藏内置名称】复选框，❷ 单击【确定】按钮，如图 9-100 所示。

图 9-100

Step03 返回文档，可看见内置样式只显示了新名称，如图 9-101 所示。

图 9-101

技巧 05：设置默认的样式集和主题

教学视频	光盘＼视频＼第 10 章＼技巧 05.mp4

如果用户需要长期使用某一样式集和主题，可以将它们设置为默认值。设置默认的样式集和主题后，新建空白 Word 文档时，将直接使用该样式集和主题。设置默认样式集和主题的具体操作步骤如下。

Step01 新建一个空白文档，切换到【设计】选项卡，然后设置好需要使用的样式集和主题。

Step02 在【设计】选项卡的【文档格式】组中单击【设为默认值】按钮，如图 9-102 所示。

图 9-102

Step03 弹出提示框询问是否要将当前样式集和主题设置为默认值，单击【是】按钮确认即可，如图 9-103 所示。

图 9-103

本章小结

本章主要讲解了使用样式、样式集或主题来排版美化文档，主要包括创建与使用样式、管理样式、样式集与主题的使用等内容。通过本章内容的学习，相信读者的排版能力会得到提升，从而能够制作出版面更加漂亮的文档。

第 10 章　模板统筹布局

- ➡ 模板与普通文档有何区别？
- ➡ 如何查看当前文档正在使用什么模板？
- ➡ 模板是怎么创建的？
- ➡ 可以对模板文件设置密码保护吗？

在日常工作中，会经常使用到模板文档，模板到底是如何运用的呢？通过本章内容的学习，相信读者能从根本上了解模板，并且学会编排与设置需要的模板样式，从而大大提高工作效率。

10.1　模板基础知识

模板决定了文档的基本结构，新建的文档都是基于模板创建的。例如，新建的空白文档，是基于默认的"Normal.dotm"模板进行创建的。熟练使用模板，对于样式的传承是非常重要的。

10.1.1　为什么创建模板

在第 2 章中讲解了根据 Word 提供的模板创建新文档，让读者对模板有了初步的了解。模板是所有 Word 文档的起点，基于同一模板创建出的多个文档包含了统一的页面格式、样式甚至内容。

在以模板为基准创建新文档时，新建的文档中会自动包含模板中的所有内容。因此，当经常需要创建某一种文档时，最好先按这种文档的格式创建一个模板，然后利用这个模板批量创建这类文档，图 10-1 所示为模板使用示意图。

图 10-1

例如，财务部每个月都要制作一份财务报告，并且，每份财务报告中的标题和正文内容的文字与字体格式都是统一的，像这样的情况，使用模板，可以高效完成工作。

所以，模板在批量创建相同文档方面具有极大的优势。模板中可以存储以下几类信息。

- ➡ 页面格式：包括纸张大小、页面方向、页边距、页眉 / 页脚等设置。
- ➡ 样式：包括 Word 内置样式和用户新建的样式。
- ➡ 示范人内容：预先输入好的文字，以及插入的图片、表格等实际内容。

10.1.2　模板与普通文档的区别

为了让读者更好地了解模板，下面简单介绍一下模板与普通文档的区别。

- ➡ 文档格式：Word 模板的文件扩展名是 dot、dotx 或 dotm，普通的 Word 文档的文件扩展名是 doc、docx 或 docm。通俗地理解，扩展名的第 3 个字母是 t，则是模板文档；扩展名的第 3 个字母是 c，则是普通文档。

- ➡ 功能和用法：本质上讲，模板和普通文档都是 Word 文件，但是模板用于批量生成与模板具有相同格式的数个普通文档，普通文档则是实实在在供用户直接使用的文档。简而言之，Word 模板相当于模具，而 Word 文档相当于通过模具批量生产出来的产品。

10.1.3　实战：查看文档使用的模板

实例门类	软件功能
教学视频	光盘\视频\第 10 章\10.1.3.mp4

在 Word 中，无论是新建的文档，还是打开的现有文档，都在使用模板。如果要查看文档使用的什么模板，可按下面的操作方法实现。

1. 在资源管理器中查看

当文档处于关闭状态时，可以通过资源管理器查看文档使用的模板，具体操作步骤如下。

Step 01 打开文件资源管理器，❶ 进入文档所在文件夹，❷ 右击要查看的文档，❸ 在弹出的快捷菜单中选择【属性】命令，如图 10-2 所示。

图 10-2

Step❷ 弹出文档的【属性】对话框，❶ 切换到【详细信息】选项卡，❷ 在【内容】栏中可看到该文档所使用的模板名称，如图 10-3 所示。

图 10-3

2. 通过【开发工具】选项卡查看

对于当前已打开的文档，可以通过【开发工具】选项卡（显示【开发工具】选项卡的操作方法请查阅第 1 章的内容）查看文档所使用的模板，具体操作步骤如下。

Step❶ 打开"光盘\素材文件\第 10 章\财务-10月月度报告.docx"文件，❶ 切换到【开发工具】选项卡，❷ 单击【模板】组中的【文档模板】按钮，如图 10-4 所示。

图 10-4

Step❷ 弹出【模板和加载项】对话框，在【模板】选项卡的【文档模板】文本框中可看到当前文档所使用的模板，如图 10-5 所示。

图 10-5

★ 新功能 10.1.4　模板的存放位置

如果使用 Word 预置的模板，那么用户没有必要知道模板位于何处，直接使用即可。如果要根据自己制作的模板来创建新文档，那么就需要了解模板的存放位置，以便于后期的使用与管理。

在 Word 2013 中，用户创建的模板默认存放在"自定义 Office 模板"文件夹内。如果将 Windows 操作系统安装到了 C 盘，那么"自定义 Office 模板"文件夹默认位于"C:\Users\Administrator\Documents\"目录下，其中"Administrator"指当前登录 Windows 操作系统的用户名称。

根据操作需要，可以为模板自定义设置默认的存放路径及文件夹，具体操作步骤如下。

打开【Word 选项】对话框，❶ 切换到【保存】选项卡，❷ 在【保存文档】栏的【默认个人模板位置】文本框中输入常用存储路径，❸ 单击【确定】按钮即可，如图 10-6 所示。

图 10-6

技术看板

在 Word 2010 中，自定义的模板文件默认存放在"C:\Users\Administrator\AppData\Roaming\Microsoft\Templates"目录下，如果需要更改模板的默认保存位置，则打开【Word 选项】对话框，切换到【高级】选项卡，单击【常规】栏中的【文件位置】按钮，在弹出的【文件位置】对话框中，双击【文件类型】列表框中的【用户模板】选项设置新的存放位置即可，如图 10-7 所示。

图 10-7

10.1.5 实战：认识 Normal 模板与全局模板

实例门类	软件功能
教学视频	光盘\视频\第 10 章\10.1.5.mp4

通过启动 Word 或按【Ctrl+N】组合键的方式，都可以创建新空白文档，这些空白文档是基于名为 Normal 的模板创建的，该模板是 Word 中的通用模板，主要有以下特点。

➡ 所有默认新建的文档都是以 Normal 模板为基准的。

➡ 存储在 Normal 模板中的样式和内容都可被所有文档使用。

➡ 存储在 Normal 模板中的宏可被所有文档使用。

因为 Normal 模板具有以上几个优势，所以根据个人操作需要，可以将有用的内容都放在 Normal 模板中，这样 Normal 模板中的所有功能和内容都可以传承到新建的文档中。但是，如果 Normal 模板中包含的内容过多，就会出现以下两个问题。

➡ Normal 模板中的内容过多，会影响 Word 程序的启动速度。

➡ 如果 Normal 模板中的内容不堪重负，容易导致 Normal 模板出错，甚至导致 Word 无法正常启动。

由于 Normal 模板文件的好坏会影响到 Word 程序的启动状态，因此最好是使用全局模板。全局模板就是指模板中的内容可以被当前打开的所有文档使用，即使没有打开任何文档，全局模板中的一些设置也可以作用于 Word 程序本身。

全局模板可以实现 Normal 模板中的大部分功能，而且还不会影响 Word 的启动状态，制作方式和包含的内容类型与普通模板几乎相同。全局模板与普通模板的主要区别在于模板的作用范围和载入时机，全局模板作用于当前打开的所有文档，而普通模板只针对于基于它创建的文档。

使用全局模板的具体操作步骤如下。

Step01 ❶ 切换到【开发工具】选项卡，❷ 单击【模板】组中的【文档模板】按钮，如图 10-8 所示。

图 10-8

Step02 弹出【模板和加载项】对话框，在【模板】选项卡的【共用模板及加载项】栏中单击【添加】按钮，如图 10-9 所示。

图 10-9

Step03 ❶ 弹出【添加模板】对话框，选择需要作为全局模板的文件，❷ 单击【确定】按钮，如图 10-10 所示。

图 10-10

Step04 返回【模板和加载项】对话框，所选模板文件将加载到【共用模板及加载项】栏的列表框中，如图 10-11 所示。此后，在所有打开的文档中就可以使用该模板中包含的功能了。

图 10-11

技术看板

在【共用模板及加载项】栏的列表框中，对于不再需要使用的模板，可以选中该模板，单击【删除】按钮将其删除；如果只想暂时禁用某个模板，可以取消选中该模板对应的复选框。

10.2 创建与使用模板

在使用模板的过程中，如果 Word 内置的模板不能满足用户的使用需求，那么可以手动创建模板。对于没有接触过模板的用户而言，也许会觉得模板的创建与使用非常难。但事实上，创建与使用模板的过程非常简单，接下来就讲一下怎么创建与使用模板。

★ 重点 10.2.1 实战：创建公司制度模板

实例门类	软件功能
教学视频	光盘\视频\第 10 章\10.2.1.mp4

模板的创建过程非常简单，只需先创建一个普通文档，然后在该文档中设置页面版式、创建样式等操作，最后保存为模板文件类型即可，图 10-12 所示为创建模板的流程图。

图 10-12

通过图 10-12 所示的流程图不难发现，创建模板的过程与创建普通文档并无太大区别，最主要的区别在于保存文件时的格式不同。模板具有特殊的文件格式，Word 2003 模板的文件扩展名为 dot，Word 2007 及 Word 更高版本的模板文件的扩展名为 dotx 或 dotm，dotx 为不包含 VBA 代码的模板，dotm 模板可以包含 VBA 代码。

技术看板

创建模板后，可以通过模板文件的图标来区分模板是否可以包含 VBA 代码。图标上带有叹号的模板文件（如图 10-13 所示），表示可以包含 VBA 代码；若模板文件图标上没有带叹号（图 10-14），则表示不能包含 VBA 代码。

报告.dotm　　　　报告.dotx

图 10-13　　　　图 10-14

创建模板的具体操作步骤如下。

Step01 新建一个普通空白文档，并在该文档中设置相应的内容，设置后的效果如图 10-15 所示。

图 10-15

Step02 按【F12】键，弹出【另存为】对话框，❶ 在【保存类型】下拉列表中选择模板的文件类型，本例中选择【Word 模板 (*.dotx)】选项，❷ 此时保存路径将自动设置为模板的存放路径，直接在【文件名】文本框中输入模板的文件名，❸ 单击【保存】按钮即可，如图 10-16 所示。

图 10-16

技术看板

保存模板文件时，选择模板类型后，保存路径会自动定位到模板的存放位置，如果不需要将当前模板保存到指定的存放位置，可以在【另存为】对话框中重新选择存放位置。

★ 新功能 10.2.2 实战：使用公司制度模板创建新文档

实例门类	软件功能
教学视频	光盘\视频\第 10 章\10.2.2.mp4

创建好模板后，就可以基于模板创建任意数量的文档了，具体操作步骤如下。

Step01 在 Word 窗口中打开【文件】菜单，❶ 在左侧窗格选择【新建】命令，❷ 在右侧窗格中将看到【特色】和【个人】两个类别，单击【个人】类别，❸ 在【个人】类别界面中将看到自己创建的模板，选择该模板选项，如图 10-17 所示。

图 10-17

Step02 即可基于所选模板创建新文档，如图 10-18 所示。

图 10-18

在创建模板文件时，如果是手动设置的保存位置（即没有保存到模板的指定存放位置），则使用该模板创建新文档时，需要先打开文件资源管理器，进入模板所在文件夹，然后双击模板文件，即可基于该模板创建新文档。

技术看板

在 Word 2013 中若将自定义模板保存在了默认的存放路径，则根据自定义模板创建新文档时，只需切换到【文件】选项卡，在左侧窗格选择【新建】命令，在右侧窗格单击【个人】文本，在右侧窗格中显示自定义的模版，选择需要的自定义模版即可。

★ 重点 10.2.3　实战：将样式的修改结果保存到模板中

实例门类	软件功能
教学视频	光盘\视频\第10章\10.2.3.mp4

基于某个模板创建文档后，对文档中的某个样式进行了修改，如果希望以后基于该模板创建新文档时直接使用这个新样式，则可以将文档中的修改结果保存到模板中。

例如，基于模板文件"财务-月度报告.dotx"创建了一个"财务-10月月度报告.docx"文档，现将"财务-10月月度报告.docx"文档中的样式"月度报告-标题2"进行了修改，希望修改结果保存到模板"财务-月度报告.dotx"中，具体操作步骤如下。

Step01 打开"光盘\素材文件\第10章\财务-10月月度报告.docx"的文件，❶在【样式】窗格中右击【月度报告-标题2】样式，❷在弹出的快捷菜单中选择【修改】命令，如图10-19所示。

图 10-19

Step02 弹出【修改样式】对话框，❶对样式格式参数进行修改，本例中将字体颜色更改为【绿色】，❷选中【基于该模板的新文档】单选按钮，❸单击【确定】按钮，如图10-20所示。

图 10-20

Step03 返回文档，单击快速访问工具栏中的【保存】按钮 ▯ 进行保存，如图10-21所示。

Step04 此时将弹出提示框询问是否保存对文档模板的修改，单击【是】按钮，如图10-22所示。

图 10-21

图 10-22

Step05 弹出【另存为】对话框，❶设置更新后的模板的存放位置，❷单击【保存】按钮，如图10-23所示。

图 10-23

Step06 打开更新后的模板，可查看效果，如图10-24所示。

图 10-24

10.3 管理模板

为了更好地使用模板，可以对模板进行有效的管理，如分类存放模板、加密模板文件及共享模板中的样式等，接下来将分别进行讲解。

10.3.1 修改模板中的内容

创建模板后，根据需要还可对模板进行修改操作，如修改示范内容、修改页面格式，以及对样式进行修改、创建、删除等操作。修改模板与修改普通文档没什么区别，只需在Word程序中打开模板文件，然后按常规的编辑方法修改模板中的内容和设置格式即可。

只是在打开模板文件时，不能直接双击模板文件，否则将基于模板文件创建新的文档。打开模板文件主要有以下两种方式。

➥ 打开文件资源管理器，进入模板所在文件夹，右击需要编辑的模板文件，在弹出的快捷菜单中选择【打开】命令即可，如图10-25所示。

图 10-25

➥ 在 Word 窗口中打开【打开】对话框，在其中找到并选中需要编辑的模板文件，然后单击【打开】按钮即可，如图10-26所示。

图 10-26

★ 重点 ★ 新功能 10.3.2 实战：将模板分类存放

实例门类	软件功能
教学视频	光盘\视频\第10章\10.3.2.mp4

当创建的模板越来越多时，会发现在基于模板新建文档时，很难快速找到需要的那个模板。为了方便使用模板，可以像文件夹组织文件那样对模板进行分类存放，从而提高查找模板的效率。分类管理模板的具体操作步骤如下。

Step01 打开资源管理器，进入模板文件的存放路径，然后按照用途或者其他方式对模板进行类别的划分，并确定每个类别的名称，如图10-27所示。

图 10-27

Step02 启动 Word 程序，基于自定义模板创建新文档时，在【新建】界面中选择【个人】类别，此时可看到表示模板类别的多个文件夹图标，它们的名称对应之前创建的多个文件夹的名称，如图10-28所示。

技术看板

在为模板分类时，如果创建了空文件夹，则在【个人】类别下不会显示该类别。

图 10-28

Step03 单击其中个文件夹图标，即可进入其中并看到该类别下的模板，如图10-29所示，选择其中一个模板选项，即可基于该模板创建新文档。

图 10-29

技术看板

在 Word 2010 中为模板分类的操作方法相同，进入模板文件的存放路径后为模板分类存放即可。分类存放后，根据自定义模板创建新文档时，在【个人模板】对话框中会看到出现了多个选项卡，每个选项卡上的名称与之前新建的多个文件夹的名称一一对应。

★ 重点 10.3.3 实战：加密公司制度模板文件

实例门类	软件功能
教学视频	光盘\视频\第10章\10.3.3.mp4

如果不希望别人随意修改模板中的格式和内容，则可以为模板设置密码保护，具体操作步骤如下。

Step01 在"公司制度 - 模板 .dotx"模板中，按【F12】键打开【另存为】对话框，❶单击【工具】按钮，❷在弹出的菜单中选择【常规选项】命令，如图 10-30 所示。

图 10-30

Step02 弹出【常规选项】对话框，❶在【修改文件时的密码】文本框中输入密码，❷单击【确定】按钮，如图 10-31 所示。

图 10-31

技能拓展——设置模板文件的打开密码

如果不希望其他用户查看和使用模板文件，也可以设置密码保护，方法为：在要进行保护的模板文件中打开【常规选项】对话框，在【打开文件时的密码】文本框中输入密码即可。此后打开该模板时，会弹出【密码】对话框，只有输入正确的密码才能打开该模板。

此外，对模板文件设置打开密码保护后，基于该模板新建的文档会自动添加和模板一样的密码。

Step03 弹出【确认密码】对话框，❶在文本框中再次输入密码，❷单击【确定】按钮，如图 10-32 所示。

图 10-32

Step04 返回【另存为】对话框，直接单击【保存】按钮保存设置，如图 10-33 所示。

图 10-33

Step05 设置密码保护后，打开"公司制度 - 模板 .dotx"模板时，会弹出【密码】对话框，此时只有输入正确的密码才能打开该模板并修改其中的内容，如图 10-34 所示。否则，只能通过单击【只读】按钮，以只读模式打开该模板。

图 10-34

技能拓展——取消密码保护

对模板设置密码后，若要取消密码，则需先打开该模板，再打开【常规选项】对话框，在【修改文件时的密码】文本框中删除密码即可。

★ 重点 10.3.4 实战：直接使用模板中的样式

实例门类	软件功能
教学视频	光盘\视频\第10章\10.3.4.mp4

在编辑文档时，如果需要使用某个模板中的样式，不仅可以通过复制样式（参考第9章相关知识）的方法实现，还可以按照下面的操作步骤实现。

Step01 新建一个名为"使用模板中的样式 .docx"的空白文档，❶切换到【开发工具】选项卡，❷单击【模板】组中的【文档模板】按钮，如图 10-35 所示。

图 10-35

Step**02** 弹出【模板和加载项】对话框，在【模板】选项卡的【文档模板】栏中单击【选用】按钮，如图10-36所示。

图 10-36

Step**03** ❶ 在弹出的【选用模板】对话框中选择需要的模板，❷ 单击【打开】按钮，如图10-37所示。

图 10-37

Step**04** 返回【模板和加载项】对话框，此时在【文本模板】文本框中将显示添加的模板文件名和路径，❶ 选中【自动更新文档样式】复选框，❷ 单击【确定】按钮，如图10-38所示。

Step**05** 返回文档，即可将所选模板中的样式添加到文档中，如图10-39所示。

图 10-38

图 10-39

妙招技法

通过前面知识的学习，相信读者已经学会了如何使用模板来统一文档的格式了。下面结合本章内容，给大家介绍一些实用技巧。

技巧01：如何在新建文档时预览模板内容

教学视频	光盘\视频\第10章\技巧01.mp4

在基于用户创建的模板新建文档时，可能在选择模板时无法预览模板中的内容。为了更好地选择使用模板，可以通过设置，使用户在选择模板时可以预览其中的内容，具体操作步骤如下。

Step**01** 打开需要设置预览的模板文件，打开【文件】菜单，❶ 在【信息】界面中单击【属性】按钮，❷ 在弹出的下拉列表中选择【高级属性】选项，如图10-40所示。

图 10-40

Step**02** 弹出文档属性对话框，❶ 切换到【摘要】选项卡，❷ 选中【保存所有 Word 文档的缩略图】复选框，❸ 单击【确定】按钮，如图10-41所示。

Step**03** 通过上述设置，在基于该模板创建文档时，即可看到该模板中的预览内容，如图10-42所示。

图 10-41

图 10-42

技巧 02：通过修改文档来改变 Normal.dotm 模板的设置

教学视频	光盘 \ 视频 \ 第 10 章 \ 技巧 02.mp4

默认情况下，新建的空白文档是基于 Normal.dotm 模板创建的。如果对 Normal.dotm 模板中的一些设置进行了修改，是无法直接保存的。要想改变 Normal.dotm 模板中的一些设置，如页面设置、【字体】对话框中的设置更改、【段落】对话框中的设置更改等，可以通过修改文档来实现。例如，要修改模板的页面布局，具体操作步骤如下。

Step01 新建一个空白文档，❶ 切换到【页面布局】选项卡，❷ 单击【页面设置】组中的【功能扩展】按钮，如图 10-43 所示。

图 10-43

Step02 弹出【页面设置】对话框，❶ 根据需要进行相应的页面设置，❷ 完成设置后单击【设为默认值】按

钮，如图 10-44 所示。

图 10-44

Step03 弹出提示框，询问是否要更改页面的默认设置，单击【是】按钮，可将设置结果保存到 Normal.dotm 模板，如图 10-45 所示。

图 10-45

📖 技术看板

在【字体】或【段落】对话框中进行设置后，通过单击【设为默认值】按钮，便可将设置结果保存到 Normal.dotm 模板。

技巧 03：让文档中的样式随模板而更新

教学视频	光盘 \ 视频 \ 第 10 章 \ 技巧 03.mp4

基于某个模板文件创建了 n 个文档后，发现某些样式的参数设置有

误，此时若逐个对这些文档的样式进行修改，会显得非常烦琐。要想快速修改这些文档中的样式，可通过在模板中修改样式来进行更新，具体操作步骤如下。

Step01 打开文档使用的模板，对样式进行修改，完成修改后按【Ctrl+S】组合键进行保存。

Step02 打开已经创建好的文档，打开【模板和加载项】对话框，❶ 选中【自动更新文档样式】复选框，❷ 单击【确定】按钮，如图 10-46 所示。

图 10-46

Step03 通过设置后，模板中的样式的最新格式将会自动更新到当前文档的同名样式中。

技巧 04：如何删除自定义模板

教学视频	光盘 \ 视频 \ 第 11 章 \ 技巧 04.mp4

手动创建模板后，如果要删除该模板文件，需要进入文件资源管理器进行删除，具体操作步骤如下。

Step01 打开文件资源管理器，❶ 进入模板所在文件夹，❷ 右击需要删除的模板文件，❸ 在弹出的快捷菜单中选择【删除】命令，如图 10-47 所示。

Step02 弹出【删除文件】提示框，询问是否要放入回收站，单击【是】按钮确认，如图 10-48 所示。

图 10-47

图 10-48

10-49 所示。

图 10-49

Step 03 通过上述操作后，根据自定义模板创建文档时，可发现【个人】类别界面中已经没有模板了，如图

本章小结

　　本章主要讲解了使用模板的创建与使用方法，主要包括了解模板的基础知识、创建与使用模板、管理模板等内容。通过本章内容的学习，希望读者能够灵活运用模板来统筹文档的布局、格式，从而加快对文档的编排速度。

第11章 巧用查找与替换功能

- ➥ 某个词组大量输错，怎么办？
- ➥ 如何对文档中指定范围的内容进行替换操作？
- ➥ 你能对文本格式进行替换吗？
- ➥ 通配符是什么？有什么作用？

修改文档是一件很麻烦的事情，特别是遇到需要大量修改的相同的文字和格式，逐个修改太浪费时间。通过本章内容的学习，读者能掌握通过查找替换和通配符来快速将文本、格式和图片做统一修改的技能。

11.1 查找和替换文本内容

Word 的查找和替换功能非常强大，是用户在编辑文档过程中频繁使用的一项功能。使用查找功能，可以在文档中快速定位到指定的内容，使用替换功能可以将文档中的指定内容修改为新内容。结合使用查找和替换功能，可以提高文本的编辑效率。

★ 新功能 11.1.1 实战：查找公司概况文本

实例门类	软件功能
教学视频	光盘\视频\第 11 章\11.1.1.mp4

如果希望快速查找到某内容（如字、词、短语或句子）在文档中出现的具体位置，可通过查找功能实现。

1. 使用【导航】窗格查找

在 Word 2013 中通过【导航】窗格可以非常方便地查找内容，具体操作步骤如下。

Step01 打开"光盘\素材文件\第 11 章\公司概况 .docx"文件，❶ 切换到【视图】选项卡，❷ 选中【显示】组中的【导航窗格】复选框，可打开【导航】窗格，如图 11-1 所示。

Step02 在【导航】窗格的搜索框中输入要查找的内容，Word 会自动在当前文档中进行搜索，并以黄色进行标

示，以突出显示查找到的全部内容，同时在【导航】窗格搜索框的下方显示搜索结果数量，如图 11-2 所示。

图 11-1

图 11-2

技能拓展——快速打开【导航】窗格

在 Word 2010 及以上的版本中，按【Ctrl+F】组合键，可快速打开【导航】窗格。

Step03 ❶ 在【导航】窗格中切换到【结果】标签，❷ 在搜索框下方以列表框的形式显示所有搜索结果，单击某条搜索结果，文档中，光标会快速定位到相应位置，如图 11-3 所示。

图 11-3

175

技术看板

在【导航】窗格中,通过单击 ▲ 或 ▼ 按钮,也可以依次选中某个搜索结果。

Step04 在【导航】窗格中,删除搜索框中输入的内容,可以取消文档中的突出显示,即表示停止搜索。

技术看板

在【导航】窗格中进行搜索时,单击搜索框右侧的下拉按钮▼,会弹出如图 11-4 所示的下拉列表。在该下拉列表中,若选择【选项】选项,可以在弹出的【"查找"选项】对话框中设置查找条件;也可在该下拉列表中选择 Word 的其他类型的内容,主要有图形、表格、公司、脚注/尾注、批注,然后在文档中按照不同类型的内容进行查找。

图 11-4

2. 使用对话框查找

在 Word 2007 及以前的版本中,都是通过【查找和替换】对话框来查找内容的。在 Word 2013 中同样可以使用【查找和替换】对话框进行查找,具体操作步骤如下。

Step01 在"公司概况.docx"文档中,❶将鼠标光标定位在文档的起始处,❷在【导航】窗格的搜索框右侧单击下拉按钮▼,❸在弹出的下拉列表中选择【高级查找】选项,如图 11-5 所示。

图 11-5

技能拓展——通过功能区打开【查找和替换】对话框

在要查找内容的文档中,在【开始】选项卡的【编辑】组中,单击【查找】按钮右侧的下拉按钮▼,在弹出的下拉列表中单击【高级查找】选项,也可打开【查找和替换】对话框。

Step02 弹出【查找和替换】对话框,并自动定位在【查找】选项卡,❶在【查找内容】文本框中输入要查找的内容,本例中输入【红太郎酒】,❷单击【查找下一处】按钮,Word 将从鼠标光标所在位置开始查找,当找到"红太郎酒"出现的第一个位置时,会以选中的形式显示,如图 11-6 所示。

图 11-6

Step03 若继续单击【查找下一处】按钮,Word 会继续查找,当查找完成后会弹出提示框提示完成搜索,❶单击【确定】按钮关闭该提示框,❷返回【查找和替换】对话框,单击【关闭】按钮 ✕ 关闭该对话框即可,如图 11-7 所示。

图 11-7

技能拓展——突出显示查找内容

在【查找内容】文本框中输入要查找的内容后,单击【阅读突出显示】按钮,在弹出的下拉列表中选择【全部突出显示】命令,将会在文档中突出显示查找到的全部内容,其效果与使用【导航】窗格搜索相同。若要清除突出显示效果,则再次单击【阅读突出显示】按钮,在弹出的下拉列表中选择【清除突出显示】选项即可。

11.1.2 实战:全部替换公司概况文本

实例门类	软件功能
教学视频	光盘\视频\第 11 章\11.1.2.mp4

替换功能主要用于修改文档中的错误内容。当同一错误在文档中出现了很多次,可以通过替换功能进行批量修改,具体操作步骤如下。

Step01 在"公司概况.docx"文档中,❶将鼠标光标定位在文档的起始处,❷在【导航】窗格中单击搜索框右侧的下拉按钮▼,❸在弹出的下拉列表中选择【替换】选项,如图 11-8 所示。

Step02 弹出【查找和替换】对话框,并自动定位在【替换】选项卡,❶在【查找内容】文本框中输入要查找的内容,本例中输入【红太郎酒】,

❷ 在【替换为】文本框中输入要替换的内容，本例中输入【宇翔酒】，❸ 单击【全部替换】按钮，如图 11-9 所示。

图 11-8

图 11-9

在要进行替换内容的文档中，按【Ctrl+H】组合键，可快速打开【查找和替换】对话框，并自动定位在【替换】选项卡。

Step03 Word 将对文档中所有"红太郎酒"一词进行替换操作，❶ 完成替换后，在弹出的提示框中单击【确定】按钮，❷ 返回【查找和替换】对话框，单击【关闭】按钮关闭该对话框，如图 11-10 所示。

图 11-10

Step04 返回文档，即可查看替换后的效果，如图 11-11 所示。

图 11-11

11.1.3 实战：在提高品牌曝光度中逐个替换文本

实例门类	软件功能
教学视频	光盘\视频\第 11 章\11.1.3.mp4

在进行替换操作时，如果只是需要将部分内容进行替换，则需要逐个替换，以避免替换掉不该替换的内容。逐个替换的操作步骤如下。

Step01 打开"光盘\素材文件\第 11 章\提高品牌曝光度.docx"文件，❶ 将鼠标光标定位在文档起始位置，❷ 在【导航】窗格中单击搜索框右侧的下拉按钮，❸ 在弹出的下拉列表中选择【替换】选项，如图 11-12 所示。

图 11-12

Step02 弹出【查找和替换】对话框，❶ 在【查找内容】文本框内输入查找内容，本例中输入【商品】，❷ 在【替换为】文本框内输入替换内容，本例中输入【产品】，❸ 单击【查找下一处】按钮，如图 11-13 所示。

Step03 Word 开始进行查找，当找到查找内容出现的第一个位置时，用户需要先判断是否要进行替换。本例中此处需要替换，单击【替换】按钮，如图 11-14 所示。

图 11-13

图 11-14

Step04 即可替换掉当前内容，并自动查找指定内容的下一个位置，用户判断是否需要进行替换。本例中此处不需要替换，因此单击【查找下一处】按钮，如图 11-15 所示，Word 将忽略当前位置，并继续查找指定内容的下一个位置。

图 11-15

Step05 ❶ 参照上述操作方法，对其他内容进行替换或忽略，完成操作后，在弹出的提示框中单击【确定】按钮，❷ 返回【查找和替换】对话框，单击【关闭】按钮关闭该对话框，如图 11-16 所示。

图 11-16

Step⑥ 返回文档，可查看逐个替换后的效果，如图 11-17 所示。

图 11-17

★ 重点 11.1.4 实战：批量更改英文大小写

实例门类	软件功能
教学视频	光盘\视频\第 11 章\11.1.4.mp4

在"光盘\素材文件\第 11 章\英语格言.docx"文档中，包含了"It"和"it"两种形式的同一个单词，如图 11-18 所示。

图 11-18

现在希望将文档中所有的"It"修改为全大写形式的"IT"，而原来的全小写形式"it"保持不变，可通过替换功能实现，具体操作步骤如下。

Step① 在"英语格言.docx"文档中，打开【查找和替换】对话框，并定位到【替换】选项卡，然后单击【更多】按钮，如图 11-19 所示。

图 11-19

Step② 展开【查找和替换】对话框，此时【更多】按钮变为【更少】按钮，如图 11-20 所示。

图 11-20

技术看板

展开【查找和替换】对话框后，单击【更少】按钮，可将该对话框折叠起来。在后面的案例操作中，当需要将【查找和替换】对话框展开时，请读者参考此处操作，后面再遇到此操作时将不再赘述。

Step③ ❶ 在【查找内容】文本框中输入【It】，❷ 在【替换为】文本框中输入【IT】，❸ 在【搜索选项】栏中选中【区分大小写】复选框，❹ 单击【全部替换】按钮，如图 11-21 所示。
Step④ Word 将按照设置的查找和替换条件进行查找替换，完成替换后，在弹出的提示框中单击【确定】按钮，如图 11-22 所示。

图 11-21

图 11-22

Step⑤ 返回【查找和替换】对话框，单击【关闭】按钮关闭该对话框，如图 11-23 所示。

图 11-23

Step⑥ 返回文档，即可查看替换后的效果，如图 11-24 所示。

图 11-24

在【搜索选项】栏中，有几个选项是专门针对查找英文文本的设置，下面简单进行介绍。

➡ 【区分大小写】复选框：选中该复选框后，Word 在查找时将会严格匹配搜索内容的大小写。例如，要查找的是"Vba"，绝不会查找"VBA""vba"等。反之，没有选中该复选框的状态下，查找时不会区分大小写，所以允许用户输入任意大小写形式的内容。

➡ 【全字匹配】复选框：选中该复选框后，会搜索符合条件的完整单词，而不会搜索某个单词的局部。例如，要查找的是"shopping"，绝不会查找"shop"。

➡ 【同音】复选框：选中该复选框后，则可以查找与查找内容发音相同但拼写不同的单词。例如，查找"for"时，也会查找"four"。

➡ 【查找单词的所有形式】复选框：选中该复选框后，则会查找指定单词的所有形式。例如，查找"win"时，还会查找"won"。

➡ 【区分全 / 半角】复选框：默认为选中状态，Word 将严格按照输入时的全角或半角字符进行搜索。例如，要查找的是"win"，绝不会查找"ｗｉｎ""ｗｉｎ"等。反之，若没有选中该复选框，则Word 在查找时不会区分全角、半角格式。

★ 重点 11.1.5 实战：批量更改文本的全角、半角状态

实例门类	软件功能
教学视频	光盘\视频\第 11 章\11.1.5.mp4

在"光盘\素材文件\第 11 章\The wisdom of life.docx"文档中，"learned"单词在输入时，因为输入模式的原因，导致该单词处于全角、半角混搭状态，如图 11-25 所示。

图 11-25

现在希望将"learned"单词全部调整为半角状态，可以通过替换功能进行实现，具体操作步骤如下。

Step01 在"The wisdom of life.docx"文档中，打开【查找和替换】对话框，定位到【替换】选项卡，然后单击【更多】按钮展开【查找和替换】对话框。

Step02 ① 在【查找内容】文本框中输入【ｌｅａｒｎｅｄ】，② 在【替换为】文本框中输入【learned】，③ 在【搜索选项】栏中取消选中【区分全 / 半角】复选框，④ 单击【全部替换】按钮，如图 11-26 所示。

图 11-26

技术看板

在本操作中，因为要取消选中【区分全 / 半角】复选框，所以在【查找内容】文本框中输入内容时，不需要区分全角、半角。

另外，因为是要将"learned"单词全部调整为半角状态，所以在【替换为】文本框中一定要输入半角形式的内容。

Step03 Word 将按照设置的查找和替换条件进行查找替换，完成替换后，在弹出的提示框中单击【确定】按钮，如图 11-27 所示。

图 11-27

Step04 返回【查找和替换】对话框，单击【关闭】按钮关闭该对话框，如图 11-28 所示。

图 11-28

Step05 返回文档，即可查看替换后的效果，如图 11-29 所示。

图 11-29

技能拓展——通过设置字符格式更改全角、半角

如果文档内容要求英文内容全部为半角或全角状态，可以通过设置字符格式快速更改。按【Ctrl+A】组合键，在【开始】选项卡的【字体】组

中单击【更改大小写】按钮 Aa ，在弹出的下拉列表中若选择【半角】选项，可使所有英文内容处于半角状态；若在下拉列表中选择【全角】选项，可使所有英文内容处于全角状态。

★ 重点 11.1.6 实战：局部范围内的替换

实例门类	软件功能
教学视频	光盘\视频\第 11 章\11.1.6.mp4

打开"光盘\素材文件\第 11 章\红酒的种类.docx"文档，在文档的第 3 段内容中，将所有的"白葡萄酒"输成了"红葡萄酒"，如图 11-30 所示。

图 11-30

此时，可以对文档中的部分内容进行替换，以避免替换了不该替换的内容，具操作步骤如下。

Step01 在"红酒的种类.docx"文档中，❶ 选中第 3 段内容，打开【查找和替换】对话框，并定位到【替换】选项卡，❷ 在【查找内容】文本框中输入【红葡萄酒】，❸ 在【替换为】文本框中输入【白葡萄酒】，❹ 单击【全部替换】按钮，如图 11-31 所示。

图 11-31

Step02 Word 将按照设置的查找和替换条件对文档中第 3 段内容进行查找替换，完成替换后，弹出提示框询问是否搜索文档其余部分，单击【否】按钮，如图 11-32 所示。

图 11-32

Step03 返回【查找和替换】对话框，单击【关闭】按钮关闭该对话框，如图 11-33 所示。

图 11-33

Step04 返回文档，即可查看替换后的效果，如图 11-34 所示。

图 11-34

<table>
<tr><td>技能拓展——在指定范围内进行查找和替换</td></tr>
</table>

在一篇含有文本框、批注或尾注等对象的文档中（关于批注、尾注的含义及使用，将在后面的章节中讲解），还可以只对文本框、批注或尾注中的内容进行查找和替换。例如，只查找和替换批注中的内容，则先打开并展开【查找和替换】对话框，在【查找】选项卡中设置查找内容，然后单击【在以下项中查找】按钮，在弹出的下拉菜单中选择【批注】命令指定搜索范围，最后在【替换】选项卡中设置替换条件进行替换即可。

11.2 查找和替换格式

使用查找和替换功能，不仅可以对文本内容进行查找替换，还可以查找替换字符格式和段落格式，如查找带特定格式的文本、将文本内容修改为指定格式等。

★ 重点 11.2.1 实战：为指定内容设置字体格式

实例门类	软件功能
教学视频	光盘\视频\第 11 章\11.2.1.mp4

通过查找替换功能，可以很轻松地将指定内容设置为需要的格式，避免了逐个选择的烦琐。为指定内容设置字体格式的具体操作步骤如下。

Step01 打开"光盘\素材文件\第 11 章\面朝大海，春暖花开.docx"的文件，❶ 将鼠标光标定位在文档的起始处，❷ 在【导航】窗格中单击搜索框右侧的下拉按钮 ，❸ 在弹出的下拉列表中选择【替换】选项，如图 11-35 所示。

图 11-35

Step02 弹出【查找和替换】对话框，自动定位在【替换】选项卡，通过单击【更多】按钮展开对话框。❶ 在【查找内容】文本框中输入查找内容【从明天起】，❷ 将鼠标光标定位在【替换为】文本框，❸ 单击【格式】按钮，❹ 在弹出的菜单中选择【字体】命令，如图 11-36 所示。

图 11-36

Step03 ❶ 在弹出的【替换字体】对话框中设置需要的字符格式，❷ 完成设置后单击【确定】按钮，如图 11-37 所示。

Step04 返回【查找和替换】对话框，【替换为】文本框下方显示了要为指定内容设置的格式参数，确认无误后单击【全部替换】按钮，如图 11-38 所示。

图 11-37

图 11-38

Step05 Word 将按照设置的查找和替换条件进行查找替换，完成替换后，在弹出的提示框中单击【确定】按钮，如图 11-39 所示。

图 11-39

Step06 返回【查找和替换】对话框，单击【关闭】按钮关闭该对话框，如图 11-40 所示。

Step07 返回文档，即可查看替换后的效果，如图 11-41 所示。

图 11-40

图 11-41

技术看板

在本操作中，虽然没有在【替换为】文本框中输入任何内容，但是在【替换为】文本框中设置了格式，所以不影响格式的替换操作。如果没有在【替换为】文本框中输入内容，也没有设置格式，那么执行替换操作后，将会删除文档中与查找内容相匹配的内容。

★ **重点 11.2.2 实战：替换字体格式**

实例门类	软件功能
教学视频	光盘\视频\第 11 章\11.2.2.mp4

编辑文档时，还可以将某种字体格式替换为另一种字体格式，具体操作步骤如下。

Step01 打开"光盘\素材文件\第 11

章\乡愁.docx"的文件，❶将鼠标光标定位在文档的起始处，❷在【导航】窗格中单击搜索框右侧的下拉按钮，❸在弹出的下拉列表中选择【替换】选项，如图11-42所示。

图 11-42

Step02 弹出【查找和替换】对话框，自动定位在【替换】选项卡，通过单击【更多】按钮展开对话框。❶将鼠标光标定位在【查找内容】文本框中，❷单击【格式】按钮，❸在弹出的菜单中选择【字体】命令，如图11-43所示。

图 11-43

Step03 ❶在弹出的【查找字体】对话框中设置指定格式，本例中将字体颜色设置为紫色，❷完成设置后单击【确定】按钮，如图11-44所示。

Step04 返回【查找和替换】对话框，【查找内容】文本框下方显示了要查找的指定格式。❶将鼠标光标定位在【替换为】文本框，❷单击【格式】按钮，❸在弹出的菜单中选择【字体】命令，如图11-45所示。

图 11-44

图 11-45

Step05 ❶在弹出的【替换字体】对话框中设置需要的字符格式，❷完成设置后单击【确定】按钮，如图11-46所示。

图 11-46

Step06 返回【查找和替换】对话框，【替换为】文本框下方显示了要替换的字体格式，确认无误后单击【全部替换】按钮，如图11-47所示。

图 11-47

Step07 Word将按照设置的查找和替换条件进行查找替换，完成替换后，在弹出的提示框中单击【确定】按钮，如图11-48所示。

图 11-48

Step08 返回【查找和替换】对话框，单击【关闭】按钮关闭该对话框，如图11-49所示。

图 11-49

Step09 返回文档，可发现所有字体颜色为紫色的文本内容的格式发生了改变，如图11-50所示。

图 11-50

★ 重点 11.2.3 实战：替换工作报告样式

实例门类	软件功能
教学视频	光盘\视频\第11章\11.2.3.mp4

在使用样式排版文档时，若将需要应用 A 样式的文本都误用了 B 样式，则可以通过替换功能进行替换。

例如，在"光盘\素材文件\第11章\人力资源部月度工作报告 .docx"文档中，将需要应用"报告 - 项目符号"样式的段落全部应用了"报告 - 编号列表"样式，如图 11-51 所示。

图 11-51

现在通过替换功能，对所有应用了"报告 - 编号列表"样式的段落重新使用"报告 - 项目符号"样式，具体操作步骤如下。

Step01 在"人力资源部月度工作报告 .docx"文档中打开【查找和替换】对话框，并展开该对话框。

Step02 ❶ 将鼠标光标定位在【查找内容】文本框中，❷ 单击【格式】按钮，❸ 在弹出的菜单中选择【样式】命令，如图 11-52 所示。

图 11-52

Step03 ❶ 弹出【查找样式】对话框，在【查找样式】列表中选择需要查找的样式，本例中选择【报告 - 编号列表】，❷ 单击【确定】按钮，如图 11-53 所示。

图 11-53

Step04 返回【查找和替换】对话框，【查找内容】文本框下方显示了要查找的样式。❶ 将鼠标光标定位在【替换为】文本框，❷ 单击【格式】按钮，❸ 在弹出的菜单中选择【样式】命令，如图 11-54 所示。

Step05 ❶ 弹出【替换样式】对话框，在【用样式替换】列表框中选择替换样式，本例中选择【报告 - 项目符号】样式，❷ 单击【确定】按钮，如图 11-55 所示。

图 11-54

图 11-55

Step06 返回【查找和替换】对话框，【替换为】文本框下方显示了要替换的样式，确认无误后单击【全部替换】按钮，如图 11-56 所示。

图 11-56

Step07 Word 将按照设置的查找和替换条件进行查找替换，完成替换后，在弹出的提示框中单击【确定】按钮，如图 11-57 所示。

图 11-57

Step08 返回【查找和替换】对话框，单击【关闭】按钮关闭该对话框，如图 11-58 所示。

Step09 返回文档，可查看替换样式后的效果，如图 11-59 所示。

图 11-58

图 11-59

技能拓展——使用样式选择功能替换样式

对于格式较简单的文档，使用样式选择功能，可快速实现样式的替换。

如在本实例中，在【样式】窗格中右击【报告 - 编号列表】样式，在弹出的快捷菜单中选择【选择所有 n 个实例】命令，此时，文档中应用了【报告 - 编号列表】样式的所有内容呈选中状态，然后直接在【样式】窗格中单击【报告 - 项目符号】样式即可。

11.3 查找和替换图片

使用查找和替换功能，还可以非常方便地对图片进行查找和替换操作，如将文本替换为图片、将所有嵌入式图片设置为居中对齐等。

★ 重点 11.3.1 实战：文本替换为图片

实例门类	软件功能
教学视频	光盘\视频\第 11 章\11.3.1.mp4

在编辑文档的过程中，有时为了具有个性化，会将步骤中的步骤序号用图片来表示。若文档内容已经编辑完成，逐一更改相当麻烦，此时可通过替换功能将文字替换为图片，具体操作步骤如下。

Step01 打开"光盘\素材文件\第 11 章\步骤图片 .docx"文件，选中步骤 1 需要使用的图片，按【Ctrl+C】组合键进行复制，如图 11-60 所示。

图 11-60

Step02 打开"光盘\素材文件\第 11 章\文本替换为图片 .docx"文件，① 将鼠标光标定位在文档的起始处，② 在【导航】窗格中单击搜索框右侧的下拉按钮，③ 在弹出的下拉列表中选择【替换】选项，如图 11-61 所示。

图 11-61

Step03 弹出【查找和替换】对话框，自动定位在【替换】选项卡上，通过单击【更多】按钮展开对话框。① 在【查找内容】文本框中输入查找内容，本例中输入【Step01】，② 将鼠标光标定位在【替换为】文本框，③ 单击【特殊格式】按钮，如图 11-62 所示。

Step04 在弹出的菜单中选择【"剪贴板"内容】命令，如图 11-63 所示。

图 11-62

图 11-63

Step⑮ 将查找条件和替换条件设置完成后，单击【全部替换】按钮，如图11-64所示。

图 11-64

Step⑯ Word 将按照设置的查找和替换条件进行查找替换，完成替换后，在弹出的提示框中单击【确定】按钮，如图11-65所示。

图 11-65

Step⑰ 返回【查找和替换】对话框，单击【关闭】按钮关闭该对话框，如图11-66所示。

图 11-66

Step⑱ 返回文档，可发现所有的文本"Step01"替换成了之前复制的图片，如图11-67所示。

图 11-67

Step⑲ 参照上述操作方法，将"文本替换为图片.docx"文档中的文本"Step02""Step03"分别替换为"步骤图片.docx"文档中的图片②、③，最终效果如图11-68所示。

图 11-68

★ 重点 11.3.2 实战：将所有嵌入式图片设置为居中对齐

实例门类	软件功能
教学视频	光盘\视频\第11章\11.3.2.mp4

完成了文档的编辑后，发现插入的图片没有设置为居中对齐，若图片太多，通过常规操作逐一设置，会非常烦琐，此时可通过替换功能，批量将这些嵌入式图片设置为居中对齐，具体操作步骤如下。

Step① 打开"光盘\素材文件\第11章\微店产品介绍.docx"文件，❶ 将鼠标光标定位在文档的起始处，❷ 在【导航】窗格中单击搜索框右侧的下拉按钮，❸ 在弹出的下拉列表中选择【替换】选项，如图11-69所示。

图 11-69

Step② 弹出【查找和替换】对话框，自动定位在【替换】选项卡，通过单击【更多】按钮展开对话框。❶ 将鼠标光标定位在【查找内容】文本框，❷ 单击【特殊格式】按钮，❸ 在弹出的菜单中选择【图形】命令，如图11-70所示。

图 11-70

Step③ ❶ 将鼠标光标定位在【替换为】文本框，❷ 单击【格式】按钮，❸ 在弹出的菜单中选择【段落】命令，如图11-71所示。

Step④ 弹出【替换段落】对话框，❶ 在【缩进和间距】选项卡的【常规】栏中，在【对齐方式】下拉列表中选择【居中】选项，❷ 单击【确定】按钮，如图 11-72 所示。

图 11-71

图 11-73

图 11-74

11.3.3 实战：批量删除所有嵌入式图片

实例门类	软件功能
教学视频	光盘\视频\第 11 章 \11.3.3.mp4

若要删除文档中所有嵌入式图片，通过替换功能可快速完成，具体操作步骤如下。

Step01 打开"光盘\素材文件\第 11 章\公司形象展示.docx"文件，❶ 将鼠标光标定位在文档的起始处，❷ 在【导航】窗格中单击搜索框右侧的下拉按钮，❸ 在弹出的下拉列表中选择【替换】选项，如图 11-77 所示。

图 11-77

Step02 弹出【查找和替换】对话框，自动定位在【替换】选项卡，通过单击【更多】按钮展开对话框，❶ 将鼠标光标定位在【查找内容】文本框，❷ 单击【特殊格式】按钮，❸ 在弹出的菜单中选择【图形】命令，如图 11-78 所示。

图 11-78

图 11-75

图 11-76

Step05 返回【查找和替换】对话框，单击【全部替换】按钮，如图 11-73 所示。

Step06 Word 将按照设置的查找和替换条件进行查找替换，完成替换后，在弹出的提示框中单击【确定】按钮，如图 11-74 所示。

Step07 返回【查找和替换】对话框，单击【关闭】按钮关闭该对话框，如图 11-75 所示。

Step08 返回文档，可发现文档中所有嵌入式图片设置为了居中对齐方式，如图 11-76 所示。

Step03 【替换为】文本框内不输入任何内容，单击【全部替换】按钮，如图 11-79 所示。

图 11-79

Step04 Word 将按照设置的查找和替换条件进行查找替换，完成替换后，在弹出的提示框中单击【确定】按钮，如图 11-80 所示。

Step05 返回【查找和替换】对话框，单击【关闭】按钮关闭该对话框，如图 11-81 所示。

图 11-80

图 11-81

Step06 返回文档，可看见所有的图片都被删除了，如图 11-82 所示。

图 11-82

技能拓展——清除查找和替换的格式设置

在设置查找条件或替换条件时，若通过【格式】按钮对查找条件或替换条件设置了格式参数，则【查找内容】和【替换为】文本框下方会显示对应的格式参数信息。将鼠标光标定位在【查找内容】或【替换为】文本框内，单击【不限定格式】按钮，可清除对应的格式设置。

11.4 使用通配符进行查找和替换

在进行一些复杂的替换操作时，通常需要配合使用通配符。在查找和替换操作中，使用通配符可以执行一些非常灵活的操作，让用户处理文档更加游刃有余。

★ 重点 11.4.1 通配符的使用规则与注意事项

在使用通配符进行查找和替换前，先来了解什么是通配符、什么是代码，以及使用通配符时需要注意的事项等。

1. 通配符

通配符是 Word 查找和替换中特别指定的一些字符，用来代表一类内容，而不只是某个具体的内容。例如，"?"代表单个字符，"*"代表任意数量的字符。Word 中可以使用的通配符如图 11-83 所示，这些通配符通常在【查找内容】文本框中使用。

图 11-83

在文档中打开并展开【查找和替换】对话框后，在【搜索选项】栏中选中【使用通配符】复选框，如图 11-84 所示，这样就可以使用通配符进行查找和替换了。

图 11-84

2. 表达式

使用通配符时，使用"( )"括起来的内容就称为表达式。表达式用于将内容进行分组，以便在替换时以组为单位进行灵活操作。例如，在【查找内容】文本框中输入【(123)(456)】，表示将"123"分为一组，将"456"分为另外一组。在替换时，使用【\1】表示第 1 组表达式的内容，使用【\2】表示第 2 组表达式的内容。

例如，在【查找内容】文本框中输入【(123)(456)】，在【替换为】文本框中输入【\2\1】，则会将"123456"替换为"456123"。

表达式最多可以有 9 级，不允许相互嵌套。

3. 代码

代码是用于表示一个或多个特殊格式的符号，以"^"开始，如段落标记的代码为"^p"或"^13"，附录 B 中列出了特殊符号对应的代码。

输入代码时，可以通过单击【特殊格式】按钮进行选择，也可以手动输入。例如，要在【查找内容】文本框中输入段落标记的代码，可以直接在【查找内容】文本框内输入【^p】或^13，也可以将鼠标光标定位在【查找内容】文本框内，然后单击【特殊格式】按钮，在弹出的菜单中选择【段落标记】选项，如图 11-85 所示，这样就会自动在【查找内容】文本框内输入【^p】。

图 11-85

使用代码时，分选中【使用通配

符】复选框和不选中【使用通配符】复选框两种情况。

选中【使用通配符】复选框时，【查找内容】文本框内可以使用的代码如图 11-86 所示，【替换为】文本框内可以使用的代码如图 11-87 所示。

图 11-86　　图 11-87

取消选择【使用通配符】复选框时，【查找内容】文本框内可以使用的代码如图 11-88 所示，【替换为】文本框内可以使用的代码如图 11-89 所示。

图 11-88　　图 11-89

技术看板

无论是否选中【使用通配符】复选框，【替换为】文本框内可以使用的代码几乎相同，只是在取消选中【使用通配符】复选框时，【替换为】文本框内不能使用表达式。

4. 注意事项

在使用通配符时，需要注意以下几点。

➡ 输入通配符或代码时，要严格区分大小写，而且必须在英文半角状态下输入。

➡ 要查找已被定义为通配符的字符时，需要在该字符前输入反斜杠"\"。例如，要查找"?"，就输入"\?"；要查找"*"，就输入"*"；要查找"\"字符本身，就输入"\\"。

➡ 在选中【使用通配符】复选框后，Word 只查找与指定文本精确匹配的文本。请注意，【区分大小写】和【全字匹配】复选框将不可用（显示为灰色），表示这些选项已自动开启，用户无法关闭这些选项。

5. 描述约定

下面将通过大量实例来说明通配符的查找和替换操作中的用法。为了便于描述，现约定如下。

➡ 查找内容：在【查找内容】文本框中输入查找代码。

➡ 替换为：在【替换为】文本框中输入替换代码。

➡ 设置查找条件和替换条件后，单击【全部替换】按钮进行替换，完成替换后会弹出提示框提示全部完成，完成 n 处替换，单击【确定】按钮，在返回的【查找和替换】对话框中单击【关闭】按钮或按【Esc】键关闭该对话框。在后面的案例操作中，将省略这两步操作描述，即单击【全部替换】按钮后，直接给出效果图。

→ 后面的案例讲解中，基本上是要对全文档的内容进行查找和替换，因此，需要先将鼠标光标定位在文档起始处，再打开【查找和替换】对话框进行操作，此后不再赘述。

★ 重点 11.4.2 实战：批量删除空白段落

实例门类	软件功能
教学视频	光盘\视频\第 11 章\11.4.2.mp4

空白段落即空行，狭义上的空行是指段落中有且只有硬回车符或软回车符的段落。关于硬回车符与软回车符的概念及区别，请参考第 4 章内容。

在编辑文档时，可能会不小心输入了许多空行，如果手动删除不仅效率低，而且还相当烦琐。针对这样的情况，可以通过替换功能来快速删除。

要删除空行，实质上就是删除多余的硬回车符与软回车符。硬回车符与软回车符的删除方法相同，接下来以删除硬回车符为例，讲解具体操作方法。

1. 不使用通配符删除

在不使用通配符的情况下，可按下面的操作步骤删除多余的硬回车符。

Step01 打开"光盘\素材文件\第 11 章\会议纪要 .docx"文件，初始效果如图 11-90 所示。

Step02 打开【查找和替换】对话框，❶ 在【查找内容】文本框中输入查找代码【^p^p】或【^13^13】，❷ 在【替换为】文本框中输入替换代码【^p】，❸ 单击【全部替换】按钮进行替换，如图 11-91 所示。

Step03 如果有两个连续的硬回车符，

每次替换时只能删除其中之一。如果连续的硬回车数超过两个，就需要继续单击【全部替换】按钮进行替换，直至无可替换内容。完成替换后，返回文档可查看清除空行后的效果，如图 11-92 所示。

图 11-90

图 11-91

图 11-92

⚙ 技能拓展——删除软回车符

如果是要删除多余的软回车符，则打开【查找和替换】对话框，在【查找内容】文本框中输入查找代码【^l^l】或【^11^11】，在【替换为】文本框中输入替换代码【^p】，然后单击【全部替换】按钮即可。

2. 使用通配符删除

在不使用通配符的前提下，必须

反复单击【全部替换】按钮，直到没有可替换的内容为止。如果希望一次性删除所有的空白段落，就需要使用通配符，具体操作步骤如下。

Step01 在"会议纪要 .docx"文档中，打开并展开【查找和替换】对话框。

Step02 ❶ 在【搜索选项】栏中选中【使用通配符】复选框，❷ 在【查找内容】文本框中输入查找代码【^13{2,}】，❸ 在【替换为】文本框中输入替换代码【^p】，❹ 单击【全部替换】按钮即可，如图 11-93 所示。

图 11-93

代码解析：^13 表示段落标记，{2,} 表示两个或两个以上，^13{2,} 表示两个或两个以上连续的段落标记。由于选中了【使用通配符】复选框，因此，【查找内容】文本框中只能使用 ^13，而不能使用 ^p。

⚙ 技能拓展——使用通配符删除软回车符

如果要使用通配符删除多余的软回车符，则在【查找内容】文本框中输入查找代码【^11{2,}】或【^l{2,}】，输入替换代码【^p】，然后单击【全部替换】按钮即可。

3. 批量删除混合模式的空白段落

当文档中硬回车符和软回车符交叉出现时，可按下面的操作方法一次性删除空白行。

Step01 打开"光盘\素材文件\第 11 章\企业宣言.docx"文件，初始效果如图 11-94 所示。

图 11-94

Step02 打开并展开【查找和替换】对话框，❶ 在【搜索选项】栏中选中【使用通配符】复选框，❷ 在【查找内容】文本框中输入查找代码【[^13^11]{2,}】，❸ 在【替换为】文本框中输入替换代码【^p】，❹ 单击【全部替换】按钮即可，如图 11-95 所示。

图 11-95

Step03 返回文档，可看到所有的空行都删除了，如图 11-96 所示。

图 11-96

代码解析：^13 表示段落标记，^11 表示手动换行符，[ ] 表示指定字符之一，{2,} 表示两个或两个以上，[^13^11]{2,} 表示查找至少两个以上的段落标记或手动换行符。

技术看板

在本实例中，需要注意以下几个方面。

① 这里所说的空白段落是纯空白，即没有空格、制表位等多余的符号。② 对于位于文档首段的空白行，无法通过替换功能删除，需要手动删除。③ 因为习惯使用硬回车符，所以会在【替换为】文本框中输入【^p】，以替换为硬回车符。如果在删除空白行时，需要替换为软回车符，则在【替换为】文本框中输入【^l】即可。

★ 重点 11.4.3 实战：批量删除重复段落

实例门类	软件功能
教学视频	光盘\视频\第 11 章\11.4.3.mp4

由于复制 / 粘贴操作或其他原因，可能会导致文档中存在很多重复段落。如果手动分辨并删除重复段落，将会是一件非常麻烦的工作，尤其是大型文档更加烦琐。这时，我们可以使用替换功能，将复杂的工作简单化。

按照操作习惯，只保留重复段落中第 1 次出现的段落，对于后面出现的重复段落全部删除，具体操作步骤如下。

Step01 打开"光盘\素材文件\第 11 章\感谢信.docx"文件，初始效果如图 11-97 所示。

Step02 打开并展开【查找和替换】对话框，❶ 在【搜索选项】栏中选中【使用通配符】复选框，❷ 在【查找内容】文本框中输入查找代码

【(<[!^13]*^13)(*)\1】，❸ 在【替换为】文本框中输入替换代码【\1\2】，❹ 反复单击【全部替换】按钮，直到没有可替换的内容为止，如图 11-98 所示。

图 11-97

图 11-98

Step03 返回文档，可看到所有重复段落都被删除，且只保留了第 1 次出现的段落，如图 11-99 所示。

图 11-99

代码解析：查找代码由 3 个部分组成。第 1 部分 (<[!^13]*^13) 是一个表达式，用于查找非段落标记开头的第一个段落；第 2 部分 (*) 也是一个表达式，用于查找

第一个查找段落之后的任意内容；第3部分 \1 表示重复第1个表达式，即查找由 (<[!^13]*^13) 代码找到的第一个段落。替换代码 \1\2，表示将找到的内容替换为【查找内容】文本框的前两部分，即删除【查找内容】文本框中由 \1 查找到的重复内容。

★ 重点 11.4.4 实战：批量删除中文字符之间的空格

实例门类	软件功能
教学视频	光盘\视频\第11章\11.4.4.mp4

通常情况下，英文单词之间需要空格分隔，中文字符之间不需要有空格。在输入文档内容的过程中，因为操作失误，在中文字符之间输入了空格，此时可通过替换功能清除中文字符之间的空格，具体操作步骤如下。

Step 01 打开"光盘\素材文件\第11章\生活的乐趣.docx"文件，初始效果如图 11-100 所示。

图 11-100

Step 02 打开并展开【查找和替换】对话框，① 在【搜索选项】栏中选中【使用通配符】复选框，② 在【查找内容】文本框中输入查找代码【([!^1-^127])[^s]{1,}([!^1-^127])】，③ 在【替换为】文本框中输入替换代码【\1\2】，④ 单击【全部替换】按钮，如图 11-101 所示。

Step 03 返回文档，可看到中文字符之间的空格被删除，英文字符之间的空格依然存在，如图 11-102 所示。

图 11-101

图 11-102

代码解析：[!^1-^127] 表示所有中文汉字和中文标点，即中文字符，[!^1-^127] [!^1-^127] 表示两个中文字符，使用圆括号分别将 [!^1-^127] 括起来，将它们转为表达式。两个 ([!^1-^127]) 之间的 [^s]{1,} 表示一个以上的空格，其中，^s 表示不间断空格，^s 左侧的空白分别是输入的半角空格和全角空格。综上所述，([!^1-^127])[^s]{1,}([!^1-^127]) 表示要查找中文字符之间的不定个数的空格。替换代码 \1 和 \2，分别表示两个表达式，即两个中文字符。\1\2 连在一起，表示将两个 ([!^1-^127]) 之间的空格删除。

★ 重点 11.4.5 实战：一次性将英文直引号替换为中文引号

实例门类	软件功能
教学视频	光盘\视频\第11章\11.4.5.mp4

在输入文档内容时，若不小心将中文引号输成了英文引号，可通过替换功能进行批量更改，具体操作步骤如下。

Step 01 打开"光盘\素材文件\第11章\名酒介绍.docx"文件，初始效果如图 11-103 所示。

图 11-103

Step 02 打开【Word选项】对话框，① 切换到【校对】选项卡，② 单击【自动更正选项】栏中的【自动更正选项】按钮，如图 11-104 所示。

图 11-104

Step 03 弹出【自动更正】对话框，① 切换到【键入时自动套用格式】选项卡，② 在【键入时自动替换】栏中取消选中【直引号替换为弯引号】复选框，③ 单击【确定】按钮，如图 11-105 所示。

Step 04 返回【Word选项】对话框，单击【确定】按钮，如图 11-106 所示。

技术看板

将英文直引号替换为中文引号之前，需要先取消【直引号替换为弯引号】复选框的选中，否则无法正确替换。

图 11-105

图 11-106

Step05 返回文档，打开并展开【查找和替换】对话框，❶ 在【搜索选项】栏中选中【使用通配符】复选框，❷ 在【查找内容】文本框中输入查找代码【"(*)"】，❸ 在【替换为】文本框中输入替换代码【"\1"】，❹ 单击【全部替换】按钮，如图 11-107 所示。

图 11-107

Step06 返回文档，可看到所有英文直引号替换为了中文弯引号，如图 11-108 所示。

图 11-108

代码解析：查找代码 "(*)" 表示查找被一对直引括号括起来的内容。替换代码 "\1"，\1 表示直引号中的内容；然后使用中文引号""括起来。通俗地理解，就是保持引号中的内容不变，将原来的直引号更改为中文引号。

★ 重点 11.4.6 将中文的括号替换成英文的括号

完成文档的制作后，有时可能会翻译成英文文档，若文档中的中文括号过多，逐个手动修改成英文括号，非常费时费力，此时可以通过替换功能高效完成修改。

与将英文直引号替换为中文引号的操作方法相似，直接打开【查找和替换】对话框，在【搜索选项】栏中选中【使用通配符】复选框，在【查找内容】文本框中输入查找代码【（(*)）】，在【替换为】文本框中输入替换代码【(\1)】，然后单击【全部替换】按钮即可，如图 11-109 所示。

📖 技术看板

因为和将英文直引号替换为中文引号的操作方法相似，其代码的含义也相差无几，此处不再赘述，望读者能够举一反三。

图 11-109

★ 重点 11.4.7 实战：批量在单元格中添加指定的符号

实例门类	软件功能
教学视频	光盘\视频\第 11 章\11.4.7.mp4

完成表格的编辑后，有时可能需要为表格中的内容添加统一的符号，如要为表示金额的数字添加货币符号，此时可通过替换功能批量完成，具体操作步骤如下。

Step01 打开"光盘\素材文件\第 11 章\产品价目表.docx"文件，选中要添加货币符号的列，本例中选择【价格】列，如图 11-110 所示。

图 11-110

Step02 打开并展开【查找和替换】对话框，❶ 在【搜索选项】栏中选中【使用通配符】复选框，❷ 在【查找内容】文本框中输入查找代码【(<[0-9])】，❸ 在【替换为】文本框中输入替换代码【¥\1】，❹ 单击【全部

替换】按钮，如图 11-111 所示。

图 11-111

Step 03 完成替换后，弹出提示框询问是否搜索文档其余部分，单击【否】按钮，如图 11-112 所示。

Step 04 关闭【查找和替换】对话框，

返回文档，可看到【价格】列中的所有数字均添加了货币符号，如图 11-113 所示。

图 11-112

图 11-113

代码解析：查找代码中，[0-9] 表示所有数字，<[0-9] 表示以数字开头的内容，通过圆括号将 <[0-9] 转换为表达式；替换代码中，\1 代表 <[0-9]，在 \1 左侧添加 ¥ 符号，表示在以数字开头的内容左侧添加货币符号。

妙招技法

通过前面知识的学习，相信读者基本上掌握了如何查找与替换内容。下面结合本章内容，再给大家介绍一些实用技巧。

技巧 01：批量提取文档中的所有电子邮箱地址

教学视频	光盘 \ 视频 \ 第 11 章 \ 技巧 01.mp4

在文档中有时会涉及一些邮箱地址，如果希望把文档中的所有邮箱地址单独提取出来，则可通过替换功能轻松实现，具体操作步骤如下。

Step 01 打开"光盘 \ 素材文件 \ 第 11 章 \ 员工邮箱地址 .docx"文件，初始效果如图 11-114 所示。

Step 02 打开【查找和替换】对话框，并定位在【查找】选项卡，❶ 在【搜索选项】栏中选中【使用通配符】复选框，❷ 在【查找内容】文本框中输入查找代码【[a-zA-Z0-9._]{1,}\@[0-9a-zA-Z.]{1,}】，❸ 单击【在以下项中查找】按钮，❹ 在弹出的下拉菜单中选择【主文档】选项，如图 11-115 所示。

图 11-114

图 11-115

Step 03 关闭【查找和替换】对话框，返回文档，可发现文档中所有邮箱地址呈选中状态，如图 11-116 所示，按【Ctrl+C】组合键进行复制。

图 11-116

Step 04 新建一个名为"提取邮箱地址 .docx"的空白文档，按【Ctrl+V】组合键进行粘贴，即可将复制的邮箱地址粘贴到该文档中，从而实现电子邮箱地址的提取，如图 11-117 所示。

图 11-117

技术看板

邮箱地址的结构为：用户名 @ 邮件服务器。一般情况下，用户名由"a~z"（不区分大小写）、数字"0~9"、英文句点"."、下画线"_"组成，邮件服务器一般由数字、英文、英文句点组成。如果邮箱地址不符合这样的规则，则需要调整查找代码。

技巧 02：将"第几章"或"第几条"重起一段

教学视频	光盘 \ 视频 \ 第 11 章 \ 技巧 02.mp4

在输入文档内容时，关于第几章、第几条的位置，有些忘记在之前换行，现在希望将所有的"第几章"和"第几条"一次性设置为另起一段，可通过替换功能实现，具体操作步骤如下。

Step01 打开"光盘 \ 素材文件 \ 第 11 章 \ 清洁卫生管理制度 .docx"文件，初始效果如图 11-118 所示。

图 11-118

Step02 打开【查找和替换】对话框，❶ 在【搜索选项】栏中选中【使用通配符】复选框，❷ 在【查找内容】文本框中输入查找代码【([!^13])(第 ?{1,2}[章条])】，❸ 在【替换为】文本框中输入替换代码【\1^p\2】，❹ 单击【全部替换】按钮，如图 11-119 所示。

图 11-119

Step03 返回文档，可查看替换后的效果，如图 11-120 所示。

图 11-120

代码解析：查找代码中，[!^13] 表示非段落标记，第 ?{1,2}[章条] 表示第 × 章、第 × × 章、第 × 条、第 × × 条，用圆括号分别将 [!^13] 和第 ?{1,2}[章条] 转换为表达式。替换代码 \1^p\2，表示在这两部分内容之间添加一个段落标记。

技巧 03：批量删除数字的小数部分

教学视频	光盘 \ 视频 \ 第 11 章 \ 技巧 03.mp4

在制作报表、财务等类别的文档时，一般都会有许多数据，有时希望这些数据中没有小数，那么就需要将小数部分删除掉。为了提高工作效率，可以通过替换功能高效完成，具体操作步骤如下。

Step01 打开"光盘 \ 素材文件 \ 第 11 章 \ 资产负债表 .docx"文件，初始效果如图 11-121 所示。

图 11-121

Step02 打开【查找和替换】对话框，❶ 在【搜索选项】栏中选中【使用通配符】复选框，❷ 在【查找内容】文本框中输入查找代码【([0-9]{1,}).[0-9]{1,}]】，❸ 在【替换为】文本框中输入替换代码【\1】，❹ 单击【全部替换】按钮，如图 11-122 所示。

图 11-122

Step03 返回文档，可发现所有数字的小数部分被删除了，如图 11-123 所示。

图 11-123

代码解析：查找代码中，([0-9]{1,}) 表示一位或多位数，([0-9]{1,}).[0-9]{1,}] 表示小数点前包括任意位整数，小数点后包含任意位小数，即表示数字包含任意位整数和任意位小数。替换代码 \1 表示只保留表达式中的内容，即保留数字的整数部分，删除小数部分。

技巧04：将每个段落冒号之前的文字批量设置加粗效果及字体颜色

教学视频	光盘 \ 视频 \ 第 11 章 \ 技巧 04.mp4

编辑文档时，有时需要将段落开头冒号及其之前的文字设置加粗效果及字体颜色，以明确段落主题。如果手动设置，也是一件非常麻烦的工作，这时依然可以通过替换功能批量完成，具体操作步骤如下。

Step01 打开"光盘 \ 素材文件 \ 第 11 章 \ 档案管理制度 .docx"文件，初始效果如图 11-124 所示。

图 11-124

Step02 打开【查找和替换】对话框，① 在【搜索选项】栏中选中【使用通配符】复选框，② 在【查找内容】文本框中输入查找代码【[!^13]@：】，如图 11-125 所示。

图 11-125

Step03 ① 将鼠标光标定位在【替换为】文本框，② 单击【格式】按钮，③ 在弹出的菜单中选择【字体】命令，如图 11-126 所示。

图 11-126

Step04 ① 在弹出的【替换字体】对话框中设置需要的字符格式，本例中设置加粗、字体颜色为绿色，② 完成设置后单击【确定】按钮，如图 11-127 所示。

Step05 返回【查找和替换】对话框，单击【全部替换】按钮，如图 11-128 所示。

Step06 返回文档，可看到每个段落冒号之前的文字均设置了加粗效果，且字体颜色为绿色，如图 11-129 所示。

图 11-127

图 11-128

图 11-129

代码解析：查找代码中，[!^13] 表示非段落标记；@ 表示一个以上前一个字符或表达式；整个代码 [!^13]@ 表示查找冒号及冒号之前的一个或一个以上的非段落标记的任意内容。

技巧 05：批量删除所有以英文字母开头的段落

教学视频	光盘\视频\第 11 章\技巧 05.mp4

在中英文字是分行显示的中英双语文档中，如果希望删除所有英文段落只保留中文段落，则可以通过替换功能快速实现，具体操作步骤如下。

Step01 打开"光盘\素材文件\第 11 章\中国式英语.docx"文件，初始效果如图 11-130 所示。

图 11-130

Step02 打开【查找和替换】对话框，❶ 在【搜索选项】栏中选中【使用通配符】复选框，❷ 在【查找内容】文本框中输入查找代码【[A-Za-z][!^13]@^13】，❸【替换为】文本框中不输入任何内容，单击【全部替换】按钮，如图 11-131 所示。

图 11-131

Step03 返回文档，可看见所有英文段落被删除，如图 11-132 所示。

图 11-132

代码解析：查找代码中，[A-Za-z] 表示查找所有的大写字母和小写字母，[!^13]@ 表示一个以上的非段落标记。综上所述，[A-Za-z][!^13]@^13 表示查找以字母开头的，其中包含一个以上的非段落标记的，以段落标记结尾的内容，简单地说，就是查找以字母开头的整个段落。

本章小结

本章主要讲解了如何使用查找和替换功能高效完成一些重复工作，主要包括查找和替换文本内容、查找和替换格式、图片的查找和替换工作，以及使用通配符进行查找和替换等内容，从而引导读者轻松驾驭此项技术。其中，通配符的功能非常强大，使用也非常灵活，希望读者在学习过程中多加思考、举一反三能自己组织代码来完成一些重复工作。

第12章 长文档处理技术

- → 如何设置标题的大纲级别？
- → 什么是主控文档？如何创建？
- → 在文档中快速定位的方法有哪些？
- → 题注是什么？如何使用？
- → 怎么在文档中添加脚注和尾注？

本章将教会读者通过主控文档来处理长文档，通过超链接、书签、交叉引用等功能快速在文档中定位，通过题注功能对图片、表格等对象添加自动编号，通过脚注和尾注功能对文档内容添加注释信息，从而让工作更便捷。

12.1 使用大纲视图处理文档标题

在第1章的知识讲解中，提到了大纲视图是一种视图模式，本节将讲解在大纲视图模式下，调整标题的级别，以及对章节进行折叠、展开、插入、移动等操作。

★ 重点 12.1.1 实战：为投标书标题指定大纲级别

实例门类	软件功能
教学视频	光盘\视频\第12章\12.1.1.mp4

要了解文档的整体结构，需要先为各标题指定大纲级别。

大纲级别与内置的标题样式紧密联系在一起，如内置"标题1"样式的大纲级别为1，内置"标题2"样式的大纲级别为2，以此类推。因此，在编辑文档时，如果没有为标题指定内置标题样式，则无论标题与正文分别设置了什么格式，在大纲视图中一律被视为"正文文本"。

在没有应用内置标题样式的情况下，可以在大纲视图模式下为标题指定大纲级别，具体操作步骤如下。

Step01 打开"光盘\素材文件\第12章\投标书.docx"文件，切换到大纲视图模式。

Step02 ❶ 将鼠标光标定位到需要设置大纲级别的标题，❷ 在【大纲】选项卡的【大纲工具】组中，在【大纲级别】下拉列表中选择需要的级别，本例中选择【1级】，如图12-1所示。

图 12-1

Step03 为标题指定大纲级别后，该标题的左侧会出现一个 ⊕ 标记，说明该标题包含下属的子标题或正文内容，如图12-2所示。

图 12-2

技能拓展——快速更改标题的级别

将鼠标光标定位到需要设置大纲级别的标题后，按下【Alt+Shift+←】组合键，或在【大纲工具】组中单击一次【升级】按钮 ←，可提升一个级别；按下【Alt+Shift+→】组合键或单击一次【降级】按钮 →，可降低一个级别；单击【提升至标题1】按钮 ←←，可以快速提升到级别1；单击【降级为正文】按钮 →→，可以快速降低到正文级别。

Step04 用同样的方法，分别对其他标题指定相应的大纲级别，最终效果如图12-3所示。

图 12-3

除了上述方法之外，还可以通过设置段落格式指定大纲级别。将鼠标光标定位到需要指定大纲级别的段落中，打开【段落】对话框，在【缩进和间距】选项卡的【常规】栏中，在【大纲级别】下拉列表中选择需要的级别即可。

12.1.2 实战：投标书的大纲显示

实例门类	软件功能
教学视频	光盘\视频\第 12 章\12.1.2.mp4

编辑长文档时，为了更加客观地了解文档的整体结构，可以随时调整大纲的显示级别，具体操作步骤如下。

Step01 在"投标书.docx"文档中，切换到大纲视图模式。

Step02 在【大纲】选项卡的【大纲工具】组中，在【显示级别】下拉列表中选择需要显示的标题级别的下限，如【2级】，如图 12-4 所示。

图 12-4

Step03 此时，文档中将只显示大纲级别为 2 级及以上的标题，其余级别的标题及正文内容都将被隐藏起来，如图 12-5 所示。

Step04 ① 如果需要把注意力集中在文档的标题上，同时也希望大略了解正文的内容，则可以将大纲的显示级别设置为【所有级别】，② 选中【仅

显示首行】复选框，此时，文档中将显示所有级别的内容，且每个标题下面的各段内容都只显示了首行，如图 12-6 所示。

图 12-5

图 12-6

12.1.3 实战：投标书标题的折叠与展开

实例门类	软件功能
教学视频	光盘\视频\第 12 章\12.1.3.mp4

编辑长文档时，为了把精力集中在文档结构上，除了设置大纲的显示级别外，还可以通过折叠与展开功能进行控制。

1. 折叠标题

折叠标题的具体操作步骤如下。

Step01 在"投标书.docx"文档中，切换到大纲视图模式。

Step02 ① 将鼠标光标定位到需要折叠的标题上，② 单击【大纲工具】中的【折叠】按钮，如图 12-7 所示。

Step03 将以最低级别为基点，顺次隐藏相关附属内容。本步操作中，将隐

藏当前标题下最低级别的文本内容，仅显示包含的各级附属标题，如图 12-8 所示。

图 12-7

图 12-8

Step04 继续单击【折叠】按钮，将逐级隐藏附属内容，直至隐藏所有的附属内容，如图 12-9 所示。

图 12-9

2. 展开标题

对标题进行折叠操作后，还可根据操作需要将其展开，具体操作步骤如下。

Step01 ① 将鼠标光标定位在已经折叠的标题上，② 单击【大纲工具】组中的【展开】按钮，如图 12-10 所示。

图 12-10

Step 02 将以最高级别为基点，顺次显示相关附属内容。本步操作中，将在下方显示仅次于该标题级别的所有子标题，如图 12-11 所示。

图 12-11

Step 03 继续单击【展开】按钮 ➕，将逐级显示附属内容，直至显示所有附属内容。

技能拓展——快速隐藏 / 显示所有附属内容

在需要折叠的标题中，双击左侧的 ➕ 标记，可以快速隐藏该标题下所有附属内容；在已经折叠的标题上，双击左侧的 ➕ 标记，可以快速显示该标题下所有附属内容。

12.1.4 实战：移动与删除投标书标题

实例门类	软件功能
教学视频	光盘\视频\ 第12章\12.1.4.mp4

在大纲视图模式下，可以非常方便地对文档内容的排列顺序进行调整，以及删除多余的章节内容。

1. 移动标题

例如，在"投标书 .docx"文档中，要互换"二、开标一览表"和"三、投标价格表"两个整体部分的位置，除了常规的剪切 / 粘贴操作方法外，还可在大纲视图模式下轻松实现，具体操作步骤如下。

Step 01 在"投标书 .docx"文档中，进入大纲视图模式，初始效果如图 12-12 所示。

图 12-12

Step 02 ❶ 因为"二、开标一览表"和"三、投标价格表"属于 1 级标题，所以本例中需要将大纲的显示级别设置为【1 级】，❷ 单击"二、开标一览表"左侧的 ➕ 标记，选中该标题文本及其后面的段落标记，❸ 在【大纲工具】组中通过单击【上移】按钮 、【下移】按钮 实现上下移动，本例中单击【下移】按钮 ，如图 12-13 所示。

图 12-13

Step 03 此时，"二、开标一览表"将移动到"三、投标价格表"的后面，如图 12-14 所示。

图 12-14

技术看板

之所以通过单击标题左侧的 ➕ 标记来选中该标题文本及其后面的段落标记，是为了确保选中标题文本的同时还选中了标题下的附属内容。若手动选择，有时可能只选中了标题文本，那么执行移动操作时，则只是对标题文本进行移动操作，而标题下的附属内容不会一起移动。

Step 04 将大纲的显示级别设置为【所有级别】，可以更清晰地查看调整位置后的效果，如图 12-15 所示。

图 12-15

2. 删除标题

例如，在"投标书 .docx"文档中，要删除"十、投标商认为有必要提供的其他内容"及其附属内容，除了通过前面章节介绍的常规方法删除外，在大纲视图模式下可轻松完成删除操作，具体操作步骤如下。

Step01 在"投标书.docx"文档中，进入大纲视图模式。

Step02 ❶将大纲的显示级别设置为【1级】，❷单击"十、投标商认为有必要提供的其他内容"左侧的➕标记，选中该标题文本及其后面的段落标记，如图 12-16 所示。

Step03 按下【Delete】键，即可删除"十、投标商认为有必要提供的其他内容"标题文本及其附属内容，如图 12-17 所示。

图 12-16

图 12-17

12.2 使用主控文档组织多个文档

对于几十页、几百页，甚至千页以上的大型文档，在打开与编辑文档时，Word 性能明显下降，有时还会出现 Word 程序无响应的情况，严重影响了排版效率。有的用户为了提高排版速度，会将一份完整的文档分散保存在多个文档中，但是这种方法也有一定的弊端，如当需要为这些文档创建统一的页码、目录和索引时，麻烦就接踵而至了。要想完美解决上述出现的问题，就要使用 Word 提供的主控文档功能，通过该功能，可以将长文档拆分成多个子文档进行处理，从而提高文档的编辑效率。

★ 重点 12.2.1 实战：创建主控文档

实例门类	软件功能
教学视频	光盘\视频\第 12 章\12.2.1.mp4

主控文档是包含一系列相关子文档的文档，并以超链接方式显示这些子文档，从而为用户组织和维护长文档提供了便利。

在创建主控文档之前，需要注意以下两点，否则很容易带来文档格式上的混乱。

➥ 确保主控文档与子文档的页面布局相同。

➥ 确保主控文档与子文档所使用的样式和模板相同。

主控文档的创建方式主要有两种，一种是将文档拆分成多个子文档，另一种是将多个独立文档合并到主控文档。

1. 进入主控文档操作界面

主控文档的创建，以及子文档的一些操作，都需要在主控文档操作界面中进行，因此在创建主控文档前，先讲解如何进入主控文档操作界面，具体操作步骤如下。

Step01 在 Word 文档中切换到大纲视图模式，在【大纲】选项卡的【主控文档】组中单击【显示文档】按钮，如图 12-18 所示。

图 12-18

Step02 展开【主控文档】组，其中包含了所有用于主控文档操作的按钮，这就是主控文档的操作界面，如图 12-19 所示。

图 12-19

2. 将文档拆分成多个子文档

根据操作需要，可以将包含大量内容的文档拆分成多个独立的子文档，具体操作步骤如下。

Step01 为了方便后面的讲解及查看效果，将"素材文件\第 12 章\公司规章制度.docx"文档复制到"结果文件\第 12 章\将文档拆分成多个子文档"目录下。

Step02 打开"结果文件\第 12 章\将文档拆分成多个子文档\公司规章制度.docx"文件，切换到大纲视图并进入主控文档操作界面，如图12-20所示。

图 12-20

Step03 ❶ 将大纲的显示级别设置为【2级】，❷ 在标题"第1章 公司总则"左侧单击 ➕ 标记，选中该标题及其下属包含的所有内容，❸ 单击【主控文档】组中的【创建】按钮，如图12-21所示。

图 12-21

Step04 所选标题的四周将添加灰色边框，表示该标题及其下属内容已经被拆分为一个子文档，如图12-22所示。

图 12-22

Step05 用同样的方法，依次将其他标题及其下属内容分别拆分为子文档，如图12-23所示。

图 12-23

技能拓展——批量拆分子文档

如果希望一次性将文档中同一级别的标题分别拆分为对应的子文档，则可以按住【Shift】键不放，然后依次单击各标题左侧的 ➕ 标记，以便选中这些标题及其下属包含的所有内容，单击【主控文档】组中的【创建】按钮，即可一次性完成拆分。

Step06 按下【Ctrl+S】组合键保存上述操作，当前文档即可成为主控文档，同时子文档将自动以标题命名，其保存路径在当前文档所在的文件夹，如图12-24所示。

图 12-24

Step07 在主控文档中，如果需要查看子文档的保存路径，可以单击【主控文档】组中的【折叠子文档】按钮，如图12-25所示。

Step08 此时，主文档中将以超链接的形式显示各子文档的保存路径，如图12-26所示。

图 12-25

图 12-26

3. 将多个独立文档合并到主控文档

在编辑大型文档时，为了便于操作，一开始就将各版块内容分别写入各自独立的文档中，同时将这些文档置于同一个文件夹中，如图12-27所示。

图 12-27

当需要对这些文档中的内容进行统一操作时，如添加目录、索引等，最好的办法就是使用主控文档将这些独立文档合并为一个整体后再进行相关操作。使用主控文档将这些独立文件合并为一个整体的具体操作步骤如下。

Step① 打开图 12-27 中的任意一个文档，以"投标书 - 主控文档"为文件名另存到指定路径，然后删除文档中的所有内容。

技术看板

执行本步操作，是为了保证主控文档与子文档所使用的样式和模板相同。

Step② 在"投标书 - 主控文档 .docx"文档中，切换到大纲视图并进入主控文档操作界面，然后单击【主控文档】组中的【插入】按钮，如图 12-28 所示。

图 12-28

Step③ ❶ 在弹出的【插入子文档】对话框中选择需要添加到主控文档中的第一个子文档，❷ 单击【打开】按钮，如图 12-29 所示。

图 12-29

技术看板

向主控文档中添加子文档的先后顺序，决定了这些子文档在主控文档中的显示顺序。

Step④ 由于插入的子文档与主控文档具有相同的样式，因此会弹出提示框

询问是否重命名子文档中的样式，单击【全否】按钮，如图 12-30 所示。

图 12-30

Step⑤ 所选子文档将插入到主控文档中，且四周有一个灰色边框，如图 12-31 所示。

图 12-31

Step⑥ 用同样的方法，将其他文档依次插入到主控文档中，如图 12-32 所示。

图 12-32

Step⑦ 为了便于查看插入的子文档数量和排列顺序，可将大纲的显示级别设置为【1级】，效果如图 12-33 所示。

图 12-33

将所有子文档插入到主控文档后，切换到页面视图模式，便可像编辑普通文档一样编辑主控文档中的内容，如查找和替换、设置页眉页脚、插入目录等。总之，几乎所有在普通文档中可用的操作都可以在主控文档中使用。

12.2.2 实战：编辑子文档

实例门类	软件功能
教学视频	光盘\视频\第 12 章\12.2.2.mp4

创建主控文档后，下次打开该文档时，可发现子文档会以超链接的形式进行显示，如图 12-34 所示。

图 12-34

技术看板

Word 会自动在主控文档中加入分节符，这是为了确保主控文档能够正常运转，如果删除这些分节符，可能会导致主控文档出现问题。

如果希望直接在主控文档中编辑子文档，则需要先将子文档的内容显示出来，具体操作步骤如下。

Step① 在主控文档中切换到大纲视图并进入主控文档操作界面，然后单击【主控文档】组中的【展开子文档】按钮，如图 12-35 所示。

Step② 所有子文档中的内容将显示出来，如图 12-36 所示，这时便可切换到页面视图，然后像编辑普通文档一样直接编辑主控文档中的内容。

图 12-35

图 12-36

在主控文档中编辑子文档内容时，每次保存主控文档时会耗费一定的时间。如果只是要单独对某个子文档中的内容进行编辑，则最好打开该子文档，然后在独立的窗口中编辑和保存子文档，保存子文档后，系统会自动将编辑结果保存到主控文档中。

要单独编辑子文档，则需要先打开它，其方法主要有以下几种。

➜ 在没有打开主控文档的情况下，可打开文件资源管理器，进入子文档的存放路径，然后双击要编辑的子文档，即可将其打开，如图 12-37 所示。

图 12-37

➜ 在默认情况下，打开主控文档后，

无论在什么视图方式下，都会以超链接的形式显示各子文档，此时，按下【Ctrl】键并单击子文档超链接，如图 12-38 所示，即可在新的 Word 窗口中打开该子文档。

图 12-38

➜ 打开主控文档后切换到大纲视图并进入主控文档操作界面，双击子文档标题左侧的■标记，如图 12-39 所示，即可在新的 Word 窗口中打开该子文档。

图 12-39

12.2.3 重命名与移动子文档

每个子文档都是一个单独的 Word 文档，因此子文档也有相应的文件名和存储路径。根据操作需要，用户可以对子文档进行重命名、更改存储路径等操作，操作方法为：打开某个子文档，按下【F12】键打开如图 12-40 所示的【另存为】对话框，此时，在【文件名】文本框中重新输入文件名，便能重新命名子文件；在【另存为】对话框中重新指定保存路径，便能实现子文档的移动。

图 12-40

技术看板

用户不能在文件夹中直接对子文档进行重命名操作，也不能直接将子文档移动到其他文件夹，否则，在主控文档中无法访问该子文档。

12.2.4 实战：锁定公司规章制度的子文档

实例门类	软件功能
教学视频	光盘\视频\第12章\12.2.4.mp4

在对主控文档进行编辑时，为了避免由于错误操作而对子文档进行意外的修改，可以将指定的子文档设置为锁定状态，具体操作步骤如下。

Step01 在主控文档"公司规章制度.docx"中，切换到大纲视图并进入主控文档操作界面，单击【主控文档】组中的【展开子文档】按钮，如图 12-41 所示。

图 12-41

Step② 展开子文档内容，❶将鼠标光标定位到要锁定的子文档范围内，❷单击【主控文档】组中的【锁定文档】按钮，如图12-42所示。

图 12-42

Step③ 此时，当前子文档呈锁定状态，且子文档标题的左侧会显示🔒标记，同时【锁定文档】按钮呈选中状态显示，如图12-43所示。

图 12-43

Step④ 将主控文档切换到页面视图，鼠标光标定位到处于锁定状态的子文档的页面范围内时，功能区中所有编辑命令都处于不可用状态，如图12-44所示。

图 12-44

技能拓展——解锁子文档

如果要解锁子文档，则在大纲视图的主控文档操作界面中，将鼠标光标定位在处于锁定状态的子文档范围内，单击【主控文档】组中的【锁定文档】按钮，使该按钮取消选中状态即可。

此外，当出现以下任何一种情况时，Word 将自动锁定子文档，且无法对处于自动锁定状态的子文档进行解锁操作。

➡ 当其他用户在子文档中进行工作时。

➡ 子文档存储在某个设置了只读属性的文件夹中。

➡ 作者对子文档设置了只读共享选项。

12.2.5 实战：将公司规章制度中的子文档还原为正文

实例门类	软件功能
教学视频	光盘\视频\第12章\12.2.5.mp4

当不再需要将某部分内容作为子文档进行处理时，可以将其还原为正文，即还原为主控文档中的内容，具体操作步骤如下。

Step① 在主控文档"公司规章制度.docx"中，切换到大纲视图并进入主控文档操作界面，单击【主控文档】组中的【展开子文档】按钮，如图12-45所示。

图 12-45

Step② 展开子文档内容，❶将鼠标光标定位到要还原为正文的子文档范围内，❷单击【主控文档】组中的【取消链接】按钮，如图12-46所示。

图 12-46

Step③ 当前子文档即可被取消链接，从而还原成主控文档的正文，同时边框线消失，如图12-47所示。

图 12-47

技术看板

将子文档还原成主控文档的正文后，该子文档的文件依然存在。为了便于子文档的管理，可以将其删除。

12.2.6 删除不需要的子文档

当某个子文档不再有用，应该及时在主控文档中将其删除，从而避免带来不必要的混乱。在主控文档中删除子文档的方法主要有以下两种方法。

➡ 打开主控文档，切换到大纲视图并进入主控文档操作界面，若子文档显示为超链接，删除对应的超链接即可，如图12-48所示。

→ 打开主控文档，切换到大纲视图并进入主控文档操作界面，若子文档处于展开状态，则单击某子文档标题左侧的图标记，选中该子文档的内容，然后按下【Delete】键即可将其删除，如图 12-49 所示。

图 12-48

图 12-49

12.3 在长文档中快速定位

在编辑长文档时，许多用户习惯性使用查找功能快速定位到指定位置，其实，还可以使用定位、超链接、书签等功能来定位到指定位置，接下来将分别介绍这些功能的使用方法。

12.3.1 实战：在论文中定位指定位置

实例门类	软件功能
教学视频	光盘\视频\第12章\12.3.1.mp4

定位功能非常好用，可以直接跳转到需要的特定位置，而不用通过拖动文档右侧的垂直滚动条来查找。使用定位功能，可以快速定位到指定的页、节、书签、脚注等位置。例如，要快速定位到指定的页，具体操作步骤如下。

Step01 打开"光盘\素材文件\第12章\论文 - 会计电算化发展分析 .docx"文件，❶在【开始】选项卡的【编辑】组中，选中【查找】按钮右侧的下拉按钮，❷在弹出的下拉列表中选择【转到】选项，如图 12-50 所示。

图 12-50

Step02 弹出【查找和替换】对话框，并自动定位到【定位】选项卡，❶在【定位目标】列表框中选择要定位的方式，本例中选择【页】，❷在【输入页号】文本框内输入需要定位的页码位置，如【4】，❸完成设置后单击【定位】按钮，如图 12-51 所示。

图 12-51

Step03 鼠标光标即可自动跳转到文档第 4 页的位置，在【查找和替换】对话框中单击【关闭】按钮关闭对话框即可，如图 12-52 所示。

图 12-52

技能拓展——快速定位到【定位】选项卡

打开文档后按下【Ctrl+G】组合键，可快速打开【查找和替换】对话框，并自动定位到【定位】选项卡。

技能拓展——配合使用 +、− 按页进行定位

按页方式进行定位时，还可配合使用 +、− 进行定位。例如，若在【输入页号】文本框内输入【+1】，则定位到当前页的下一页；若输入【−1】，则定位到当前页的上一页，以此类推。

12.3.2 实战：在论文中插入超链接快速定位

实例门类	软件功能
教学视频	光盘\视频\第12章\12.3.2.mp4

超链接是指为了快速访问而创建的指向一个目标的连接关系。例如，在浏览网页时，单击某些文字或图片就会打开另一个网页，这就是超链接。

在 Word 中，也可以轻松创建这种具有跳转功能的超链接，如创建指向本文档中的某个位置的超链接、创建指向文件的超链接、创建指向网页的超链接等。例如，要创建指向本文档中的某个位置的超链接，具体操作步骤如下。

Step01 在"论文 - 会计电算化发展分析 .docx"文档中，❶选中需要创建超链接的文本，❷切换到【插入】选项卡，❸单击【链接】组中的【超链接】按钮，如图 12-53 所示。

图 12-53

Step02 弹出【插入超链接】对话框，❶在【链接到】列表框中选择【本文档中的位置】选项，❷在【请选择文档中的位置】列表框中选择链接的目标位置，❸单击【确定】按钮，如图 12-54 所示。

图 12-54

技能拓展——创建指向网页或文件的超链接

若要创建指向网页或文件的超链接，则选中要创建超链接的文本后，在【插入超链接】对话框的【链接到】列表框中选择【现有文件或网页】选项，然后在右侧列表框中选择具体的目标位置即可。

Step03 返回文档，可发现选中的文本呈蓝色，并含有下画线，指向该文本时，会弹出相应的提示信息，如图 12-55 所示。

图 12-55

Step04 此时，按住【Ctrl】键不放，再单击创建了链接的文本，即可快速跳转到目标位置，如图 12-56 所示。

图 12-56

技能拓展——删除超链接

在文档中插入超链接后，还可以根据需要将其删除。右击需要删除的超链接，在弹出的快捷菜单中选择【取消超链接】命令，即可删除超链接。

★ **重点 12.3.3 实战：使用书签在论文中定位**

实例门类	软件功能
教学视频	光盘\视频\第 12 章\12.3.3.mp4

在文档中使用书签，可以标记

某个范围或鼠标光标的位置，为以后在文档中定位位置提供便利。根据不同的需要，可以为选中的内容设置书签，也可以在鼠标光标所在位置设置书签。

1. 插入书签

例如，要在鼠标光标所在位置设置标签，具体操作步骤如下。

Step01 在"论文 - 会计电算化发展分析 .docx"文档中，❶将鼠标光标定位到需要插入书签的位置，❷切换到【插入】选项卡，❸单击【链接】组中的【书签】按钮，如图 12-57 所示。

图 12-57

Step02 弹出【书签】对话框，❶在【书签名】文本框内输入书签的名称，❷单击【添加】按钮即可，如图 12-58 所示。

图 12-58

2. 定位书签

在文档中创建书签后，无论鼠标光标处于文档的哪个位置，都可以快速定位到书签所在的位置。定位到书签所在位置的操作步骤如下。

Step01 在"论文-会计电算化发展分析.docx"文档中，❶切换到【插入】选项卡，❷单击【链接】组中的【书签】按钮，如图12-59所示。

图 12-59

Step02 弹出【书签】对话框，❶在列表框中选择与要定位的位置对应的书签名，❷单击【定位】按钮，如图12-60所示。

图 12-60

Step03 Word将自动跳转到书签所在的位置，在【书签】对话框中单击【关闭】按钮关闭对话框即可，如图12-61所示。

图 12-61

技能拓展——删除书签

对于不再有用的书签，可以将其删除。打开【书签】对话框，在列表框中选择要删除的书签名，然后单击【删除】按钮即可将该书签删除。

★ 重点 12.3.4 实战：使用交叉引用快速定位

实例门类	软件功能
教学视频	光盘\视频\第12章\12.3.4.mp4

通俗地讲，交叉引用就是指在同一篇文档中，一个位置引用另一个位置的内容。例如，在编辑长文档时，经常会使用"关于××的操作方法，请参照××"之类的引用语句。对于这类引用语句，虽然可以手动设置，但是文稿一旦被修改，则相应的章节、页码也会发生相应的变化，此时就需要手动修改引用语句，从而浪费大量时间。

针对上述所说的情况，使用Word提供的交叉引用功能，可以在文稿被修改后进行自动更新，从而轻松实现引用语句的应用。

1. 创建交叉引用

交叉引用的使用非常灵活，根据不同需要，可以为标题、书签、脚注、尾注、题注等内容创建交叉引用。

例如，要为标题创建交叉引用，具体操作步骤如下。

Step01 打开"光盘\素材文件\第12章\交叉引用的使用.docx"文件，将鼠标光标定位到需要插入交叉引用的位置，如图12-62所示。

Step02 ❶输入引用文字，本例中输入【（具体操作方法请参考章节""）】，然后将鼠标光标定位在引

号之间，❷切换到【插入】选项卡，❸单击【链接】组中的【交叉引用】按钮，如图12-63所示。

图 12-62

图 12-63

Step03 弹出【交叉引用】对话框，❶在【引用类型】下拉列表中选择引用类型，本例中选择【标题】，❷在【引用内容】下拉列表中选择引用方式，本例中选择【标题文字】，❸在下面的列表框中选择要引用的内容，❹完成设置后单击【插入】按钮，❺当前对话框中的【取消】按钮变成【关闭】按钮，单击该按钮关闭该对话框，如图12-64所示。

图 12-64

若要使用标题作为引用类型，则文档中的标题必须是应用了内置的标题样式。

此外，使用标题引用类型时，若需要将标题编号作为引用方式，则标题编号必须是设置的多级列表中的编号。

Step04 鼠标光标所在位置即可自动插入引用的内容，即交叉引用，当鼠标指针指向该引用时会弹出相应的提示文字，如图 12-65 所示。

图 12-65

Step05 按住【Ctrl】键不放，再单击引用内容，即可快速跳转到引用位置，如图 12-66 所示。

图 12-66

技能拓展——在不同文档之间设置交叉引用

如果希望在不同文档之间设置交叉引用，那么需要先通过主控文档功能将这些分散的文档合并到一起，然后展开主控文档中的所有子文档，最后像编辑普通文档一样创建交叉引用即可。创建交叉引用后，也只有在主控文档中展开子文档的前提下，才能正常使用交叉引用。

2. 更新交叉引用

当被引用位置的内容发生了变化，如上述操作中被引用标题的标题文字改成了"1、如何进入主控文档操作界面"，便需要对交叉引用进行更新操作，从而实现同步更新。

更新交叉引用的操作方法为：右击需要更新的交叉引用，在弹出的快捷菜单中选择【更新域】命令即可，如图 12-67 所示。

图 12-67

技能拓展——批量更新交叉引用

如果在文档中的多个位置上创建了交叉引用，那么按下【Ctrl+A】组合键选中整篇文档，然后右击任意一个交叉引用，在弹出的快捷菜单中选择【更新域】命令，可以对文档中所有交叉引用进行一次性更新。

12.4 题注的使用

在编辑复杂的文档时，往往包含了大量的图片和表格，而且在编辑与排版这些内容时，有时还需要为它们添加带有编号的说明性文字。如果手动添加编号，无疑是一项非常耗时的工作，尤其是后期对图片和表格进行了增加、删除，或者调整位置等操作，会导致之前添加的编号被打乱，这时不得不重新再次编号。Word 提供的题注功能解决了这一问题，该功能不仅允许用户为图片、表格、图表等不同类型的对象添加自动编号，还允许为这些对象添加说明信息，当这些对象的数量或位置发生变化时，Word 便会自动更新题注编号，免去了手动编号的烦琐。

12.4.1 题注的组成

题注可以位于图片、表格、图表等对象的上方或下方，由题注标签、题注编号和说明信息 3 个部分组成。

➡ 题注标签：题注通常以"图""表""图表"等文字开始，这些字便是题注标签，用于指明题注的类别。Word 提供了一些预置的题注标签供用户选择，用户也

可以自行创建。

➡ 题注编号：在"图""表""图表"等文字的后面会包含一个数字，这个数字就是题注编号。题注编号由 Word 自动生成，是必不可少的部分，表示图片或表格等对象在文档中的排列序号。

➡ 说明信息：题注编号之后通常会包含一些文字，即说明信息，用于对图片或表格等对象作简要说明。说

明信息可有可无，如果需要使用说明信息，由用户手动输入即可。

12.4.2 实战：为公司形象展示的图片添加题注

实例门类	软件功能
教学视频	光盘\视频\第 12 章\12.4.2.mp4

了解了题注的作用后，相信读者

已经迫不及待地想使用题注功能了，接下来就讲解如何为图片添加题注，具体操作步骤如下。

Step01 打开"光盘\素材文件\第12章\公司形象展示.docx"文件，❶选中需要添加题注的图片，❷切换到【引用】选项卡，❸单击【题注】组中的【插入题注】按钮，如图12-68所示。

图12-68

Step02 弹出【题注】对话框，在【标签】下拉列表中可以选择Word预置的题注标签，若均不符合使用需求，则单击【新建标签】按钮，如图12-69所示。

图12-69

Step03 弹出【新建标签】对话框，❶在【标签】文本框中输入【图】，❷单击【确定】按钮，如图12-70所示。

图12-70

Step04 返回【题注】对话框，刚才新建的标签"图"将自动设置为题注标签，同时题注标签后面自动生成了题注编号，单击【确定】按钮，如图12-71所示。

图12-71

Step05 返回文档，所选图片的下方插入了一个题注，如图12-72所示。

图12-72

Step06 用同样的方法，对文档中其他图片添加题注，完成后的效果如图12-73所示。

图12-73

技能拓展——设置题注的说明信息及位置

根据操作需要，我们可以设置题注的说明信息及位置。

设置说明信息：在【题注】对话框的【题注】文本框中的题注编号后面可以输入当前对象的说明文字，最好在题注编号与说明文字之间输入一个空格，以便让它们之间产生一定的距离感。

设置题注位置：在【题注】对话框的【位置】下拉列表中，提供的选项用于决定题注位于对象的上方还是下方。默认情况下，Word自动选择的是【所选项目下方】选项，表示题注位于对象的下方。

12.4.3 实战：为公司简介的表格添加题注

实例门类	软件功能
教学视频	光盘\视频\第12章\12.4.3.mp4

为表格添加题注的方法与为图片添加题注基本相同，具体操作步骤如下。

Step01 打开"光盘\素材文件\第12章\公司简介.docx"文件，❶选中需要添加题注的表格，❷切换到【引用】选项卡，❸单击【题注】组中的【插入题注】按钮，如图12-74所示。

图12-74

Step02 弹出【题注】对话框，单击【新建标签】按钮，如图12-75所示。

图12-75

Step03 弹出【新建标签】对话框，❶在【标签】文本框中输入【表】，❷单击【确定】按钮，如图 12-76 所示。

图 12-76

Step04 返回【题注】对话框，刚才新建的标签"表"将自动设置为题注标签，同时题注标签后面自动生成了题注编号。❶在【位置】下拉列表中选择【所选项目上方】选项，❷单击【确定】按钮，如图 12-77 所示。

图 12-77

技术看板

在【题注】对话框中，若选中【题注中不包括标签】复选框，则创建的题注中将不会包含"图""表"等文字。

另外，若创建了错误标签，则可以在【标签】下拉列表中选择该标签，然后单击【删除标签】按钮将其删除。

Step05 返回文档，所选表格的上方插入了一个题注，如图 12-78 所示。用这样的方法，分别为文档中其他表格添加题注即可。

图 12-78

★ 重点 12.4.4 实战：为书稿中的图片添加包含章节编号的题注

实例门类	软件功能
教学视频	光盘\视频\第 12 章\12.4.4.mp4

按照前面所讲的方法，创建的题注中的编号只包含一个数字，表示与题注关联的对象在文档中的序号。对于复杂文档而言，可能希望为对象创建包含章节号的题注，这种题注的编号包含两个数字，第一个数字表示对象在文档中所属章节的编号，第二个数字表示对象所属章节中的序号。例如，文档中第 1 章的第 2 张图片，可以表示为"图 1-2"；再如，文档中第 1.2 节的第 2 张图片，可以表示为"图 1.2-2"。

要在题注中显示章节编号，需要先为文档中的标题使用关联了多级列表的内置标题样式，操作方法请参考 9.1.6 小节内容。例如，"书稿 .docx"文档中，已经为标题应用了关联多级列表的内置标题样式，效果如图 12-79 所示。

图 12-79

下面以为图片添加含章编号的题注为例，讲解具体操作方法。

Step01 打开"光盘\素材文件\第 12 章\书稿 .docx"文件，❶选中需要添加题注的图片，❷切换到【引用】选项卡，❸单击【题注】组中的【插入题注】按钮，如图 12-80 所示。

Step02 弹出【题注】对话框，单击【新建标签】按钮，如图 12-81 所示。

Step03 弹出【新建标签】对话框，❶在

【标签】文本框中输入【图】，❷单击【确定】按钮，如图 12-82 所示。

图 12-80

图 12-81

图 12-82

Step04 返回【题注】对话框，单击【编号】按钮，如图 12-83 所示。

图 12-83

Step05 弹出【题注编号】对话框，❶选中【包含章节号】复选框，❷在【章节起始样式】下拉列表中选择要作为题注编号中第 1 个数字的样式，本例中选择【标题 1】，❸在【使用分隔符】下拉列表中选择分隔符样式，❹单击【确定】按钮，如图 12-84 所示。

Step06 返回【题注】对话框，可以看到题注编号由两个数字组成，单击

【确定】按钮，如图 12-85 所示。

图 12-84

图 12-85

Step07 返回文档，所选图片的下方插入了一个含章编号的题注，如图 12-86 所示。

图 12-86

Step08 用同样的方法，分别为文档中其他图片添加题注即可，最终效果如图 12-87 所示。

图 12-87

★ 重点 12.4.5 实战：自动添加题注

实例门类	软件功能
教学视频	光盘\视频\第 12 章\12.4.5.mp4

前面所讲解的操作中，都是选中对象后再添加题注。那么有没有办法实现在文档中插入图片或表格等对象时自动添加题注呢，答案是肯定的。以表格为例，讲解如何实现在文档中插入表格时自动添加题注，具体操作步骤如下。

Step01 新建一篇名为"自动添加题注.docx"的空白文档，❶切换到【引用】选项卡，❷单击【题注】组中的【插入题注】按钮，如图 12-88 所示。

图 12-88

Step02 弹出【题注】对话框，单击【自动插入题注】按钮，如图 12-89 所示。

图 12-89

Step03 弹出【自动插入题注】对话框，❶在【插入时添加题注】列表框中选择需要设置自动题注功能的对象，本例中选中【Microsoft Word 表格】复选框，❷此时，【选项】栏

中的选项设置被激活，根据需要设置题注标签、位置等参数，❸完成设置后单击【确定】按钮，如图 12-90 所示。

图 12-90

Step04 返回文档，插入一个表格，表格上方会自动添加一个题注，如图 12-91 所示。

图 12-91

Step05 插入第 2 张表格，表格上方同样自动添加了一个题注，如图 12-92 所示。

图 12-92

12.5 使用脚注和尾注

编辑文档时，若需要对某些内容进行补充说明，可通过脚注与尾注实现。通常情况下，脚注位于页面底部，作为文档某处内容的注释；尾注位于文档末尾，列出引文的出处。一般来说，在编辑复杂的文档时，如论文，经常会使用脚注与尾注。

12.5.1 实战：为古诗鉴赏添加脚注

实例门类	软件功能
教学视频	光盘\视频\第12章\12.5.1.mp4

编辑文档时，当需要对某处内容添加注释信息时，可通过插入脚注的方法实现。在一个页面中，可以添加多个脚注，且 Word 会根据脚注在文档中的位置自动调整顺序和编号。添加脚注的具体操作步骤如下。

Step01 打开"光盘\素材文件\第12章\古诗鉴赏——摊破浣溪沙·揉破黄金万点轻.docx"文件，❶将鼠标光标定位在需要插入脚注的位置，❷切换到【引用】选项卡，❸单击【脚注】组中的【插入脚注】按钮，如图 12-93 所示。

图 12-93

Step02 Word 将自动跳转到该页面的底端，直接输入脚注内容即可，如图 12-94 所示。

Step03 输入完成后，将鼠标指针指向插入脚注的文本位置，将自动出现脚注文本提示，如图 12-95 所示。

图 12-94

图 12-95

12.5.2 实战：为古诗鉴赏添加尾注

实例门类	软件功能
教学视频	光盘\视频\第12章\12.5.2.mp4

编辑文档时，当需要列出引文的出处时，便会使用到尾注，具体操作步骤如下。

Step01 在"古诗鉴赏——摊破浣溪沙·揉破黄金万点轻.docx"文档中，❶将鼠标光标定位在需要插入尾注的位置，❷切换到【引用】选项卡，❸单击【脚注】组中的【插入尾注】按钮，如图 12-96 所示。

Step02 Word 将自动跳转到文档的末尾位置，直接输入尾注内容即可，如图 12-97 所示。

图 12-96

图 12-97

Step03 输入完成后，将鼠标指针指向插入尾注的文本位置，将自动出现尾注文本提示，如图 12-98 所示。

图 12-98

技能拓展——删除脚注和尾注

在文档中插入脚注或尾注后，若要删除它们，只需在正文内容中将脚注或尾注的引用标记删除即可。删除引用标记的方法很简单，就像删除普通文字一样，先选中引用标记，按下【Delete】键即可。

★ 重点 12.5.3 实战：改变脚注和尾注的位置

实例门类	软件功能
教学视频	光盘\视频\第 12 章\12.5.3.mp4

默认情况下，脚注在当前页面的底端，尾注位于文档结尾，根据操作需要，可以调整脚注和尾注的位置。

➡ 脚注：当脚注所在页的内容过少时，脚注位于页面底端可能会影响页面美观，此时，可以将其调整到文字的下方，即当前页面的内容结尾处。

➡ 尾注：若文档设置了分节，有时为了便于查看尾注，可以将其调整到该节内容的末尾。

调整脚注和尾注位置的具体操作步骤如下。

Step01 在需要调整脚注和尾注位置的文档中，❶ 切换到【引用】选项卡，❷ 单击【脚注】组中的【功能扩展】按钮，如图 12-99 所示。

图 12-99

Step02 弹出【脚注和尾注】对话框，❶ 如果要调整脚注的位置，则在【位置】栏中选中【脚注】单选按钮，❷ 在右侧的下拉列表中选择脚注的位置，如图 12-100 所示。

图 12-100

Step03 ❶ 如果要调整尾注的位置，则在【位置】栏中选中【尾注】单选按钮，❷ 在右侧的下拉列表中选择尾注的位置，❸ 设置完成后单击【应用】按钮即可，如图 12-101 所示。

图 12-101

12.5.4 实战：设置脚注和尾注的编号格式

实例门类	软件功能
教学视频	光盘\视频\第 12 章\12.5.4.mp4

默认情况下，脚注的编号形式为"1,2,3…"，尾注的编号形式为"i,ii,iii…"，根据操作需要，可以更改脚注 / 尾注的编号形式。例如，要更改脚注的编号形式，具体操作步骤如下。

Step01 在"古诗鉴赏——摊破浣溪沙·揉破黄金万点轻 .docx"文档中，

❶ 切换到【引用】选项卡，❷ 单击【脚注】组中的【功能扩展】按钮，如图 12-102 所示。

图 12-102

Step02 弹出【脚注和尾注】对话框，❶ 在【位置】栏中选中【脚注】单选按钮，❷ 在【编号格式】下拉列表中选择需要的编号样式，❸ 单击【应用】按钮，如图 12-103 所示。

图 12-103

Step03 返回文档，脚注的编号格式即可更改为所选样式，如图 12-104 所示。

图 12-104

★ 重点 12.5.5 实战：脚注与尾注互相转换

实例门类	软件功能
教学视频	光盘\视频\第 12 章\12.5.5.mp4

在文档中插入脚注或尾注之后，还可随时在脚注与尾注之间转换，即将脚注转换为尾注，或者将尾注转换为脚注，具体操作步骤如下。

Step01 在要编辑的文档中，打开【脚注和尾注】对话框，单击【转换】按钮，如图 12-105 所示。

Step02 弹出【转换注释】对话框，❶ 根据需要选择转换方式，❷ 单击【确定】按钮，如图 12-106 所示。

Step03 返回【脚注和尾注】对话框，单击【关闭】按钮关闭该对话框即可，如图 12-107 所示。

图 12-105

图 12-106

图 12-107

技术看板

【转换注释】对话框中的可选项，会根据文档中存在的脚注和尾注的不同而变化。例如，文档中若只有尾注，则【转换注释】对话框中只有【尾注全部转换成脚注】选项可以使用。

妙招技法

通过前面知识的学习，相信读者已经掌握了长文档的相关处理方法。下面结合本章内容，给大家介绍一些实用技巧。

技巧 01：合并子文档

教学视频	光盘\视频\第 12 章\技巧 01.mp4

创建的主控文档中，如果子文档太小，则会发现管理起来非常麻烦，此时可以对子文档进行合并操作，具体操作步骤如下。

Step01 在主控文档"投标书 - 主控文档 .docx"中，切换到大纲视图并进入主控文档操作界面，单击【主控文档】组中的【展开子文档】按钮，如图 12-108 所示。

Step02 ❶ 展开子文档内容，将大纲的显示级别设置为【1 级】，❷ 单击某子文档标题左侧的■标记，选中第一个需要合并的子文档，然后按住【Shift】键，选择其他需要合并的子文档，❸ 完成选择后单击【主控文档】组中的【合并】按钮，如图 12-109 所示。

图 12-108

图 12-109

Step03 所选子文档将合并为一个单独的子文档，且边框线内的内容范围发生改变，如图 12-110 所示。

图 12-110

技能拓展——拆分子文档

如果子文档太大，也可将该子文档拆分成多个小的子文档，具体操作方法为：在主控文档操作界面中展开子文档，在要拆分的子文档中，选中需要拆分为新子文档的标题及其下属包含的所有内容，然后单击【主控文档】组中的【拆分】按钮即可。

技巧02：在书签中插入超链接

教学视频	光盘\视频\第12章\技巧02.mp4

创建指向本文档中的某个位置的超链接时，如果要使用标题作为链接的目标位置，则这些标题必须是应用了内置的标题样式。

当需要链接的目标位置并非是应用了内置标题样式的标题，或者仅仅是普通的正文内容时，那么该如何创建超链接呢？配合使用书签功能，便可解决这一问题。先在目标位置插入一个书签，然后通过超链接功能，将书签设置为链接目标，具体操作步骤如下。

Step01 打开"光盘\素材文件\第12章\工资管理制度.docx"文件，❶将鼠标光标定位到目标位置，❷切换到【插入】选项卡，❸单击【链接】组中的【书签】按钮，如图12-111所示。

图 12-111

Step02 弹出【书签】对话框，❶在【书签名】文本框内输入书签的名称，❷单击【添加】按钮，完成书签的制作，如图12-112所示。

Step03 ❶选中需要创建超链接的文本，❷切换到【插入】选项卡，❸单击【链接】组中的【超链接】按

钮，如图12-113所示。

图 12-112

图 12-113

Step04 弹出【插入超链接】对话框，❶在【链接到】列表框中选择【本文档中的位置】选项，❷在【请选择文档中的位置】列表框中选择链接的目标位置，本例中在【书签】栏中选择需要链接的书签，❸单击【确定】按钮，如图12-114所示。

图 12-114

Step05 返回文档，可发现选中的文本呈蓝色，并含有下画线，指向该文本时，会弹出相应的提示信息，如图12-115所示。

Step06 按住【Ctrl】键不放，再单击创建了链接的文本，即可快速跳转到目标位置，即插入了书签的位置，如图12-116所示。

图 12-115

图 12-116

技巧03：在书签中插入交叉引用

教学视频	光盘\视频\第12章\技巧03.mp4

配合书签的使用，可以将某处指定的文本内容设置为被引用位置。先在被引用位置插入一个书签，再将书签设置为要引用的内容，具体操作步骤如下。

Step01 在"交叉引用的使用.docx"文档中，❶选中被引用位置，❷切换到【插入】选项卡，❸单击【链接】组中的【书签】按钮，如图12-117所示。

图 12-117

Step02 弹出【书签】对话框，❶ 在【书签名】文本框内输入书签的名称，❷ 单击【添加】按钮，完成书签的制作，如图 12-118 所示。

图 12-118

Step03 ❶ 在要插入交叉引用的地方输入引用文字，本例中输入【（详见）】，然后将鼠标光标定位在"见"字之后，❷ 切换到【插入】选项卡，❸ 单击【链接】组中的【交叉引用】按钮，如图 12-119 所示。

图 12-119

Step04 弹出【交叉引用】对话框，❶ 在【引用类型】下拉列表中选择【书签】选项，❷ 在【引用内容】下拉列表中选择【书签文字】选项，❸ 在下面的列表框中选择要引用的书签，❹ 完成设置后单击【插入】按钮，❺ 单击【关闭】按钮关闭对话框，如图 12-120 所示。

Step05 鼠标光标所在位置即可自动插入引用的书签内容，即交叉引用，当鼠标指针指向该引用时会弹出相应的提示文字，如图 12-121 所示。

Step06 按住【Ctrl】键不放，再单击引用内容，即可快速跳转到引用位置，如图 12-122 所示。

图 12-120

图 12-121

图 12-122

技巧04：如何让题注由"图—-1"变成"图1-1"

教学视频	光盘\视频\第12章\技巧04.mp4

当文档中的章标题使用了中文数字编号时，如"第1章""第2章"等，那么在文档中添加含章编号的题注时，就会得到"图—-1"这样的形式，如图 12-123 所示。

图 12-123

如果在不改变标题编号形式的前提下，但又希望在文档中使用"图1-1"形式的题注，则可以按下面的操作步骤解决问题。

Step01 打开"光盘\素材文件\第12章\书稿1.docx"文件，❶ 将鼠标光标定位在章标题段落中，❷ 在【开始】选项卡的【段落】组中单击【多级列表】按钮，❸ 在弹出的下拉列表中选择【定义新的多级列表】选项，如图 12-124 所示。

图 12-124

Step02 弹出【定义新多级列表】对话框，单击【更多】按钮，如图 12-125 所示。

Step03 展开【定义新多级列表】对话框，❶ 选中【正规形式编号】复选框，❷ 此时章编号将自动更正为阿拉伯数字形式，单击【确定】按钮，如图 12-126 所示。

Step04 返回文档，可见章标题的编号显示为阿拉伯数字形式，如图 12-127 所示。

图 12-125

图 12-126

图 12-127

Step 05 按下【Ctrl+A】组合键选中全文，按下【F9】键更新所有域，此时所有题注编号将显示为"图1-1"的形式，如图12-128所示。

Step 06 ❶ 将鼠标光标定位在章标题段落中，❷ 打开并展开【定义新多级列

表】对话框，取消选中【正规形式编号】复选框，❸ 此时章编号恢复为之前的编号形式，单击【确定】按钮，如图12-129所示。

图 12-128

图 12-129

Step 07 返回文档，可见章标题的编号恢复为原始状态，题注编号仍然为"图1-1"的形式，如图12-130所示。

图 12-130

技术看板

上述操作方法适合不再对文档中的域进行更新的情况，如果以后再次对文档更新所有域，则题注又会恢复到"图—-1"的形式。

技巧05：让题注与它的图或表不"分家"

教学视频	光盘\视频\第12章\技巧05.mp4

在书籍排版中，图、表等对象与其对应的题注应该显示在同一页上，即它们是一个整体，不能分散在两页。在 Word 排版时，Word 的自动分页功能可能会使它们"分家"，要解决这一问题，通过设置段落格式即可，方法为：在"书稿1.docx"文档中，❶ 将鼠标光标定位到图片所在的段落，❷ 打开【段落】对话框，切换到【换行和分页】选项卡，❸ 选中【分页】栏中的【与下段同页】复选框，❹ 单击【确定】按钮即可，如图12-131所示。

图 12-131

本章小结

　　本章主要讲解了长文档的一些处理方法，主要包括大纲视图的应用、主控文档的应用、在长文档中快速定位，以及题注、脚注和尾注在文档中的应用。尤其是题注的使用，为文档排版提供了非常大的便利。通过题注功能，用户可以为各种对象添加自动编号，不仅仅是本章中所提到的图片、表格，还可以是图表、公式、SmartArt 图形等对象，读者可以参考本章所讲方法，尝试为这些对象添加自动编号，以实现排版效率最大化。

第13章　目录与索引

➤ 如何为正文标题创建目录？

➤ 可以为指定范围中的内容创建目录吗？

➤ 将多个文档中的目录汇总起来，有什么好的办法？

➤ 图表目录又该如何创建？

➤ 索引有何作用？如何创建？

➤ 如何创建交叉引用的索引？

通过本章内容的学习，相信读者不仅能掌握目录与索引的创建，同时还可以学会如何正确管理并合理使用目录和索引。

13.1　创建正文标题目录

在大型文档中，目录是重要组成部分。目录是指文档中标题的列表，通过目录，用户可以浏览文档中讨论的主题，从而大略了解整个文档的结构，同时也便于用户快速跳转到指定标题对应的页面中。本节将介绍创建正文标题目录的多种方法，这些方法适用于对目录的不同要求。

13.1.1　了解 Word 创建目录的本质

如果文档中的标题使用了标题1、标题2、标题3等内置样式，则 Word 会自动为这些标题生成目录，而且是具有不同层次结构的目录，如图 13-1 所示。

图 13-1

之所以 Word 会自动为这些标题生成目录，表面上看是因为这些标题使用了内置标题样式，但实质上是因为这些内置标题样式都设置了不同的大纲级别。Word 在创建目录时，会自动识别这些标题的大纲级别，并以此来判断各标题在目录中的层级。例如，内置"标题 1"样式的大纲级别为 1 级，那么对应的标题将作为目录中的顶级标题；内置"标题 2"样式的大纲级别为 2 级，那么对应的标题将作为目录的二级标题，以此类推。

因此，以下两种情况的内容不会被提取到目录中。

➤ 大纲级别设置为"正文文本"的内容。

➤ 大纲级别低于创建目录时要包含的大纲级别的内容。例如，在创建目录时，如果将要显示的级别设置为"2"，那么大纲级别为 3 级及以上的标题便不会被提取到目录中。

13.1.2　实战：在财务管理方案中使用 Word 预置样式创建目录

实例门类	软件功能
教学视频	光盘\视频\第 13 章\13.1.2.mp4

Word 提供了几种内置目录样式，用户可以根据这些内置样式快速创建目录，具体操作步骤如下。

Step01 打开"光盘\素材文件\第 13 章\财务管理方案 .docx"文件，❶ 将鼠标光标定位在需要插入目录的位置，❷ 切换到【引用】选项卡，❸ 单击【目录】组中的【目录】按钮，❹ 在弹出的下拉列表中选择需要的目录样式，如图 13-2 所示。

图 13-2

Step02 所选样式的目录即可插入到鼠标光标所在位置，如图 13-3 所示。

图 13-3

★ 重点 ★ 新功能 13.1.3 实战：为投标书自定义创建目录

实例门类	软件功能
教学视频	光盘\视频\第13章\13.1.3.mp4

除了使用内置目录样式之外，用户还可以通过自定义的方式创建目录。自定义创建目录具有很大的灵活性，用户可以根据实际需要设置目录中包含的标题级别、设置目录的页码显示方式，以及设置制表符前导符等。自定义创建目录的具体操作步骤如下。

Step01 打开"光盘\素材文件\第13章\投标书.docx"文件，❶将鼠标光标定位在需要插入目录的位置，❷切换到【引用】选项卡，❸单击【目录】组中的【目录】按钮，❹在弹出的下拉列表中选择【自定义目录】选项，如图13-4所示。

Step02 弹出【目录】对话框，❶在【常规】栏的【格式】下拉列表中选择目录格式，❷在【显示级别】微调框中设置创建目录的级数，❸在【制表符前导符】下拉列表中选择需要的

前导符样式，❹完成设置后单击【确定】按钮，如图13-5所示。

图 13-4

图 13-5

Step03 返回文档，鼠标光标所在位置即可插入目录，如图13-6所示。按住【Ctrl】键不放，再单击某条目录，可快速跳转到对应的目标位置。

图 13-6

★ 重点 13.1.4 实战：为指定范围中的内容创建目录

实例门类	软件功能
教学视频	光盘\视频\第13章\13.1.4.mp4

在实际应用中，有时可能只想单独为文档中某个范围内的内容创建目录，这时可以使用 TOC 域配合书签来实现，具体操作步骤如下。

Step01 打开"光盘\素材文件\第13章\工资管理制度.docx"文件，❶选中要创建目录的局部内容，本例中选中"五、薪酬组成"至"八、薪酬的支付"节的内容，❷切换到【插入】选项卡，❸单击【链接】组中的【书签】按钮，如图13-7所示。

图 13-7

Step02 弹出【书签】对话框，❶在【书签名】文本框内输入书签的名称，❷单击【添加】按钮，如图13-8所示。

Step03 返回文档，❶将鼠标光标定位到需要创建目录的位置，❷输入域代码【{ TOC \b 薪酬 }】，其中，域代

码中的括号 {} 通过按下【Ctrl+F9】组合键输入，"薪酬"就是之前创建的书签名，如图 13-9 所示。

图 13-8

图 13-9

Step④ 将鼠标光标定位在域内，按【F9】键更新域，即可显示为所选内容的目录，如图 13-10 所示。

图 13-10

在文档中创建目录时，其实已经自动插入了 TOC 域代码，图 13-11 所示为 TOC 域包含的开关及相应的说明。

开关	说明
\a	创建不包含题注标签和编号的图表目录
\b	使用书签指定文档中要创建目录的内容范围
\c	创建指定标签的图表目录
\d	指定序列页码之间的分隔符，其后输入需要的分隔符号，并用英文双引号括起来
\f	使用目录项域创建目录
\h	在目录中创建目录标题和页码之间的超链接
\l	指定出现在目录中的目录项的标题级别，其后输入表示级别的数字，并用英文双引号括起来
\n	创建不含页码的目录
\o	指定目录中包含的标题级别范围，其后输入表示标题级别范围的数字，并用英文双引号括起来
\p	指定目录项与页码之间的分隔符，其后输入需要的分隔符，并用英文双引号括起来
\s	使用序列类型创建目录
\t	使用 Word 内置标题样式以外的其他样式创建目录
\u	使用应用的段落大纲级别创建目录
\w	保留目录项中的制表符
\x	保留目录项中的换行符
\z	切换到 Web 版式视图模式时隐藏目录中的页面

图 13-11

★ 重点 13.1.5　实战：汇总多个文档中的目录

实例门类	软件功能
教学视频	光盘 \ 视频 \ 第 13 章 \13.1.5.mp4

如果想要为有关联的多个文档创建一个总目录，可以通过以下几种方法实现。

➡ 分别在各自独立的文档中创建目录，然后将这些目录复制、粘贴汇总到一起即可。

➡ 使用第 12 章的主控文档功能将这些分散的文档合并到一起，然后展开主控文档中的所有子文档，最后像编辑普通文档一样创建目录即可。

➡ 使用本章即将介绍的 RD 域来创建总目录。

为了便于操作，使用 RD 域为多个文档创建总目录前，需要做好以下几个准备工作。

➡ 将关联的多个文档放在同一个文件夹中。

➡ 在上面提到的文件夹中，新建一个空白文档，用于存放将要创建的总目录。

➡ 一定要先安排好文档的次序，因为 RD 域所引用的文档顺序将直接影响最终创建的目录中的标题顺序。

Step① 将关联的多个文档，以及新建的"总目录"空白文档存放到一个文

件夹内，如图 13-12 所示。

图 13-12

Step② 打开"总目录 .docx"文档，① 切换到【插入】选项卡，② 在【文本】组中单击【文档部件】按钮，③ 在弹出的下拉列表中选择【域】选项，如图 13-13 所示。

图 13-13

Step③ 弹出【域】对话框，① 在【类别】下拉列表中选择【全部】选项，② 在【域名】列表框中选中【RD】选项，③ 在【域选项】栏中选中【路径相对于当前文档】复选框，④ 在【域属性】栏的【文件名或 URL：】文本框中输入要创建总目录的第一个文档的文件名，⑤ 单击【确定】按钮，如图 13-14 所示。

图 13-14

技术看板

输入文件名时，必须要输入包含扩展名在内的文件名的全称。

另外，如果没有选中【路径相对于当前文档】复选框，那么就需要手动输入文档的路径，完成输入后，返回文档，Word 会自动让文件夹名称之间以"\\"分隔。例如，在【文件名或URL：】文本框中输入的是"E:\Word 2013 完全自学教程\素材文件\第 13 章\书稿\第 1 章 Word 2013 快速入门与视图操作 .docx"，返回文档后，这部分内容会自动变为"E:\\ Word 2013 完全自学教程 \\素材文件 \\第 13 章 \\书稿 \\第 1 章 Word 2013 快速入门与视图操作 .docx"。

Step04 返回文档，文档中将自动插入一个 RD 域代码，如图 13-15 所示。

图 13-15

Step05 用同样的方法，依次将其他需要创建总目录的文档设置为 RD 域代码，如图 13-16 所示。

图 13-16

技能拓展——快速设置域代码

将第一个文档的 RD 域代码设置好后，可以通过复制功能快速设置其他文档的域代码。复制并粘贴第一个文档的域代码后，直接修改其中的文档名称，便可快速得到下一个文档的 RD 域代码。

Step06 将所有文档的 RD 域代码设置好后，使用预置目录样式或自定义目录的方式创建目录即可。本例中，❶ 将鼠标光标定位在需要插入目录的位置，❷ 切换到【引用】选项卡，❸ 单击【目录】组中的【目录】按钮，❹ 在弹出的下拉列表中选择需要的目录样式，如图 13-17 所示。

Step07 鼠标光标所在位置即可创建一个目录，如图 13-18 所示。

图 13-17

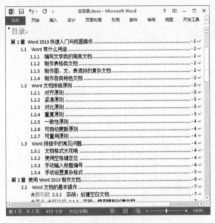
图 13-18

技术看板

本章及后面的部分章节内容会涉及域代码，建议用户将编辑标记显示出来，否则文档中有的域代码不会显示出来。

13.2 创建图表目录

除了为文档中正文标题创建目录外，还可以为文档中的图片、表格或图表等对象创建专属于它们的图表目录，从而便于用户从目录中快速浏览和定位指定的图片、表格或图表。

★ 重点 13.2.1 实战：使用题注样式为书稿创建图表目录

实例门类	软件功能
教学视频	光盘\视频\第 13 章\13.2.1.mp4

如果为图片或表格添加了题注（关于题注的添加方法请参考第 12 章内容），则可以直接利用题注样式为它们创建图表目录。

例如，要为文档中的图片创建一个图表目录，具体操作步骤如下。

Step01 打开"光盘\素材文件\第 13 章\书稿 .docx"的文件，❶ 将鼠标光标定位到需要插入图表目录的位置，❷ 切换到【引用】选项卡，❸ 单击【题注】组中的【插入表目录】按钮，如图 13-19 所示。

图 13-19

Step② 弹出【图表目录】对话框，❶ 在【题注标签】下拉列表中选择图片使用的题注标签，❷ 单击【确定】按钮，如图 13-20 所示。

图 13-20

Step③ 返回文档，即可看见鼠标光标所在位置创建了一个图表目录，如图 13-21 所示。

图 13-21

★ 重点 13.2.2 实战：利用样式为公司简介创建图表目录

实例门类	软件功能
教学视频	光盘\视频\第 13 章\13.2.2.mp4

除了使用题注样式外，还可以为其他任意样式的图片或表格等对象创建图表目录，创建思路如图 13-22 所示。

图 13-22

例如，要利用除了题注以外的其他任意样式为表格创建图表目录，具体操作步骤如下。

Step① 打开"光盘\素材文件\第 13 章\公司简介.docx"文件，已经为表格手动输入了题注，并新建了一个名为"表标签"的样式，如图 13-23 所示。

图 13-23

Step② ❶ 将鼠标光标定位到需要插入图表目录的位置，❷ 切换到【引用】选项卡，❸ 单击【题注】组中的【插入表目录】按钮，如图 13-24 所示。

图 13-24

Step③ 弹出【图表目录】对话框，单击【选项】按钮，如图 13-25 所示。

图 13-25

Step④ 弹出【图表目录选项】对话框，❶ 选中【样式】复选框，❷ 在右侧的下拉列表中选择题注所使用的样式，如【表标签】，❸ 单击【确定】按钮，如图 13-26 所示。

图 13-26

Step⑤ 返回【图表目录】对话框，单击【确定】按钮，如图 13-27 所示。

图 13-27

Step⑥ 返回文档，即可看到在鼠标光标所在位置插入了一个图表目录，如图 13-28 所示。

图 13-28

图 13-29

图 13-32

技能拓展——创建指定范围内的图表目录

在操作过程中，有时并不想为文档中的所有图片或表格创建图表目录，而只想对某部分内容中包含的图片或表格创建图表目录，那么为这部分内容的图片或表格的题注单独新建一个样式，然后根据这个新建样式创建图表目录即可。

图 13-30

图 13-33

★ 重点 13.2.3 实战：使用目录项域为公司形象展示创建图表目录

实例门类	软件功能
教学视频	光盘\视频\第 13 章\13.2.3.mp4

编辑文档时，如果是为图片或表格手动输入的题注，除了通过新建样式的方法来创建图表目录外，还可以使用目录项域创建图表目录。

例如，要使用目录项域为图片创建图表目录，具体操作步骤如下。

Step01 打开"光盘\素材文件\第 13 章\公司形象展示 .docx"文件，按下【Alt+Shift+O】组合键打开【标记目录项】对话框，❶ 在【目录标识符】下拉列表中选择一个目录标识符，❷ 将鼠标光标定位在文档中，选中要添加到图表目录中的内容，如图 13-29 所示。

Step02 单击切换到【标记目录项】对话框，刚才选中的内容自动添加到【目录项】文本框中，单击【标记】

Step03 此时，文档中所选内容的后面将自动添加一个域代码，如图 13-31 所示。

图 13-31

Step04 用同样的方法，为其他要添加到图表目录中的内容进行标记，完成标记后单击【关闭】按钮关闭【标记目录项】对话框，如图 13-32 所示。

Step05 ❶ 将鼠标光标定位到需要插入图表目录的位置，❷ 切换到【引用】选项卡，❸ 单击【题注】组中的【插入表目录】按钮，如图 13-33 所示。

Step06 弹出【图表目录】对话框，单击【选项】按钮，如图 13-34 所示。

图 13-34

Step07 弹出【图表目录选项】对话框，❶ 选中【目录项域】复选框，❷ 在【目录标识符】下拉列表中选择之前设置的目录标识符，该标识符必须要与【标记目录项】对话框中设置的目录标识符保持一致，❸ 单击【确定】按钮，如图 13-35 所示。

图 13-35

Step⑧ 返回【图表目录】对话框，单击【确定】按钮，如图 13-36 所示。

图 13-36

Step⑨ 返回文档，即可看到在鼠标光标所在位置插入了一个图表目录，如图 13-37 所示。

图 13-37

13.3 目录的管理

在文档中创建好目录后，后期还可以对其进行相应的管理操作。例如，当文档标题发生内容或位置的变化时，便可以同步更新目录使其自动匹配文档的变化；对于不再需要的目录，还可以将其删除等。

★ 重点 ★ 新功能 13.3.1 实战：设置投标书目录格式

实例门类	软件功能
教学视频	光盘\视频\第13章\13.3.1.mp4

无论是创建目录前，还是创建目录后，都可以修改目录的外观。由于 Word 中的目录一共包含了 9 个级别，因此 Word 使用了"目录 1"至"目录 9"这 9 个样式来分别管理 9 个级别的目录标题的格式。

例如，要设置正文标题目录的格式，具体操作步骤如下。

Step① 在"投标书.docx"文档中，目录的原始效果如图 13-38 所示。

Step② ❶ 切换到【引用】选项卡，❷ 单击【目录】组中的【目录】按钮，❸ 在弹出的下拉列表中选择【自定义目录】选项，如图 13-39 所示。

Step③ 弹出【目录】对话框，单击【修改】按钮，如图 13-40 所示。

Step④ 弹出【样式】对话框，在【样式】列表框中列出了每一级目录所使用的样式，❶ 选择需要修改的目录样式，❷ 单击【修改】按钮，如图 13-41 所示。

图 13-38

图 13-39

图 13-40

图 13-41

Step05 弹出【修改样式】对话框，设置需要的格式，其方法可参考第9章的内容，完成设置后单击【确定】按钮，如图 13-42 所示。

图 13-42

Step06 返回【样式】对话框，参照上述方法，依次为其他目录样式进行修改。本例中的目录有2级，根据操作需要，只需再对"目录2"样式进行修改即可，完成修改后单击【确定】按钮，如图 13-43 所示。

图 13-43

Step07 返回【目录】对话框，单击【确定】按钮，如图 13-44 所示。

Step08 弹出提示框询问是否替换目录，因为本例中是对已有目录设置格式，所以单击【取消】按钮，如图 13-45 所示。

Step09 返回文档，可发现目录的外观发生改变，如图 13-46 所示。

图 13-44

图 13-45

图 13-46

技能拓展——设置图表目录的格式

如果要设置图表目录的格式，则在【引用】选项卡的【题注】组中单击【插入表目录】按钮，弹出【图表目录】对话框，单击【修改】按钮，在弹出的【样式】对话框中单击【修改】按钮，如图 13-47 所示，在接下来弹出的【修改样式】对话框中设置需要的格式即可。

图 13-47

★ 重点 13.3.2 更新目录

当文档标题发生了改动，如更改了标题内容、改变了标题的位置、新增或删除了标题等，为了让目录与文档保持一致，只需对目录内容执行更新操作即可。更新目录的方法主要有以下几种。

➥ 将鼠标光标定位在目录内并右击，在弹出的快捷菜单中单击【更新域】命令，如图 13-48 所示。

图 13-48

➥ 将鼠标光标定位在目录内，切换到【引用】选项卡，单击【目录】组中的【更新目录】按钮，如图 13-49 所示。

图 13-49

➥ 将鼠标光标定位在目录内，按下【F9】键。

无论使用哪种方法更新目录，都会弹出【更新目录】对话框，如图13-50所示。

图 13-50

在【更新目录】对话框中，可以进行以下两种操作。

➥ 如果只需要更新目录中的页码，则选中【只更新页码】单选按钮即可。

➥ 如果需要更新目录中的标题和页码，则选中【更新整个目录】单选按钮即可。

技能拓展——预置样式目录的其他更新方法

如果是使用预置样式创建的目录，还可以按这样的方式更新目录，将鼠标光标定位在目录内，激活目录外边框，然后单击【更新目录】按钮即可，如图13-51所示。

图 13-51

★ 重点 13.3.3 实战：将项目策划书目录转换为普通文本

实例门类	软件功能
教学视频	光盘\视频\第13章\13.3.3.mp4

只要不是手动创建的目录，一般都具有自动更新功能。当将鼠标光标定位在目录内时，目录中会自动显示灰色的域底纹。如果确定文档中的目录不会再作任何改动，还可以将目录转换为普通文本格式，从而避免目录被意外更新，或者出现一些错误提示。将目录转换为普通文本的具体操作步骤如下。

Step 01 打开"光盘\素材文件\第13章\项目策划书.docx"文件，选中整个目录，如图13-52所示。

图 13-52

Step 02 按下【Ctrl+Shift+F9】组合键，此时将鼠标光标定位在目录内，目录中不再显示灰色的域底纹，表示此时已经是普通文本，如图13-53所示。

图 13-53

技能拓展——快速选中整个目录

对于较长的目录，可将鼠标光标定位到目录开始处，即第一个字符的左侧，按下【Delete】键，即可自动选中整个目录。需要注意的是，只能按一次【Delete】键，否则就会执行删除操作。

13.3.4 删除目录

对于不再需要的目录，可以将其删除，其方法有以下几种。

➥ 将鼠标光标定位在目录内，切换到【引用】选项卡，单击【目录】组中的【目录】按钮，在弹出的下拉列表中选择【删除目录】选项即可，如图13-54所示。

图 13-54

➥ 选中整个目录，按下【Delete】键即可删除。

➥ 如果是使用预置样式创建的目录，将鼠标光标定位在目录内，会激活目录外边框，单击【目录】按钮，在弹出的下拉列表中选择【删除目录】选项即可，如图13-55所示。

图 13-55

13.4 创建索引

通常情况下，在一些专业性较强的书籍的最后部分，会提供一份索引。索引是将书中所有重要的词语按照指定方式排列而成的列表，同时给出了每个词语在书中出现的所有位置对应的页码。创建索引可以方便用户快速找到某个词语在书中的位置，这对大型书籍或大型文档而言非常重要。

★ 重点 13.4.1 实战：通过手动标记索引项为分析报告创建索引

实例门类	软件功能
教学视频	光盘\视频\第13章\13.4.1.mp4

手动标记索引项是创建索引最简单、最直观的方法，先在文档中将要出现在索引中的每个词语手动标记出来，以便 Word 在创建索引时能够识别这些标记过的内容。

通过手动标记索引项创建索引的具体操作如下。

Step01 打开"光盘\素材文件\第13章\污水处理分析报告.docx"文件，❶切换到【引用】选项卡，❷单击【索引】组中的【标记索引项】按钮，如图13-56所示。

图 13-56

Step02 弹出【标记索引项】对话框，将鼠标光标定位在文档中，选中要添加到索引中的内容，如图13-57所示。

Step03 单击切换到对话框，刚才选中的内容自动添加到【主索引项】文本框中，如果要将该词语在文档中的所有出现位置都标记出来，则单击【标记全部】按钮，如图13-58所示。

图 13-57

图 13-58

技能拓展——设置索引项的页码格式

如果希望设置索引项的页码格式，则在【标记索引项】对话框的【页码格式】栏中选中某个复选框，可实现对应的字符格式。

Step04 标记后，Word 便会在该词语的右侧显示 XE 域代码，如图13-59所示。

技术看板

如果某个词语在同一段中出现多次，则只将这个词语在该段落中出现的第一个位置标记出来。

图 13-59

Step05 用同样的方法，为其他要添加到索引中的内容进行标记，完成标记后单击【关闭】按钮关闭【标记索引项】对话框，如图13-60所示。

图 13-60

技术看板

当标记的词语中包含有英文冒号时，需要在【主索引项】文本框中的冒号左侧手动输入一个反斜杠"\"，否则 Word 会将冒号之后的内容指定为次索引项。

Step06 ❶将鼠标光标定位到需要插入索引的位置，❷切换到【引用】选项卡，❸单击【索引】组中的【插入索引】按钮，如图13-61所示。

图 13-61

Step07 弹出【索引】对话框，❶ 根据需要设置索引目录格式，❷ 完成设置后单击【确定】按钮，如图 13-62 所示。

图 13-62

Step08 返回文档，可看见当前位置插入了一个索引目录，如图 13-63 所示。

图 13-63

📖 技术看板

对 Word 设置了显示编辑标记后，便会在文档中显示 XE 域代码。在文档中显示 XE 域代码，可能会增加额外的页面，那么在创建的索引中，有些词语的页面就会变得不正确。所以，建议用户在创建索引之前先隐藏 XE 域代码，即隐藏编辑标记。

在【索引】对话框中设置索引目录格式时，可以进行以下设置。

➡ 在【类型】栏中设置索引的布局类型，用于选择多级索引的排列方式，【缩进式】类型的索引类似多级目录，不同级别的索引呈现缩进格式；【接排式】类型的索引则没有层次感，相关的索引在一行中连续排列。

➡ 在【栏数】栏微调框中，可以设置索引的分栏栏数。

➡ 在【排序依据】下拉列表中可以设置索引中词语的排序依据，有两种方式供用户选择，一种是按笔画多少排序，另一种是按每个词语第一个字的拼音首字母排序。

➡ 通过【页面右对齐】复选框，可以设置索引的页码显示方式。

★ 重点 13.4.2 实战：为作业指导书创建多级索引

实例门类	软件功能
教学视频	光盘\视频\第 13 章\13.4.2.mp4

与创建多级目录类似，也可以创建具有多个层次级别的索引。在多级索引中，主要包括主索引项和次索引项两个部分，它们是相对于索引级别而言的。主索引项是位于顶级的词语，次索引项是位于顶索引项词语下一级或下 n 级的词语。

例如，要创建一个 2 级索引，具体操作步骤如下。

Step01 打开"光盘\素材文件\第 13 章\通信工程安全技术作业指导书.docx"文件，❶ 选中需要标记为次索引项的词语，按下【Ctrl+C】组合键进行复制，❷ 切换到【引用】选项卡，❸ 单击【索引】组中的【标记索引项】按钮，如图 13-64 所示。

Step02 弹出【标记索引项】对话框，第 1 步复制的词语将自动添加到【主索引项】文本框内，如图 13-65 所示。

图 13-64

图 13-65

Step03 ❶ 删除【主索引项】文本框内的内容，手动输入主索引项的词语，这里输入【装运电杆】，❷ 将鼠标光标定位到【次索引项】文本框内，按下【Ctrl+V】组合键粘贴第 1 步复制的次索引项词语，❸ 单击【标记全部】按钮进行标记，如图 13-66 所示。

图 13-66

Step04 标记后，Word 便会在所有第 1 步中复制的次索引项词语的右侧显示 XE 域代码，单击【关闭】按钮关闭【标记索引项】对话框，如图 13-67 所示。

图 13-67

Step 05 参照第 1~4 步的操作，依次为主索引项【装运电杆】设置其他次索引项词语。

Step 06 参照第 1~5 步的操作，依次设置其他主索引项及对应的次索引项。

Step 07 完成标记后，就可以插入索引了。❶将鼠标光标定位到需要插入索引的位置，❷切换到【引用】选项卡，❸单击【索引】组中的【插入索引】按钮，如图 13-68 所示。

图 13-68

Step 08 弹出【索引】对话框，❶根据需要设置索引目录格式，❷完成设置后单击【确定】按钮，如图 13-69 所示。

图 13-69

Step 09 返回文档，可看见当前位置插入了一个多级索引目录，如图 13-70 所示。

图 13-70

★ 重点 13.4.3 实战：使用自动标记索引文件为建设方案创建索引

实例门类	软件功能
教学视频	光盘\视频\第 13 章\13.4.3.mp4

使用手动标记索引项的方法来创建索引，虽然简单直观，但是当要在大型长篇文档中标记大量词语时，就会显得非常麻烦。这时，可以使用自动标记索引项的方法来创建索引。使用自动标记索引项的方法，可以非常方便地标记大量词语，以及创建多级索引。

要实现自动标记索引，就需要先准备好一个自动标记索引文件，在其中以表格的形式来记录要标记的词语。创建的索引级别不同，其表格的制作方法也是不同的。

创建单级索引：如果是创建单级索引，即只设置主索引项，则需要创建一个单列的表格，并在各行放置要标记为主索引项的词语即可，图 13-71 所示为示例图。

创建多级索引：如果要创建多级索引，则需要创建一个两列的表格，表格左列放置要标记为索引项的词语，表格右列放置词语之间的层级关系，即指明主索引项和次索引项的关系，各级之间使用英文冒号分隔开。图 13-72 所示为在表格中设置的主次索引项以及最终的效果图。

图 13-71

图 13-72

例如，要使用自动标记索引文件创建一个多级索引，具体操作步骤如下。

Step 01 提前准备一个标记索引文件，并在其中输入需要索引的内容，如图 13-73 所示。

图 13-73

Step 02 打开"光盘\素材文件\第 13 章\企业信息化建设方案.docx"文件，❶切换到【引用】选项卡，

❷ 单击【索引】组中的【插入索引】按钮，如图 13-74 所示。

图 13-74

Step03 弹出【索引】对话框，单击【自动标记】按钮，如图 13-75 所示。

图 13-75

Step04 弹出【打开索引自动标记文件】对话框，❶ 选择设置好的标记索引文件，❷ 单击【打开】按钮，如图 13-76 所示。

图 13-76

Step05 返回文档，可看到 Word 已经自动实现全文索引标记，如图 13-77 所示。

图 13-77

Step06 ❶ 将鼠标光标定位到需要插入索引的位置，❷ 切换到【引用】选项卡，❸ 单击【索引】组中的【插入索引】按钮，如图 13-78 所示。

图 13-78

Step07 弹出【索引】对话框，❶ 根据需要设置索引目录格式，❷ 完成设置后单击【确定】按钮，如图 13-79 所示。

图 13-79

Step08 返回文档，可看到当前位置插入了一个多级索引目录，如图 13-80 所示。

图 13-80

★ 重点 13.4.4 实战：为建设方案创建表示页面范围的索引

实例门类	软件功能
教学视频	光盘\视频\第13章\13.4.4.mp4

当某些词语在文档中的连续页面中频繁出现时，索引目录中会将该词语的所有页面都列出来，显得有些凌乱。此时，可以创建表示页面范围的索引来解决这一问题，先为这个连续的页面范围创建一个书签，然后根据这个书签来标记索引项。

创建表示页面范围的索引的具体操作步骤如下。

Step01 打开"光盘\素材文件\第13章\企业信息化建设方案.docx"文件，❶ 本例中要为第3~7页创建一个书签，所以选中第3~7页的内容，❷ 切换到【插入】选项卡，❸ 单击【链接】组中的【书签】按钮，如图 13-81 所示。

图 13-81

Step02 弹出【书签】对话框，❶ 在【书签名】文本框内输入书签的名称，❷ 单击【添加】按钮，如图13-82所示，即可为第3~7页的内容创建一个书签。

图 13-82

Step03 返回文档，按照手动标记索引项的方法，设置需要标记的索引项即可。只是当要为第3~7页这个范围的词组标记索引时，需要根据书签来标记。例如，要将连续出现在第3~7页中的"动态路由协议"词语标记为索引项，❶ 在第3~7页这个页面范围内，选中任意一个"动态路由协议"词语，❷ 切换到【引用】选项卡，❸ 单击【索引】组中的【标记索引项】按钮，如图13-83所示。

图 13-83

Step04 弹出【标记索引项】对话框，所选词语自动显示在【主索引项】文本框内，❶ 在【选项】栏中选中【页面范围】单选按钮，❷ 在【书签】下拉列表中选择之前设置的书签，❸ 单击【标记】按钮，❹ 单击【关闭】按钮关闭【标记索引项】对话框，如图13-84所示。

图 13-84

Step05 返回文档，可发现第3~7页这个范围中的"动态路由协议"词语只做了1个索引标记，图13-85所示为第3页和第4页的效果。

图 13-85

Step06 完成文档中所有词语的标记后，就可以插入索引目录了。❶ 将鼠标光标定位到需要插入索引的位置，❷ 切换到【引用】选项卡，❸ 单击【索引】组中的【插入索引】按钮，如图13-86所示。

图 13-86

Step07 弹出【索引】对话框，❶ 根据需要设置索引目录格式，❷ 完成设置后单击【确定】按钮，如图13-87所示。

图 13-87

Step08 返回文档，可看见创建的索引目录，效果如图13-88所示。

图 13-88

★ 重点 13.4.5 实战：创建交叉引用的索引

实例门类	软件功能
教学视频	光盘\视频\第13章\13.4.5.mp4

根据操作需要，还可以创建交叉引用形式的索引。这类索引的创建方法非常简单，按照手动标记索引项的方法，设置需要标记的索引项，当遇到需要创建交叉引用形式的索引，只需在【标记索引项】对话框中选中【交叉引用】单选按钮即可，具体操作步骤如下。

Step01 打开"光盘\素材文件\第13章\工资管理制度1.docx"文件，选

图 13-89

图 13-90

图 13-91

图 13-92

中需要创建交叉引用形式的索引的词语，❶切换到【引用】选项卡，❷单击【索引】组中的【标记索引项】按钮，如图 13-89 所示。

Step02 弹出【标记索引项】对话框，所选词语自动显示在【主索引项】文本框内，❶在【选项】栏中选中【交叉引用】单选按钮，❷在文本框【请参阅】右侧输入要交叉参考的文字，❸单击【标记】按钮，❹单击【关闭】按钮关闭【标记索引项】对话框，如图 13-90 所示。

Step03 返回文档，所选词语的右侧显示了 XE 域代码，如图 13-91 所示。

Step04 完成文档中所有词语的标记后，就可以插入索引目录了。❶将鼠标光标定位到需要插入索引的位置，❷切换到【引用】选项卡，❸单击【索引】组中的【插入索引】按钮，如图 13-92 所示。

Step05 弹出【索引】对话框，❶根据需要设置索引目录格式，❷完成设置后单击【确定】按钮，如图 13-93 所示。

图 13-93

Step06 返回文档，可看到创建的索引目录，效果如图 13-94 所示。

图 13-94

13.5　管理索引

对于创建好的索引，还可以随时修改它的外观。当文档内容发生变化时，还可以更新索引，以保持与文档的同步。接下来就讲解这些操作。

13.5.1　实战：设置索引的格式

实例门类	软件功能
教学视频	光盘＼视频＼第 13 章＼13.5.1.mp4

与修改目录外观的方法相似，也可以在创建索引之前或之后设置索引的外观。例如，要对已经创建好的索引设置外观，具体操作步骤如下。

Step01 在"通信工程安全技术作业指导书 .docx"文档中，索引的原始效果如图 13-95 所示。

Step02 ❶切换到【引用】选项卡，❷单击【索引】组中的【插入索引】按钮，如图 13-96 所示。

图 13-95

图 13-96

Step03 弹出【索引】对话框，单击【修改】按钮，如图 13-97 所示。

图 13-97

Step04 弹出【样式】对话框，在【样式】列表框中列出了每一级索引所使用的样式，❶选择需要修改的索引样式，❷单击【修改】按钮，如图 13-98 所示。

图 13-98

Step05 弹出【修改样式】对话框，设置需要的格式，其方法可参考第10章的内容，完成设置后单击【确定】按钮，如图 13-99 所示。

图 13-99

Step06 返回【样式】对话框，参照上述方法，依次为其他索引样式进行修改。本例中的索引有2级，根据操作需要，只需对"索引1"和"索引2"这两个样式进行修改，完成修改后单击【确定】按钮，如图 13-100 所示。

图 13-100

Step07 返回【索引】对话框，单击【确定】按钮，如图 13-101 所示。

图 13-101

Step08 弹出提示框询问是否替换所选索引，因为本例中是对已有索引设置格式，所以单击【取消】按钮，如图 13-102 所示。

图 13-102

Step09 返回文档，可发现索引的外观发生了改变，如图 13-103 所示。

图 13-103

13.5.2 更新索引

当文档中的内容发生变化时，为了让索引与文档保持一致，需要对索引进行更新，其方法有以下几种。

➜ 将鼠标光标定位在索引内并右击，在弹出的快捷菜单中选择【更新域】命令，如图 13-104 所示。

图 13-104

➜ 将鼠标光标定位在索引内，切换到【引用】选项卡，单击【索引】组中的【更新索引】按钮，如图 13-105 所示。

图 13-105

➡ 将鼠标光标定位在索引内，按下【F9】键。

13.5.3 删除不需要的索引项

对于不再需要的索引项，可以将

其删除，其方法有以下几种。

➡ 删除单个索引项：在文档中选中需要删除的某个 XE 域代码，按下【Delete】键即可。

➡ 删除所有索引项：如果文档中只有 XE 域代码，那么可以使用替换功能快速删除全部索引项。按下【Ctrl+H】组合键，打开【查找和替换】对话框，并自动定位在【替换】选项卡，在英文输入状态下，在【查找内容】文本框中输入【^d】，【替换为】文本框内留空，然后单击【全部替换】按钮即可，如图 13-106 所示。

图 13-106

技术看板

如果文档中除了 XE 域之外还有其他域，则不建议用户使用全部替换功能进行删除，以避免删除不该删除的域。

妙招技法

通过前面知识的学习，相信读者已经学会了如何创建与管理目录、索引了。下面结合本章内容，给大家介绍一些实用技巧。

技巧01：让目录的页码右对齐

在文档中创建目录后，有时发现目标标题右侧的页码没有右对齐，如图 13-107 所示。

图 13-107

要解决这一问题，则直接打开【目录】对话框，确保选中【页码右对齐】复选框，然后单击【确定】按钮，在弹出的提示框中单击【是】按钮，使新建目录替换旧目录即可。

如果依然没有解决到问题，则打开【目录】对话框，在【常规】栏的【格式】下拉列表中选择【正式】选项，然后单击【确定】按钮即可，如图 13-108 所示。

图 13-108

技巧02：分别为各个章节单独创建目录

教学视频	光盘\视频\第13章\技巧02.mp4

在一些大型文档中，有时需要先插入一个总目录后，再为各个章节单独

创建目录，这就需要配合书签为指定范围中的内容创建目录（可参阅 13.1.4 节内容），具体操作步骤如下。

Step01 打开"光盘\素材文件\第13章\公司规章制度.docx"文件，在文档开始处插入一个总目录，如图 13-109 所示。

图 13-109

Step02 分别为各个要创建目录的章节设置一个书签。本例中，分别为第 2 章、第 3 章、第 5 章的内容设置书签，书签名称依次为"第 2 章""第 3章""第 5 章"，如图 13-110 所示。

图 13-110

Step03 完成书签的设置后，就可以为这些章节单独插入目录了。例如，要为第 2 章节的内容插入目录，将鼠标光标定位到需要创建目录的位置，然后输入域代码【{ TOC \b 第 2 章 }】，如图 13-111 所示。

图 13-111

Step04 将鼠标光标定位在域内，按【F9】键更新域，即可显示第 2 章的章节目录，如图 13-112 所示。

图 13-112

Step05 参照第 3~4 步的操作，为第 3 章的内容单独创建目录，如图 13-113 所示。

图 13-113

Step06 参照第 3~4 步的操作，为第 5 章的内容单独创建目录，如图 13-114 所示。至此，完成了总目录及章节目录的创建。

图 13-114

技巧03：为什么目录中出现"未找到目录项"

在更新文档中的目录时，有时会出现"未找到目录项"这样的提示，这是因为创建目录时的文档标题后来被意外删除了。此时，可以通过以下两种方式解决问题。
➥ 找回或重新输入原来的文档标题。
➥ 重新创建目录。

技巧04：为何已标记的索引项没有出现在索引中

在文档中标记索引项后，如果在创建索引时没有显示出来，那么需要进行以下几项内容的检查。
➥ 检查是否使用冒号将主索引项和次索引项分隔开了。
➥ 如果索引是基于书签创建的，请检查书签是否仍然存在并有效。
➥ 如果在主控文档中创建索引，必须确保所有子文档都已经展开。
➥ 在创建索引时，如果是手动输入的 Index 域代码及相关的一些开关，请检查这些开关的语法是否正确。

在 Word 文档中创建索引时，实际上是自动插入了 Index 域代码，在图 13-115 中，列出了 Index 域包含的开关及说明。

开关	说明
\b	使用书签指定文档中要创建索引的内容范围
\c	指定索引的栏数，其后输入表示栏数的数字，并用英文双引号括起来
\d	指定序列与页码之间的分隔符，其后输入需要的分隔符号，并用英文双引号括起来
\e	指定索引项与页码之间的分隔符，其后输入需要的分隔符号，并用英文双引号括起来
\f	只使用指定的词条类型来创建索引
\g	指定在页码范围内使用的分隔符，其后输入需要的分隔符号，并用英文双引号括起来
\h	指定索引中各字母之间的距离
\k	指定交叉引用和其他条目之间的分隔符，其后输入需要的分隔符号，并用英文双引号括起来
\l	指定多页引用页码之间的分隔符，其后输入需要的分隔符号，并用英文双引号括起来
\p	将索引限制为指定的字母
\r	将次索引移入主索引项所在的行中
\s	包括用页码引用的序列号
\y	为多音索引项启用确定拼音功能
\z	指定 Word 创建索引的语言标识符

图 13-115

> **技术看板**
>
> 本章中提到了域的一些简单使用，具体详情请参考第 16 章内容。

本章小结

本章主要讲解了目录与索引的使用，主要包括创建正文标题目录、创建图表目录、目录的管理、创建索引、管理索引等内容。通过本章内容的学习，希望读者能够灵活运用这些功能，从而能全面把控大型文档的目录与索引的操作。

第5篇

高级应用篇

熟练掌握前面章节的知识，相信读者能够轻而易举地制作并排版各类文档了。本篇将讲解 Word 2013 的一些高级应用，让读者的技能得到进一步提升。

第**14**章 文档的审阅与保护

➥ 如何快速统计文档中的页数与字数？

➥ 怎样才能在文档中显示修改痕迹？

➥ 批注有什么作用？

➥ 精确比较两个文档的不同之处，你还在手动比较吗？

➥ 将重要文档采取保护措施，你会怎么做？

本章将学习如何统计文档的页数与字数，使用修订和批注功能审阅文档，以及如何保护重要文档。

14.1 文档的检查

对文档完成了编辑工作后，根据操作需要，可以进行有效的校对工作，如检查文档中的拼写和语法、统计文档的页数与字数等。

★ 新功能 14.1.1 实战：**检查后勤工作计划的拼写和语法**

实例门类	软件功能
教学视频	光盘\视频\第 14 章\14.1.1.mp4

默认情况下，当文档中发生语法错误时，Word 会自动检测，并用红色和蓝色的波浪线标示出来。在检查文档时，逐个检查标示出来的词语和句子，以决定是否需要更改。通过

这种方式逐一进行检查，不仅枯燥乏味，还会影响工作的质量与速度。此时，通过 Word 的"拼写和语法"功能，可轻松完成文档的检查，具体操作步骤如下。

Step 01 打开"光盘\素材文件\第 14 章\后勤工作计划 .docx"文件，❶ 将鼠标光标定位到文档的开始处，❷ 切换到【审阅】选项卡，❸ 单击【校对】组中的【拼写和语法】按钮，如图 14-1 所示。

图 14-1

Step 02 Word 将从文档开始处自动进行

检查，当遇到拼写或语法错误时，会在自动打开的【语法】窗格中显示错误原因，同时会在文档中自动选中错误内容，如果认为内容没有错误，则单击【忽略】按钮忽略当前校对，如图 14-2 所示。

图 14-2

技术看板

在 Word 2010 中通过"拼写和语法"功能检查文档时，则是弹出【拼写和语法】对话框，其使用方法与【语法】窗格的使用大同小异。

Step 03 Word 将继续进行检查，当遇到拼写或语法错误时，根据实际情况进行忽略操作，或直接在 Word 文档中进行修改操作。完成检查后，弹出提示框进行提示，单击【确定】按钮即

可，如图 14-3 所示。

图 14-3

技术看板

遇到拼写或语法错误时，在 Word 文档中进行修改操作后，需要在【语法】窗格中单击【恢复】按钮，Word 才会继续向前进行检查。

当遇到拼写或语法错误时，在【语法】窗格中单击【忽略规则】按钮，可忽略当前错误在文档中出现的所有位置。

14.1.2 统计后勤工作计划的页数与字数

实例门类	软件功能
教学视频	光盘\视频\第 14 章\14.1.2.mp4

默认情况下，在编辑文档时，Word 窗口的状态栏中会实时显示文档页码信息及总字数，如果需要了解更详细的字数信息，可通过字数统计

功能进行查看，具体操作步骤如下。

Step 01 在"后勤工作计划 .docx"文档中，① 切换到【审阅】选项卡，② 单击【校对】组中的【字数统计】按钮，如图 14-4 所示。

图 14-4

Step 02 弹出【字数统计】对话框，将显示当前文档的页数、字数、字符数等信息，查看完成后，单击【关闭】按钮即可，如图 14-5 所示。

图 14-5

14.2 文档的修订

在编辑会议发言稿之类的文档时，文档由编辑者编辑完成后，一般还需要审阅者进行审阅，再由编辑者根据审阅者提供的修改建议进行修改，通过这样的反复修改，最后才能定稿，接下来就讲解文档的修订方法。

★ 重点 ★ 新功能 14.2.1 实战：修订员工培训计划方案

实例门类	软件功能
教学视频	光盘\视频\第 14 章\14.2.1.mp4

审阅者在审阅文档时，如果需要对文档内容进行修改，建议先打开修订功能。打开修订功能后，文档中将会显示所有修改痕迹，以便文档编辑

者查看审阅者对文档所做的修改。修订文档的具体操作步骤如下。

Step 01 打开"光盘\素材文件\第 14 章\员工培训计划方案 .docx"文件，① 切换到【审阅】选项卡，② 在【修订】组中单击【修订】按钮下方的下拉按钮，③ 在弹出的下拉列表中选择【修订】选项，如图 14-6 所示。

图 14-6

Step02 此时，【修订】按钮呈选中状态，表示文档呈修订状态。在修订状态下，对文档中进行各种编辑后，会在被编辑区域的边缘附近显示一根红线，该红线用于指示修订的位置，如图 14-7 所示。

图 14-7

技能拓展——取消修订状态

打开修订功能后，【修订】按钮呈选中状态。如果需要关闭修订功能，则单击【修订】按钮下方的下拉按钮 ▾，在弹出的下拉列表中选择【修订】选项即可。

★ 重点 ★ 新功能 14.2.2 实战：设置员工培训计划方案的修订显示状态

实例门类	软件功能
教学视频	光盘\视频\ 第 14 章\14.2.2.mp4

Word 2013 为修订提供了 4 种显示状态，分别是简单标记、所有标记、无标记、原始状态，在不同的状态下，修订以不同的形式进行显示。

➡ 简单标记：文档中显示为修改后的状态，但会在编辑过的区域左边显示一根红线，这根红线表示附近区域有修订。

➡ 所有标记：在文档中显示所有修改痕迹。

➡ 无标记：文档中隐藏所有修订标记，并显示为修改后的状态。

➡ 原始状态：文档中没有任何修订

标记，并显示为修改前的状态，即以原始形式显示文档。

默认情况下，Word 以简单标记显示修订内容，根据操作需要，我们可以随时更改修订的显示状态。为了便于查看文档中的修改情况，一般建议将修订的显示状态设置为所有标记，具体操作步骤如下。

Step01 在"员工培训计划方案 .docx"文档中，在【修订】组的下拉列表中，选择【所有标记】选项，如图 14-8 所示。

图 14-8

Step02 此时，我们可以非常清楚地看到对文档所做的所有修改，如图 14-9 所示。

图 14-9

技术看板

修订文档时，Word 2013 与 Word 2010 最大的区别在于，Word 2013 默认以【简单标记】显示修订内容，Word 2010 默认以【最终：显示标记】显示修订内容。另外，在设置修订显示状态时，虽然各选项名称不一样，但大部分选项的效果相同。

★ 新功能 14.2.3 实战：设置修订格式

实例门类	软件功能
教学视频	光盘\视频\第 14 章\14.2.3.mp4

文档处于修订状态下时，对文档所做的编辑将以不同的标记或颜色进行区分显示。根据操作需要，还可以自定义设置这些标记或颜色，具体操作步骤如下。

Step01 ① 切换到【审阅】选项卡，② 在【修订】组中单击【功能扩展】按钮，如图 14-10 所示。

图 14-10

Step02 弹出【修订选项】对话框，单击【高级选项】按钮，如图 14-11 所示。

图 14-11

Step03 弹出【高级修订选项】对话框，① 在各个选项区域中进行相应的设置，② 完成设置后单击【确定】按钮即可，如图 14-12 所示。

技术看板

在 Word 2010 中，若要设置修订格式，则在【审阅】选项卡下的【修订】组中单击【修订】按钮下方的下拉按钮 ▾，在弹出的下拉列表中选择【修订选项】选项，在弹出的【修订选项】对话框中进行设置即可。

第 1 篇　第 2 篇　第 3 篇　第 4 篇　第 5 篇　第 6 篇

图 14-12

在【高级修订选项】对话框中，其中【跟踪移动】复选框是针对段落的移动，当移动段落时，Word 会进行跟踪显示；【跟踪格式设置】复选框是针对文字或段落格式的更改，当格式发生变化时，会在窗口右侧的标记区中显示格式变化的参数。

技术看板

对文档进行修订时，如果将已经带有插入标记的内容删除掉，则该文本会直接消失，不被标记为删除状态。这是因为只有原始内容被删除时，才会出现修订标记。

★ 重点 14.2.4 实战：**对活动方案接受与拒绝修订**

实例门类	软件功能
教学视频	光盘\视频\第 14 章\14.2.4.mp4

对文档进行修订后，文档编辑者可对修订做出接受或拒绝操作。若接受修订，则文档会保存为审阅者修改后的状态；若拒绝修订，则文档会保存为修改前的状态。

根据个人操作需要，可以逐条接受或拒绝修订，也可以直接一次性接受或拒绝所有修订。

1. 逐条接受或拒绝修订

如果要逐条接受或拒绝修订，可

按下面的操作步骤实现。

Step01 打开"光盘\素材文件\第 14 章\活动方案.docx"文件，❶ 将鼠标光标定位在某条修订中，❷ 切换到【审阅】选项卡，❸ 若要接受，则在【更改】组中单击【接受】按钮下方的下拉按钮，❹ 在弹出的下拉列表中选择【接受此修订】选项，如图 14-13 所示。

图 14-13

技术看板

在【接受】下拉列表中，若选择【接受并移到下一条】选项，当前修订即可被接受，与此同时，鼠标光标自动定位到下一条修订中。

Step02 当前修订即可被接受，同时修订标记消失，在【更改】组中单击【下一条】按钮，如图 14-14 所示。

图 14-14

Step03 Word 将查找并选中下一条修订，❶ 若要拒绝，则单击【拒绝】按钮右侧的下拉按钮，❷ 在弹出的下拉列表中选择【拒绝更改】选项，如图 14-15 所示。

Step04 当前修订被拒绝，同时修订标记消失，如图 14-16 所示。

图 14-15

技术看板

在此下拉列表中，若选择【拒绝并移到下一条】选项，当前修订即被拒绝，与此同时，鼠标光标自动定位到下一条修订中。

图 14-16

Step05 参照上述操作方法，对文档中的修订进行接受或拒绝操作即可。完成所有修订的接受或拒绝操作后，会弹出提示框进行提示，单击【确定】按钮即可，如图 14-17 所示。

图 14-17

2. 接受或拒绝全部修订

有时编辑者可能不需要去逐条接受或拒绝修订，那么可以一次性接受或拒绝文档中的所有修订。

➜ 接受所有修订：如果需要接受审阅者的全部修订，则单击【接受】按钮下方的下拉按钮，在弹出的下拉列表中选择【接受所有修订】选项即可，如图 14-18 所示。
- 拒绝所有修订：如果需要拒绝审阅者的全部修订，则单击【拒绝】按钮⊠右侧的下拉按钮，在弹出的下拉列表中选择【拒绝所有修订】选项即可，如图 14-19 所示。

图 14-18

图 14-19

14.3 批注的应用

修订是跟踪文档变化最有效的手段，通过该功能，审阅者可以直接对文稿进行修改。但是，当需要对文稿提出建议时，就需要通过批注功能来实现。

14.3.1 实战：在员工培训计划方案中新建批注

实例门类	软件功能
教学视频	光盘\视频\第 14 章\14.3.1.mp4

批注是编辑者与审阅者的沟通渠道，审阅者在修改他人文档时，通过插入批注，可以将自己的建议插入到文档中，以供编辑者参考。插入批注的具体操作步骤如下。

Step01 在"员工培训计划方案 .docx"文档中，❶选中需要添加批注的文本，❷切换到【审阅】选项卡，❸单击【批注】组中的【新建批注】按钮，如图 14-20 所示。

图 14-20

Step02 窗口右侧将出现一个批注框，在批注框中输入自己的见解或建议即可，如图 14-21 所示。

图 14-21

14.3.2 设置批注和修订的显示方式

实例门类	软件功能
教学视频	光盘\视频\第 14 章\14.3.2.mp4

Word 为批注和修订提供了 3 种显示方式，分别是在批注框中显示修订、以嵌入方式显示所有修订、仅在批注框中显示批注和格式。
- 在批注框中显示修订：选择此方式时，所有批注和修订将以批注框的形式显示在标记区中，如图 14-22 所示。
- 以嵌入方式显示所有修订：所有批注与修订将以嵌入的形式显示在文档中，如图 14-23 所示。

图 14-22

图 14-23

- 仅在批注框中显示批注和格式：标记区中将以批注框的形式显示批注和格式更改，而其他修订会以嵌入的形式显示在文档中，如图 14-24 所示。

241

图 14-24

默认情况下，Word 文档中是以仅在批注框中显示批注和格式的方式显示批注和修订的，根据操作习惯，用户可自行更改，方法为：❶ 切换到【审阅】选项卡，❷ 在【修订】组中单击【显示标记】按钮，❸ 在弹出的下拉列表中选择【批注框】选项，❹ 在弹出的级联列表中选择需要的方式即可，如图 14-25 所示。

图 14-25

★ 新功能 14.3.3　实战：在员工培训计划方案中答复批注

实例门类	软件功能
教学视频	光盘\视频\第 14 章\14.3.3.mp4

Word 2013 新增了答复批注的功能，当审阅者在文档中使用了批注，

编辑者便可对批注做出答复，从而使审阅者与编辑者之间的沟通非常轻松。答复批注的具体操作步骤如下。

Step 01 在 "员工培训计划方案.docx" 文档中，❶ 将鼠标光标定位到需要进行答复的批注内，❷ 单击【答复】按钮，如图 14-26 所示。

图 14-26

Step 02 在出现的回复栏中直接输入答复内容即可，如图 14-27 所示。

图 14-27

14.3.4　删除批注

实例门类	软件功能
教学视频	光盘\视频\第 14 章\14.3.4.mp4

如果不再需要批注内容，可通过下面的方法将其删除。

➡ 右击需要删除的批注，在弹出的快

捷菜单中选择【删除批注】命令即可，如图 14-28 所示。

图 14-28

➡ 将鼠标光标定位在要删除的批注中，切换到【审阅】选项卡，在【批注】组中单击【删除】按钮下方的下拉按钮，在弹出的下拉列表中选择【删除】选项即可，如图 14-29 所示。

图 14-29

技能拓展——删除文档中所有批注

在要删除批注的文档中，切换到【审阅】选项卡，在【批注】组中单击【删除】按钮下方的下拉按钮，在弹出的下拉列表中选择【删除文档中的所有批注】选项，可以一次性删除文档中的所有批注。

14.4　合并与比较文档

通过 Word 提供的合并与比较功能，用户可以很方便地对两篇文档进行比较，从而快速找到差异，接下来将进行详细讲解。

★ 重点 14.4.1 实战：合并公司简介的多个修订文档

实例门类	软件功能
教学视频	光盘\视频\第 14 章\14.4.1.mp4

合并文档并不是将几个不同的文档合并在一起，而是将多个审阅者对同一个文档所做的修订合并在一起。合并文档的具体操作步骤如下。

Step01 打开"光盘\素材文件\第 14 章\公司简介 .docx"文件，❶切换到【审阅】选项卡，❷在【比较】组中单击【比较】按钮，❸在弹出的下拉列表中选择【合并】选项，如图 14-30 所示。

图 14-30

Step02 弹出【合并文档】对话框，在【原文档】栏中单击【文件】按钮，如图 14-31 所示。

图 14-31

Step03 弹出【打开】对话框，❶选择原始文档，❷单击【打开】按钮，如图 14-32 所示。

Step04 返回【合并文档】对话框，在【修订的文档】栏中单击【文件】按钮，如图 14-33 所示。

Step05 弹出【打开】对话框，❶选择第一份修订文档，❷单击【打开】按钮，如图 14-34 所示。

Step06 返回【合并文档】对话框，单

击【更多】按钮，如图 14-35 所示。

图 14-32

图 14-33

图 14-34

图 14-35

Step07 ❶展开【合并文档】对话框，根据需要进行相应的设置，本例中在【修订的显示位置】栏中选中【原文档】单选按钮，❷设置完成后单击【确定】按钮，如图 14-36 所示。

图 14-36

Step08 如果修订文档中有格式修改，则合并文档时会弹出提示框询问用户要保留的格式修订，用户根据需要进行选择，然后单击【继续合并】按钮，如图 14-37 所示。

图 14-37

Step09 Word 将会对原始文档和第一份修订文档进行合并操作，并在原文档窗口中显示合并效果，如图 14-38 所示。

图 14-38

Step10 按下【Ctrl+S】组合键保存文档，重复前面的操作，通过【合并文档】对话框依次将其他审阅者的修订文档合并进来。在合并修订后的文档中，可以查看到所有审阅者的修订，将鼠标指针指向某条修订时，还会显示审阅者的信息，如图 14-39 所示。

图 14-39

技术看板

在【合并文档】对话框中的【修订的显示位置】栏中，若选中【原文档】单选按钮，则将把合并结果显示在原文档中；若选中【修订后文档】单选按钮，则会将合并结果显示在修订的文档中；若选中【新文档】单选按钮，则会自动新建一个空白文档，用来保存合并结果。

若选中【新文档】单选按钮，则需要先保存合并结果，并将这个保存的合并结果作为原始文档，再合并下一位审阅者的修订文档。

★ **重点 14.4.2 实战：比较文档**

实例门类	软件功能
教学视频	光盘\视频\第 14 章\14.4.2.mp4

对于没有启动修订功能的文档，可以通过比较文档功能对原始文档与修改后的文档进行比较，从而自动生成一个修订文档，以实现文档编辑者与审阅者之间沟通的目的。比较文档的具体操作步骤如下。

Step①① 在 Word 窗口中，❶ 切换到【审阅】选项卡，❷ 在【比较】组中单击【比较】按钮，❸ 在弹出的下拉列表中选择【比较】选项，如图 14-40 所示。

图 14-40

Step②② 弹出【比较文档】对话框，在【原文档】栏中单击【文件】按钮，如图 14-41 所示。

图 14-41

Step③③ 弹出【打开】对话框，❶ 选择原始文档，❷ 单击【打开】按钮，如图 14-42 所示。

图 14-42

Step④④ 返回【比较文档】对话框，在【修订的文档】栏中单击【文件】按钮，如图 14-43 所示。

图 14-43

Step⑤⑤ 弹出【打开】对话框，❶ 选择修改后的文档，❷ 单击【打开】按钮，如图 14-44 所示。

图 14-44

Step⑥⑥ 返回【比较文档】对话框，单击【更多】按钮，如图 14-45 所示。

图 14-45

Step⑦⑦ ❶ 展开【比较文档】对话框，根据需要进行相应的设置，本例中在【修订的显示位置】栏中选中【新文档】单选按钮，❷ 设置完成后单击【确定】按钮，如图 14-46 所示。

图 14-46

Step⑧⑧ Word 将自动新建一个空白文档，并在新建的文档窗口中显示比较结果，如图 14-47 所示。

图 14-47

14.5　保护文档

编辑文档时，对于重要的文档，为了防止他人随意查看或编辑文档，用户可以对文档设置相应的保护，如设置格式修改权限、设置编辑权限，以及设置打开文档的密码。

★ 重点 14.5.1　实战：设置后勤工作计划的格式修改权限

实例门类	软件功能
教学视频	光盘\视频\第14章\14.5.1.mp4

如果允许用户对文档的内容进行编辑，但是不允许修改格式，则可以设置格式修改权限，具体操作步骤如下。

Step 01 打开"光盘\素材文件\第14章\后勤工作计划.docx"文件，❶切换到【审阅】选项卡，❷在【保护】组中单击【限制编辑】按钮，如图14-48所示。

图 14-48

Step 02 打开【限制编辑】窗格，❶在【格式设置限制】栏中选中【限制对选定的样式设置格式】复选框，❷在【启动强制保护】栏中单击【是，启动强制保护】按钮，如图14-49所示。

图 14-49

Step 03 弹出【启动强制保护】对话框，❶设置保护密码，❷单击【确定】按钮，如图14-50所示。

图 14-50

Step 04 返回文档，此时用户仅仅可以使用部分样式格式化文本，如在【开始】选项卡中可以看到大部分按钮都呈不可使用状态，如图14-51所示。

图 14-51

技能拓展——取消格式修改权限

若要取消格式修改权限，则打开【限制编辑】窗格，单击【停止保护】按钮，在弹出的【取消保护文档】对话框中输入之前设置的密码，然后单击【确定】按钮即可。

★ 重点 14.5.2　实战：设置市场调查报告的编辑权限

实例门类	软件功能
教学视频	光盘\视频\第14章\14.5.2.mp4

如果只允许其他用户查看文档，但不允许对文档进行任何编辑操作，则可以设置编辑权限。具体操作步骤如下。

Step 01 打开"光盘\素材文件\第14章\市场调查报告.docx"的文件，❶切换到【审阅】选项卡，❷在【保护】组中单击【限制编辑】按钮，如图14-52所示。

图 14-52

Step 02 打开【限制编辑】窗格，❶在【编辑限制】栏中选中【仅允许在文档中进行此类型的编辑】复选框，❷在下面的下拉列表框中选择【不允许任何更改（只读）】选项，❸在【启动强制保护】栏中单击【是，启动强制保护】按钮，如图14-53所示。

图 14-53

Step 03 弹出【启动强制保护】对话框，❶设置保护密码，❷单击【确定】按钮，如图 14-54 所示。

图 14-54

Step 04 返回文档，此时无论进行什么操作，状态栏都会出现【不允许修改，因为所选内容已被锁定】的提示信息，如图 14-55 所示。

图 14-55

★ 重点 14.5.3 实战：允许用户编辑论文中的部分内容

实例门类	软件功能
教学视频	光盘\视频\第 14 章\14.5.3.mp4

如果允许其他用户对文档中的某部分内容进行编辑，可按下面的操作步骤实现。

Step 01 打开"光盘\素材文件\第 14 章\论文.docx"文件，❶选中允许其他用户编辑的部分内容，❷切换到【审阅】选项卡，❸在【保护】组中单击【限制编辑】按钮，如图 15-56 所示。

Step 02 打开【限制编辑】窗格，❶在【编辑限制】栏中选中【仅允许在文档中进行此类型的编辑】复选框，❷在下面的列表框中选中【每个人】

复选框，❸在【启动强制保护】栏中单击【是，启动强制保护】按钮，如图 15-57 所示。

图 15-56

图 15-57

Step 03 弹出【启动强制保护】对话框，❶设置保护密码，❷单击【确定】按钮，如图 14-58 所示。

图 14-58

Step 04 返回文档，此时可以编辑的段落将出现底纹效果，而对不可编辑的段落进行编辑时，状态栏中将出现【不允许修改，因为所选内容已被锁定】的提示信息，如图 14-59 所示。

图 14-59

★ 重点 14.5.4 实战：设置项目策划书的修订权限

实例门类	软件功能
教学视频	光盘\视频\第 14 章\14.5.4.mp4

如果允许其他用户对文档进行编辑操作，但是又希望查看编辑痕迹，则可以设置修订权限。具体操作步骤如下。

Step 01 打开"光盘\素材文件\第 14 章\项目策划书.docx"文件，❶切换到【审阅】选项卡，❷在【保护】组中单击【限制编辑】按钮，如图 14-60 所示。

图 14-60

Step 02 打开【限制编辑】窗格，❶在【编辑限制】栏中选中【仅允许在文档中进行此类型的编辑】复选框，❷在下面的下拉列表框中选择【修订】选项，❸在【启动强制保护】栏中单击【是，启动强制保护】按钮，如图 14-61 所示。

Step 03 弹出【启动强制保护】对话框，❶设置保护密码，❷单击【确定】按钮，如图 14-62 所示。

图 14-61

图 14-62

Step 04 返回文档，此后若对其进行编辑，文档会自动进入修订状态，即任何修改都会做出修订标记，如图 14-63 所示。

图 14-63

★ 重点 14.5.5 实战：设置修改财务管理方案的密码

实例门类	软件功能
教学视频	光盘\视频\第 14 章\14.5.5.mp4

对于比较重要的文档，在允许其他用户查阅的情况下，为了防止内容被编辑修改，我们可以设置一个修改密码。

打开设置了修改密码的文档时，会弹出如图 14-64 所示的【密码】对话框提示输入密码，这时只有输入正确的密码才能打开文档并进行编辑，否则只能通过单击【只读】按钮以只读方式打开。

图 14-64

对文档设置修改密码的具体操作步骤如下。

Step 01 打开"光盘\素材文件\第 14 章\财务管理方案 .docx"文件，按下【F12】键弹出【另存为】对话框，❶ 单击【工具】按钮，❷ 在弹出的菜单中选择【常规选项】命令，如图 14-65 所示。

图 14-65

Step 02 弹出【常规选项】对话框，❶ 在【修改文件时的密码】文本框内输入密码，❷ 单击【确定】按钮，如图 14-66 所示。

图 14-66

Step 03 ❶ 在弹出的【确认密码】对话框中再次输入密码，❷ 单击【确定】按钮，如图 14-67 所示。

图 14-67

Step 04 返回【另存为】对话框，单击【保存】按钮即可，如图 14-68 所示。

图 14-68

技能拓展——取消修改密码

对文档设置修改密码后，若要取消这一密码保护，则打开上述操作中的【常规选项】对话框，将【修改文件时的密码】文本框内的密码删除，然后单击【确定】按钮即可。

★ 重点 14.5.6 实战：设置打开投标书的密码

实例门类	软件功能
教学视频	光盘\视频\第 14 章\14.5.6.mp4

对于非常重要的文档，为了防止其他用户查看，可以设置打开文档时的密码，以达到保护文档的目的。

对文档设置打开密码后，再次打开该文档，会弹出如图 14-69 所示的【密码】对话框，此时需要输入正确的密码才能将其打开。

图 14-69

对文档设置打开密码的具体操作步骤如下。

Step01 打开"光盘\素材文件\第14章\投标书.docx"文件，打开【文件】菜单，❶ 在【信息】操作界面中单击【保护文档】按钮，❷ 在弹出的下拉菜单中选择【用密码进行加密】命令，如图 14-70 所示。

图 14-70

Step02 弹出【加密文档】对话框，❶ 在【密码】文本框中输入密码，❷ 单击【确定】按钮，如图 14-71 所示。

图 14-71

Step03 弹出【确认密码】对话框，❶ 在【重新输入密码】文本框中再次输入密码，❷ 单击【确定】按钮，如图 14-72 所示。

图 14-72

技能拓展——通过【常规选项】对话框设置打开文档时的密码保护

除了本操作方法之外，还可以在【常规选项】对话框中设置打开文档时的密码保护。参照 14.5.5 小节的操作方法，先打开【常规选项】对话框，然后在【打开文件时的密码】文本框内设置密码即可。

Step04 返回文档，按下【Ctrl+S】组合键进行保存即可。

技能拓展——取消打开密码

若要取消文档的打开密码，需要先打开该文档，然后打开【加密文档】对话框，将【密码】文本框中的密码删除掉，最后单击【确定】按钮即可。

妙招技法

通过前面知识的学习，相信读者已经掌握了如何审阅与保护文档。下面结合本章内容，给大家介绍一些实用技巧。

技巧 01：隐藏拼写错误标记

教学视频	光盘\视频\第 14 章\技巧01.mp4

默认情况下，如果系统检查出文档中有语法错误，会自动用错误标记标示出来。但是，自动检查语法的功能并不是万能的，会发生很多错误的判断，显示的错误标记会影响版面整洁。根据操作需要，用户可以将拼写错误标记隐藏起来，具体操作方法为：打开【Word 选项】对话框，❶ 切换到【校对】选项卡，❷ 在【在 Word 中更正拼写和语法时】栏中取消选中需要隐藏的语法错误复选框，❸ 单击【确定】按钮，如图 14-73 所示。

示。

图 14-73

技巧 02：防止他人随意关闭修订

教学视频	光盘\视频\第 14 章\技巧02.mp4

打开修订功能后，通过单击【修订】按钮下方的下拉按钮，在弹出的下拉列表中选择【修订】选项，可关闭修订功能。为了防止他人随意关闭修订功能，可使用锁定修订功能，具体操作步骤如下。

Step01 在"员工培训计划方案.docx"文档中，❶ 切换到【审阅】选项卡，❷ 在【修订】组中单击【修订】按钮下方的下拉按钮，❸ 在弹出的下拉列表中选择【锁定修订】选项，如图 14-74 所示。

Step02 弹出【锁定跟踪】对话框，❶ 设置密码，❷ 单击【确定】按钮即可，如图 14-75 所示。

图 14-74

图 14-75

技巧 03：更改审阅者姓名

教学视频	光盘\视频\第 14 章\技巧 03.mp4

在文档中插入批注后，批注框中会显示审阅者的名字。此外，对文档做出修订后，将鼠标指针指向某条修订，会在弹出的指示框中显示审阅者的名字。

根据操作需要，我们可以修改审阅者的名字，具体操作方法为：打开【Word 选项】对话框，❶ 在【常规】选项卡的【对 Microsoft Office 进行个性化设置】栏中，设置用户名及缩写，❷ 单击【确定】按钮即可，如图 14-76 所示。

图 14-76

技巧 04：批量删除指定审阅者插入的批注

教学视频	光盘\视频\第 14 章\技巧 04.mp4

在审阅文档时，有时会有多个审阅者在文档中插入批注，如果只需要删除某个审阅者插入的批注，可按下面的操作步骤实现。

Step 01 打开"光盘\素材文件\第 14 章\档案管理制度.docx"文件，❶ 切换到【审阅】选项卡，❷ 在【修订】组中单击【显示标记】按钮，❸ 在弹出的下拉列表中选择【特定人员】选项，❹ 在弹出的级联列表中选择需要显示的审阅者，本例中只需要显示【LAN】的批注，因此取消选中【yangxue】复选框，如图 14-77 所示。

图 14-77

Step 02 此时文档中将只显示审阅者"LAN"的批注，❶ 在【批注】组中单击【删除】按钮下方的下拉按钮 ，❷ 在弹出的下拉列表中选择【删除所有显示的批注】选项，如图

14-78 所示，即可删除审阅者"LAN"插入的所有批注。

图 14-78

技巧 05：删除 Word 文档的文档属性和个人信息

教学视频	光盘\视频\第 14 章\技巧 05.mp4

将文档编辑好后，有时可能需要发送给其他人查阅，若不想让别人知道文档的文档属性及个人信息，可将这些信息删除掉。具体操作步骤如下。

Step 01 在要删除文档属性和个人信息的文档中，打开【Word 选项】对话框，❶ 切换到【信任中心】选项卡，❷ 单击【信任中心设置】按钮，如图 14-79 所示。

图 14-79

Step 02 弹出【信任中心】对话框，
❶ 切换到【个人信息选项】选项卡，
❷ 在【文档特定设置】栏中单击【文
档检查器】按钮，如图 14-80 所示。

图 14-80

Step 03 弹出【文档检查器】对话框，
❶ 只选中【文档属性和个人信息】复
选框，❷ 单击【检查】按钮，如图
14-81 所示。

Step 04 检查完毕，单击【全部删除】
按钮删除信息，如图 14-82 所示。

图 14-81

图 14-82

Step 05 将数据删除后，单击【关闭】
按钮关闭【文档检查器】对话框，如
图 14-83 所示。在接下来返回的对话
框中依次单击【确定】按钮，保存设
置即可。

图 14-83

本章小结

　　本章主要讲解了如何审阅与保护文档，主要包括文档的检查、文档的修订、批注的应用、合并与比较文档、保护文档等内容。通过本章内容的学习，读者不仅能够规范审阅、修订文档，还能保护自己的重要文档。

第15章 信封与邮件合并

> ➡ 如何通过 Word 制作信封？
>
> ➡ 邮件合并有何作用？

本章将通过制作信封和邮件合并来教读者如何批量制作通知书、工作表及准考证等文件，从而提高工作效率。

15.1 制作信封

虽然现在许多办公室都配置了打印机，但大部分打印机都不能直接将邮政编码、收件人、寄件人打印至信封的正确位置。Word 提供了信封制作功能，可以帮助用户快速制作和打印信封。

15.1.1 实战：使用向导创建单个信封

实例门类	软件功能
教学视频	光盘\视频\第15章\15.1.1.mp4

虽然信封上的内容并不多，但是项目却不少，主要分收件人信息和发件人信息，这些信息包括姓名、邮政编码和地址。如果手动制作信封，既费时费力，而且尺寸也不容易符合邮政规范。通过 Word 提供的信封制作功能，可以轻松完成信封的制作，具体操作步骤如下。

Step01 ❶在 Word 窗口中切换到【邮件】选项卡，❷单击【创建】组中的【中文信封】按钮，如图 15-1 所示。

图 15-1

Step02 弹出【信封制作向导】对话框，单击【下一步】按钮，如图 15-2 所示。

图 15-2

Step03 进入【选择信封样式】向导界面，❶在【信封样式】下拉列表框中选择一种信封样式，❷单击【下一步】按钮，如图 15-3 所示。

图 15-3

Step04 进入【选择生成信封的方式和

数量】向导界面，❶选中【键入收信人信息，生成单个信封】单选按钮，❷单击【下一步】按钮，如图 15-4 所示。

图 15-4

Step05 进入【输入收信人信息】向导界面，❶输入收信人的姓名、称谓、单位、地址、邮编等信息，❷单击【下一步】按钮，如图 15-5 所示。

图 15-5

Step 06 进入【输入寄信人信息】向导界面，❶ 输入寄信人的姓名、单位、地址、邮编等信息，❷ 单击【下一步】按钮，如图 15-6 所示。

图 15-6

技术看板

根据【信封制作向导】对话框制作信封时，并不是一定要输入收件人信息和寄件人信息，也可以等将信封制作好后，在相应的位置再输入对应的信息。

Step 07 进入【信封制作向导】界面，单击【完成】按钮，如图 15-7 所示。

图 15-7

Step 08 Word 将自动新建一个文档，并根据设置的信息创建了一个信封，如图 15-8 所示。

图 15-8

★ 重点 15.1.2 实战：使用向导批量制作信封

实例门类	软件功能
教学视频	光盘\视频\第 15 章\15.1.2.mp4

通过信封制作向导，还可以导入通讯录中的联系人地址，批量制作出已经填写好各项信息的多个信封，从而提高工作效率。使用向导批量制作信封的具体操作步骤如下。

Step 01 通过 Excel 制作一个通讯录，如图 15-9 所示。

图 15-9

技术看板

制作通讯录时，对于收件人的职务，可以不输入，即留空。

Step 02 ❶ 在 Word 窗口中切换到【邮件】选项卡，❷ 单击【创建】组中的【中文信封】按钮，如图 15-10 所示。

图 15-10

Step 03 弹出【信封制作向导】对话框，单击【下一步】按钮，如图 15-11 所示。

图 15-11

Step 04 进入【选择信封样式】向导界面，❶ 在【信封样式】下拉列表框中选择一种信封样式，❷ 单击【下一步】按钮，如图 15-12 所示。

图 15-12

Step 05 进入【选择生成信封的方式和数量】向导界面，❶ 选中【基于地址簿文件，生成批量信封】单选按钮，❷ 单击【下一步】按钮，如图 15-13 所示。

图 15-13

Step 06 进入【从文件中获取并匹配收信人信息】向导界面，单击【选择地址簿】按钮，如图 15-14 所示。

Step 07 弹出【打开】对话框，❶ 选择纯文本或 Excel 格式的文件，本例中选择 Excel 格式的文件，❷ 单击【打开】按钮，如图 15-15 所示。

图 15-14

图 15-15

Step 08 返回【从文件中获取并匹配收信人信息】向导界面，① 在【匹配收信人信息】栏中，为收信人信息匹配对应的字段，② 单击【下一步】按钮，如图 15-16 所示。

图 15-16

Step 09 进入【输入寄信人信息】向导界面，① 输入寄信人的姓名、单位、地址、邮编等信息，② 单击【下一步】按钮，如图 15-17 所示。

Step 10 进入【信封制作向导】界面，单击【完成】按钮，如图 15-18 所示。

Step 11 Word 将自动新建一个文档，并根据设置的信息批量生成信封，如图 15-19 所示为其中两个信封。

图 15-17

图 15-18

图 15-19

15.1.3 实战：制作国际信封

实例门类	软件功能
教学视频	光盘\视频\第 15 章\15.1.3.mp4

除了制作中文信封之外，在 Word 中还可以制作标准的国际信封，具体操作步骤如下。

Step 01 ① 在 Word 窗口中切换到【邮件】选项卡，② 单击【创建】组中的【中文信封】按钮，如图 15-20 所示。

图 15-20

Step 02 弹出【信封制作向导】对话框，单击【下一步】按钮，如图 15-21 所示。

图 15-21

Step 03 进入【选择信封样式】向导界面，① 在【信封样式】下拉列表框中选择一种国际信封样式，② 单击【下一步】按钮，如图 15-22 所示。

图 15-22

Step 04 进入【选择生成信封的方式和数量】向导界面，① 选择信封的生成方式，本例中选中【键入收信人信息，生成单个信封】单选按钮，② 单击【下一步】按钮，如图 15-23 所示。

Step 05 进入【输入收信人信息】向导界面，① 输入收信人的详细信息，② 单击【下一步】按钮，如图 15-24 所示。

图 15-23

图 15-24

Step06 进入【输入寄信人信息】向导界面，❶ 输入寄信人的详细信息，❷ 单击【下一步】按钮，如图 15-25 所示。

图 15-25

Step07 进入【信封制作向导】界面，单击【完成】按钮，如图 15-26 所示。

图 15-26

Step08 Word 将自动新建一个文档，并根据设置的信息创建了一个信封，如图 15-27 所示。

图 15-27

★ **重点 15.1.4 实战：制作自定义的信封**

实例门类	软件功能
教学视频	光盘\视频\第 15 章\15.1.4.mp4

根据操作需要，用户还可以自定义制作信封，具体操作步骤如下。

Step01 新建一篇名为"制作自定义的信封"的空白文档，❶ 切换到【邮件】选项卡，❷ 单击【创建】组中的【信封】按钮，如图 15-28 所示。

图 15-28

Step02 弹出【信封和标签】对话框，❶ 在【信封】选项卡中的【收信人地址】文本框中输入收信人的信息，❷ 在【寄信人地址】文本框中输入寄信人的信息，❸ 单击【选项】按钮，如图 15-29 所示。

Step03 弹出【信封选项】对话框，❶ 在【信封尺寸】下拉列表框中可

以选择信封的尺寸大小，❷ 单击【确定】按钮，如图 15-30 所示。

图 15-29

图 15-30

⚙ **技能拓展——设置收信人和寄信人地址的字体格式**

在【信封选项】对话框中，单击【收信人地址】或【寄信人地址】栏中的【字体】按钮，可以分别设置对应的字体格式。

此外，将信封制作好后，通过【开始】选项卡或【字体】对话框等方式也可以设置地址信息的字体格式。

Step 04 返回【信封和标签】对话框，单击【添加到文档】按钮，如图 15-31 所示。

图 15-31

Step 05 弹出提示框询问是否要将新的寄信人地址保存为默认的寄信人地址，用户根据需要自行选择，本例中不需要保存，所以单击【否】按钮，如图 15-32 所示。

图 15-32

Step 06 返回文档，可看见自定义创建的信封效果，如图 15-33 所示。

图 15-33

技能拓展——设置收信人和寄信人地址的位置

在【信封选项】对话框中，在【收信人地址】或【寄信人地址】栏中，可以设置对应地址距页面左边和上边的距离。

此外，将信封制作好后，还可以通过拖动文本框的方式，灵活调整地址的位置。

★ **重点 15.1.5 实战：制作标签**

实例门类	软件功能
教学视频	光盘\视频\第 15 章\15.1.5.mp4

在日常工作中，标签是使用较多的元素。例如，当要用简单的几个关键词或一个简短的句子来表明物品的信息，就需要使用到标签。利用 Word，我们可以非常轻松地完成标签的批量制作，具体操作步骤如下。

Step 01 ❶ 在 Word 窗口中切换到【邮件】选项卡，❷ 单击【创建】组中的【标签】按钮，如图 15-34 所示。

图 15-34

Step 02 弹出【信封和标签】对话框，默认定位到【标签】选项卡，❶ 在【地址】文本框中输入要创建的标签的内容，❷ 单击【选项】按钮，如图 15-35 所示。

Step 03 弹出【标签选项】对话框，❶ 在【标签供应商】下拉列表框中选择供应商，❷ 在【产品编号】列表框中选择一种标签样式，❸ 选择好后在右侧的【标签信息】栏中可以查看当前标签的尺寸信息，确认无误后单击【确定】按钮，如图 15-36 所示。

图 15-35

图 15-36

技能拓展——自定义标签尺寸

在【标签选项】对话框中，单击【详细信息】按钮，在弹出的对话框中，可以在所选标签基础上修改指定参数来创建符合需要的新标签。

Step 04 返回【信封和标签】对话框，单击【新建文档】按钮，如图 15-37 所示。

图 15-37

Step.05 Word 将新建一个文档，并根据所设置的信息创建标签，初始效果如图 15-38 所示。

Step.06 根据个人需要，对标签设置格式进行美化，最终效果如图 15-39 所示。

图 15-38

图 15-39

15.2 邮件合并

在日常办公中，通常会有许多数据表，如果要根据这些数据信息制作大量文档，如名片、奖状、工资条、通知书、准考证等，便可通过邮件合并功能，轻松、准确、快速地完成这些重复性工作。

★ 重点 15.2.1 邮件合并的原理与通用流程

使用邮件合并功能，可以批量制作多种类型的文档，如通知书、奖状、工资条等，这些文档有一个共同的特征，它们都是由固定内容和可变内容组成的。

例如，录用通知书，在发给每一位应聘者的录用通知书中，姓名、性别等关于应聘者信息的个人信息是不同的，这就是可变内容；通知书中的其他内容是相同的，这就是固定内容。

使用邮件合并功能，无论创建哪种类型的文档，都要遵循图 15-40 所示的通用流程。

图 15-40

★ 重点 15.2.2 邮件合并中的文档类型和数据源类型

Word 为邮件合并提供了信函、电子邮件、信封、标签、目录和普通 Word 文档 6 种文档类型，用户可根据需要自行选择。如图 15-41 所示，列出了各种类型文档的详细说明。

文档类型	视图类型	功能
信函	页面视图	创建用于不同用途的信函，合并后的每条记录独自占用一页
电子邮件	Web 版式视图	为每个收件人创建电子邮件
信封	页面视图	创建指定尺寸的信封
标签	页面视图	创建指定规格的标签，所有标签位于同一页中
目录	页面视图	合并后的多条记录位于同一页中
普通 Word 文档	页面视图	删除与主文档关联的数据源，使文档恢复为普通文档

图 15-41

在邮件合并中，可以使用多种文件类型的数据源，如 Word 文档、Excel 文件、文本文件、Access 数据、Outlook 联系人等。

Excel 文件是最常用的数据源，图 15-42 所示为 Excel 制作的数据源，第一行包含用于描述各列数据的标题，其下的每一行包含数据记录。

图 15-42

如果要使用 Word 文档作为邮件合并的数据源，则可以在 Word 文档中创建一个表格，其表格的结构与 Excel 工作表类似。图 15-43 所示为 Word 制作的数据源。

图 15-43

技术看板

为了在邮件合并过程中能够将 Word 表格正确识别为数据源，Word 表格必须位于文档顶部，即表格上方不能含有任何内容。

如果要使用文本文件作为数据源，则要求各条记录之间及每条记录中的各项数据之间必须分别使用相同的符号分隔，图 15-44 所示为文本文件格式的数据源。

图 15-44

了解了邮件合并的流程及数据源类型等基础知识后，下面将通过具体的实例来运用邮件合并功能。

15.2.3 实战：批量制作通知书

实例门类	软件功能
教学视频	光盘\视频\第15章\15.2.3.mp4

在工作中，如果要制作大量的录用通知书，可按下面的操作步骤实现。

Step① 使用 Word 制作一个名为"录用通知书"的主文档，如图 15-45 所示。

图 15-45

Step② 使用 Excel 制作一个名为"录用名单"的数据源，如图 15-46 所示。

图 15-46

Step③ ❶ 在主文档中，切换到【邮

件】选项卡，❷ 单击【开始邮件合并】组中的【开始邮件合并】按钮，❸ 在弹出的下拉列表中选择文档类型，本例中选择【信函】选项，如图15-47 所示。

图 15-47

Step④ 创建好主文档和数据源后，就可以建立主文档与数据源的关联了。❶ 在主文档中，单击【开始邮件合并】组中的【选择收件人】按钮，❷ 在弹出的下拉列表中选择【使用现有列表】选项，如图 15-48 所示。

图 15-48

Step⑤ 弹出【选取数据源】对话框，❶ 选择数据源文件，❷ 单击【打开】按钮，如图 15-49 所示。

图 15-49

Step⑥ 弹出【选择表格】对话框，❶ 选中数据源所在的工作表，❷ 单击【确定】按钮，如图 15-50 所示。

图 15-50

Step⑦ 建立主文档与数据源的关联后，就可以插入合并域了。❶ 将鼠标光标定位到需要插入姓名的位置，❷ 在【编写和插入域】组中单击【插入合并域】按钮右侧的下拉按钮，❸ 在弹出的下拉列表中选择【姓名】选项，如图 15-51 所示。

图 15-51

Step⑧ 即可在文档中插入合并域"《姓名》"，❶ 将鼠标光标定位在需要插入称呼的位置，❷ 在【编写和插入域】组中单击【插入合并域】按钮右侧的下拉按钮，❸ 在弹出的下拉列表中选择【称呼】选项，如图 15-52 所示。

图 15-52

Step⑨ ❶ 将鼠标光标定位在需要插入分数的位置，❷ 在【编写和插入域】组中单击【插入合并域】按钮右侧的下拉按钮，❸ 在弹出的下拉列表中选择【成绩】选项，如图 15-53 所示。

图 15-53

Step⑩ 至此，完成了合并域的插入，效果如图 15-54 所示。

图 15-54

Step⑪ 插入合并域后，就可以生成合并文档了。❶ 在【完成】组中单击【完成并合并】按钮，❷ 在弹出的下拉列表中选择【编辑单个文档】选项，如图 15-55 所示。

图 15-55

Step⑫ 弹出【合并到新文档】对话

框，❶ 选中【全部】单选按钮，❷ 单击【确定】按钮，如图 15-56 所示。

图 15-56

Step⑬ Word 将新建一个文档显示合并记录，这些合并记录分别独自占用一页，图 15-57 所示为第 1 页的合并记录，显示了其中一位应聘者的录用通知书。

图 15-57

15.2.4 实战：批量制作工资条

实例门类	软件功能
教学视频	光盘\视频\第 15 章\15.2.4.mp4

许多用户习惯使用 Excel 制作工资条，其实利用 Word 的邮件合并功能，也能制作工资条，具体操作步骤如下。

Step① 使用 Word 制作一个名为"工资条"的主文档，如图 15-58 所示。

图 15-58

Step② 使用 Excel 制作一个名为"员工工资表"的数据源，如图 15-59 所示。

图 15-59

Step③ ❶ 在主文档中，切换到【邮件】选项卡，❷ 单击【开始邮件合并】组中的【开始邮件合并】按钮，❸ 在弹出的下拉列表中选择【目录】选项，如图 15-60 所示。

图 15-60

Step④ ❶ 在主文档中，单击【开始邮件合并】组中的【选择收件人】按钮，❷ 在弹出的下拉列表中选择【使用现有列表】选项，如图 15-61 所示。

图 15-61

Step⑤ 弹出【选取数据源】对话框，

❶选择数据源文件，❷单击【打开】按钮，如图 15-62 所示。

图 15-62

Step 06 弹出【选择表格】对话框，❶选中数据源所在的工作表，❷单击【确定】按钮，如图 15-63 所示。

图 15-63

Step 07 参照 15.2.3 节的操作步骤，在相应位置插入对应的合并域，插入合并域后的效果如图 15-64 所示。

图 15-64

Step 08 ❶在【完成】组中单击【完成并合并】按钮，❷在弹出的下拉列表中选择【编辑单个文档】选项，如图 15-65 所示。

Step 09 弹出【合并到新文档】对话框，❶选中【全部】单选按钮，❷单击【确定】按钮，如图 15-66 所示。

Step 10 Word 在新建的文档中显示了各员工的工资条，如图 15-67 所示。

图 15-65

图 15-66

图 15-67

技术看板

合并数据后，如果金额中包含了很多小数位数，或者有的工资记录在两页之间出现了跨页断行的问题，请到本章的妙招技法中查找解决办法。

15.2.5 实战：批量制作名片

实例门类	软件功能
教学视频	光盘\视频\第 15 章\15.2.5.mp4

当公司需要制作统一风格的名片时，通过邮件合并功能可快速完成制作，具体操作步骤如下。

Step 01 使用 Word 制作一个名为"名片"的主文档，如图 15-68 所示。

图 15-68

Step 02 使用 Excel 制作一个名为"名片数据"的数据源，如图 15-69 所示。

图 15-69

Step 03 ❶在主文档中，切换到【邮件】选项卡，❷单击【开始邮件合并】组中的【开始邮件合并】按钮，❸在弹出的下拉列表中选择【目录】选项，如图 15-70 所示。

图 15-70

Step 04 ❶在主文档中，单击【开始邮件合并】组中的【选择收件人】按钮，❷在弹出的下拉列表中选择【使用现有列表】选项，如图 15-71 所示。

Step 05 弹出【选取数据源】对话框，❶选择数据源文件，❷单击【打开】按钮，如图 15-72 所示。

Step 06 弹出【选择表格】对话框，❶选中数据源所在的工作表，❷单击【确定】按钮，如图 15-73 所示。

图 15-71

图 15-72

图 15-73

Step07 ❶选中【×××】，❷在【编写和插入域】组中单击【插入合并域】按钮右侧的下拉按钮┬，❸在弹出的下拉列表中选择【姓名】选项，如图 15-74 所示。

图 15-74

Step08 插入的合并域将替代"×××"，

如图 15-75 所示。

图 15-75

Step09 参照前面所学知识，在其他相应位置插入对应的合并域，插入合并域后的效果如图 15-76 所示。

图 15-76

Step10 ❶在【完成】组中单击【完成并合并】按钮，❷在弹出的下拉列表中选择【编辑单个文档】选项，如图 15-77 所示。

图 15-77

Step11 弹出【合并到新文档】对话框，❶选中【全部】单选按钮，❷单击【确定】按钮，如图 15-78 所示。

Step12 Word 在新建的文档中显示了各条合并记录，效果如图 15-79 所示。

图 15-78

图 15-79

15.2.6 实战：批量制作准考证

实例门类	软件功能
教学视频	光盘\视频\第 15 章\15.2.6.mp4

如果要批量制作带照片的准考证，通过 Word 的邮件合并功能可高效完成，具体操作步骤如下。

Step01 使用 Word 制作一个名为"准考证"的主文档，如图 15-80 所示。

图 15-80

Step02 使用 Word 制作一个名为"考生信息"的数据源，如图 15-81 所示。

图 15-81

Step03 ① 在主文档中，切换到【邮件】选项卡，② 单击【开始邮件合并】组中的【开始邮件合并】按钮，③ 在弹出的下拉列表中选择【信函】选项，如图 15-82 所示。

图 15-82

Step04 ① 在主文档中，单击【开始邮件合并】组中的【选择收件人】按钮，② 在弹出的下拉列表中选择【使用现有列表】选项，如图 15-83 所示。

Step05 弹出【选取数据源】对话框，① 选择数据源文件，② 单击【打开】按钮，如图 15-84 所示。

Step06 返回文档，参照 15.2.3 节的操作步骤，在相应位置插入对应的合并

域，插入合并域后的效果如图 15-85 所示。

图 15-83

图 15-84

图 15-85

Step07 ① 在【完成】组中单击【完成并合并】按钮，② 在弹出的下拉列表中选择【编辑单个文档】选项，如图 15-86 所示。

图 15-86

Step08 弹出【合并到新文档】对话框，① 选中【全部】单选按钮，② 单击【确定】按钮，如图 15-87 所示。

图 15-87

Step09 Word 将新建一个文档显示合并记录，这些合并记录分别独自占用一页，如图 15-88 所示为第 1 页的合并记录，显示了其中一位考生的准考证信息。

图 15-88

妙招技法

通过前面知识的学习，相信读者已经掌握了信封的制作，以及批量制作各类特色文档。下面结合本章内容，给大家介绍一些实用技巧。

技巧 01：设置默认的寄信人

| 教学视频 | 光盘\视频\第 15 章\技巧 01.mp4 |

　　在制作自定义的信封时，如果始终使用同一寄信人，那么可以将其设置为默认寄信人，以方便以后创建信封时自动填写寄信人。

　　设置默认的寄信人的方法为：打开【Word 选项】对话框，❶ 切换到【高级】选项卡，❷ 在【常规】栏中的【通讯地址】文本框中输入寄信人信息，❸ 单击【确定】按钮即可，如图 15-89 所示。

图 15-89

　　通过上述设置后，以后在创建自定义的信封时，在打开的【信封和标签】对话框中，【寄信人地址】文本框中将自动填写寄信人信息，如图 15-90 所示。

图 15-90

技巧 02：在邮件合并中预览结果

| 教学视频 | 光盘\视频\第 15 章\技巧 02.mp4 |

　　通过邮件合并功能批量制作各类特色文档时，可以在合并生成文档前先预览合并结果，具体操作步骤如下。

　Step 01　在主文档中插入合并域后，在【预览结果】组中单击【预览结果】按钮，如图 15-91 所示。

图 15-91

　Step 02　插入的合并域将显示为实际内容，从而预览数据效果，如图 15-92 所示。

图 15-92

　Step 03　在【预览结果】组中，通过单击【上一记录】◀ 或【下一记录】▶ 按钮，可切换显示其他数据信息。完成预览后，再次单击【预览结果】按钮，可取消预览。

技巧 03：合并部分记录

| 教学视频 | 光盘\视频\第 15 章\技巧 03.mp4 |

　　在邮件合并过程中，有时希望合并部分记录而非所有记录，根据实际情况，可以在以下两种方法中选择。

1. 生成合并文档时设置

　　在生成合并文档时，会弹出如图 15-93 所示的【合并到新文档】对话框，此时有以下两种选择实现合并部分记录。

图 15-93

➥ 若选中【当前记录】单选按钮，则只生成【预览结果】组的文本框中设置的显示记录。

➥ 若选中【从……到……】单选按钮，则可以自定义设置需要显示的数据记录。

2. 在邮件合并过程中筛选记录

　　要想更加灵活地合并需要的记录，可在邮件合并过程中筛选记录，具体操作步骤如下。

　Step 01　将"光盘\素材文件\第 15 章\工资条.docx"文件作为主文档，"员工工资表.xlsx"文件作为数据源。在建立了主文档与数据源的关联后，在【开始邮件合并】组中单击【编辑收件人列表】按钮，如图 15-94 所示。

　Step 02　弹出【邮件合并收件人】对话框，此时就可以筛选需要的记录了。❶ 例如，本操作中需要筛选部门为"广告部"的记录，则单击【部门】栏右侧的下拉按钮▼，❷ 在弹出的下拉列表中选择【广告部】选项，如图 15-95 所示。

图 15-94

图 15-95

Step 03 此时，列表框中将只显示【部门】为【广告部】的记录，且【部门】栏右侧的下拉按钮显示为 ，表示【部门】为当前筛选依据，若确认当前筛选记录，则单击【确定】按钮，如图 15-96 所示。

图 15-96

Step 04 返回主文档，然后插入合并域并生成合并文档即可，具体操作参考前面知识，此处就不赘述了，效果如图 15-97 所示。

图 15-97

技巧 04: 设置邮件合并后的小数位数

教学视频	光盘\视频\第 15 章\技巧 04.mp4

由于 Word 和 Excel 在计算精度上存在差别，因此经常会出现数字的小数位数增多的情况，如图 15-98 所示。

图 15-98

要解决这一问题，需要使用域代

码，具体操作步骤如下。

Step 01 将 "光盘\素材文件\第 15 章\工资条 .docx" 文件作为主文档，"员工工资表 .xlsx" 文件作为数据源。在主文档中插入合并域后，❶ 使用鼠标右击需要调整的合并域，如【考勤扣款】，❷ 在弹出的快捷菜单中选择【切换域代码】命令，如图 15-99 所示。

图 15-99

Step 02 当前合并域显示为域代码，如图 15-100 所示。

图 15-100

Step 03 在域代码的结尾输入【\# 0.00】，表示将数字保留两位小数，如图 15-101 所示。

图 15-101

Step04 用同样的方法，对其他需要设置的合并域进行调整，如图15-102所示。

图 15-102

Step05 完成调整后，依次将鼠标光标定位到各个域代码内，按下【F9】键，将自动更新域并隐藏域代码，效果如图15-103所示。

图 15-103

Step06 通过上述设置后，生成的合并文档中，"考勤扣款"和"实发工资"的数据将只有两位小数了，如图15-104所示。

图 15-104

技巧05：让合并记录跨页不断行

教学视频 光盘\视频\第15章\技巧05.mp4

通过邮件合并功能创建工资条、成绩单等类型的文档时，当超过一页时，可能会发生断行问题，即标题行位于上一页，数据位于下一页，如图15-105所示。

图 15-105

要解决这一问题，需要选择"信函"文档类型进行制作，并配合使用"下一记录"规则，具体操作步骤如下。

Step01 将"光盘\素材文件\第15章\成绩单.docx"文件作为主文档，"学生成绩表.xlsx"文件作为数据源，并在主文档中，将邮件合并的文档类型设置为"信函"。插入合并域后，复制主文档中的内容并进行粘贴，粘满一整页即可，如图15-106所示。

Step02 ❶将鼠标光标定位在第一条记录与第二条记录之间，❷在【编写和插入域】组中单击【规则】按钮，❸在弹出的下拉列表中选择【下一记录】选项，如图15-107所示。

Step03 两条记录之间即可插入"《下一条记录》"域代码，如图15-108所示。

图 15-106

图 15-107

图 15-108

Step04 用这样的方法，在之后的记录之间均插入一个"《下一记录》"域代码，如图15-109所示。

Step05 通过上述设置后，生成的合并文档中，各项记录以连续的形式在一页中显示，且不会再出现跨页断行的情况，如图15-110所示。

图 15-109

图 15-110

本章小结

　　本章主要讲解了信封与邮件合并的相关操作，并通过一些具体实例来讲解邮件合并功能在实际工作中的应用。希望读者在学习过程中能够举一反三，从而高效、批量地制作出各种特色的文档。

第16章 宏、域与控件的应用

- ➡ 不会录制宏，怎么办？
- ➡ 如何将宏保存到文档中？
- ➡ 为何要设置宏的安全性？
- ➡ 域是什么？如何创建？

通过本章内容的学习，读者将了解宏跟域，并学会用它们来快速处理工作中涉及的一些重复性的操作。

16.1 宏的使用

宏是指一系列操作命令的有序集合。在 Word 中，利用宏功能，可以将用户的操作录制下来，然后在相同的工作环境中播放录制好的代码，从而自动完成重复性的工作，提高了工作效率。在使用宏之前，还需要先将【开发工具】选项卡显示出来，其方法请参考第 1 章的内容。

★ 重点 16.1.1 实战：为工资管理制度录制宏

实例门类	软件功能
教学视频	光盘\视频\第 16 章\16.1.1.mp4

录制宏是指使用 Word 提供的功能将用户在文档中进行的操作完整地记录下来，以后播放录制的宏，可以自动重复执行的操作。通过录制宏，可以让 Word 自动完成相同的排版任务，而无须用户重复手动操作。

录制宏时，不仅可以将其指定到按钮，还可以将其指定到键盘，接下来分别对其进行讲解。

1. 指定到按钮

例如，要录制一个为文本设置格式的过程，并将这个过程指定为一个按钮，具体操作步骤如下。

Step 01 打开"光盘\素材文件\第 16 章\工资管理制度 .docx"文件，❶选中文档中的某段落，❷切换到【开发工具】选项卡，❸单击【代码】组中的【录制宏】按钮，如图 16-1

所示。

图 16-1

Step 02 弹出【录制宏】对话框，❶在【宏名】文本框内输入要录制的宏的名称，这个名称最好可以体现出宏的功能或用途，❷在【说明】文本框中输入要录制的宏的解释或说明，❸在【将宏保存在】下拉列表框中选择保存位置，这里选择【工资管理制度 .docx（文档）】选项，❹设置完成后，在【将宏指定到】栏中选择【按钮】选项，如图 16-2 所示。

Step 03 弹出【Word 选项】对话框，❶在左侧列表框中选择当前设置的按钮，❷单击【添加】按钮，如图 16-3 所示。

Step 04 所选按钮即可添加到右侧的列表框中，单击【确定】按钮，如图 16-4 所示。

图 16-2

图 16-3

Step 05 返回当前文档，可看见宏按钮已经被添加到了快速访问工具栏中，

并以 品 图标显示，同时鼠标指针呈 状，表示当前宏为录制状态，如图 16-5 所示。此时，对当前所选段落的任何操作都将被宏记录下来。

图 16-4

图 16-7

图 16-5

Step06 ❶ 切换到【开始】选项卡，❷ 单击【字体】组中的【功能扩展】按钮 ，如图 16-6 所示。

图 16-6

Step07 ❶ 在弹出的【字体】对话框中设置需要的字体格式，❷ 完成设置后单击【确定】按钮，如图 16-7 所示。

Step08 返回文档，❶ 当不需要继续录制宏，则切换到【开发工具】选项卡，❷ 单击【代码】组中的【停止录宏】按钮 即可，如图 16-8 所示。

图 16-8

技能拓展——暂停录宏

　　在录制宏的过程中，如果希望暂停宏的录制操作，在【开发工具】选项卡的【代码】组中单击【暂停录制】按钮 即可。当需要继续录制宏时，则单击【恢复录制】按钮即可。

在【录制宏】对话框中的【将宏保存在】下拉列表中，可能会有两个或 3 个选项，选项的数量取决于当前文档是否基于用户自定义模板创建。

➥ 所有文档（Normal.dotm）：将录制的宏保存到 Normal 模板中，以后在 Word 中打开的所有文档都可以使用该宏。

➥ 文档基于 ×× 模板：若当前文档是基于用户自定义模板创建的，

则会显示该项。将录制的宏保存到当前文档所基于的自定义模板中，此后基于该模板创建的其他文档都可以使用该宏。

➥ ×× 文档：将录制的宏保存到当前文档中，该宏只能在当前文档中使用。

技术看板

　　在录制过程中，Word 会完整地记录用户进行的所有操作，因此，如果有错误操作，也会被录制下来。所以，在录制宏之前要先规划好需要进行的操作，以避免录制过程中出现错误操作。

2. 指定到键盘

　　指定到键盘与指定到按钮的操作方法相似。例如，要录制一个为文本内容字体格式、段落边框的过程，并将这个过程指定为一个快捷键，具体操作步骤如下。

Step01 在"工资管理制度 .docx"文档中，❶ 选中文档中的某段落，❷ 切换到【开发工具】选项卡，❸ 单击【代码】组中的【录制宏】按钮 ，如图 16-9 所示。

图 16-9

Step02 弹出【录制宏】对话框，❶ 在【宏名】文本框内输入要录制的宏的名称，❷ 在【说明】文本框中输入要录制的宏的解释或说明，❸ 在【将宏保存在】下拉列表框中选择【工资管理制度 .docx（文档）】选项，❹ 设置完成后，在【将宏指定到】栏中选择【键盘】选项，如图 16-10 所示。

图 16-10

Step 03 弹出【自定义键盘】对话框，❶ 将鼠标光标定位到【请按新快捷键】文本框内，在键盘上按需要的快捷键，如【Ctrl+Shift+N】，所按的快捷键将自动显示在文本框中，❷ 在【将更改保存在】下拉列表框中选择【工资管理制度.docx】选项，❸ 单击【指定】按钮，如图 16-11 所示。

图 16-11

Step 04 设置的快捷键将自动显示到【当前快捷键】列表框中，单击【关闭】按钮关闭【自定义键盘】对话框，如图 16-12 所示。

Step 05 返回文档，❶ 切换到【开始】选项卡，❷ 在【段落】组中单击【边框】按钮 右侧的下拉按钮，❸ 在弹出的下拉列表中选择【边框和底纹】选项，如图 16-13 所示。

Step 06 弹出【边框和底纹】对话框，❶ 在【边框】选项卡中设置边框效

果，❷ 单击【确定】按钮，如图 16-14 所示。

图 16-12

图 16-13

图 16-14

Step 07 返回文档，单击【字体】组中的【功能扩展】按钮，如图 16-15 所示。

Step 08 ❶ 在弹出的【字体】对话框中设置需要的字体格式，❷ 完成设置后单击【确定】按钮，如图 16-16 所示。

图 16-15

图 16-16

Step 09 ❶ 返回文档，切换到【开发工具】选项卡，❷ 单击【代码】组中的【停止录宏】按钮 停止录宏，如图 16-17 所示。

图 16-17

★ **重点 16.1.2 实战：将宏保存到文档中**

实例门类	软件功能
教学视频	光盘\视频\第 16 章\16.1.2.mp4

在 Word 2007 及以上的版本中，完成宏的录制之后，不能直接将宏保存到文档中。这是因为 Word 2007 及以上的版本对文档中是否包含宏，进行了严格区分，一类文档是包含普通内容而不包含宏的普通文档，这类文档扩展名为 .docx；另一类文档为启用宏的文档，可以同时包含普通内容和宏，这类文档的扩展名为 .docm。

要保存录制了宏的文档，可按下面的操作步骤实现。

Step01 在"工资管理制度 .docx"文档中录制了宏之后，按【F12】键，弹出【另存为】对话框。

Step02 ❶ 设置文档的保存位置，❷在【保存类型】下拉列表框中选择【启用宏的 Word 文档（*.docm）】选项，❸ 单击【保存】按钮，如图 16-18 所示，即可生成"工资管理制度 .docm"文档。

图 16-18

技术看板

只有将包含宏的文档保存为【启用宏的 Word 文档（*.docm）】文件类型，才能正确保存文档中录制的宏，并在下次打开文档时使用其中的宏。

16.1.3 实战：运行工资管理制度中的宏

实例门类	软件功能
教学视频	光盘\视频\第 16 章\16.1.3.mp4

录制宏是为了自动完成某项任务，因此完成了宏的录制后，便可开始运行宏了。

1. 通过【宏】对话框运行

无论是否将录制的宏指定到按钮或键盘，都可以通过【宏】对话框来运行宏，具体操作步骤如下。

Step01 在之前保存的"工资管理制度 .docm"文档中，❶ 选择宏需要应用的文本范围，❷ 切换到【开发工具】选项卡，❸ 单击【代码】组中的【宏】按钮，如图 16-19 所示。

图 16-19

Step02 弹出【宏】对话框，❶ 在【宏名】列表框中选择需要运行的宏，❷ 单击【运行】按钮，如图 16-20 所示。

图 16-20

技能拓展——快速打开【宏】对话框

在 Word 环境下，按【Alt+F8】组合键，可快速打开【宏】对话框。

Step03 返回文档，即可查看运行宏之后的效果，如图 16-21 所示。

图 16-21

2. 通过按钮运行宏

如果将宏指定到了按钮，还可以直接通过按钮运行宏。例如，要运行创建的【设置文本格式】按钮，具体操作步骤如下。

Step01 在"工资管理制度 .docm"文档中，选择宏需要应用的文本范围，在快速访问工具栏中单击【设置文本格式】按钮，如图 16-22 所示。

图 16-22

Step02 运行该按钮对应的宏后，即可在文档中查看效果，如图 16-23 所示。

图 16-23

3. 通过键盘运行宏

如果将宏指定到了键盘，还可以直接通过键盘运行。例如，要运行创建的【设置字符格式与边框】，具体操作步骤如下。

Step01 在"工资管理制度.docm"文档中，选择宏需要应用的文本范围，然后按【设置字符格式与边框】宏对应的快捷键【Ctrl+Shift+N】，如图16-24所示。

图 16-24

Step02 运行该组合键对应的宏后，即可在文档中查看效果，如图16-25所示。

图 16-25

16.1.4 实战：修改宏的代码

实例门类	软件功能
教学视频	光盘\视频\第16章\16.1.4.mp4

仅靠录制宏得到的代码并不一定完善，甚至可能存在以下几方面的问题。

➥ 录制的宏会包含一些额外不必要的代码，从而降低代码的执行效率。

➥ 录制的宏不包含任何参数，只能

机械地执行录制的操作，无法实现更灵活的功能。

➥ 录制的宏只能通过人为触发来运行，无法让其在特定的条件下自动运行。

为了增强宏的功能，可以对录制后的宏代码进行修改，从而使其更加简洁高效，并实现更加灵活的功能。修改宏代码的具体操作步骤如下。

Step01 在"工资管理制度.docm"文档中，❶切换到【开发工具】选项卡，❷单击【代码】组中的【宏】按钮，如图16-26所示。

图 16-26

Step02 弹出【宏】对话框，❶在【宏名】列表框中选择需要修改的宏，❷单击【编辑】按钮，如图16-27所示。

图 16-27

Step03 打开VBA编辑器窗口，根据需要对其中的代码进行修改，如图16-28所示。

Step04 完成修改后，直接单击【关闭】按钮 ✖ 关闭VBA编辑器窗口即可。

图 16-28

16.1.5 实战：删除宏

实例门类	软件功能
教学视频	光盘\视频\第16章\16.1.5.mp4

对于不再需要的宏，可以随时将其删除，具体操作步骤如下。

Step01 在含有宏的文档中，❶切换到【开发工具】选项卡，❷单击【代码】组中的【宏】按钮，如图16-29所示。

图 16-29

Step02 弹出【宏】对话框，❶在【宏名】列表框中选择需要删除的宏，❷单击【删除】按钮即可，如图16-30所示。

图 16-30

★ **重点** 16.1.6 实战：**设置宏安全性**

实例门类	软件功能
教学视频	光盘\视频\第16章\16.1.6.mp4

默认情况下，宏是禁用的，当打开含有宏的文档时，会在功能区下方显示如图16-31所示的提示信息。如果确认宏代码是安全的，直接单击【启用内容】按钮，就可以使用文档中的宏代码了。

图 16-31

如果需要经常打开包含宏代码的文档，为了避免每次打开文档时都显示安全提示信息，可以设置宏安全性的级别，具体操作步骤如下。

Step01 打开【Word选项】对话框，❶切换到【信任中心】选项卡，❷在【Microsoft Word信任中心】栏中单击【信任中心设置】按钮，如图16-32所示。

图 16-32

Step02 弹出【信任中心】对话框，❶在【宏设置】选项卡的【宏设置】栏中，选中【启用所有宏（不推荐：可能会运行有潜在危险的代码）】单选按钮，❷单击【确定】按钮，如图16-33所示，在返回的【Word选项】对话框中单击【确定】按钮即可。

图 16-33

⚙ **技能拓展——快速打开【信任中心】对话框**

在【开发工具】选项卡中，单击【代码】组中的【宏安全性】按钮，可直接打开【信任中心】对话框。

16.2 域的使用

域是Word自动化功能的底层技术，是文档中一切可变的对象。由Word界面功能插入的页码、书签、超链接、目录、索引等一切可能发生变化的内容，它们的本质都是域。掌握了域的基本操作，可以更加灵活地使用Word提供的自动化功能。

★ **重点** 16.2.1 **域的基础知识**

在使用域之前，先来了解域的一些相关基础知识，如域代码的组成结构、输入域代码需要注意的事项等。

1. 域代码的组成结构

从本质上讲，通过Word界面命令插入的很多内容都是域。例如，先按下面的操作步骤，在Word文档中

插入一个可以自动更新的时间。

Step01 ❶将鼠标光标定位到插入时间的位置，❷切换到【插入】选项卡，❸单击【文本】组中的【日期和时间】按钮，如图16-34所示。

Step02 弹出【日期和时间】对话框，❶在【可用格式】列表框中选择一种日期格式，❷选中【自动更新】复选框，单击【确定】按钮，如图16-35所示。

图 16-34

图 16-35

Step 03 返回文档，文档中插入了当前的日期。将鼠标光标定位到日期内时，日期下方会显示灰色底纹；将鼠标光标定位到日期外时，灰色底纹便会自动消失，如图 16-36 所示。具有这种状态的底纹，便是域的标志。

图 16-36

Step 04 保存并关闭当前文档，第二天再打开这个文档时，会发现日期自动更新为第二天的日期。

通过上面这个简单的示例，可以发现域具有以下几个特点。

➥ 可以通过 Word 界面操作来使用。
➥ 具有专属的动态灰色底纹。
➥ 具有自动更新的功能。

使用鼠标右击前面插入的日期，在弹出的快捷菜单中选择【切换域代码】命令，日期就会变成一组域代码，如图 16-37 所示。它显示了一个域代码的基本组成结构，各部分的含义介绍如下。

图 16-37

➥ 域特征字符：最外层的大括号"{}"，是域专用的大括号，就相当于在 Excel 中输入公式时必须先输入一个"="。这个大括号不能手动输入，必须按【Ctrl+F9】组合键输入。

➥ 域名称：图 16-37 中的"TIME"，便是域名称，"TIME"被称为"TIME 域"。Word 提供了几十种域供用户选择使用。

➥ 域的开关：图 16-37 中的"\@"，在域代码中称为域的开关，用于设置域的格式。Word 提供了 3 个通用开关，分别是"\@""*""\#"。其中"\@"开关用于设置日期和时间格式；"*"开关用于设置文本格式；"\#"用于设置数字格式。

➥ 开关的选项参数：双引号及双引号中的内容，是针对开关设置的选项参数，其中的文字必须使用英文双引号括起来。图 16-37 所示的""EEEE 年 O 月 A 日星期 W""，是针对域代码中的"\@"开关设置的选项，用于指定一种日期格式。

➥ 域结果：即域的显示结果，类似 Excel 函数运算以后得到的值。在 Word 中，要将域代码转换成域结果，请参考 16.2.3 节中的内容。

2. 输入域代码需要注意的事项

如果用户非常熟悉域的语法规则，并对 Word 中提供的域的用途比较了解，那么可以直接在文档中手动输入域代码。手动输入域代码时，需要注意以下几点。

➥ 域特征字符{}必须通过按【Ctrl+F9】组合键输入。
➥ 域名可以不区分大小写。
➥ 在域特征字符的大括号内的内侧各保留一个空格。
➥ 域名与其开关或属性之间必须保留一个空格。
➥ 域开关与选项参数之间必须保留一个空格。
➥ 如果参数中包含有空格，必须使用英文双引号将该参数括起来。
➥ 如果参数中包含文字，必须用英文单引号将文字括起来。
➥ 输入路径时，必须使用双反斜线"\\"作为路径的分隔符。
➥ 域代码中包含的逗号、括号、引号等符号，必须在英文状态下输入。
➥ 无论域代码有多长，都不能强制换行。

3. 与域有关的快捷键汇总

在 Word 中手动插入域时，经常需要使用到的快捷键主要有以下几个。

➥ 【Ctrl+F9】：插入域的特征字符{}。
➥ 【F9】：对选中范围的域进行更新。如果只是将鼠标光标定位在某个域内，则只更新该域。
➥ 【Shift+F9】：对选中范围内的域在域结果与域代码之间切换。如果将鼠标光标定位在某个域内，则只将该域在域结果与域代码之间切换。

- 【Alt+F9】：对所有的域在域结果与域代码之间切换。
- 【Ctrl+Shift+F9】：将选中范围内的域结果转换为普通文本，转换后，不再具有域的特征，也不能再更新。
- 【Ctrl+F11】：锁定某个域，防止修改当前的域结果。
- 【Ctrl+Shift+F11】：解除某个域的锁定，允许对该域进行更新。

★ 重点 16.2.2 实战：为工资条创建域

实例门类	软件功能
教学视频	光盘\视频\第16章\16.2.2.mp4

虽然通过 Word 界面功能能插入一些本质为域的内容，如自动更新的时间、页码、目录等。但 Word 界面功能仅仅能使用有限的几个域，当需要使用其他域提供的功能时，就需要手动创建域。其方法主要有两种：一种是使用【域】对话框插入域；另一种是手动输入域代码。

1. 使用【域】对话框插入域

如果对域不是太了解，或者不知道需要使用什么域来实现想要的功能，那么可以使用【域】对话框来插入域。具体操作步骤如下。

Step01 打开"光盘\素材文件\第16章\工资条.docx"文件，❶ 将鼠标光标定位到需要插入域的位置，❷ 切换到【插入】选项卡，❸ 单击【文本】组中的【文档部件】按钮，❹ 在弹出的下拉列表中选择【域】选项，如图 16-38 所示。

Step02 弹出【域】对话框，❶ 在【类别】下拉列表框中选择域的类别，本例中选择【全部】选项，❷ 在【域名】列表框中选择需要使用的域，❸ 在对话框的右侧将显示与该域有关的各项参数，用户根据需要进行设置，❹ 完成设置后单击【确定】按钮，如图 16-39 所示。

图 16-38

图 16-39

🔧 技术看板

在【域名】列表框中选择某个域后，会在下方的【说明】栏中显示当前所选域的功能。

Step03 即可在文档中插入域，并自动转换为域结果，如图 16-40 所示。

图 16-40

2. 手动输入域代码

对域代码非常熟悉的情况下，可以手动输入，具体操作步骤如下。

Step01 新建一篇名为"手动输入域代码"的空白文档，按【Ctrl+F9】组合键输入"{ }"，如图 16-41 所示。

图 16-41

Step02 在两个空格之间输入域代码，包括域的名称、开关及选项参数，如图 16-42 所示。

图 16-42

Step03 将鼠标光标定位在域代码内，按【F9】键，即可更新域代码并显示域结果，如图 16-43 所示。

图 16-43

本操作中手动输入了"TIME"域，如图 16-44 所示，列出了"TIME"域中"\@"开关包含的部分参数及说明。

参数	说明	域代码示例
yy	以两位数显示年份，如 2016 显示为 16	{Time \@ "yy"}
yyyy	以四位数显示年份，如 2016	{Time \@ "yyyy"}
M	以实际的数字显示月份1~12，M 必须为大写	{Time \@ "M"}
MM	在只有一位数的月份前自动加补 0，01~12，M 必须为大写	{Time \@ "MM"}
MMM	以英文缩写形式显示月份，如 Jul，M 必须为大写	{Time \@ "MMM"}
MMMM	以英文全称形式显示月份，如 July，M 必须为大写	{Time \@ "MMMM"}
d	以实际的数字显示日期，1~31	{Time \@ "d"}
dd	在只有一位数的日期前自动补 0，01~31	{Time \@ "dd"}
ddd	以英文缩写形式显示星期几，如 Mon	{Time \@ "ddd"}
dddd	以英文全称形式显示星期几，如 Monday	{Time \@ "dddd"}
h	以 12 小时制显示小时数	{Time \@ "h"}
hh	以 12 小时制显示小时数，在只有一位数的小时左侧自动补 0，01~12	{Time \@ "hh"}
H	以 24 小时制显示小时数，0~23	{Time \@ "H"}
HH	以 24 小时制显示小时数，在只有一位数的小时左侧自动补 0，01~23	{Time \@ "HH"}
m	以实际的数字显示分钟数，0~59	{Time \@ "m"}
mm	以两位数显示分钟数，在只有一位数的分钟左侧补 0，01~59	{Time \@ "mm"}
AM/PM	以 12 小时制显示时间，AM 表示上午，PM 表示下午	{Time \@ "AM/PM"}
am/pm	以 12 小时制显示时间，am 表示上午，pm 表示下午	{Time \@ "am/pm"}

图 16-44

16.2.3 在域结果与域代码之间切换

当需要对域代码进行修改时，需要先将文档中的域结果切换到域代码状态，其方法主要有以下几种。

➡ 按【Alt+F9】组合键，将显示文档中所有域的域代码。

➡ 将鼠标光标定位到需要显示域代码的域结果内，按【Shift+F9】组合键，便会切换到域代码。

➡ 将鼠标光标定位到需要显示域代码的域结果内并右击，在弹出的快捷菜单中选择【切换域代码】命令，如图16-45所示，即可切换到域代码。

图 16-45

当需要将域代码切换到域结果时，其方法有以下几种。

➡ 按【Alt+F9】组合键，将显示文档中所有域的域结果。

➡ 将鼠标光标定位到需要显示域结果的域代码内，按【Shift+F9】组合键，便会切换到域结果。

➡ 将鼠标光标定位到需要显示域结果的域代码内并右击，在弹出的快捷菜单中选择【切换域代码】命令，即可切换到域结果。

16.2.4 实战：修改域代码

实例门类	软件功能
教学视频	光盘\视频\第16章\16.2.4.mp4

若要修改域代码，则按照16.2.3节的方法，将域结果切换到域代码状态，然后修改其中的代码，完成修改后按【F9】键更新域并显示域结果。

除了这一方法之外，还可以通过【域】对话框修改域代码，具体操作步骤如下。

Step 01 ❶ 使用鼠标右击需要修改域代码的域，❷ 在弹出的快捷菜单中选择【编辑域】命令，如图16-46所示。

图 16-46

Step 02 ❶ 弹出【域】对话框，根据需要修改域的相关设置，❷ 设置完成后单击【确定】按钮即可，如图16-47所示。

图 16-47

16.2.5 域的更新

域的最大优势就是可以更新，更新域是为了即时对文档中的可变内容进行反馈，从而得到最新的、正确的结果。有的域（如AutoNum）可以自动更新，而绝大多数域（如Seq）需要用户手动更新。要对域结果进行手动更新，其方法有以下几种。

➡ 将鼠标光标定位到域内，按【F9】键，可更新当前域。

➡ 右击需要更新的域，在弹出的快捷菜单中选择【更新域】命令，如图

16-48所示，即可更新当前域。

图 16-48

16.2.6 禁止域的更新功能

为了避免某些域在不知情的情况下被意外更新，可以禁止这些域的更新功能。将鼠标光标定位到需要禁止更新的域内，按【Ctrl+F11】组合键，即可将该域锁定，从而无法再对其进行更新。

将某个域锁定后，使用鼠标右击，在弹出的快捷菜单中可发现【更新域】命令呈灰色状态显示，表示当前为禁用状态，如图16-49所示。

图 16-49

技能拓展——解除域的锁定状态

将域锁定后，如果希望重新恢复域的更新功能，则可以将鼠标光标定位在该域内，然后按【Ctrl+Shift+F11】组合键解除锁定即可。

16.3　控件的使用

在使用 Word 制作合同、试卷、调整问卷等方面的文档时，有时希望只允许用户进行选择或填空等操作，且不允许对文档中的其他内容进行编辑，则需要结合 Word 控件和保护文档功能来实现。本节中将通过具体实例来讲解几个常用的控件的制作，主要包括文本框控件、组合框窗体控件、单选按钮控件、复选框控件。

★ 重点 16.3.1　实战：利用文本框控件制作填空式合同

实例门类	软件功能
教学视频	光盘\视频\ 第 16 章\16.3.1.mp4

在制作了 Word 文档之后，如果有填空选项要给他人填写，效果如图 16-50 所示，而其他部分又不允许任意编辑。

图 16-50

要实现这样的效果，需要先插入文本框控件，然后对文本框控件的属性进行设置，最后设置限制编辑。具体操作步骤如下。

Step01 打开"光盘\素材文件\第 16 章\写字楼租赁合同 .docx"文件，❶ 将鼠标光标定位到需要插入控件的位置，❷ 切换到【开发工具】选项卡，❸ 单击【控件】组中的【旧式工具】按钮，❹ 在弹出的下拉列表中选择【ActiveX 控件】栏中的【文本框（ActiveX 控件）】选项，如图 16-51 所示。

Step02 鼠标光标所在位置即可插入一个文本框控件，如图 16-52 所示。

Step03 ❶ 右击插入的文本框控件，❷ 在弹出的快捷菜单中选择【属性】命令，如图 16-53 所示。

图 16-51

图 16-52

图 16-53

Step04 弹出【属性】对话框，❶ 在【Height】属性框中设置文本框控件的高度，❷ 在【Width】属性框中设置文本框控件的宽度，❸ 在【SpecialEffect】属性下拉列表中可以设置文本框控件的外观形式，❹ 完成设置后单击【关闭】按钮关闭【属性】对话框，如图 16-54 所示。

图 16-54

技能拓展——通过功能区打开【属性】对话框

选中某个控件，在【开发工具】选项卡的【控件】组中单击【属性】按钮，也可打开【属性】对话框。

Step05 返回文档，当前文本框控件的大小和外观形式发生了变化，如图 16-55 所示。

图 16-55

Step06 用同样的方法，插入其他 3 个文本框控件，并设置相应的大小和外观形式，设置后的效果如图 16-56 所示。

Step07 在【开发工具】选项卡的【控件】组中，单击【设计模式】按钮，取消其选中状态，从而退出设计模式，如图 16-57 所示。

图 16-56

技能拓展——拖动鼠标调整文本框控件的大小

选中文本框控件，四周会出现控制点，将鼠标指针指向控制点，待鼠标指针呈双向箭头时，按住鼠标左键不放并拖动，也可以调整文本框控件的大小。

图 16-57

Step⑧ ❶ 切换到【审阅】选项卡，❷ 单击【保护】组中的【限制编辑】按钮，如图 16-58 所示。

图 16-58

Step⑨ 打开【限制编辑】窗格，❶ 在【编辑限制】栏中选中【仅允许在文档中进行此类型的编辑】复选框，

❷ 在下面的下拉列表框中选择【填写窗体】选项，❸ 在【启动强制保护】栏中单击【是，启动强制保护】按钮，如图 16-59 所示。

图 16-59

Step⑩ 弹出【启动强制保护】对话框，❶ 设置保护密码，❷ 单击【确定】按钮，如图 16-60 所示。

图 16-60

Step⑪ 返回文档，此时用户仅仅可以在文本框内输入相应的内容，最终效果如图 16-61 所示。

图 16-61

★ 重点 16.3.2 实战：利用组合框窗体控件制作下拉列表式选择题

实例门类	软件功能
教学视频	光盘\视频\第16章\16.3.2.mp4

图 16-62 所示为一个下拉列表式选择题，单击括号内的下拉按钮，会弹出一个下拉列表，列表中包含空格、"place""room""floor"和"ground" 5 个选项供用户选择。

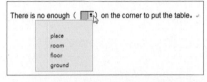

图 16-62

要实现这样的效果，需要先插入组合框窗体控件，然后对组合框窗体控件的属性进行设置，最后设置限制编辑，具体操作步骤如下。

Step①1 打开"光盘\素材文件\第16章\英语试题.docx"文件，❶ 将鼠标光标定位到需要插入控件的位置，❷ 切换到【开发工具】选项卡，❸ 单击【控件】组中的【旧式工具】按钮，❹ 在弹出的下拉列表中选择【旧式窗体】栏中的【组合框（窗体控件）】选项，如图 16-63 所示。

图 16-63

Step②2 ❶ 鼠标光标所在位置即可插入一个组合框窗体控件，使用鼠标对其右击，❷ 在弹出的快捷菜单中选择【属性】命令，如图 16-64 所示。

Step③3 弹出【下拉型窗体域选项】对话框，❶ 在【下拉项】文本框中输入一个全角空格，❷ 单击【添加】按钮，如图 16-65 所示。

Step④4 在【下拉列表中的项目】列表框中即可添加一个空格列表选项，如图 16-66 所示。

图 16-64

图 16-65

图 16-66

Step05 ❶ 用同样的方法，在【下拉列表中的项目】列表框中添加"place" "room" "floor" 和"ground" 4 个列表选项，❷ 完成添加后单击【确定】按钮，如图 16-67 所示。

Step06 返回文档，组合框窗体控件的大小自动发生了改变，如图 16-68 所示。

Step07 参照 16.3.1 节的第 8~10 步操作，对文档设置限制编辑，仅允许用户填写窗体部分。完成设置后，组合框窗体控件显示为 ▯，单击下拉按钮 ▾，便会弹出一个下拉列表，如图

16-69 所示。至此，完成了下拉列表式选择题的制作。

图 16-67

图 16-68

图 16-69

┌─────────────────────────────┐
│ 🔧 **技能拓展——删除下拉列表** │
│ **中的列表选项** │
└─────────────────────────────┘

完成下拉列表的制作后，如果想要删除其中的某个列表选项，就需要先停止强制保护，再打开组合框窗体控件的【属性】对话框，在【下拉列表中的项目】列表框中选择需要删除的列表选项，单击【删除】按钮即可删除该选项。

★ 重点 16.3.3　实战：利用单选按钮控件制作单项选择题

实例门类	软件功能
教学视频	光盘\视频\第 16 章\16.3.3.mp4

图 16-70 所示为制作的单项选择题，要实现这样的效果，需要先插入单选按钮控件，然后对单选按钮控件的属性进行设置，最后设置限制编辑，具体操作步骤如下。

图 16-70

Step01 打开"光盘\素材文件\第 16 章\英语单选题.docx"文件，❶ 将鼠标光标定位到需要插入控件的位置，❷ 切换到【开发工具】选项卡，❸ 单击【控件】组中的【旧式工具】按钮 ⊞▾，❹ 在弹出的下拉列表中选择【ActiveX 控件】栏中的【单选按钮（ActiveX 控件）】选项 ⦿，如图 16-71 所示。

图 16-71

Step02 ❶ 鼠标光标所在位置即可插入一个单选按钮控件，使用鼠标对其右击，❷ 在弹出的快捷菜单中选择【属性】命令，如图 16-72 所示。

图 16-72

Step03 弹出【属性】对话框，❶将【AutoSize】属性的值设置为【True】，❷将【Caption】属性的值设置为【A. What fine weather】（这个值为选择题选项的内容），❸将【GroupName】属性的值设置为【第1题】，❹单击【Font】属性，❺单击右侧出现的… 按钮，如图 16-73 所示。

图 16-73

Step04 弹出【字体】对话框，❶设置选项内容的字体格式，❷单击【确定】按钮，如图 16-74 所示。

图 16-74

Step05 返回【属性】对话框，❶通过【Height】属性设置单选按钮控件的

高度，❷通过【Width】属性设置单选按钮控件的宽度，❸单击【关闭】按钮 ✕ 关闭【属性】对话框，如图 16-75 所示。

图 16-75

Step06 返回文档，完成了第1题的第1个选项的制作，如图 16-76 所示。

图 16-76

Step07 参照上述操作步骤，依次设置其他单选按钮控件。设置的时候，第2题各单选按钮控件的【GroupName】属性的值需设置为【第2题】。完成设置后的效果如图 16-77 所示。

图 16-77

Step08 参照 16.3.1 节的第 7~10 步操

作，先退出设计模式，再对文档设置限制编辑，仅允许用户填写窗体部分。至此，完成了单项选择题的制作。

本操作步骤中提到了 "AutoSize" "Caption" "GroupName" 和 "Font" 4 个参数，各参数介绍如下。

➡ AutoSize：默认值为 False，表示控件的大小是固定的，不会随选项内容的增多而自动增加宽度值，此时如果选项内容过多，超出部分将不显示。若设置为 True，则控件会自动扩展宽度以显示所有的选项内容。

➡ Caption：位于选项按钮表面的选项内容，即为选择题选项的内容。

➡ GroupName：用于设置控件属于哪个控件组。隶属于同一控件组的各个控件之间具有互斥性，即 GroupName 属性值相同的所有选项按钮中，只有一个会被选中，其他选项按钮均处于非选中状态。

➡ Font：用于设置选项内容的字体格式。

★ 重点 16.3.4 实战：利用复选框控件制作不定项选择题

实例门类	软件功能
教学视频	光盘\视频\第 16 章\16.3.4.mp4

图 16-78 所示为制作的不定项选择题，要实现这样的效果，需要先插入复选框控件，然后对复选框控件的属性进行设置，最后设置限制编辑。具体操作步骤如下。

图 16-78

Step01 打开"光盘\素材文件\第16章\政治试题.docx"文件，❶ 将鼠标光标定位到需要插入控件的位置，❷ 切换到【开发工具】选项卡，❸ 单击【控件】组中的【旧式工具】按钮📇▾，❹ 在弹出的下拉列表中选择【ActiveX 控件】栏中的【复选框（ActiveX 控件）】选项☑，如图16-79所示。

图 16-79

Step02 ❶ 鼠标光标所在位置即可插入一个复选框控件，使用鼠标对其右击，❷ 在弹出的快捷菜单中选择【属性】命令，如图16-80所示。

图 16-80

Step03 弹出【属性】对话框，❶ 将【AutoSize】属性的值设置为【True】，❷ 将【Caption】属性的值设置为【A.价格变动引起需求量的变动】（这

个值为选择题选项的内容），❸ 将【GroupName】属性的值设置为【第1题】，❹ 将【WordWrap】属性的值设置为【False】，❺ 单击【关闭】按钮☒关闭【属性】对话框，如图16-81所示。

图 16-81

技术看板

本操作步骤中提到了 WordWrap 属性，该属性用于设置选项内容是否自动换行。若默认值为 True，表示可以自动换行；若设置为 False，则选项内容不能自动换行。此时如果 AutoSize 属性的值为 False，则选项内容超出控件宽度的部分不会显示。

另外，其实要实现不定项选择题的效果，可以不必设置【GroupName】属性的值，保持默认的空白即可。只是为了便于后期对代码的管理与采用，所以依然建议设置【GroupName】属性的值。

Step04 返回文档，完成了第1题的第

1个选项的制作，如图16-82所示。

图 16-82

Step05 参照上述操作步骤，依次设置其他复选框控件。设置的时候，第2题各复选框控件的【GroupName】属性的值需设置为【第2题】，完成设置后的效果如图16-83所示。

图 16-83

Step06 参照16.3.1节的第7~10步操作，先退出设计模式，再对文档设置限制编辑，仅允许用户填写窗体部分。至此，完成了不定项选择题的制作。

妙招技法

通过前面知识的学习，相信读者已经了解了宏、域与控件的基本操作。下面结合本章内容，给大家介绍一些实用技巧。

技巧 01: 让文档中的域清晰可见

教学视频	光盘\视频\第 16 章\技巧 01.mp4

在文档中插入域后，只有将鼠标光标定位在域内，才能看到域的灰色底纹，否则很难区分文档中哪些内容是普通文本，哪些内容是域。

为了能够清楚地区分文档中哪些内容是域，可以通过设置，在不将鼠标光标定位到域内的情况下，也能让域的灰色底纹始终显示出来，具体操作步骤如下。

打开【Word 选项】对话框，❶ 切换到【高级】选项卡，❷ 在【显示文档内容】栏的【域底纹】下拉列表框中选择【始终显示】选项，❸ 单击【确定】按钮即可，如图 16-84 所示。

图 16-84

技巧 02: 通过域在同一页插入两个不同的页码

教学视频	光盘\视频\第 16 章\技巧 02.mp4

在进行双栏排版时，有时希望同一页面的左、右两栏拥有各自的页码，即让每一栏都显示各自的页码。要想实现这样的效果，需要依靠 Page 域来完成，具体操作步骤如下。

Step01 打开"光盘\素材文件\第 16 章\办公室行为规范.docx"文件，进入页脚编辑状态。

Step02 在页脚左侧输入【第页】二字，然后在"第"与"页"之间输入

域代码【{ ={ page }*2-1 }】，如图 16-85 所示。

图 16-85

Step03 将鼠标光标定位在域代码内，按【F9】键即可更新域代码并显示域结果，如图 16-86 所示。

图 16-86

Step04 参考第 4 章的内容，通过设置制表位的方式，将鼠标光标定位到页脚右侧。在页脚右侧输入【第页】二字，然后在"第"与"页"之间输入域代码【{ ={ page }*2 }】，如图 16-87 所示。

图 16-87

Step05 将鼠标光标定位在域代码内，按【F9】键即可更新域代码并显示域结果，如图 16-88 所示。

图 16-88

Step06 选择页脚内容设置字符格式，完成设置后退出页脚编辑状态，如图 16-89 所示为其中一页的页脚效果。

图 16-89

技巧 03: 自动编号变普通文本

教学视频	光盘\视频\第 16 章\技巧 03.mp4

对文档中的内容使用了自动编号后，若需要取消自动编号，并将自动编号变为普通文本，同时保留文档中所有文本内容的格式，可按下面的操作步骤实现。

Step01 打开"光盘\素材文件\第 16 章\员工出差管理制度.docx"文件，因为文档内容添加了自动编号，所以选择文本内容时可发现自动编号部分无法选中，如图 16-90 所示。

Step02 ❶ 切换到【开发工具】选项卡，❷ 单击【代码】组中的【录制宏】按钮，如图 16-91 所示。

Step03 弹出【录制宏】对话框，❶ 在【宏名】文本框内输入要录制的宏的名称，❷ 在【将宏保存在】下拉列表

框中选择【员工出差管理制度.docx（文档）】选项，❸ 在【将宏指定到】栏中选择【按钮】选项，如图16-92所示。

图 16-90

图 16-91

图 16-92

Step04 弹出【Word选项】对话框，❶ 在左侧列表框中选择当前设置的按钮，❷ 通过单击【添加】按钮将其添加到右侧的列表框中，❸ 单击【确定】按钮，如图16-93所示。

图 16-93

Step05 返回文档，在【开发工具】选项卡的【代码】组中单击【停止录宏】按钮■停止录宏，如图16-94所示。

图 16-94

Step06 停止录宏后，单击【代码】组中的【宏】按钮，如图16-95所示。

图 16-95

Step07 弹出【宏】对话框，❶ 在【宏名】列表框中选中刚才创建的宏，❷ 单击【编辑】按钮，如图16-96所示。

图 16-96

Step08 打开VBA编辑器窗口，❶ 在模块窗口中输入代码【ActiveDocument.Range.ListFormat.ConvertNumbersToText】，❷ 单击【关闭】按钮

关闭VBA编辑器窗口，如图16-97所示。

图 16-97

Step09 返回文档，在快速访问工具栏中单击刚才设置的宏按钮，如图16-98所示。

图 16-98

Step10 此时，文档中的自动编号变成了普通文本，随意选中某文本，可发现编号能够被选中了，如图16-99所示。

图 16-99

Step11 因为文档中涉及了宏，因此需要将文档保存为启用宏的Word文档，即保存为"员工出差管理制度.docm"文档。

技能拓展——将局部内容的自动编号变为普通文本

在本操作的代码中，"Active Document.Range"表示当前活动文档的所有内容，即运行宏后，会将当前文档中所有自动编号变为普通文本。

如果需要将部分内容的自动编号变为普通文本，在创建宏时，需要输入宏代码【Selection.Range.ListFormat. ConvertNumbersToText】。完成宏的创建后，选中需要将自动编号转换为普通文本的内容范围，再运行宏即可。

技巧 04: 将所有表格批量设置成居中对齐

教学视频	光盘\视频\第 16 章\技巧 04.mp4

文档中插入了大量表格后，若逐一将表格的对齐方式设置为居中对齐，则非常费时，此时可通过创建宏的方式来将所有表格批量设置成居中对齐，具体操作步骤如下。

Step 01 打开"光盘\素材文件\第 16 章\公司简介 .docx"文件，初始效果如图 16-100 所示。

图 16-100

Step 02 参照技巧 03 中的操作步骤，在当前文档中创建一个名为"居中对齐所有表格"的宏，❶ 打开 VBA 编辑器窗口，在模块窗口中输入如下代码，❷ 单击【关闭】按钮 关闭 VBA 编辑器窗口，如图 16-101 所示。

```
Dim Tbl As Table '声明一个表格
类型变量
For Each Tbl In Active
Document.Tables '循环当前活动
文档中的每一个表格
    Tbl.Rows.Alignment =
wdAlignRowCenter '设置居中
对齐
Next Tbl
```

图 16-101

Step 03 返回文档，在快速访问工具栏中单击之前设置的宏按钮，如图 16-102 所示。

图 16-102

Step 04 此时，文档中所有表格的对齐方式被设置为了居中对齐，如图 16-103 所示。

图 16-103

Step 05 因为文档中涉及宏，因此需要将文档保存为启用宏的 Word 文档，即保存为"公司简介 .docm"文档。

技巧 05: 批量取消表格边框线

教学视频	光盘\视频\第 16 章\技巧 05.mp4

根据操作需要，有时可能需要取消所有表格的边框线，通过创建宏的方式，可以快速批量实现，具体操作步骤如下。

Step 01 在之前保存的"公司简介 .docm"文档中，创建一个名为"批量取消表格边框线"的宏，❶ 打开 VBA 编辑器窗口，在模块窗口中输入如下代码，❷ 单击【关闭】按钮 关闭 VBA 编辑器窗口，如图 16-104 所示。

```
Dim Tbl As Table '声明表格类型
变量
For Each Tbl In Active
Document.Tables '循环当前活
动文档中的每一个表格
  With Tbl
    .Borders.InsideLineStyle
= False '取消内边框线
    .Borders.Outside
LineStyle = False '取消外边
框线
  End With
Next
```

图 16-104

Step 02 返回文档，在快速访问工具栏中单击之前设置的宏按钮，如图 16-105 所示。

Step 03 此时，取消了文档中所有表格的边框线，如图 16-106 所示。

图 16-105

图 16-106

本章小结

　　本章简单介绍了宏、域与控件的一些入门知识，主要包括宏、域及控件的使用等内容。如果希望更加深入地学习这 3 个功能，建议读者参考相关专业工具书。

- ➡ 如何在 Word 文档中插入 Excel 工作表？
- ➡ 怎样在 Word 文档中轻松实现表格行列的转换？
- ➡ 如何在 Word 文档中插入 PowerPoint 演示文稿？
- ➡ PowerPoint 演示文稿也能转换为 Word 文档吗？
- ➡ 你知道怎么在文档中插入多媒体吗？

通过本章内容的学习，不仅可以在 Word 文档中使用 Excel 与 PowerPoint，还可以在文档中插入声音与视频文件，以便使自己设计的文档既好看又丰富。

17.1 Word 与 Excel 协作办公应用

Office 是微软的一个庞大的办公软件集合，其中包括了 Word、Excel、PowerPoint 等组件，这些组件因为同属于 Office，因此在界面和操作方式上存在着许多相似之处，而且这些组件之间还可以进行交互协作办公，从而更加有效地完成工作任务。接下来将为读者讲解 Word 与 Excel 之间的协作。

17.1.1 在 Word 文档中插入 Excel 工作表

实例门类	软件功能
教学视频	光盘\视频\第 17 章\17.1.1.mp4

在处理数据时，Excel 无疑比 Word 具有更好的表现力。用户在使用 Word 的同时，如果又想使用 Excel 的诸多功能，可以在 Word 中插入空白的 Excel 工作表，也可以插入已经创建好的 Excel 文件。

例如，要在 Word 文档中插入已经创建好的 Excel 文件，具体操作步骤如下。

Step01 新建一个名为"员工基本信息"的空白文档，❶ 切换到【插入】选项卡，❷ 在【文本】组中单击【对象】按钮 ▭ ▾ 右侧的下拉按钮 ▾，❸ 在弹出的下拉列表中选择【对象】选项，如图 17-1 所示。

Step02 弹出【对象】对话框，❶ 切换到【由文件创建】选项卡，❷ 单击

【浏览】按钮，如图 17-2 所示。

图 17-1

图 17-2

Step03 弹出【浏览】对话框，❶ 选择需要插入的 Excel 文件，❷ 单击【插入】按钮，如图 17-3 所示。

图 17-3

技能拓展——在 Word 文档中插入空白的 Excel 工作表

如果需要在 Word 文档中插入空白的 Excel 工作表，则打开【对象】对话框后，直接在【新建】选项卡的【对象类型】列表框中选择【Microsoft Excel 工作表】选项，然后单击【确定】按钮即可。

Step04 返回【对象】对话框，单击【确定】按钮，如图 17-4 所示。

Step05 所选 Excel 文件将插入到当前 Word 文档中，并显示了 Excel 文件

中包含的数据，如图 17-5 所示。

图 17-4

图 17-5

17.1.2 实战：编辑 Excel 数据

实例门类	软件功能
教学视频	光盘\视频\第 17 章\17.1.2.mp4

在 Word 文档中插入 Excel 文件后，若要编辑 Excel 数据，可以按下面的操作步骤实现。

Step01 ❶ 在"员工基本信息 .docx"文档中，右击 Excel 文件，❷ 在弹出的快捷菜单中依次选择【"工作表"对象】→【打开】命令，如图 17-6 所示。

图 17-6

Step02 系统将自动启动 Excel 程序，

并在该程序中打开当前 Excel 文件，同时 Excel 窗口标题栏中会显示其所属的 Word 文档的名称，如图 17-7 所示。完成编辑后直接单击【关闭】按钮 关闭 Excel 窗口即可。

图 17-7

除了上述操作方法之外，还可以直接在 Word 窗口中编辑 Excel 数据，具体操作方法为：在 Word 文档中直接双击 Excel 文件，即可进入 Excel 数据编辑状态，且 Word 程序中的功能区被 Excel 功能区取代，如图 17-8 所示。此时，就像在 Excel 程序中操作一样，直接对工作表中的数据进行相应的编辑操作。完成编辑后，单击 Excel 文件以外的区域，便可退出 Excel 编辑状态。

图 17-8

17.1.3 实战：将 Excel 工作表转换为 Word 表格

实例门类	软件功能
教学视频	光盘\视频\第 17 章\17.1.3.mp4

如果希望将 Excel 工作表中的数据转换为 Word 表格，可通过复制功

能轻松实现，具体操作步骤如下。

Step01 打开"光盘\素材文件\第 17 章\投票情况 .xlsx"的文件，选中需要转换为 Word 表格的数据，按【Ctrl+C】组合键进行复制操作，如图 17-9 所示。

图 17-9

Step02 新建一个名为"投票情况"的空白文档，❶ 在【开始】选项卡的【剪贴板】组中，单击【粘贴】按钮下方的下拉按钮，❷ 在弹出的下拉列表中选择【使用目标样式】选项，如图 17-10 所示。

图 17-10

Step03 即可将复制的 Excel 数据以 Word 文档的格式粘贴到 Word 中，如图 17-11 所示。

图 17-11

17.1.4 实战：轻松转换员工基本信息表的行与列

实例门类	软件功能
教学视频	光盘\视频\第17章\17.1.4.mp4

在 Word 中创建好表格后，有时希望转换该表格的行列位置，即将原来的行变成列，原来的列变成行，但这并不是一件容易的事。此时，借助 Excel 程序可以轻松实现行列的转换，具体操作步骤如下。

Step01 打开"光盘\素材文件\第17章\访客登记表.docx"文件，选中表格内容，如图 17-12 所示，然后按【Ctrl+C】组合键进行复制。

图 17-12

Step02 启动 Excel 程序，新建一个空白工作簿，❶ 选中 A1 单元格，❷ 在【开始】选项卡的【剪贴板】组中，单击【粘贴】按钮下方的下拉按钮 ，❸ 在弹出的下拉列表中选择【匹配目标格式】选项 ，如图 17-13 所示。

图 17-13

Step03 Word 文档中的表格数据将粘贴到 Excel 工作表中，在 Excel 工作表中选中整个数据区域，按【Ctrl+C】组合键进行复制操作，如图 17-14 所示。

图 17-14

Step04 ❶ 选中要粘贴的目标单元格，❷ 在【剪贴板】组中单击【粘贴】按钮下方的下拉按钮 ，❸ 在弹出的下拉列表中选择【转置】选项 ，如图 17-15 所示。

图 17-15

Step05 表格数据的行列将发生转换，选中转换后的数据区域，按【Ctrl+C】组合键进行复制操作，如图 17-16 所示。

图 17-16

Step06 切换到之前的 Word 文档窗口，❶ 将鼠标光标定位到需要插入表格的位置，❷ 在【开始】选项卡的【剪贴板】组中，单击【粘贴】按钮下方的下拉按钮 ，❸ 在弹出的下拉列表中选择【使用目标样式】选项 ，如图 17-17 所示。

图 17-17

Step07 至此，完成 Word 文档中的表格数据的行列转换，效果如图 17-18 所示。

图 17-18

17.2 Word 与 PowerPoint 协作办公应用

随着 PowerPoint 组件的应用范围的扩大，学会 Word 与 PowerPoint 之间的协作办公，可以大大提高办公速度，接下来就讲解 Word 与 PowerPoint 之间的协作。

17.2.1 实战：在 Word 文档中插入 PowerPoint 演示文稿

实例门类	软件功能
教学视频	光盘\视频\第 17 章\17.2.1.mp4

与在 Word 文档中插入 Excel 文件类似，也可以在 Word 文档中插入已经存在的 PowerPoint 演示文稿，或者是空白演示文稿。例如，要在 Word 文档中插入已经存在的 PowerPoint 演示文稿，具体操作步骤如下。

Step01 新建一个名为"婚纱摄影团购活动电子展板"的空白文档，❶切换到【插入】选项卡，❷在【文本】组中单击【对象】按钮右侧的下拉按钮，❸在弹出的下拉列表中选择【对象】选项，如图 17-19 所示。

图 17-19

Step02 弹出【对象】对话框，❶切换到【由文件创建】选项卡，❷单击【浏览】按钮，如图 17-20 所示。

Step03 弹出【浏览】对话框，❶选择需要插入的 PowerPoint 演示文稿，❷单击【插入】按钮，如图 17-21 所示。

Step04 返回【对象】对话框，单击【确定】按钮，如图 17-22 所示。

Step05 所选 PowerPoint 演示文稿将插入到当前 Word 文档中，如图 17-23 所示。

图 17-20

图 17-21

图 17-22

图 17-23

如果需要在 Word 文档中插入空白的 PowerPoint 演示文稿，则打开【对象】对话框后，直接在【新建】选项卡的【对象类型】列表框中选择【Microsoft PowerPoint 演示文稿】选项，然后单击【确定】按钮即可。

此外，若在【对象类型】列表框中选择【Microsoft PowerPoint 幻灯片】选项，则将在 Word 文档中插入一张幻灯片，且以后不能再创建新的幻灯片。

在 Word 文档中插入 PowerPoint 演示文稿后，若要编辑该演示文稿，则可以通过以下两种方式实现。

➡ 在 Word 文档中使用鼠标右击 Power Point 演示文稿，在弹出的快捷菜单中依次选择【"演示文稿"对象】→【打开】命令，如图 17-24 所示。系统将自动启动 PowerPoint 程序，并在该程序中打开当前演示文稿，此时，根据需要进行相应的编辑即可。

图 17-24

➡ 在 Word 文档中使用鼠标右击 PowerPoint 演示文稿，在弹出的快捷菜单中依次选择【"演示文稿"对象】→【编辑】命令，即可进入演示文稿编辑状态，且 Word 程序中的功能区被 PowerPoint 功能区取代。此时，就像在 PowerPoint 程序中操作一样，直接对演示文稿中的幻灯片进行相应的编辑操作。完成编辑后，单击演示文稿以外的区域，即可退出演示文稿编辑状态。

图 17-25

技能拓展——在 Word 文档中放映演示文稿

在 Word 文档中插入 PowerPoint 演示文稿后，还可以直接在 Word 中放映演示文稿，方法为：在 Word 文档中直接双击 PowerPoint 演示文稿，或者使用鼠标右击 PowerPoint 演示文稿，在弹出的快捷菜单中依次选择【"演示文稿"对象】→【显示】命令即可。

17.2.2 实战：在 Word 中使用单张幻灯片

实例门类	软件功能
教学视频	光盘\视频\第17章\17.2.2.mp4

有时需要在 Word 中使用单张幻灯片来增加文件的表现力，此时可以复制单张幻灯片到 Word 文档中。具体操作步骤如下。

Step01 打开"光盘\素材文件\第17章\公司形象展示.pptx"文件，❶ 使用鼠标右击需要复制的幻灯片，❷ 在弹出的快捷菜单中选择【复制】命令，如图 17-25 所示。

Step02 新建一个名为"企业文化-简介"的空白文档，❶ 在【开始】选项卡的【剪贴板】组中，单击【粘贴】按钮下方的下拉按钮，❷ 在弹出的下拉列表中选择【选择性粘贴】选项，如图 17-26 所示。

图 17-26

Step03 弹出【选择性粘贴】对话框，❶ 在【形式】列表框中选中【Microsoft PowerPoint 幻灯片对象】选项，❷ 单击【确定】按钮，如图 17-27 所示。

图 17-27

Step04 复制的单张幻灯片将粘贴到 Word 文档中，如图 17-28 所示。

Step05 双击幻灯片可进入幻灯片编辑状态，如图 17-29 所示。完成编辑后，单击幻灯片以外的区域，便可退出幻灯片编辑状态。

图 17-28

图 17-29

17.2.3 实战：将 Word 文档转换为 PowerPoint 演示文稿

实例门类	软件功能
教学视频	光盘\视频\第17章\17.2.3.mp4

在用户编辑好一个 Word 文档后，有时需要将 Word 文档中的内容应用到 PowerPoint 演示文稿中，若逐一粘贴就会非常麻烦。此时可通过 PowerPoint 的新建幻灯片功能快速实现，具体操作步骤如下。

Step01 打开"光盘\素材文件\第17章\会议内容.docx"文件，在大纲视图模式下可发现已经设置好了相应的大纲级别，如图 17-30 所示。

图 17-30

Step02 新建一个名为"会议内容"的空白演示文稿，❶在【开始】选项卡的【幻灯片】组中，单击【新建幻灯片】按钮，❷在弹出的下拉列表中选择【幻灯片（从大纲）】选项，如图17-31所示。

图 17-31

Step03 弹出【插入大纲】对话框，❶选中要转换为PowerPoint演示文稿的Word文档，❷单击【插入】按钮，如图17-32所示。

图 17-32

Step04 返回PowerPoint窗口，即可看到自动输入了Word文档中的内容，效果如图17-33所示。

图 17-33

17.2.4　实战：将 PowerPoint 演示文稿转换为 Word 文档

实例门类	软件功能
教学视频	光盘\视频\第17章\17.2.4.mp4

对于已经编辑好的PowerPoint演示文稿，根据操作需要，还可以将其转换成Word文档，具体操作步骤如下。

Step01 打开"光盘\素材文件\第17章\公司形象展示.pptx"文件，切换到【文件】菜单。

Step02 ❶在左侧窗格中选择【导出】命令，❷在中间窗格选择【创建讲义】命令，❸在右侧窗格打开的界面中单击【创建讲义】按钮，如图17-34所示。

Step03 弹出【发送到Microsoft Word】对话框，❶根据需要选择版式，❷单击【确定】按钮，如图17-35所示。

图 17-34

图 17-35

Step04 系统自动新建Word文档，并在其中显示幻灯片内容，效果如图17-36所示。

图 17-36

17.3　在 Word 文档中插入多媒体

根据文档主题及其实际用途，用户可以在文档中插入不同形式的多媒体内容，如音频、视频、Flash动画等，接下来将分别进行讲解。

17.3.1　实战：插入音频

实例门类	软件功能
教学视频	光盘\视频\第17章\17.3.1.mp4

根据操作需要，用户可以将喜欢的音乐插入到Word文档中，其方法有两种：一种是通过插入对象的方式插入；另一种是通过插入控件的方式插入。下面分别进行介绍。

1.　插入对象法

通过插入对象的方式插入音乐文件，操作过程非常简单快捷，具体操作步骤如下。

Step01 打开"光盘\素材文件\第17

章\婚纱摄影团购套餐.docx"文件，❶ 将鼠标光标定位到需要插入音乐文件的位置，❷ 切换到【插入】选项卡，❸ 在【文本】组中单击【对象】按钮右侧的下拉按钮▼，❹ 在弹出的下拉列表中选择【对象】选项，如图17-37 所示。

图 17-37

Step02 弹出【对象】对话框，❶ 切换到【由文件创建】选项卡，❷ 单击【浏览】按钮，如图17-38 所示。

图 17-38

Step03 弹出【浏览】对话框，❶ 选择需要插入的音乐文件，❷ 单击【插入】按钮，如图17-39 所示。

图 17-39

Step04 返回【对象】对话框，单击【确定】按钮，如图17-40 所示。

图 17-40

Step05 即可将音乐文件插入到文档中，并在文档中显示为音频文件图标，如图17-41 所示。

图 17-41

Step06 双击音频图标文件，会弹出【打开软件包内容】对话框，询问是否要打开该文件，单击【打开】按钮，如图17-42 所示。

图 17-42

Step07 Word 将自动连接并启动计算机上安装的音乐播放器进行播放，如图17-43 所示。

图 17-43

2. 插入控件法

通过插入对象的方法插入音频文件后，需要双击音频文件图标才能播放该文件。如果希望插入的音频文件能够自动播放，可通过插入控件的方法插入音频文件，具体操作步骤如下。

Step01 打开"光盘\素材文件\第17章\水调歌头.docx"文件，❶ 将鼠标光标定位到需要插入音频文件的位置，❷ 切换到【开发工具】选项卡，❸ 单击【控件】组中的【旧式工具】按钮▼，❹ 在弹出的下拉列表中选择【其他控件】选项，如图17-44 所示。

图 17-44

Step02 弹出【其他控件】对话框，❶ 在列表框中选择【Windows Media Player】选项，❷ 单击【确定】按钮，如图17-45 所示。

图 17-45

Step03 ❶ 文档中将自动插入一个Windows Media Player 控件，使用鼠标右击，❷ 在弹出的快捷菜单中选择【属性】命令，如图17-46 所示。

Step04 弹出【属性】对话框，❶ 单击【自定义】属性，❷ 单击右侧出现的

...按钮，如图 17-47 所示。

图 17-46

图 17-47

Step 05 弹出【Windows Media Player 属性】对话框，在【常规】选项卡的【源】栏中单击【浏览】按钮，如图 17-48 所示。

图 17-48

Step 06 弹出【打开】对话框，❶ 选择需要插入的音乐文件，❷ 单击【打开】按钮，如图 17-49 所示。

Step 07 返回【Windows Media Player 属性】对话框，单击【确定】按钮，如图 17-50 所示。

图 17-49

图 17-50

Step 08 返回【属性】对话框，单击【关闭】按钮 ⊠ 关闭【属性】对话框，如图 17-51 所示。

图 17-51

Step 09 在【开发工具】选项卡的【控件】组中，单击【设计模式】按钮，取消其选中状态，从而退出设计模式，如图 17-52 所示。

Step 10 此时，插入的音乐将自动开始播放，通过 Windows Media Player 界面中的相关工具按钮，可以控制音乐的播放、暂停、快进等，如图 17-53 所示。

图 17-52

图 17-53

通过前面介绍的两种方法，都能在 Word 文档中插入音频文件，这两种方法各有优缺点，用户可根据需要去权衡选择。

➡ 通过插入对象的方式插入的音频文件，最大的优势是无论音频文件的位置是否发生了改变，或者将 Word 文档移动到了其他计算机中，Word 文档中的音频文件都能正常播放。缺点是只是采用这种方式插入音频文件后，只有计算机中安装了对应的播放器软件，然后双击音频图标文件，才能正常播放该文件。

➡ 通过插入控件的方式插入的音频文件，最大的优势是插入音频文件后，无论计算机是否安装了对应的播放器软件，音频文件都会自动播放，且再次打开 Word 文档时，其中的音频文件依然会自动播放。缺点是采用这种方式插入音频文件后，一旦音频文件的位置发生了改变，或者 Word 文档移动到了其他计算机，那么 Word 文档中的音频文件将不能正常播放。

17.3.2 实战：插入视频

实例门类	软件功能
教学视频	光盘\视频\第17章\17.3.2.mp4

插入视频的方法与插入音频文件的方法相似，既可以通过插入 Windows Media Player 控件的方法插入视频，也可以通过插入对象的方式插入，且具有相同的优缺点，用户根据需要自行选择。

例如，要通过插入控件的方式在文档中插入视频，具体操作步骤如下。

Step01 打开"光盘\素材文件\第17章\说走就走的旅行.docx"文件，❶将鼠标光标定位到需要插入视频文件的位置，❷切换到【开发工具】选项卡，❸单击【控件】组中的【旧式工具】按钮🧰▾，❹在弹出的下拉列表中选择【其他控件】选项🛠，如图17-54所示。

图 17-54

Step02 弹出【其他控件】对话框，❶在列表框中选择【Windows Media Player】选项，❷单击【确定】按钮，如图 17-55 所示。

Step03 ❶文档中将自动插入一个 Windows Media Player 控件，使用鼠标右击，❷在弹出的快捷菜单中选择【属性】命令，如图 17-56 所示。

Step04 弹出【属性】对话框，❶单击【自定义】属性，❷单击右侧出现的 … 按钮，如图 17-57 所示。

Step05 弹出【Windows Media Player 属性】对话框，在【常规】选项卡的

【源】栏中单击【浏览】按钮，如图 17-58 所示。

图 17-55

图 17-56

图 17-57

图 17-58

Step06 弹出【打开】对话框，❶选择需要插入的视频文件，❷单击【打开】按钮，如图 17-59 所示。

Step07 返回【Windows Media Player 属性】对话框，单击【确定】按钮，如图 17-60 所示。

图 17-59

图 17-60

Step08 返回【属性】对话框，单击【关闭】按钮 ⊠ 关闭【属性】对话框，如图 17-61 所示。

图 17-61

Step09 在【开发工具】选项卡的【控件】组中，单击【设计模式】按钮 📐 ，取消其选中状态，从而退出设计

模式，如图 17-62 所示。

图 17-62

Step⑩ 此时，插入的视频将自动开始播放，如图 17-63 所示。

图 17-63

技能拓展——设置播放的缩放比例

使用鼠标右击 Windows Media Player 播放界面，在弹出的快捷菜单中选择【缩放】命令，在弹出的子菜单中可以设置播放的缩放比例，以及设置全屏播放。

17.3.3 实战：插入 Flash 动画

实例门类	软件功能
教学视频	光盘\视频\第17章\17.3.3.mp4

与音频文件和视频文件不同，插入 Flash 动画时，无论采用哪种方式插入，都将在 Word 文档中插入一个控件。下面以插入控件的方法插入 Flash 动画，具体操作步骤如下。

Step① 打开"光盘\素材文件\第17章\背影.docx"文件，❶将鼠标光标定位到需要插入视频文件的位置，❷切换到【开发工具】选项卡，❸单击【控件】组中的【旧式工具】按钮，❹在弹出的下拉列表中选择【其他控件】选项，如图 17-64 所示。

图 17-64

Step② 弹出【其他控件】对话框，❶在列表框中选择【Shockwave Flash Object】选项，❷单击【确定】按钮，如图 17-65 所示。

图 17-65

Step③ ❶文档中将自动插入一个 Shockwave Flash Object 控件，右击，❷在弹出的快捷菜单中选择【属性】命令，如图 17-66 所示。

Step④ 弹出【属性】对话框，❶在【Movie】属性框中输入要播放的 Flash 动画文件的完成路径，本例中输入【E:\Word 2013 完全自学教程\素材文件\第 17 章\父亲节 .swf】，❷单击【关闭】按钮关闭【属性】对话框，如图 17-67 所示。

图 17-66

图 17-67

Step⑤ 返回文档，在【开发工具】选项卡的【控件】组中，单击【设计模式】按钮，取消其选中状态，从而退出设计模式，如图 17-68 所示。

图 17-68

Step⑥ 此时，Flash 动画将自动开始播放，如图 17-69 所示。

图 17-69

妙招技法

下面结合本章内容，给大家介绍一些实用技巧。

技巧 01： 将 Word 文档嵌入到 Excel 中

| 教学视频 | 光盘\视频\第 17 章\技巧 01.mp4 |

根据需要，还可以将 Word 文档嵌入到 Excel 中，具体操作步骤如下。

Step01 新建一个名为"荷塘月色"的空白工作簿，❶ 切换到【插入】选项卡，❷ 在【文本】组中单击【对象】按钮，如图 17-70 所示。

图 17-70

Step02 弹出【对象】对话框，❶ 切换到【由文件创建】选项卡，❷ 单击【浏览】按钮，如图 17-71 所示。

图 17-71

Step03 弹出【浏览】对话框，❶ 选择

需要嵌入到 Excel 中的 Word 文档，❷ 单击【插入】按钮，如图 17-72 所示。

图 17-72

Step04 返回【对象】对话框，单击【确定】按钮，如图 17-73 所示。

图 17-73

Step05 所选 Word 文档将插入到当前 Excel 工作表中，如图 17-74 所示。

图 17-74

Step06 双击文档可进入文档编辑状态，且 Excel 程序中的功能区被 Word 功能区取代，如图 17-75 所示。此时，就像在 Word 程序中操作一样，直接对文档内容进行相应的编辑操作。完成编辑后，单击文档以外的区域，即可退出文档编辑状态。

图 17-75

技术看板

如果计算机上安装了多个版本的 Word，其中还包括了 Word 2007，那么在 Excel 程序中编辑嵌入的 Word 文档时，可能会显示 Word 2007 的功能区界面。

技巧 02： 在 Word 文档中巧用超链接调用 Excel 数据

| 教学视频 | 光盘\视频\第 17 章\技巧 02.mp4 |

在 Word 中使用超链接功能时，还可以链接到指定的 Excel 工作表，以方便调用 Excel 数据，具体操作步骤如下。

Step01 打开"光盘\素材文件\第 17 章\市场调查报告 .docx"文件，❶ 选中需要创建超链接的文本，❷ 切换到

【插入】选项卡，❸单击【链接】组中的【超链接】按钮，如图17-76所示。

图 17-76

Step 02 弹出【插入超链接】对话框，❶在【链接到】列表框中选择【现有文件或网页】选项，❷单击【浏览文件】按钮🖿，如图17-77所示。

图 17-77

Step 03 弹出【链接到文件】对话框，❶选择需要链接的 Excel 文件，❷单击【确定】按钮，如图17-78所示。

图 17-78

Step 04 返回【插入超链接】对话框，可看见【地址】文本框中显示了所选 Excel 文件的路径，单击【确定】按钮，如图17-79所示。

Step 05 返回文档，可发现选中的文本呈蓝色，并含有下画线，当鼠标指针指向该文本时，会弹出相应的提示信息，如图17-80所示。

图 17-79

图 17-80

Step 06 此时，按住【Ctrl】键不放，再单击创建了链接的文本，将启动 Excel 程序，并在该程序中显示链接文件的内容，如图17-81所示。

图 17-81

技巧 03：Excel 数据链接到 Word 文档

教学视频	光盘 \ 视频 \ 第 17 章 \ 技巧 03.mp4

编辑 Word 文档时，有时可能会直接复制 Excel 工作表中的数据到文档中。但是当 Excel 工作表的数据发生改动时，Word 文档中所有对应的数据也需要手动修改，既烦琐又容易出错。

针对这种情况，可以将 Excel 数据链接到 Word 文档中，具体操作步骤如下。

Step 01 打开"光盘 \ 素材文件 \ 第 17 章 \ 访客出入登记簿 .xlsx"文件，选择需要复制的数据区域，按【Ctrl+C】组合键进行复制，如图 17-82 所示。

图 17-82

Step 02 新建一个名为"访客出入登记簿"的空白文档，❶在【开始】选卡的【剪贴板】组中，单击【粘贴】按钮下方的下拉按钮▾，❷在弹出的下拉列表中选择【链接与使用目标格式】选项🖳，如图 17-83 所示。

图 17-83

Step 03 复制的 Excel 数据将以链接的形式粘贴到 Word 文档中，将鼠标光标定位到表格内，表格内数据将自动显示灰色底纹，如图 17-84 所示。

Step 04 通过上述操作，只要 Excel 工作表中的数据发生更改并保存后，再次打开 Word 文档时，便会弹出如图 17-85 所示的提示框，询问是否要更新数据，单击【是】按钮，Word 文档中对应的数据便会自动更新。

图 17-84

图 17-85

技巧 04: 防止将 Word 文档内容发送到 PowerPoint 中发生错乱

在 17.2.3 节中讲解了将 Word 文档转换为 PowerPoint 演示文稿的操作方法，该操作实质上是在 PowerPoint 演示文稿中导入 Word 文档中的内容。但是有的用户通过该方法在 PowerPoint 中导入 Word 文档内容时，有时会发生内容错乱或导入不完全的情况。

发生这样的情况，是因为在导入前，用户没有对 Word 文档设置为大纲级别。所以，在导入前，用户一定要对 Word 文档中的内容设置相应的大纲级别，这样才能让导入到 PowerPoint 中的内容正确排列在每张幻灯片中。

图 17-86 列出了 Word 中的大纲级别与 PowerPoint 中的标题和文本样式级别的对应关系。此外，需要注意的是，Word 文档中的内容的大纲级别若为"正文"，则该内容不会被导入到 PowerPoint 中。

Word 大纲级别	PowerPoint 标题和文本样式级别
大纲 1 级	标题样式
大纲 2 级	第一级文本样式
大纲 3 级	第二级文本样式
大纲 4 级	第三级文本样式
大纲 5 级	第四级文本样式
大纲 6 级	第五级文本样式
大纲 7 级	第六级文本样式
大纲 8 级	第七级文本样式
大纲 9 级	第八级文本样式

图 17-86

技巧 05: 如何保证在 Word 文档中插入的 Flash 动画能够正常播放

教学视频	光盘\视频\第 17 章\技巧 05.mp4

插入 Flash 动画时，无论是通过插入对象的方式插入，还是通过插入控件的方式，其结果都是在 Word 文档中插入一个控件。所以，当 Flash 动画文件的位置发生了改变，或者 Word 文档移动到了其他计算机时，Flash 动画将不能正常播放。要解决这个问题，可以采纳以下两种方法。

➡ 通过【属性】对话框设置 Shockwave Flash Object 控件的属性时，将【EmbedMovie】属性的值设置为【True】即可，如图 17-87 所示。通过这样的设置后，Flash 动画文件将嵌入到 Word 文档中。

图 17-87

➡ 将 Word 文档复制到其他计算机时，将 Flash 动画文件一起复制到该计算机，然后将【Movie】属性设置为 Flash 动画文件的完整路径即可。

本章小结

本章主要讲解了 Word 与其他软件的协作办公，包括在 Word 文档中插入多媒体、Word 与 Excel 协作、Word 与 PowerPoint 协作等内容。至此，本书 Word 的知识技能学习就到此结束了。在后面的章节中，我们将通过具体实例来告诉读者 Word 在实际办公中的应用，同时对前面所学知识进行实践和巩固。

第6篇 行业实战篇

没有实战的学习只是纸上谈兵，为了让读者更好地理解和掌握学到的知识和技巧，希望读者抽出一点时间来练习本篇中的这些具体案例制作。

第18章 实战应用：Word 在行政文秘工作中的应用

➥ 在行政文秘行业中，Word 能做什么？

➥ 怎样对文档设置艺术型的页面边框？

➥ 如何在文档中使用格式文本内容控件与日期选取器内容控件？

➥ 怎样为图形设置渐变填充颜色？

➥ 如何快速复制图形？

本章将通过制作员工守则、企业文件模板、企业内部刊物及商务邀请函的实例来为读者一一解决上述问题。

18.1 制作员工守则

实例门类	页面格式 + 文本格式 + 段落格式 + 插入页码
教学视频	光盘 \ 视频 \ 第 18 章 \18.1.mp4

员工守则是国家机关、社会团体及企事业单位为维护公共利益和工作秩序，结合本单位、本部门或本企业的实际情况而制定的用以规范、约束所属人员道德行为的条文。守则内容是根据具体情况制定的，本节重点讲解对员工守则的美化操作，主要包括设置文本格式、段落格式等，完成后的最终效果如图 18-1 所示。

图 18-1

18.1.1 设置页面格式

本案例中，先设置页面格式，主要包括设置页边距大小、页面边框及页面背景颜色，具体操作步骤如下。

Step01 打开"光盘\素材文件\第18章\员工守则.docx"文件，❶切换到【页面布局】选项卡，❷在【页面设置】组中单击【功能扩展】按钮，如图 18-2 所示。

图 18-2

Step02 弹出【页面设置】对话框，❶在【页边距】选项卡的【页边距】栏中设置页边距大小，❷完成设置后单击【确定】按钮，如图 18-3 所示。

Step03 返回文档，❶切换到【设计】选项卡，❷单击【页面背景】组中的

【页面边框】按钮，如图 18-4 所示。

图 18-3

图 18-4

Step04 弹出【边框和底纹】对话框，❶在【页面边框】选项卡的【艺术

型】下拉列表中选择边框样式，❷单击【确定】按钮，如图 18-5 所示。

图 18-5

技能拓展——对艺术型边框设置宽度和颜色

对页面设置艺术型边框时，在【宽度】微调框中可以设置边框宽度，在【颜色】下拉列表中可以设置边框颜色。另外，若所选样式的边框已经设置了黑色以外的颜色，则无法更改其颜色。

Step05 返回文档，❶在【页面背景】组中单击【页面颜色】按钮，❷在弹

出的下拉列表中选择一种颜色作为页面背景，如图 18-6 所示。

图 18-6

Step⑥ 至此，完成了页面格式的设置，其效果如图 18-7 所示。

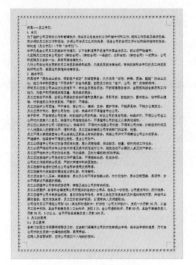

图 18-7

18.1.2 设置内容格式

确定了页面格式后，接下来就要设置文本内容的格式，主要包括字符格式、段落格式以及编号列表等，具体操作步骤如下。

Step① ❶ 按【Ctrl+A】组合键选中全部内容，❷ 在【开始】选项卡的【字体】组中单击【功能扩展】按钮，如图 18-8 所示。

Step② 弹出【字体】对话框，❶ 将【中文字体】设置为【仿宋】，❷【西文字体】设置为【Arial】，❸【字号】设置为【四号】，❹ 将【字体颜色】设置为【浅蓝】，❺ 完成设置后单击

【确定】按钮，如图 18-9 所示。

图 18-8

图 18-9

Step③ 返回文档，保持文档内容的选中状态，在【开始】选项卡的【段落】组中单击【功能扩展】按钮，如图 18-10 所示。

图 18-10

Step④ 弹出【段落】对话框，❶ 将【间距】设置为段前【0.3 行】，段后【0.3 行】，❷ 取消选中【如果定义了文档网格，则对齐到网格】复选

框，❸ 完成设置后单击【确定】按钮，如图 18-11 所示。

图 18-11

Step⑤ 返回文档，❶ 选中文档中的标题文本，❷ 在【段落】组中单击【居中】按钮，将标题文本设置为居中对齐方式，❸ 在【字体】组中设置字符格式：字体【汉真广标】，字号【小二】，字体颜色【蓝色】，加粗，如图 18-12 所示。

图 18-12

Step⑥ ❶ 选中文本内容，❷ 按【Ctrl+D】组合键打开【字体】对话框，设置字符格式：中文字体【方正大黑简体】，西文字体【Arial Black】，字形【加粗】，字号【三号】，如图 18-13 所示。

Step⑦ 返回文档，保持文本的选中状态，在【剪贴板】组中双击【格式刷】按钮，如图 18-14 所示。

图 18-13

图 18-16

图 18-19

图 18-14

图 18-17

图 18-20

Step08 鼠标指针将呈刷子形状<img>，按住鼠标左键不放，然后拖动鼠标选择需要设置相同格式的文本，如图18-15所示。完成格式的复制后，按【Esc】键退出复制格式状态。

图 18-15

Step09 ❶ 选中文本内容，❷ 按【Ctrl+D】组合键打开【字体】对话框，设置字符格式：中文字体【黑体】，西文字体【Arial Black】，字形【加粗】，字号【小三】，如图18-16所示。

Step10 返回文档，可以查看设置后的效果，如图18-17所示。

Step11 通过格式刷，将当前内容的格式复制到其他需要应用相同格式的段落中，设置后的效果如图18-18所示。

图 18-18

Step12 ❶ 选中文本内容，❷ 打开【段落】对话框，设置【首行缩进：2字符】，如图18-19所示。

Step13 返回文档，可以查看设置后的效果，如图18-20所示。

Step14 通过格式刷，将当前内容的格式复制到其他需要应用相同格式的段落中，设置后的效果如图18-21所示。

图 18-21

Step15 ❶ 选中文本内容，❷ 在【段落】组中单击【编号】按钮右侧的下拉按钮，❸ 在弹出的下拉列表中选择需要的编号样式，如图18-22所示。

图 18-22

Step⑯ 通过格式刷，将当前内容的格式复制到其他需要应用相同格式的段落中，设置后的效果如图 18-23 所示。

图 18-23

Step⑰ 通过格式刷复制格式后，会发现编号是连续的，本案例中需要设置重新编号。❶ 右击需要重新开始编号的段落，❷ 在弹出的快捷菜单中选择【重新开始于 1】命令，如图 18-24 所示。

图 18-24

Step⑱ 从当前段落开始，起始编号将为 1，效果如图 18-25 所示。

图 18-25

Step⑲ 用同样的方法，将其他编号列表的起始编号设置为 1，设置后的效果如图 18-26 所示。

图 18-26

Step⑳ ❶ 选中文本内容，❷ 在【段落】组中单击【项目符号】按钮 ☰·右侧的下拉按钮 ﹀，❸ 在弹出的下拉列表中选择需要的项目符号样式，如图 18-27 所示。

图 18-27

Step㉑ 通过格式刷，将当前内容的格式复制到其他需要应用相同格式的段落中，设置后的效果如图 18-28 所示。至此，完成了内容格式的设置。

图 18-28

18.1.3 设置页码

经过上面的操作，文档的版式已经确定了，最后将在页脚插入页码，具体操作步骤如下。

Step① 双击页脚位置进入页脚编辑状态，❶ 将鼠标光标定位到页脚处，❷ 切换到【页眉和页脚工具 / 设计】选项卡，❸ 单击【页眉和页脚】组中的【页码】按钮，❹ 在弹出的下拉列表中依次选择【当前位置】→【普通数字】选项，如图 18-29 所示。

图 18-29

Step② ❶ 在页脚选中插入的页码，❷ 切换到【开始】选项卡，❸ 在【段落】组中单击【居中】按钮 ，将其设置为居中对齐方式，❹ 在【字体】组设置字符格式：字体【Times New Roman】，字号【小四】，字体颜色【浅蓝】，如图 18-30 所示。

图 18-30

Step③ ❶ 完成页脚内容的设置后，切换到【页眉和页脚工具 / 设计】选项卡，❷ 在【关闭】组中单击【关闭页眉和页脚】按钮，退出页脚编辑状态，如图 18-31 所示。至此，完成了员工守则的制作，其最终效果如图 18-1 所示。

图 18-31

18.2 制作企业文件模板

实例门类	文本格式＋段落格式＋设置页眉页脚＋图形对象＋使用控件＋样式＋模板
教学视频	光盘＼视频＼第 18 章＼18.2.mp4

　　企业内部文件通常具有相同的格式及相应的一些标准，如有相同的页眉页脚、相同的字体及样式等。如果将这些相同的元素制作成为一个模板文件，在创建文档时就可以直接使用该模板，而不用花费时间另行设置。本节将讲解企业文件模板的制作方法，以供读者参考，完成后的效果如图 18-32 所示。

图 18-32

18.2.1 创建模板文件

　　要创建企业文件模板，需要先新建一个模板文件，然后将常用的元素添加到模板文件中，以方便使用。创建模板文件最常用的方法是新建一个 Word 空白文档，然后另存为模板文件即可，具体操作方法为：新建一个空白文档，按【F12】键，弹出【另存为】对话框，❶ 在【保存类型】下拉列表中选择"Word 模板（*.dotx）"选项，❷ 设置保存路径，❸ 在【文件名】文本框中输入模板的文件名"企业文件模板"，❹ 单击【保存】按钮，如图 18-33 所示。

图 18-33

18.2.2 添加模板内容

　　创建好模板文件之后，就可以在其中添加内容了，从而方便以后直接使用该模板创建文件。通常模板中

的内容含有固定的元素，如固定的标题、页眉页脚、页面背景、页面设置等。本案例中主要在模板文件中制作页眉页脚内容，以及固定的标题和正文内容的样式，接下来就讲解操作方法。

1．制作页眉页脚

　　企业文档大多会在页眉使用公司名称，页脚添加页码、公司地址、电话等信息。下面以在页眉添加公司名称，页脚添加页码为例，介绍页眉页脚的制作。

Step❶ 在之前保存的"企业文件模板 .dotx"模板文件中，双击页眉／页脚处，进入页眉／页脚编辑状态，❶ 在页眉区中选中多余横线所在的

段落，❷切换到【开始】选项卡，❸在【段落】组中单击【边框】按钮┃▾右侧的下拉按钮▾，❹在弹出的下拉列表中选择【无框线】选项，如图18-34所示。

图18-34

Step❷ ❶切换到【插入】选项卡，❷单击【插图】组中的【形状】按钮，❸在弹出的下拉列表中选择【自由曲线】形状，如图18-35所示。

图18-35

Step❸ 在页眉中绘制形状，绘制后的效果如图18-36所示。

图18-36

Step❹ ❶选中形状，❷切换到【绘图工具/格式】选项卡，❸在【形状样式】组的列表框中选择一种样式进行美化，如图18-37所示。

Step❺ ❶切换到【插入】选项卡，❷单击【插图】组中的【图片】按钮，如图18-38所示。

图18-37

图18-38

Step❻ 弹出【插入图片】对话框，❶选择需要插入的图片，❷单击【插入】按钮，如图18-39所示。

图18-39

Step❼ 返回文档，❶选中插入的图片，❷切换到【图片工具/格式】选项卡，❸在【排列】组中单击【自动换行】按钮，❹在弹出的下拉列表中选择【浮于文字上方】选项，如图18-40所示。

Step❽ 选中图片，通过拖动鼠标的方式调整图片大小，并将其拖动到合适位置，调整后的效果如图18-41

所示。

图18-40

图18-41

Step❾ ❶切换到【插入】选项卡，❷单击【文本】组中的【艺术字】按钮，❸在弹出的下拉列表中选择需要的艺术字样式，如图18-42所示。

图18-42

Step❿ 在插入的艺术字编辑框中输入公司名称，并对其设置字体格式，然后将艺术字拖动到合适位置，完成设置后的效果如图18-43所示。

Step⓫ ❶切换到页脚区，❷切换到【插入】选项卡，❸单击【插图】组中的【形状】按钮，❹在弹出的下拉列表中选择【矩形】形状，如图18-44所示。

图 18-43

图 18-44

Step12 在页脚区中绘制一个矩形，完成绘制后的效果如图 18-45 所示。

图 18-45

Step13 ① 选中形状，② 切换到【绘图工具 / 格式】选项卡，③ 在【形状样式】组的列表框中选择一种样式进行美化，如图 18-46 所示。

图 18-46

Step14 ① 切换到【插入】选项卡，② 单击【文本】组中的【文本框】按钮，③ 在弹出的下拉列表中选择【绘制文本框】选项，如图 18-47 所示。

图 18-47

Step15 ① 在页脚中绘制一个横排的文本框并选中，② 切换到【绘图工具 / 格式】选项卡，③ 在【插入形状】组中单击【编辑形状】按钮，④ 在弹出的下拉列表中依次选择【更改形状】→【上凸带形】选项，如图 18-48 所示。

图 18-48

Step16 ① 选中文本框，② 切换到【绘图工具 / 格式】选项卡，③ 在【形状样式】组的列表框中选择一种样式进行美化，如图 18-49 所示。

Step17 ① 将鼠标光标定位在文本框内，② 切换到【页眉和页脚工具 / 设计】选项卡，③ 单击【页眉和页脚】组中的【页码】按钮，如图 18-50 所示。

Step18 在弹出的下拉列表中依次选择【当前位置】→【加粗显示的数字】选项，如图 18-51 所示。

图 18-49

图 18-50

图 18-51

Step19 插入页码后，将其字体格式设置为：字号【五号】，字体颜色【浅蓝】，如图 18-52 所示。

图 18-52

Step20 ① 切换到【页眉和页脚工具 / 设计】选项卡，② 单击【关闭】组中的【关闭页眉和页脚】按钮，如图 18-53 所示，退出页眉页脚编辑状态。

图 18-53

Step21 至此，完成了页眉页脚的制作，效果如图 18-54 所示。

图 18-54

2. 设计模板内容

完成页眉页脚的制作后，接下来要在模板中通过插入控件的方式添加一些固定内容，以及设计一些固定样式，具体操作步骤如下。

Step01 ❶ 定位好鼠标光标，❷ 切换到【开发工具】选项卡，❸ 单击【控件】组中的【格式文本内容控件】按钮Aa，如图 18-55 所示。

Step02 文档中将插入一个格式文本内容控件，单击【控件】组中的【设计模式】按钮，如图 18-56 示。

Step03 ❶ 将控件中的文本内容修改为"单击此处输入标题"，然后选中控件所在的整个段落，❷ 切换到【开

始】选项卡，❸ 在【字体】组中设置字符格式：字体【迷你简菱心】，字号【二号】，字体颜色【蓝色】，加粗，❹ 在【段落】组中单击【居中】按钮 ≡，设置居中对齐方式，如图 18-57 所示。

图 18-55

图 18-56

图 18-57

Step04 ❶ 使用相同的方法插入第 2 个格式文本内容控件，❷ 在【开发工具】选项卡的【控件】组中单击【属性】按钮，如图 18-58 所示。

Step05 弹出【内容控件属性】对话框，❶ 在【常规】栏的【标题】文本框中输入"正文"，❷ 选中【内容被编辑后删除内容控件】复选框，❸ 单击【确定】按钮，如图 18-59 所示。

图 18-58

图 18-59

Step06 ❶ 在文档末尾输入"编制日期："，将鼠标光标定位在"："之后，❷ 切换到【开发工具】选项卡，❸ 单击【控件】组中的【日期选取器内容控件】按钮，如图 18-60 所示。

图 18-60

Step07 文档中将插入一个日期选取器内容控件，在【开发工具】选项卡的【控件】组中单击【属性】按钮，如图 18-61 所示。

Step08 弹出【内容控件属性】对话框，❶ 在【锁定】栏中选中【无法删除内容控件】复选框，❷ 在【日期选取器属性】栏的列表框中选择日期

格式，③ 单击【确定】按钮，如图 18-62 所示。

图 18-61

图 18-62

Step⑨ ① 选中日期控件所在段落，② 切换到【开始】选项卡，③ 在【字体】组中设置字符格式：加粗，④ 在【段落】组中单击【右对齐】按钮 三 设置右对齐，如图 18-63 所示。

图 18-63

Step⑩ ① 将鼠标光标定位在标题段落，② 打开【样式】窗格，单击【新建样式】按钮，如图 18-64 所示。

图 18-64

Step⑪ 弹出【根据格式设置创建新样式】对话框，① 在【名称】文本框中输入样式名称"文件标题"，② 单击【确定】按钮，如图 18-65 所示。

图 18-65

Step⑫ ① 选中内容控件所在段落，② 在【样式】窗格中单击【新建样式】按钮，如图 18-66 所示。

图 18-66

Step⑬ 弹出【根据格式设置创建新样式】对话框，① 在【名称】文本框中输入样式名称"文件 - 正文"，② 单击【格式】按钮，③ 在弹出的菜单中选择【段落】命令，如图 18-67 所示。

图 18-67

Step⑭ 弹出【段落】对话框，① 设置段落格式，② 单击【确定】按钮，如图 18-68 所示。

图 18-68

Step⑮ 返回【根据格式设置创建新样式】对话框，单击【确定】按钮，如图 18-69 所示。

图 18-69

Step 16 返回文档，在【开发工具】选项卡的【控件】组中单击【设计模式】按钮，取消选中状态，从而退出设计模式，如图 18-70 所示。至此，完成了模板的制作，最终效果如图 18-32 所示。

图 18-70

18.3　制作企业内部刊物

实例门类	编辑图形对象＋编辑图片
教学视频	光盘 \ 视频 \ 第 18 章 \18.3.mp4

企业内部刊物是企业进行员工教育、宣传推广的重要手段。本例将通过制作和编排企业内部刊物，让读者掌握图形、图像等元素在文档中排版的应用。本案例中制作的企业内部刊物的效果如图 18-71 所示。

图 18-71

18.3.1 设计刊头

通过内部刊物，可以为员工提供一个良好的交流和发展平台，同时还能展现企业风采及竞争力。刊头是刊物整体形象的表现，主要通过插入形状、艺术字、文本框及图片等元素来设计，具体操作步骤如下。

Step01 新建一个名为"企业内刊"的空白文档，并设置页边距大小，如图18-72所示。

图 18-72

Step02 ❶ 切换到【插入】选项卡，❷ 单击【插图】组中的【形状】按钮，❸ 在弹出的下拉列表中选择【圆角矩形】形状，如图18-73所示。

图 18-73

Step03 在文档中绘制一个圆角矩形，绘制后的效果如图18-74所示。

Step04 ❶ 选中绘制的圆角矩形，❷ 切换到【绘图工具/格式】选项卡，❸ 在【形状样式】组中单击【形状填充】按钮右侧的下拉按钮，❹ 在弹出的下拉列表中选择【紫色】，如图18-75所示。

图 18-74

图 18-75

Step05 保持圆角矩形的选中状态，❶ 在【形状样式】组中单击【形状填充】按钮右侧的下拉按钮，❷ 在弹出的下拉列表中依次选择【渐变】→【线性向下】选项，从而对圆角矩形设置渐变填充颜色，如图18-76所示。

图 18-76

Step06 保持圆角矩形的选中状态，❶ 在【形状样式】组中单击【形状轮廓】按钮右侧的下拉按钮，❷ 在弹出的下拉列表中选择【紫色】，如图18-77所示。

图 18-77

Step07 保持圆角矩形的选中状态，❶ 在【排列】组中单击【自动换行】按钮，❷ 在弹出的下拉列表中选择【嵌入型】选项，如图18-78所示，从而使圆角矩形以嵌入型方式显示在文档中，然后将鼠标光标定位到圆角矩形所在的段落中，按【Ctrl+E】组合键，使其以居中对齐方式进行显示。

图 18-78

Step08 ❶ 切换到【插入】选项卡，❷ 单击【文本】组中的【艺术字】按钮，❸ 在弹出的下拉列表中选择需要的艺术字样式，如图18-79所示。

图 18-79

Step09 ❶ 在插入的艺术字编辑框中输入艺术字内容并将其选中，❷ 切换到

【开始】选项卡，❸在【字体】组中设置字符格式：字体【叶根友毛笔行书】，字号【一号】，如图18-80所示。

图 18-80

Step10 ❶选中"期"字，❷将字号设置为【初号】，❸单击【文本效果和版式】按钮，❹在弹出的下拉列表中选择需要的样式，如图18-81所示。

图 18-81

Step11 选择艺术字编辑框，将其拖动到合适的位置，拖动后的效果如图18-82所示。

图 18-82

Step12 ❶切换到【插入】选项卡，❷单击【文本】组中的【文本框】按钮，❸在弹出的下拉列表中选择【绘制文本框】选项，如图18-83所示。

图 18-83

Step13 ❶在文档中绘制一个文本框，然后在其中输入内容并选中，❷切换到【开始】选项卡，❸在【段落】组中单击【右对齐】按钮设置右对齐，❹在【字体】组中设置字符格式：字体【方正毡笔黑简体】，字号【四号】，加粗，字体颜色【蓝色，着色1，深色25%】，如图18-84所示。

图 18-84

Step14 ❶选中文本框，❷切换到【绘图工具/格式】选项卡，❸在【形状样式】组中单击【形状填充】按钮右侧的下拉按钮，❹在弹出的下拉列表中选择【无填充颜色】选项，如图18-85所示。

Step15 保持文本框的选中状态，❶在【形状样式】组中单击【形状轮廓】

按钮右侧的下拉按钮，❷在弹出的下拉列表中选择【无轮廓】选项，如图18-86所示。

图 18-85

图 18-86

Step16 选中文本框，将其拖动到合适的位置，拖动后的效果如图18-87所示。

图 18-87

Step17 ❶在文档中定位鼠标光标，❷切换到【插入】选项卡，❸单击【插图】组中的【图片】按钮，如图18-88所示。

Step18 弹出【插入图片】对话框，❶选择需要插入的图片，❷单击【插入】按钮，如图18-89所示。

图 18-88

图 18-91

这种方法外，其实还可以借助文本框来控制页面内容，具体操作步骤如下。

Step01 ❶ 切换到【插入】选项卡，❷ 单击【文本】组中的【文本框】按钮，❸ 在弹出的下拉列表中选择【简单文本框】选项，如图 18-93 所示。

图 18-89

Step19 ❶ 选中图片，❷ 切换到【图片工具 / 格式】选项卡，❸ 在【排列】组中单击【自动换行】按钮，❹ 在弹出的下拉列表中选择【浮于文字上方】选项，如图 18-90 所示。

图 18-92

图 18-93

Step02 文档中即可插入一个文本框，如图 18-94 所示。

图 18-94

图 18-90

Step20 选中图片，通过拖动鼠标的方式调整图片大小，并将其拖动到合适位置，效果如图 18-91 所示。

Step21 参照 12~16 步的操作，绘制一个文本框，在其中输入并设置文本内容，最后将该文本拖动至合适位置，效果如图 18-92 所示。

技能拓展——快速复制图形

在本案例中，刊头上的两个文本框样式非常相近，这种情况下，可以通过复制图形的方法快速生成另外一个文本框，然后只需要对其中的文字进行修改编辑即可，从而大大提高了效率。例如，要复制文本框，方法为：选中需要复制的文本框，将鼠标指针指向该文本框，鼠标指针呈时，按住【Ctrl】键不放，鼠标指针将呈状，此时拖动鼠标，即可对选中的文本框进行复制操作。

此外，选中需要复制的图形对象，然后按【Ctrl+D】组合键，Word 会自动对该图形进行复制操作，并粘贴到该图形的旁边。

18.3.2 设计刊物内容

在排版刊物内容时，许多用户一般会直接在文档中输入文本内容并对其设置字体格式和段落格式。除了

Step03 打开"光盘 \ 素材文件 \ 第 18 章 \ 小故事 .docx"文件，按【Ctrl+A】组合键选中文档全部内容，再按【Ctrl+C】组合键进行复制，如图 18-95 所示。

图 18-95

Step 04 切换到"企业内刊.docx"文档窗口，按【Delete】键删除文本框内的占位符，再按【Ctrl+V】组合键粘贴之前复制的内容，然后拖动文本框到合适位置，如图18-96所示。

图18-96

Step 05 选中刚才制作好的文本框，按【Ctrl+D】组合键进行复制，即可生成一个新的文本框，如图18-97所示。

图18-97

Step 06 选中新文本框，删除其中的内容，并通过拖动鼠标的方式调整大小和位置，如图18-98所示。

图18-98

Step 07 打开"光盘\素材文件\第18章\企业动态.docx"文件，按【Ctrl+A】组合键选中文档全部内容，再按【Ctrl+C】组合键进行复制，如图18-99所示。

图18-99

Step 08 切换到"企业内刊.docx"文档窗口，将鼠标光标定位到新文本框内，按【Ctrl+V】组合键粘贴之前复制的内容，如图18-100所示。

图18-100

Step 09 通过复制文本框的方式，对刊头中的文本框进行复制，以便快速制作另外两个文本框，对这两个新文本框设置【白色】填充效果，然后分别设置它们的内容，以及大小和位置，此处不再赘述操作步骤，制作后的效果如图18-101所示。至此，完成了企业内部刊物的制作，最终效果如图18-71所示。

图18-101

18.4 制作商务邀请函

实例门类	添加水印＋邮件合并＋制作信封＋打印文档
教学视频	光盘\视频\第18章\18.4.mp4

活动主办方邀请合作伙伴参加其举办的商务活动，为了体现主办方的盛情，通常需要制作商务邀请函。本案例中结合邮件合并功能来制作并打印邀请函与信封，完成后的效果如图18-102所示。

图 18-102

18.4.1 邀请函的素材准备

在制作邀请函前，需要先准备两个文档素材，一个是制作邀请函的主文档，另一个则是通过 Excel 制作一个联系人表格作为数据源，具体操作步骤如下。

Step 01 新建一篇名为"邀请函主文档"的空白文档，❶ 切换到【页面布局】选项卡，❷ 单击【页面设置】组中的【纸张大小】按钮，❸ 在弹出的下拉列表中选择【16 开】选项，如图 18-103 所示。

图 18-103

Step 02 打开【页面设置】对话框，❶ 将纸张方向设置为【横向】，❷ 设置页边距大小，如图 18-104 所示。

Step 03 打开"光盘\素材文件\第 18 章\邀请函内容.docx"文件，按【Ctrl+A】组合键选中文档全部内容，再按【Ctrl+C】组合键进行复制，如图 18-105 所示。

图 18-104

图 18-105

Step 04 切换到"邀请函主文档.docx"文档窗口，❶ 在【开始】选项卡的【剪贴板】组中单击【粘贴】按钮下方的下拉按钮，❷ 在弹出的下拉列

表中单击【只保留文本】图标，如图 18-106 所示。

图 18-106

Step 05 通过设置字体格式、段落格式等操作，对文档中的内容进行排版美化操作，排版后的效果如图 18-107 所示。因为本案例操作中主要通过邮件合并功能来制作邀请函，所有关于美化排版的操作此处不再赘述。

图 18-107

Step 06 ❶ 切换到【设计】选项卡，❷ 单击【页面背景】组中的【水印】按钮，❸ 在弹出的下拉列表中选择【自定义水印】选项，如图 18-108 所示。

图 18-108

Step 07 弹出【水印】对话框，❶ 选中【图片水印】单选按钮，❷ 单击【选择图片】按钮，如图 18-109 所示。

图 18-109

Step 08 打开【插入图片】窗口，单击【浏览】按钮，如图 18-110 所示。

图 18-110

Step 09 弹出【插入图片】对话框，❶ 选择需要作为水印的图片，❷ 单击【插入】按钮，如图 18-111 所示。

Step 10 返回【水印】对话框，❶ 取消选中【冲蚀】复选框，❷ 将缩放比

例设置为 130%，❸ 单击【确定】按钮，如图 18-112 所示。

图 18-111

图 18-112

Step 11 添加水印后，页眉中会自动出现一条黑色横线，要去除该横线，则双击页眉进入页眉编辑区，❶ 在页眉区中选中多余横线所在的段落，❷ 切换到【开始】选项卡，❸ 在【段落】组中单击【边框】按钮右侧的下拉按钮，❹ 在弹出的下拉列表中选择【无框线】选项，如图 18-113 所示。

图 18-113

Step 12 至此，完成了邀请函主文档的制作，效果如图 18-114 所示。

图 18-114

Step 13 使用 Excel 制作一个表格，作为数据源，如图 18-115 所示。

图 18-115

18.4.2 制作并打印邀请函

邀请函一般是分发给多个成员，所以需要制作出多张内容相同，但接收人不同的邀请函。使用 Word 2013 的邮件合并功能，可以快速制作出多张邀请函，具体操作步骤如下。

Step 01 ❶ 在"邀请函主文档.docx"文档中，切换到【邮件】选项卡，❷ 单击【开始邮件合并】组中的【开始邮件合并】按钮，❸ 在弹出的下拉列表中选择文档类型，本例中选择【信函】，如图 18-116 所示。

图 18-116

Step 02 ❶ 单击【开始邮件合并】组中的【选择收件人】按钮，❷ 在弹出的下拉列表中选择【使用现有列表】选

项，如图 18-117 所示。

图 18-117

Step03 弹出【选取数据源】对话框，❶ 选择数据源文件，❷ 单击【打开】按钮，如图 18-118 所示。

图 18-118

Step04 弹出【选择表格】对话框，❶ 选中数据源所在的工作表，❷ 单击【确定】按钮，如图 18-119 所示。

图 18-119

Step05 返回文档，❶ 选择"尊敬的"之后的"××"，❷ 在【编写和插入域】组中单击【插入合并域】按钮右侧的下拉按钮，❸ 在弹出的下拉列表中选择【姓名】选项，如图 18-120 所示。

Step06 即可在文档中插入合并域"姓名"，❶ 选择合并域"姓名"之后的"××"，❷ 在【编写和插入域】组中单击【插入合并域】按钮右侧

的下拉按钮，❸ 在弹出的下拉列表中选择【尊称】选项，如图 18-121 所示。

图 18-120

图 18-121

Step07 ❶ 在【完成】组中单击【完成并合并】按钮，❷ 在弹出的下拉列表中选择【编辑单个文档】选项，如图 18-122 所示。

图 18-122

Step08 弹出【合并到新文档】对话框，❶ 选中【全部】单选按钮，❷ 单击【确定】按钮，如图 18-123 所示。

Step09 Word 将新建一个文档显示合并记录，这些合并记录分别独自占用一页，如图 18-124 所示为第 1 页的合并记录，即第一封邀请函。

图 18-123

图 18-124

Step10 将生成的合并文档以"邀请函"为名进行保存，切换到【文件】选项卡，❶ 在左侧窗格选择【打印】命令，❷ 在【打印机】栏中选择与计算机相连的打印机，❸ 单击【打印】按钮进行打印即可，如图 18-125 所示。

图 18-125

18.4.3 制作并打印信封

完成邀请函的制作后，还需要分别送到收件人的手中，虽然现在发送信件的方法很多，已经不局限于邮寄，但正式的邀请函还是需要通过邮寄的方式送出。当收件人较多时，手动填写信封不仅工作量大，还容易发生错漏，此时可以通过邮件功能批量创建中文信封，具体操作步骤如下。

Step01 ❶ 在 Word 窗口中切换到【邮件】选项卡，❷单击【创建】组中的【中文信封】按钮，如图 18-126 所示。

图 18-126

Step02 弹出【信封制作向导】对话框，单击【下一步】按钮，如图 18-127 所示。

图 18-127

Step03 进入【选择信封样式】向导界面，❶在【信封样式】下拉列表中选择一种信封样式，❷单击【下一步】按钮，如图 18-128 所示。

图 18-128

Step04 进入【选择生成信封的方式和数量】向导界面，❶选中【基于地址簿文件，生成批量信封】单选按钮，❷单击【下一步】按钮，如图 18-129 所示。

图 18-129

Step05 进入【从文件中获取并匹配收信人信息】向导界面，单击【选择地址簿】按钮，如图 18-130 所示。

图 18-130

Step06 弹出【打开】对话框，❶选择之前制作的 Excel 工作簿，❷单击【打开】按钮，如图 18-131 所示。

图 18-131

Step07 返回【从文件中获取并匹配收

信人信息】向导界面，❶在【匹配收信人信息】栏中，为收信人信息匹配对应的字段，❷单击【下一步】按钮，如图 18-132 所示。

图 18-132

Step08 进入【输入寄信人信息】向导界面，❶输入寄信人的姓名、单位、地址、邮编等信息，❷单击【下一步】按钮，如图 18-133 所示。

图 18-133

Step09 进入【信封制作向导】界面，单击【完成】按钮，如图 18-134 所示。

图 18-134

Step⑩ Word 将自动新建一个文档，并根据设置的信息批量生成信封，图 18-135 所示为其中一份信封。

Step⑪ 将生成的合并文档以"邀请函 - 信封"为名进行保存，切换到【文件】选项卡，❶ 在左侧窗格选择【打印】命令，❷ 在【打印机】栏中选择与计算机相连的打印机，❸ 单击【打印】按钮进行打印即可，如图 18-136 所示。至此完成了邀请函的制作，最终效果如图 18-102 所示。

图 18-135

图 18-136

本章小结

本章通过具体实例讲解了 Word 在行政文秘工作中的应用，主要涉及设置文本格式、设置段落格式、设置页面格式、图形图像对象的使用、模板与样式的使用，以及邮件合并功能的使用等知识点。

第19章 实战应用：Word 在人力资源管理中的应用

➥ 嵌入型以外的图形对象也能设置对齐方式吗？

➥ 如何通过方向键微调图形图像的位置？

➥ 怎么使用制表位定位下画线位置？

➥ 设置与首页不同的页眉页脚时，如何设置起始页码？

➥ 如何将单元格内容的文字方向设置为竖排？

本章将通过制作招聘流程图、招聘简章、劳动合同及员工绩效考核表的实例来为读者解答上述问题。

19.1 制作招聘流程图

实例门类	字符格式＋段落格式＋编辑与美化图形
教学视频	光盘\视频\第 19 章 \19.1.mp4

招聘工作流程一般由公司的人力资源部制定，主要目的是规范公司的人员招聘行为，保障公司及招聘人员的权益。为了能够直观地了解公司的招聘流程，往往需要制作招聘流程图。本节中主要运用艺术字、形状及文本框等对象来制作招聘流程图，完成后的效果如图 19-1 所示。

图 19-1

19.1.1 制作招聘流程图标题

招聘流程图的标题是文档中起引导作用的重要元素，通常标题应具有醒目、突出主题的特点，同时还可以为其设置一些特殊的修饰效果。接下来将通过插入艺术字的方法为文档制作标题，具体操作步骤如下。

Step01 新建一篇名为"招聘流程图"的空白文档，❶切换到【插入】选项卡，❷单击【文本】组中的【艺术字】按钮，❸在弹出的下拉列表中选择需要的艺术字样式，如图 19-2 所示。

图 19-2

Step02 ❶在艺术字编辑框中输入"招聘流程图"，❷切换到【开始】选项卡，❸在【字体】组中将字符格式设置为：字体【迷你简菱心】，字号【小初】，如图 19-3 所示。

图 19-3

Step03 ❶选中艺术字，❷切换到【绘图工具/格式】选项卡，❸在【艺术字样式】组中单击【文本效果】按钮 Ａ▾，❹在弹出的下拉列表中依次

选择【映像】→【全映像，接触】选项，如图 19-4 所示。

图 19-4

Step04 保持艺术字的选中状态，❶在【艺术字样式】组中单击【文本效果】按钮 Ａ▾，❷在弹出的下拉列表中依次选择【三维旋转】→【适度宽松透视】选项，如图 19-5 所示。

图 19-5

Step05 保持艺术字的选中状态，❶在【排列】组中单击【对齐】按钮，❷在弹出的下拉列表中选择需要的对齐方式，本例中选择【左右居中】，如图 19-6 所示。

图 19-6

Step06 至此，完成了招聘流程图标题的制作，效果如图 19-7 所示。

图 19-7

19.1.2 绘制流程图

完成了流程图标题的制作后，接下来将讲解绘制流程图的过程，具体操作步骤如下。

Step01 ❶切换到【插入】选项卡，❷单击【插图】组中的【形状】按钮，❸在弹出的下拉列表中选择【剪去同侧角的矩形】形状，如图 19-8 所示。

图 19-8

Step02 在文档中绘制一个剪去同侧角的矩形，绘制后的效果如图 19-9 所示。

图 19-9

Step03 选中绘制的图形，配合【Ctrl】键复制两个相同的形状，并调整至合适的位置，如图 19-10 所示。

图 19-10

对非嵌入型的图形对象调整位置时，为了调整到更为精确的位置，可以通过方向键【↑】【↓】【←】【→】进行微调。

Step04 ❶ 切换到【插入】选项卡，❷ 单击【插图】组中的【形状】按钮，❸ 在弹出的下拉列表中选择【流程图：决策】形状，如图 19-11 所示。

图 19-11

Step05 在文档中绘制一个"流程图：决策"图形，绘制后的效果如图 19-12 所示。

图 19-12

Step06 用同样的方法，在文档中绘制其他图形，并调整好各自的位置，效果如图 19-13 所示。

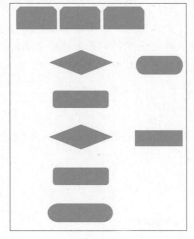

图 19-13

Step07 ❶ 右击某个图形，❷ 在弹出的快捷菜单中选择【添加文字】命令，如图 19-14 所示。

图 19-14

Step08 图形中将出现鼠标光标，此时可直接输入文本内容，如图 19-15 所示。

图 19-15

Step09 用同样的方法，在其他图形中添加文本内容，如图 19-16 所示。

Step10 ❶ 切换到【插入】选项卡，❷ 单击【插图】组中的【形状】按钮，❸ 在弹出的下拉列表中选择【肘形箭头连接符】形状，如图 19-17 所示。

所示。

图 19-16

图 19-17

Step11 在文档中绘制一个肘形箭头连接符，绘制后的效果如图 19-18 所示。

图 19-18

Step12 拖动图形中的黄色小方块，调整图形的外观，调整后的效果如图 19-19 所示。

Step13 ❶ 切换到【插入】选项卡，❷ 单击【插图】组中的【形状】按钮，❸ 在弹出的下拉列表中选择【箭头】形状，如图 19-20 所示。

图 19-19

图 19-20

Step⑭ 在文档中绘制一个箭头，绘制后的效果如图 19-21 所示。

图 19-21

Step⑮ 用同样的方法，在流程图中绘制出其他的箭头，效果如图 19-22 所示。

图 19-22

Step⑯ ① 切换到【插入】选项卡，② 单击【文本】组中的【文本框】按钮，③ 在弹出的下拉列表中选择【绘制文本框】选项，如图 19-23 所示。

图 19-23

Step⑰ ① 在文档中绘制一个文本框，并在其中输入文本内容，然后选中该文本框，② 切换到【绘图工具/格式】选项卡，③ 在【形状样式】组中单击【形状填充】按钮 🎨 右侧的下拉按钮 ▼，④ 在弹出的下拉列表中选择【无填充颜色】选项，如图 19-24 所示。

图 19-24

Step⑱ 保持文本框的选中状态，① 在【形状样式】组中单击【形状轮廓】按钮 📏 右侧的下拉按钮 ▼，② 在弹出的下拉列表中选择【无轮廓】选项，如图 19-25 所示。

Step⑲ 对文本框设置格式后的效果如图 19-26 所示。

Step⑳ 配合【Ctrl】键复制一个文本框，并调整至合适位置，如图 19-27 所示。

Step㉑ ① 切换到【插入】选项卡，② 单击【文本】组中的【文本框】按钮，

③ 在弹出的下拉列表中选择【绘制竖排文本框】选项，如图 19-28 所示。

图 19-25

图 19-26

图 19-27

图 19-28

Step㉒ ① 在文档中绘制一个竖排文本框，并在其中输入文本内容，然后选

中该文本框，❷切换到【绘图工具 / 格式】选项卡，❸在【形状样式】组中单击【形状填充】按钮右侧的下拉按钮，❹在弹出的下拉列表中选择【无填充颜色】选项，如图 19-29 所示。

图 19-29

Step 23 保持文本框的选中状态，❶在【形状样式】组中单击【形状轮廓】按钮右侧的下拉按钮，❷在弹出的下拉列表中选择【无轮廓】选项，如图 19-30 所示。

图 19-30

Step 24 对竖排文本框设置格式后的效果如图 19-31 所示。

图 19-31

Step 25 配合【Ctrl】键复制竖排文本框，并调整它们的位置及设置文本内容，如图 19-32 所示。

图 19-32

19.1.3 美化流程图

绘制好流程图后，为了使流程图更具吸引力和感染力，可以对其进行相应的美化操作，具体操作步骤如下。

Step 01 ❶选中形状，❷切换到【绘图工具 / 格式】选项卡，❸在【形状样式】组的列表框中选择一种样式进行美化，如图 19-33 所示。

图 19-33

Step 02 对所选图形应用样式后的效果如图 19-34 所示。

Step 03 用同样的方法，使用内置样式对其他形状进行美化操作，效果如图 19-35 所示。

Step 04 ❶按住【Ctrl】键不放，依次选择所有箭头形状，❷在【形状样式】组中单击【形状轮廓】按钮右侧的下拉按钮，❸在弹出的下拉列表中选择【浅蓝】，如图 19-36 所示。

图 19-34

图 19-35

图 19-36

Step 05 保持箭头形状的选中状态，❶在【形状样式】组中单击【形状轮廓】按钮右侧的下拉按钮，❷在弹出的下拉列表中依次选择【粗细】→【1磅】选项，如图 19-37 所示。

Step 06 ❶按住【Ctrl】键不放，依次选择含有文字的图形（除文本框外），❷切换到【开始】选项卡，❸单击【段落】组中的【功能扩展】按钮，如图 19-38 所示。

图 19-37

图 19-38

Step07 弹出【段落】对话框，❶ 取消选中【如果定义了文档网格，则对齐到网格】复选框，❷ 单击【确定】按钮，如图 19-39 所示。

图 19-39

Step08 返回文档，保持图形的选中状态，在【字体】组中设置字符格式：字体【方正书宋_GBK】，字号【小四】，字体颜色【紫色】，加粗，如图 19-40 所示。至此，完成了招聘流程图的制作，最终效果如图 19-1 所示。

图 19-40

19.2 制作招聘简章

实例门类	页面格式＋图形图像＋使用表格
教学视频	光盘＼视频＼第 19 章＼19.2.mp4

公司人力资源部门要招聘工作人员时，一般都需要编写招聘启事。因此，写好招聘简章，对于公司人力资源的管理者来说也是一项必要的工作内容。下面结合图片、艺术字、文本框及表格等知识点，来讲解如何制作招聘简章，完成后的效果如图 19-41 所示。

图 19-41

19.2.1 设置页面格式

在制作招聘简章前，需要先对页面格式进行设置，具体操作步骤如下。

Step01 新建一篇名为"招聘简章"的空白文档，然后在【页面设置】对话框中设置页边距的大小，如图 19-42 所示。

图 19-42

Step02 返回文档，❶切换到【设计】选项卡，❷单击【页面背景】组中的【页面颜色】按钮，❸在弹出的下拉列表中选择【填充效果】选项，如图 19-43 所示。

图 19-43

Step03 弹出【填充效果】对话框，❶切换到【图片】选项卡，❷单击【选择图片】按钮，如图 19-44 所示。

Step04 打开【插入图片】窗口，单击【浏览】按钮，如图 19-45 所示。

Step05 弹出【选择图片】对话框，❶选择需要作为页面背景的图片，❷单击【插入】按钮，如图 19-46 所示。

Step06 返回【填充效果】对话框，单击【确定】按钮，如图 19-47 所示。

图 19-44

图 19-45

图 19-46

图 19-47

Step07 返回文档，可以查看设置页面背景后的效果，如图 19-48 所示。

图 19-48

19.2.2 使用图片、艺术字和文本框

结合使用图片、艺术字和文本框等对象，可以使版面更加精美，具体操作步骤如下。

Step01 ❶在文档中定位鼠标光标，❷切换到【插入】选项卡，❸单击【插图】组中的【图片】按钮，如图 19-49 所示。

图 19-49

Step02 弹出【插入图片】对话框，❶选择需要插入的图片，❷单击【插入】按钮，如图 19-50 所示。

图 19-50

Step 03 ❶选中图片，❷切换到【图片工具/格式】选项卡，❸在【排列】组中单击【自动换行】按钮，❹在弹出的下拉列表中选择【浮于文字上方】选项，如图19-51所示。

图 19-51

Step 04 选中图片，通过拖动鼠标的方式调整图片大小，并将其拖动到合适位置，效果如图19-52所示。

图 19-52

Step 05 保持图片的选中状态，❶在【调整】组中单击【颜色】按钮，❷在弹出的下拉列表中选择需要的图片颜色，如图19-53所示。

图 19-53

Step 06 保持图片的选中状态，❶在【排列】组中单击【旋转】按钮 ，❷在弹出的下拉列表中选择【水平翻转】选项，如图19-54所示。

示。至此，完成图片的编辑。

图 19-54

Step 07 ❶切换到【插入】选项卡，❷单击【文本】组中的【艺术字】按钮，❸在弹出的下拉列表中选择需要的艺术字样式，如图19-55所示。

图 19-55

Step 08 ❶在艺术字编辑框中输入"加入我们"，❷切换到【开始】选项卡，❸在【字体】组中将字符格式设置为：字体【方正琥珀繁体】，字号【80】，字体颜色【浅蓝】，加粗，如图19-56所示。

图 19-56

Step 09 ❶选中【我】文本，❷将字号设置为【100】，如图19-57所示。

Step 10 ❶选中艺术字，❷切换到【绘图工具/格式】选项卡，在【艺术字样式】组中单击【文本效果】按钮

A ，❸在弹出的下拉列表中依次选择【棱台】→【棱纹】选项，如图19-58所示。

图 19-57

图 19-58

Step 11 选中艺术字，通过拖动鼠标的方式将其拖动到合适位置，效果如图19-59所示。

图 19-59

Step 12 ❶切换到【插入】选项卡，❷单击【文本】组中的【文本框】按钮，❸在弹出的下拉列表中选择【绘制文本框】选项，如图19-60所示。

Step 13 ❶在文档中绘制一个文本框，在其中输入"2016*诚聘*精英"并将其选中，❷切换到【开始】选项卡，❸在【字体】组中将字符格式设置为：字体【迷你简菱心】，字号【二号】，字体颜色 金色，着色4，深色25% ，

加粗，如图 19-61 所示。

图 19-60

图 19-61

Step⑭ ❶ 选中【诚聘】文本，❷ 在【字体】组中将字符格式设置为：字号【小初】，倾斜，如图 19-62 所示。

图 19-62

Step⑮ ❶ 选中文本框，❷ 切换到【绘图工具/格式】选项卡，❸ 在【形状样式】组中单击【形状填充】按钮右侧的下拉按钮，❹ 在弹出的下拉列表中选择【无填充颜色】选项，如图 19-63 所示。

Step⑯ 保持文本框的选中状态，❶ 在【形状样式】组中单击【形状轮廓】按钮右侧的下拉按钮，❷ 在弹出的下拉列表中选择【无轮廓】选

项，如图 19-64 所示。

图 19-63

图 19-64

Step⑰ 保持文本框的选中状态，通过拖动鼠标的方式将其拖动到合适位置，效果如图 19-65 所示。

图 19-65

19.2.3 编辑招聘信息

下面将编辑招聘信息，具体操作步骤如下。

Step① 打开"光盘\素材文件\第19章\招聘简章-内容.docx"文件，按【Ctrl+A】组合键选中文档全部内容，再按【Ctrl+C】组合键进行复制，如图 19-66 所示。

Step② 切换到"招聘简章.docx"文档窗口，❶ 定位鼠标光标，❷ 在【开始】选项卡的【剪贴板】组中单击

【粘贴】按钮下方的下拉按钮，❸ 在弹出的下拉列表中单击【保留源格式】图标，如图 19-67 所示。

图 19-66

图 19-67

Step③ ❶ 选中大标题文本，❷ 在【字体】组中设置字符格式：字体【方正粗圆简体】，字号【小一】，字体颜色【深蓝】，加粗，❸ 在【段落】组中单击【居中】按钮设置居中对齐方式，如图 19-68 所示。

图 19-68

Step④ ❶ 选中正文中的标题文本，❷ 在【字体】组中设置字符格式：字体【方正卡通简体】，字号【三号】，字体颜色【蓝色】，加粗，如图 19-69 所示。

Step⑤ ❶ 选中正文内容，❷ 在【字体】组中设置字符格式：字体颜色

【绿色】，如图 19-70 所示。

图 19-69

图 19-72

图 19-70

Step06 ❶ 将鼠标光标定位到需要插入表格的位置，❷ 切换到【插入】选项卡，❸ 单击【表格】组中的【表格】按钮，❹ 在弹出的下拉列表中选择表格大小，本例中为【3×3】，如图 19-71 所示。

图 19-71

Step07 ❶ 在表格中输入内容，并调整各列的列宽，然后选中整个表格，❷ 切换到【开始】选项卡，❸ 在【字体】组中设置字符格式：字体颜色【绿色】，如图 19-72 所示。

Step08 ❶ 选中表头，❷ 在【字体】组中设置字符格式：加粗，如图 19-73 所示。

图 19-73

Step09 保持表头的选中状态，❶ 切换到【表格工具/布局】选项卡，❷ 在【对齐方式】组中单击【水平居中】按钮设置水平居中对齐方式，如图 19-74 所示。

图 19-74

Step10 用同样的方法，对其他单元格的内容设置相应的对齐方式，设置后的效果如图 19-75 所示。

图 19-75

Step11 ❶ 选中整个表格，❷ 切换到【表格工具/设计】选项卡，❸ 在【边框】组中单击【功能扩展】按钮，如图 19-76 所示。

图 19-76

Step12 弹出【边框和底纹】对话框，❶ 在【颜色】下拉列表中设置表格边框线颜色，❷ 单击【确定】按钮，如图 19-77 所示。

图 19-77

Step13 返回文档，可查看设置边框线颜色后的效果，如图 19-78 所示。将表格下面的空白行删除。至此，完成了招聘简章的制作，最终效果如图 19-41 所示。

图 19-78

19.3 制作劳动合同

实例门类	页面格式＋字符与段落格式＋分页符＋分栏排版＋页眉页脚＋打印文档
教学视频	光盘＼视频＼第 19 章＼19.3.mp4

劳动合同是指劳动者与用人单位之间确立劳动关系，明确双方权利和义务的协议。所以，作为人力资源的工作人员，是需要制作劳动合同的。一般情况下，企业可以采用劳动部门制作的格式文本，也可以在遵循劳动法律法规前提下，根据公司情况制定合理、合法、有效的劳动合同。接下来就结合相关知识，讲解劳动合同的制作过程，完成后的效果如图 19-79 所示。

图 19-79

19.3.1 页面设置

制作劳动合同前，需要先进行页面设置，主要设置页边距大小及装订线位置，具体操作方法为：新建一个名为"劳动合同"的空白文档，打开【页面设置】对话框，在【页边距】栏中设置页边距的大小，以及装订线的位置，如图 19-80 所示。

图 19-80

19.3.2 编辑首页内容

接下来，将设置合同首页的内容，具体操作步骤如下。

Step01 ❶ 在文档起始处输入如下内容，然后选中第一段内容，❷ 在【开始】选项卡的【字体】组中设置字符格式：字号【小四】，加粗，❸ 在【段落】组中单击【功能扩展】按钮，如图 19-81 所示。

Step02 弹出【段落】对话框，❶ 将段前间距设置为【0.5 行】，❷ 取消选中【如果定义了文档网格，则对齐到网格】复选框，❸ 单击【确定】按钮，如图 19-82 所示。

Step03 返回文档，❶ 选中第二段内容，❷ 在【字体】组中设置字符格式：字体【汉真广标】，字号【小

初】，加粗，❸ 在【段落】组设置居中对齐方式，❹ 单击【功能扩展】按钮，如图 19-83 所示。

Step04 弹出【段落】对话框，❶ 将段前间距设置为【8 行】，❷ 取消选中【如果定义了文档网格，则对齐到网格】复选框，❸ 单击【确定】按钮，如图 19-84 所示。

图 19-81

图 19-82

图 19-83

图 19-84

Step 05 返回文档，❶选中剩余段落，

❷在【字体】组中设置字符格式：字号【四号】，❸在【段落】组中单击【功能扩展】按钮 ，如图 19-85 所示。

图 19-85

Step 06 弹出【段落】对话框，❶将段前间距设置为【2 行】，段后间距设置为【2 行】，❷取消选中【如果定义了文档网格，则对齐到网格】复选框，❸单击【确定】按钮，如图 19-86 所示。

图 19-86

Step 07 返回文档，❶选中【编号：】右侧的制表位标记 ，按【Ctrl+U】设置下画线，❷在标尺栏中添加一个【左对齐】制表符 ，并拖动鼠标调整其位置，如图 19-87 所示。

Step 08 用同样的方法，对其他段落中的制表位设置下画线及制表符的位置，完成后的效果如图 19-88 所示。

图 19-87

图 19-88

19.3.3 编辑劳动合同内容

将首页内容编辑好后，接下来就要编辑劳动合同内容，以及设置页眉页脚，具体操作步骤如下。

Step 01 ❶定位鼠标光标，❷切换到【页面布局】选项卡，❸单击【页面设置】组中的【分隔符】按钮 ，❹在弹出的下拉列表中选择【分页符】选项，如图 19-89 所示。

图 19-89

Step 02 打开"光盘\素材文件\第 19章\劳动合同 - 内容 .docx"文件，按【Ctrl+A】组合键选中文档全部内容，再按【Ctrl+C】组合键进行复

制，如图 19-90 所示。

图 19-90

Step03 切换到"劳动合同.docx"文档窗口，❶ 定位鼠标光标，❷ 在【开始】选项卡的【剪贴板】组中单击【粘贴】按钮下方的下拉按钮 ▼，❸ 在弹出的下拉列表中单击【保留源格式】图标，❹ 将前面复制的内容粘贴到"劳动合同.docx"文档中，如图 19-91 所示。

图 19-91

Step04 ❶ 在文档末尾选中目标段落，❷ 切换到【页面布局】选项卡，❸ 单击【页面设置】组中的【分栏】按钮，❹ 在弹出的下拉列表中选择【两栏】选项，如图 19-92 所示。

图 19-92

Step05 所选内容将以两栏形式分栏排版，如图 19-93 所示。

图 19-93

Step06 在文档第 2 页，双击页眉进入页眉编辑区，❶ 切换到【页眉和页脚工具/设计】选项卡，❷ 选中【选项】组中的【首页不同】复选框，如图 19-94 所示。

图 19-94

Step07 ❶ 在第 2 页的页眉中输入公司名称并将其选中，❷ 切换到【开始】选项卡，❸ 在【字体】组中设置字符格式：字体【方正行楷简体】，字号【小四】，❹ 在【段落】组中设置左对齐，如图 19-95 所示。

图 19-95

Step08 ❶ 将鼠标光标定位到第 2 页的页脚，❷ 切换到【页眉和页脚工具/设计】选项卡，❸ 单击【页眉和页脚】

组中的【页码】按钮，❹ 在弹出的下拉列表中依次选择【当前位置】→【颚化符】选项，如图 19-96 所示。

图 19-96

Step09 ❶ 单击【页眉和页脚】组中的【页码】按钮，❷ 在弹出的下拉列表中选择【设置页码格式】选项，如图 19-97 所示。

图 19-97

Step10 弹出【页码格式】对话框，❶ 在【页码编号】栏中选中【起始页码】单选按钮，并在微调框中将起始页码设置为【0】，❷ 单击【确定】按钮，如图 19-98 所示。

图 19-98

Step11 ❶ 返回文档，在第 2 页的页脚处选中页码内容，❷ 切换到【开始】选项卡，❸ 在【字体】组中设置字符格式：字体【Arial】，字号【五号】，

④ 在【段落】组中设置右对齐，如图 19-99 所示。

图 19-99

本案例中，虽然是设置与首页不同的页眉页脚，但是页码依然是从首页开始计算。如果希望第 2 页的页码显示为"1"，那么就需要将起始页码设置为"0"，即表示首页的页码为"0"。

Step⑫ ① 切换到【页眉和页脚工具/设计】选项卡，② 单击【关闭】组中的【关闭页眉和页脚】按钮退出页眉页脚编辑状态即可，如图 19-100 所示。至此，完成了劳动合同的制作，最终效果如图 19-79 所示。

图 19-100

19.3.4 打印劳动合同

劳动合同一般是一式三份，劳动局、用人单位、劳动者各执一份。所以，在打印劳动合同时，一般打印 3 份。

打印劳动合同的具体操作方法为：切换到【文件】选项卡，① 在左侧窗格选择【打印】命令，② 在【打印机】栏中选择与计算机相连的打印机，③ 在【份数】微调框中设置打印份数，④ 完成设置后单击【打印】按钮进行打印即可，如图 19-101 所示。

图 19-101

19.4 制作员工绩效考核表

实例门类	页面设置＋输入与编辑内容＋编辑表格
教学视频	光盘 \ 视频 \ 第 19 章 \19.4.mp4

当要对员工的工作业绩、工作能力、工作态度及个人品德等进行评价和统计时，通常需要制作绩效考核表。本案例中将结合表格的使用，讲解员工绩效考核表的制作过程，完成后的效果如图 19-102 所示。

图 19-102

19.4.1 创建文档

要制作员工绩效考核表，首先需要创建文档，并进行页面设置及输入标题内容，具体操作步骤如下。

Step01 新建一篇名为"员工绩效考核表"的空白文档，❶ 切换到【页面布局】选项卡，❷ 单击【页面设置】组中的【纸张方向】按钮，❸ 在弹出的下拉列表中选择【横向】选项，如图 19-103 所示。

图 19-103

Step02 ❶ 输入文档标题"员工绩效考核表"，❷ 在【开始】选项卡的【字体】组中设置字符格式：字体【黑体】、字号【三号】，加粗，❸ 在【段落】组中设置居中对齐方式，如图 19-104 所示。

图 19-104

19.4.2 创建表格

接下来，需要在文档中插入表格并调整表格结构，具体操作步骤如下。

Step01 ❶ 将鼠标光标定位到需要插入表格的位置，❷ 切换到【插入】选项卡，❸ 单击【表格】组中的【表格】

按钮，❹ 在弹出的下拉列表中选择表格大小，本例中为【6×1】，如图 19-105 所示。

图 19-105

Step02 将在表格中插入一个 6 列 1 行的表格，在其中输入内容，如图 19-106 所示。

图 19-106

Step03 ❶ 将鼠标光标定位到需要插入第二张表格的位置，❷ 切换到【插入】选项卡，❸ 单击【表格】组中的【表格】按钮，❹ 在弹出的下拉列表中单击【插入表格】选项，如图 19-107 所示。

图 19-107

Step04 弹出【插入表格】对话框，❶ 设置【列数】为【11】，【行数】为【16】，❷ 单击【确定】按钮，如图 19-108 所示。

图 19-108

Step05 即可在文档中插入一个 11 列 16 行的表格，如图 19-109 所示。

图 19-109

Step06 通过拖动鼠标的方式，简单调整表格各列的列宽，调整后的效果如图 19-110 所示。

图 19-110

Step07 ❶ 选中最后 7 列，❷ 切换到【表格工具/布局】选项卡，❸ 单击【单元格大小】组中的【分布列】按钮，如图 19-111 所示。

图 19-111

Step08 此时，所选列的列宽将自动进行平均分布，效果如图 19-112 所示。

图 19-112

Step09 ❶ 在第 1 行中选中第 5~8 个单元格，❷ 在【表格工具 / 布局】选项卡的【合并】组中单击【拆分单元格】按钮，如图 19-113 所示。

图 19-113

Step10 弹出【拆分单元格】对话框，❶ 设置【列数】为【4】，【行数】为【2】，❷ 单击【确定】按钮，如图 19-114 所示。

图 19-114

Step11 此时，Word 会先将选中的多个单元格进行合并操作，再拆分成 4 列 2 行的单元格，效果如图 19-115 所示。

Step12 ❶ 选中第 1 行的开始两个单元格，❷ 单击【合并】组中的【合并单元格】按钮，如图 19-116 所示。

Step13 所选单元格将合并为一个单元格，如图 19-117 所示。

Step14 用同样的方法，对其他需要合并的单元格进行合并，合并后的效果如图 19-118 所示。

图 19-115

Step15 ❶ 选中需要操作的单元格，❷ 在【合并】组中单击【拆分单元格】按钮，如图 19-119 所示。

Step16 弹出【拆分单元格】对话框，❶ 设置【列数】为【2】，【行数】为【1】，❷ 单击【确定】按钮，如图 19-120 所示。

图 19-116

图 19-117

图 19-118

图 19-119

图 19-120

Step17 此时，Word 会先将选中的多个单元格进行合并操作，再拆分成 2 列 1 行的单元格，如图 19-121 所示。

图 19-121

Step18 ❶ 通过拖动鼠标的方式，调整最后一行的行高，然后选中需要操作的单元格，❷ 单击【单元格大小】组中的【分布行】按钮，如图 19-122 所示。

图 19-122

Step19 表格中的所选区域的行高将自动进行平均分布。这时，确定好了表格结构，效果如图 19-123 所示。

图 19-123

19.4.3 编辑表格内容

本案例中共有两张表格，第一张表格的结构比较简单，所以在创建表格时就输入了内容。接下来主要对第一张表格进行简单的格式设置，以及在第二张表格中输入与编辑内容，具体操作步骤如下。

Step01 ❶ 选中第一张表格，按【Ctrl+B】组合键设置加粗效果，❷ 切换到【表格工具/布局】选项卡，❸ 在【对齐方式】组中设置【水平居中】对齐方式，如图 19-124 所示。

图 19-124

Step02 ❶ 切换到【表格工具/设计】选项卡，❷ 在【表格样式】组中单击【底纹】下拉按钮，❸ 在弹出的下拉列表中选择 白色，背景1，深色15% 颜色，如图 19-125 所示。

图 19-125

Step03 在第二张表格中输入文本内容，并将字号设置为【小五】，然后通过【Ctrl+B】组合键将部分单元格内容设置为加粗效果，如图 19-126 所示。

图 19-126

Step04 ❶ 选中需要操作的单元格区域，❷ 切换到【表格工具/布局】选项卡，❸ 在【对齐方式】组中设置【水平居中】对齐方式，如图 19-127 所示。

图 19-127

Step05 用同样的方法，对其他单元格设置相应的对齐方式，设置后的效果如图 19-128 所示。

图 19-128

Step06 ❶ 选中【工作能力】文本，❷ 在【对齐方式】组中单击【文字方向】按钮，将其文字方向设置为竖

排，如图 19-129 所示。

图 19-129

Step07 用同样的方法，将【工作态度】文本和【综合素质】文本的文字方向都设置为竖排，设置后的效果如图 19-130 所示。

图 19-130

Step08 ❶ 将鼠标光标定位在"年月日"段落中，❷ 切换到【开始】选项卡，❸ 单击【段落】组中的【功能扩展】按钮，如图 19-131 所示。

图 19-131

Step09 弹出【段落】对话框，❶ 设置【左侧：14字符】，❷ 单击【确定】按钮，如图 19-132 所示。

Step10 用同样的方法，对另一个"年月日"段落设置【左侧：14字符】。

至此，完成了第二张表格内容的编辑，效果如图 19-133 所示。

图 19-132

图 19-133

19.4.4 计算表格数据

确定表格内容后，就可以对表格的数据进行计算了，具体操作步骤如下。

Step01 ❶ 将鼠标光标定位在需要显示运算结果的单元格，❷ 切换到【表格工具/布局】选项卡，❸ 单击【数据】组中的【公式】按钮，如图 19-134 所示。

Step02 弹出【公式】对话框，❶ 在【公式】文本框内输入运算公式，当前单元格的公式应为【=SUM(I3:I15)】，❷ 单击【确定】按钮，如图 19-135 所示。

图 19-134

图 19-135

Step03 返回文档，可看到当前单元格的运算结果，如图 19-136 所示。

图 19-136

Step04 用同样的方法，使用 SUM 函数计算出其他人员评分的总和，效果如图 19-137 所示。

图 19-137

Step05 在"平均分"右侧的单元格中手动计算并输入运算结果"83.8"[计算公式为："（84.8+85.4+81.2）/3"]，如图 19-138 所示。至此，完成了员工绩效考核表的制作，最终效果如图 19-102 所示。

图 19-138

💡 技术看板

Word 虽然有计算功能，但仅仅能进行一些简单的运算，当需要计算的数据比较复杂时，还是需要使用 Excel。比如在本案例中，因为表格结构过于复杂，所以无法使用公式计算平均分。

本章小结

本章通过具体实例讲解了 Word 在人力资源管理中的应用，主要涉及设置页面格式、图形图像对象的使用、分栏排版、设置页眉页脚、制表位、创建与编辑表格等知识。在实际工作中，用户所遇到的工作可能比上述案例更加复杂，但只要有条不紊地将工作进行细化处理，那么再难的文档也将变得得心应手。

第**20**章　实战应用：Word 在市场营销工作中的应用

➡ 如何为图片设置图形的填充效果？

➡ 自己制作封面很难吗？

➡ 如何在文档中使用命令按钮控件？

　　本章将通过制作促销宣传海报、年度销售报告、问卷调查表、商业计划书的实例来介绍 Office 办公软件在市场营销中的应用，并为读者一一解决上述问题。

20.1　制作促销宣传海报

实例门类	页面设置＋编辑图形图像＋编辑艺术字
教学视频	光盘 \ 视频 \ 第 20 章 \ 20.1.mp4

　　促销海报就是宣传用的促销报刊类读物。促销海报主要以图片表达为主，文字表达为辅，制作一份突出产品特色的促销海报，可以唤起顾客的购买欲望。本节主要运用图形图像及艺术字等对象来制作促销海报，完成后的效果如图 20-1 所示。

图 20-1

20.1.1 设置页面格式

在制作海报前，需要先进行页面设置，以及设置页面颜色，具体操作步骤如下。

Step01 新建一个名为"促销海报"的空白文档，打开【页面设置】对话框，❶ 将纸张方向设置为【横向】，❷ 在【页边距】栏中设置页边距大小，如图 20-2 所示。

图 20-2

Step02 ❶ 切换到【设计】选项卡，❷ 单击【页面背景】组中的【页面颜色】按钮，❸ 在弹出的下拉列表中选择【其他颜色】选项，如图 20-3 所示。

图 20-3

Step03 弹出【颜色】对话框，❶ 在【标准】选项卡中选择颜色色块，❷ 单击【确定】按钮，如图 20-4 所示。

Step04 返回文档，可查看设置页面填充颜色后的效果，如图 20-5 所示。

图 20-4

图 20-5

20.1.2 编辑海报版面

海报的版面设计决定了是否能第一时间吸引他人的注意，接下来就讲解如何设计海报版面，具体操作步骤如下。

Step01 ❶ 定位鼠标光标，❷ 切换到【插入】选项卡，❸ 单击【插图】组中的【图片】按钮，如图 20-6 所示。

图 20-6

Step02 弹出【插入图片】对话框，❶ 选择需要插入的图片，❷ 单击【插入】按钮，如图 20-7 所示。

Step03 ❶ 将图片插入到文档后，通过拖动鼠标的方式调整图片大小，然后

选中图片，❷ 切换到【图片工具/格式】选项卡，❸ 单击【调整】组中的【删除背景】按钮，如图 20-8 所示。

图 20-7

图 20-8

Step04 图片将处于删除背景编辑状态，❶ 通过图片上的编辑框调整图片要保留的区域，确保需要保留的部分全部包含在保留区域内，❷ 在【背景消除】选项卡的【关闭】组中单击【保留更改】按钮，如图 20-9 所示。

图 20-9

Step05 保持图片的选中状态，❶ 在【图片工具/格式】选项卡的【排列】组中单击【自动换行】按钮，❷ 在弹出的下拉列表中选择【衬于文字下方】选项，如图 20-10 所示。

图 20-10

Step06 通过拖动鼠标的方式，将图片拖动到合适位置，效果如图 20-11 所示。

图 20-11

Step07 参照上述插入图片的操作步骤，将"光盘\素材文件\第 20 章\微店二维码 .jpg"图片插入文档，并设置【衬于文字下方】的环绕方式，然后调整图片位置及大小，效果如图 20-12 所示。

图 20-12

Step08 ❶ 切换到【插入】选项卡，❷ 单击【文本】组中的【艺术字】按钮，❸ 在弹出的下拉列表中选择需要的艺术字样式，如图 20-13 所示。

Step09 ❶ 在艺术字编辑框中输入文本内容，❷ 切换到【开始】选项卡，

❸ 在【字体】组中将字符格式设置为：字体【方正少儿简体】，字号【初号】，加粗，如图 20-14 所示。

图 20-13

图 20-14

Step10 ❶ 选中艺术字，❷ 切换到【绘图工具 / 格式】选项卡，❸ 在【艺术字样式】组中单击【文本效果】按钮 **A**，❹ 在弹出的下拉列表中依次选择【转换】→【腰鼓】选项，如图 20-15 所示。

图 20-15

Step11 通过拖动鼠标的方式，调整艺术字编辑框的大小和位置，调整后的效果如图 20-16 所示。

Step12 ❶ 切换到【插入】选项卡，❷ 单击【文本】组中的【艺术字】按

钮，❸ 在弹出的下拉列表中选择需要的艺术字样式，如图 20-17 所示。

图 20-16

图 20-17

Step13 ❶ 在艺术字编辑框中输入文本内容，❷ 切换到【开始】选项卡，❸ 在【字体】组中将字符格式设置为：字体【方正行楷简体】，字号【初号】，加粗，如图 20-18 所示。

图 20-18

Step14 ❶ 调整艺术字的位置并将其选中，❷ 切换到【绘图工具 / 格式】选项卡，❸ 在【艺术字样式】组中单击【文本效果】按钮 **A**，❹ 在弹出的下拉列表中依次选择【发光】→【金色，8pt 发光，着色 4】选项，如图 20-19 所示。

第 1 篇 第 2 篇 第 3 篇 第 4 篇 第 5 篇 第 6 篇

图 20-19

Step⑮ 对选中的艺术字设置发光后的效果如图 20-20 所示。

图 20-20

Step⑯ ❶ 切换到【插入】选项卡，❷ 单击【文本】组中的【文本框】按钮，❸ 在弹出的下拉列表中选择【绘制文本框】选项，如图 20-21 所示。

图 20-21

Step⑰ ❶ 在文档中绘制一个文本框并将其选中，❷ 切换到【绘图工具 / 格式】选项卡，❸ 在【形状样式】组中单击【形状填充】按钮右侧的下拉按钮，❹ 在弹出的下拉列表中选择【无填充颜色】选项，如图 20-22 所示。

图 20-22

Step⑱ 保持文本框的选中状态，❶ 在【形状样式】组中单击【形状轮廓】按钮右侧的下拉按钮，❷ 在弹出的下拉列表中选择【无轮廓】选项，如图 20-23 所示。

图 20-23

Step⑲ ❶ 调整文本框的位置，并在其中输入文本内容，❷ 切换到【开始】选项卡，❸ 在【字体】组中设置字符格式：字体【方正大黑简体】，字号【三号】，字体颜色【黄色】，❹ 在【段落】组中设置居中对齐方式，如图 20-24 所示。

图 20-24

Step⑳ 参照上述操作方法，再次插入一个文本框，并对其进行相应的编辑操作，完成后的效果如图 20-25 所示。

图 20-25

Step㉑ ❶ 切换到【插入】选项卡，❷ 单击【插图】组中的【形状】按钮，❸ 在弹出的下拉列表中选择【矩形】形状，如图 20-26 所示。

图 20-26

Step㉒ 在文档中绘制一个矩形图形，然后拖动鼠标调整至合适位置，效果如图 20-27 所示。

图 20-27

Step㉓ ❶ 选中矩形图形，❷ 切换到【绘图工具 / 格式】选项卡，❸ 在【形状样式】组中单击【形状轮廓】按钮右侧的下拉按钮，❹ 在弹出的下拉列表中选择【黄色】选项，如图 20-28 所示。

Step㉔ 选中绘制好的矩形图形，复制多个相同的矩形图形，并将它们调整到合适的位置，效果如图 20-29 所示。

图 20-28

图 20-29

Step25 ❶ 选中第一个矩形，❷ 切换到【绘图工具/格式】选项卡，❸ 在【形状样式】组中单击【形状填充】按钮🎨右侧的下拉按钮▾，❹ 在弹出的下拉列表中选择【图片】选项，如图 20-30 所示。

图 20-30

Step26 打开【插入图片】窗口，单击【浏览】按钮，如图 20-31 所示。

Step27 弹出【插入图片】对话框，❶ 选择一张图片来作为图形的填充效果，❷ 单击【插入】按钮，如图 20-32 所示。

Step28 用同样的方法，依次对其他矩形图形设置图片填充效果，其图片素材分别为"光盘\素材文件\第20章\

红酒 2.jpg、红酒 3.jpg、红酒 4.jpg、红酒 5.jpg、红酒 6.jpg"，设置后的效果如图 20-33 所示。

图 20-31

图 20-32

图 20-33

Step29 参照上述插入形状的方法，选择【心形】形状，在文档中绘制一个心形图形，对其设置浅绿色填充效果，无轮廓，然后拖动鼠标调整其大小，并拖动到合适位置，效果如图 20-34 所示。

Step30 参照上述绘制文本框的方法，绘制一个文本框，对其设置无填充颜色，无轮廓，在其中输入并编辑文字内容，然后拖动鼠标调整其大小，并拖动到合适位置，如图 20-35 所示。

Step31 ❶ 选中心形图形及刚才绘制的文本框右击，❷ 在弹出的快捷菜单中依次选择【组合】→【组合】命令，如图 20-36 所示。

图 20-34

图 20-35

图 20-36

Step32 此时，选中的对象就组合成了一个整体。选中这个整体，复制多个相同的组合，分别将它们调整到合适的位置，并依次设置它们的价格，如图 20-37 所示。至此，完成了促销海报的制作，最终效果如图 20-1 所示。

图 20-37

20.2 制作年度销售报告

实例门类	编辑表格＋编辑图表
教学视频	光盘\视频\第 20 章\20.2.mp4

年度销售报告是对一年销售情况的统计，以便营销部门对销售情况进行管理。本案例中将主要结合表格和图表的使用，来制作年度销售报告，完成后的效果如图 20-38 所示。

2016·年度销售报告

※ 表格分析

员工编号	姓名	第1季度	第2季度	第3季度	第4季度	年度合计
YG001	林玉翔	364228	407922	283305	329387	1384842
YG002	杨瑞	334657	298939	281547	380649	1295792
YG003	董瑞	369703	323140	393286	309839	1395968
YG004	高君庆	293558	391363	331038	406232	1422191
YG005	闫敏鑫	360265	317747	366167	402016	1446195

※ 图表分析

图 20-38

20.2.1 创建并编辑表格

要想直观地查看销售情况及明细，就需要使用到表格，具体操作步骤如下。

Step01 打开"光盘\素材文件\第20章\年度销售报告 .docx"文件，❶ 将鼠标光标定位到需要插入表格的位置，❷ 切换到【插入】选项卡，❸ 单击【表格】组中的【表格】按钮，❹ 在弹出的下拉列表中选择表格大小，本例中为【7×6】，如图20-39 所示。

Step02 在表格中插入一个 7 列 6 行的表格，在其中输入文本内容，如图20-40 所示。

Step03 ❶ 将鼠标光标定位在表格内，❷ 切换到【表格工具 / 设计】选项卡，❸ 在【表格样式】组的列表框中选择需要的表样式，如图 20-41所示。

图 20-39

图 20-40

图 20-41

Step04 ❶ 选中表格，❷ 切换到【表格工具 / 布局】选项卡，❸ 在【对齐方式】组中设置【水平居中】对齐方式，如图 20-42 所示。

图 20-42

Step⑤ ❶ 将鼠标光标定位在需要显示运算结果的单元格，❷ 单击【数据】组中的【公式】按钮，如图 20-43 所示。

图 20-43

Step⑥ 弹出【公式】对话框，❶ 在【公式】文本框内输入运算公式，当前单元格的公式应为【=SUM(C2:F2)】，❷ 单击【确定】按钮，如图 20-44 所示。

图 20-44

Step⑦ 返回文档，可看到当前单元格的运算结果，如图 20-45 所示。

图 20-45

Step⑧ 用同样的方法，使用 SUM 函数计算出其他销售人员的销售总和，效果如图 20-46 所示。

图 20-46

20.2.2 创建并编辑图表

接下来，将要使用图表来表现销售数据，具体操作步骤如下。

Step① 在"年度销售报告 .docx"文档中，❶ 将鼠标光标定位到需要插入图表的位置，❷ 切换到【插入】选项卡，❸ 单击【插图】组中的【图表】按钮，如图 20-47 所示。

图 20-47

Step② 弹出【插入图表】对话框，❶ 在左侧列表中选择【柱形图】选项，❷ 在右侧栏中选择需要的图表样式，❸ 单击【确定】按钮，如图20-48 所示。

图 20-48

Step③ 文档中将插入所选样式的图表，同时自动打开一个 Excel 窗口，❶ 在 Excel 窗口中输入需要的行列名称和对应的数据内容（输入数据时，对应的数据内容要与 Word 表格中的数据保持一致），❷ 编辑完成后，单击【关闭】按钮 ☒ 关闭 Excel 窗口，如图 20-49 所示。

图 20-49

Step④ 在 Word 文档中，直接在图表标题编辑框中输入图表标题内容，如图 20-50 所示。

图 20-50

Step⑤ ❶ 选中图表，❷ 切换到【图表工具 / 设计】选项卡，❸ 在【图表样式】组的列表框中选择需要的图表样式来美化图表，如图 20-51 所示。

Step⑥ 这时，完成了图表的制作，效果如图 20-52 所示。至此，完成了年度销售报告的制作，最终效果如图 20-38 所示。

图 20-51

图 20-52

20.3 制作问卷调查表

实例门类	使用 ActiveX 控件 + 设置宏代码 + 限制编辑
教学视频	光盘 \ 视频 \ 第 20 章 \20.3.mp4

在企业开发新产品或推出新服务时，为了使产品服务更好地适应市场的需求，通常需要事先对市场需求进行调查。本例将使用 Word 制作一份问卷调查表，并利用 Word 中的 Visual Basic 脚本添加一些交互功能，使调查表更加人性化，让被调查者可以更快速、方便地填写问卷信息。接下来将以制作大学生旅游问卷调查表为例，讲解问卷调查表的制作过程，完成后的效果如图 20-53 所示。

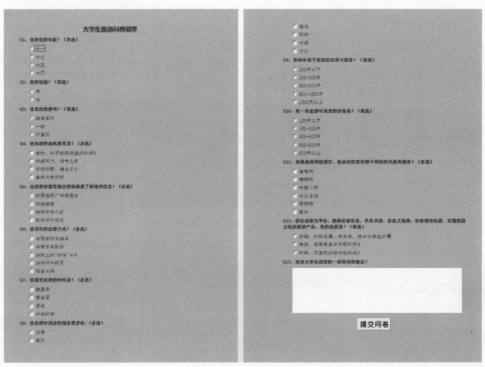

图 20-53

20.3.1 将文件另存为启用宏的 Word 文档

在问卷调查表中，需要使用 ActiveX 控件，并需要应用宏命令实现部分控件的特殊功能，所以需要将 Word 文档另存为启动宏的 Word 文档格式，操作方法为：打开"光盘\素材文件\第 20 章\问卷调查表 .docx"文件，按【F12】键，弹出【另存为】对话框，❶ 在【保存类型】下拉列表中选择【启用宏的 Word 文档（*.docm）】选项，❷ 设置存放位置，❸ 单击【保存】按钮进行保存即可，如图 20-54 所示。完成保存后，将得到一个"问卷调查表 .docm"文档。

图 20-54

20.3.2 在调查表中应用 ActiveX 控件

下面将结合使用文本框控件、单选按钮控件、复选框控件和命令按钮控件来制作问卷调查表，具体操作步骤如下。

Step01 在上述保存的"问卷调查表 .docm"文档中，❶ 将鼠标光标定位到需要插入控件的位置，❷ 切换到【开发工具】选项卡，❸ 单击【控件】组中的【旧式工具】按钮，❹ 在弹出的下拉列表中单击【ActiveX 控件】栏中的【单选按钮（ActiveX 控件）】图标，如图 20-55 所示。

图 20-55

Step02 ❶ 鼠标光标所在位置即可插入一个单选按钮控件，使用鼠标对其单击，❷ 在弹出的菜单中选择【属性】命令，如图 20-56 所示。

图 20-56

Step03 弹出【属性】对话框，❶ 将【AutoSize】属性的值设置为【True】，❷【WordWrap】属性的值设置为【False】，❸【Caption】属性的值设置为【大一】，❹【GroupName】属性的值设置为【问1】，❺ 单击【关闭】按钮关闭【属性】对话框，如图 20-57 所示。

图 20-57

Step04 返回文档，完成问题 1 的第 1 个选项的制作，如图 20-58 所示。

图 20-58

Step05 通过插入单选按钮控件，继续制作问题 1 的其他选项，如图 20-59 所示。

图 20-59

Step06 通过插入单选按钮控件，依次设置问题 2~3、问题 9~10、问题 12 的选项，效果如图 20-60 所示。

图 20-60

Step07 ❶ 将鼠标光标定位到问题 4 的下方，❷ 单击【控件】组中的【旧式工具】按钮，❸ 在弹出的下拉列表中单击【ActiveX 控件】栏中的【复选框（ActiveX 控件）】图标，如图 20-61 所示。

图 20-61

Step08 ❶ 鼠标光标所在位置即可插入一个复选框控件，使用鼠标对其单击，❷ 在弹出的菜单中选择【属性】命令，如图 20-62 所示。

图 20-62

Step09 弹出【属性】对话框，❶ 将【AutoSize】属性的值设置为【True】，❷【WordWrap】属性的值设置为【False】，❸【Caption】属性的值设置为【学校、社团或班级组织的活动】，❹【GroupName】属性的值设置为【问4】，❺ 单击【关闭】按钮 关闭【属性】对话框，如图 20-63 所示。

图 20-63

Step10 返回文档，完成问题4的第1个选项的制作，如图 20-64 所示。

图 20-64

Step11 通过插入复选框控件，继续设置问题4的其他选项，如图 20-65 所示。

图 20-65

Step12 通过插入复选框控件，依次设置问题5~8、问题11的选项，效果如图 20-66 所示。

图 20-66

Step13 ❶ 将鼠标光标定位到问题13的下方，❷ 单击【控件】组中的【旧式工具】按钮 ，❸ 在弹出的下拉列表中单击【ActiveX 控件】栏中的【文本框（ActiveX 控件）】图标 abl ，如图 20-67 所示。

图 20-67

Step14 鼠标光标所在位置即可插入一个文本框控件，通过文本框控件四周的控制点调整它的大小，效果如图 20-68 所示。

图 20-68

Step15 ❶ 将鼠标光标定位到文本框控件的下方，❷ 单击【控件】组中的【旧式工具】按钮 ，❸ 在弹出的下拉列表中单击【ActiveX 控件】栏中的【命令按钮（ActiveX 控件）】图标 ，如图 20-69 所示。

图 20-69

Step16 ❶ 鼠标光标所在位置即可插入一个命令按钮控件，使用鼠标对其单击，❷ 在弹出的菜单中选择【属性】命令，如图 20-70 所示。

图 20-70

Step⑰ 弹出【属性】对话框，❶将【AutoSize】属性的值设置为【True】，❷【WordWrap】属性的值设置为【False】，❸【Caption】属性的值设置为【提交问卷】，❹单击【Font】属性，单击右侧出现的 ... 按钮，如图 20-71 所示。

图 20-71

Step⑱ 弹出【字体】对话框，❶设置标签内容的字体格式，❷单击【确定】按钮，如图 20-72 所示。

图 20-72

Step⑲ 返回【属性】对话框，单击【关闭】按钮 关闭【属性】对话框，如图 20-73 所示。

图 20-73

Step⑳ 返回文档，完成按钮的制作，效果如图 20-74 所示。

图 20-74

20.3.3 添加宏代码

在用户填写完调查表后，为了使用户更方便地将文档进行保存，并以邮件方式将文档发送至指定邮箱，可在上述制作的【提交问卷】按钮上添加程序，使用户单击该按钮后自动保存文件并发送邮件，具体操作步骤如下。

Step① 在"问卷调查表 .docm"文档中双击【提交问卷】按钮，如图 20-75 所示。

图 20-75

Step② 打开代码窗口，鼠标光标将自动定位到该按钮单击事件过程代码处，如图 20-76 所示。

图 20-76

Step③ 在按钮单击事件过程中输入程序代码"ThisDocument.SaveAs2 " 问卷调查信息反馈""，如图 20-77 所示。该代码的含义为：调用当前文档对象 ThisDocument 中的另存文件方法 SaveAs2，将文件另存到 Word 当前默认的默认路径，并将该文件命名为"问卷调查信息反馈"。

图 20-77

Step④ ❶在上述代码之后添加邮件发送代码"ThisDocument.SendForReview "http://549491170@qq.com", "问卷调查信息反馈""，❷单击【关闭】按钮 关闭代码窗口即可，如图 20-78 所示。代码含义为：调用 ThisDocument 对象的 SendForReview 方法，设置邮件地址为"http://549491170@qq.com"，设置邮件主题为"问卷调查信息反馈"。

图 20-78

20.3.4 完成制作并测试调查表程序

为了保证调查表不被用户误修改，需要进行保护调查表的操作，使用户只能修改调查表中的控件值。同时，为了查看调查表的效果，还需要对整个调查表程序功能进行测试，具体操作步骤如下。

Step01 在【开发工具】选项卡的【控件】组中单击【设计模式】按钮，取消其选中状态，从而退出设计模式，如图 20-79 所示。

图 20-79

Step02 单击【保护】组中的【限制编辑】按钮，如图 20-80 所示。

图 20-80

Step03 打开【限制编辑】窗格，❶ 在【2.编辑限制】栏中选中【仅允许在文档中进行此类型的编辑】复选框，❷ 在下面的下拉列表中选择【填写窗体】选项，❸ 单击【启动强制保护】栏中的【是，启动强制保护】按钮，如图 20-81 所示。

图 20-81

Step04 弹出【启动强制保护】对话框，❶ 设置保护密码，❷ 单击【确定】按钮，如图 20-82 所示。至此，完成了问卷调查表的制作，最终效果如图 20-53 所示。

Step05 完成调查表的制作后，可以填写调查表进行测试。在调查表中填写

相关信息，完成填写后单击【提交问卷】按钮，如图 20-83 所示。

图 20-82

图 20-83

Step06 此时，Word 将自动调用 Outlook 程序，并自动填写了收件人地址、主题和附件内容，单击【发送】按钮即可直接发送邮件，如图 20-84 所示。

图 20-84

20.4 制作商业计划书

实例门类	制作封面＋运用样式＋设置页眉、页脚＋设置目录＋设置密码
教学视频	光盘＼视频＼第 20 章＼20.4.mp4

商业计划书的主要意图是递交给投资商，以便于他们能对企业或项目做出评判，从而使企业获得融资。无论是生产型企业还是销售型企业，制作商业计划都是不可或缺的，而一份好的商业计划书为企业发展带来的商机和利益也是不可限量的。本节将讲解制作商业计划书的过程，完成后的效果如图 20-85 所示。

图 20-85

20.4.1 制作商业计划书封面

Word 虽然提供了内置样式的封面，但是样式数量毕竟有限，要想制作具有个性化的封面，还是要手动制作。许多用户会觉得自己制作封面非常难，其实通过本节的学习，会发现自己设计封面很简单，具体操作步骤如下。

Step01 打开"光盘\素材文件\第20章\商业计划书 .docx"文件，❶定位鼠标光标，❷切换到【插入】选项卡，❸单击【插图】组中的【图片】按钮，如图 20-86 所示。

图 20-86

Step02 弹出【插入图片】对话框，❶选择需要插入的图片，❷单击【插入】按钮，如图 20-87 所示。

图 20-87

Step03 返回文档，❶选中图片，❷切换到【图片工具/格式】选项卡，❸在【排列】组中单击【自动换行】按钮，❹在弹出的下拉列表中选择【衬于文字下方】选项，如图 20-88 所示。

图 20-88

Step04 通过拖动鼠标的方式调整图片的位置及大小，使其铺满首页页面，效果如图 20-89 所示。

图 20-89

Step05 ❶切换到【插入】选项卡，❷单击【文本】组中的【文本框】按钮，❸在弹出的下拉列表中选择【简单文本框】选项，如图 20-90 所示。

Step06 ❶文档中将插入一个文本框，在其中输入文本内容，❷切换到【开始】选项卡，❸在【字体】组中设置字符格式：中文字体【方正粗圆简体】，英文字体【Arial】，字号【二号】，字体颜色【蓝色】，加粗，

④ 在【段落】组设置居中对齐方式，如图 20-91 所示。

图 20-90

图 20-91

Step07 ① 通过拖动鼠标的方式调整文本框的位置和大小，然后选中文本框，② 切换到【绘图工具 / 格式】选项卡，③ 在【形状样式】组中单击【形状填充】按钮 右侧的下拉按钮 ，④ 在弹出的下拉列表中选择【无填充颜色】选项，如图 20-92 所示。

图 20-92

Step08 保持文本框的选中状态，① 在【形状样式】组中单击【形状轮廓】按钮 右侧的下拉按钮 ，② 在弹出的下拉列表中选择【无轮廓】选项，如图 20-93 所示。

图 20-93

Step09 ① 切换到【插入】选项卡，② 单击【插图】组中的【形状】按钮，③ 在弹出的下拉列表中选择【直线】形状，如图 20-94 所示。

图 20-94

Step10 ① 在文档中绘制直线，并将其调整至合适位置，然后选中该直线，② 切换到【绘图工具 / 格式】选项卡，③ 在【形状样式】组中单击【形状轮廓】按钮 右侧的下拉按钮 ，④ 在弹出的下拉列表中选择【浅绿色】，如图 20-95 所示。

图 20-95

Step11 保持直线的选中状态，① 在【形状样式】组中单击【形状轮廓】按钮 右侧的下拉按钮 ，② 在弹出的下拉列表中依次选择【粗细】→

【3 磅】选项，如图 20-96 所示。

图 20-96

Step12 参照 1~3 步操作，将"光盘\素材文件\第 20 章\商业计划书 -logo.png"图片插入到首页，并对其设置【浮于文字上方】环绕方式，然后调整图片的位置及大小，效果如图 20-97 所示。

图 20-97

20.4.2 使用样式排版文档

由于计划书的篇幅较长，需要使用样式来格式化文档内容，在设置过程中，对标题设置相应的大纲级别，既方便提取目录，也方便用户通过【导航】窗格查阅文档内容。使用样式格式化文档的具体操作步骤如下。

Step01 ① 在【开始】选项卡的【样式】组中单击【功能扩展】按钮 ，打开【样式】窗格，❷将鼠标光标定位到需要应用样式的段落中，❸在【样式】窗格中单击【新建样式】按钮，如图20-98所示。

图 20-98

Step02 弹出【根据格式设置创建新样式】对话框，❶在【属性】栏中设置样式的名称、样式类型等参数，❷单击【格式】按钮，❸在弹出的菜单中选择【字体】命令，如图20-99所示。

图 20-99

Step03 ❶在弹出的【字体】对话框中设置字体格式参数，❷完成设置后单击【确定】按钮，如图20-100所示。

Step04 返回【根据格式设置创建新样式】对话框，❶单击【格式】按钮，❷在弹出的菜单中选择【段落】命令，如图20-101所示。

Step05 ❶在弹出的【段落】对话框中设置段落格式，❷完成设置后单击【确定】按钮，如图20-102所示。

图 20-100

图 20-101

图 20-102

Step06 返回【根据格式设置创建新样式】对话框，单击【确定】按钮，如图20-103所示。

图 20-103

Step07 返回文档，即可看见当前段落应用了新建的样式，如图20-104所示。

图 20-104

Step08 参照上述方法，在当前文档中新建其他样式，并分别应用到相应的段落中，此处不再赘述。如图20-105所示为部分样式应用后的效果。

图 20-105

20.4.3 设置页眉、页脚

接下来设置商业计划书的页眉、页脚，具体操作步骤如下。

Step01 在第 2 页双击页眉进入页眉编辑区，❶切换到【页眉和页脚工具／设计】选项卡，❷在【位置】组的【页眉顶端距离】微调框中，设置值为【1.3 厘米】，❸在【选项】组中选中【首页不同】复选框，如图 20-106 所示。

图 20-106

Step02 ❶在第 2 页的页眉中输入页眉内容并将其选中，❷切换到【开始】选项卡，❸在【字体】组中设置字符格式：字体【微软雅黑】，字号【五号】，字体颜色【蓝色】，加粗，如图 20-107 所示。

图 20-107

Step03 ❶将鼠标光标定位到第 2 页的页脚，❷切换到【页眉和页脚工具／设计】选项卡，❸单击【页眉和页脚】组中的【页码】按钮，❹在弹出的下拉列表中依次选择【页面底端】→【椭圆形】选项，如图 20-108 所示。

Step04 ❶选中页码，❷切换到【开始】选项卡，❸在【字体】组中设置字符格式：字体【Arial】，字号【五号】，字体颜色【蓝色】，加粗，如图 20-109 所示。

图 20-108

图 20-109

Step05 ❶切换到【页眉和页脚工具／设计】选项卡，❷单击【关闭】组中的【关闭页眉和页脚】按钮，退出页眉页脚编辑状态即可，如图 20-110 所示。

图 20-110

20.4.4 制作目录

接下来将要制作商业计划书的目录，具体操作步骤如下。

Step01 ❶将鼠标光标定位在需要插入目录的位置，❷切换到【引用】选项卡，❸单击【目录】组中的【目录】按钮，❹在弹出的下拉列表中选择【自定义目录】选项，如图 20-111 所示。

图 20-111

Step02 弹出【目录】对话框，❶将【显示级别】微调框的值设置为【2】，❷单击【确定】按钮，如图 20-112 所示。

图 20-112

Step03 返回文档，鼠标光标所在位置即可插入目录，如图 20-113 所示。至此，完成了商业计划书的制作，最终效果如图 20-85 所示。

图 20-113

20.4.5 对商业计划书进行加密设置

商业计划书制作好后，为了防止泄密，最好对其进行加密设置，具体操作步骤如下。

Step 01　切换到【文件】选项卡，在【信息】界面中，❶ 单击【保护文档】按钮，❷ 在弹出的下拉菜单中选择【用密码进行加密】命令，如图 20-114 所示。

Step 02　弹出【加密文档】对话框，❶ 在【密码】文本框中输入密码，❷ 单击【确定】按钮，如图 20-115 所示。

Step 03　弹出【确认密码】对话框，❶ 在【重新输入密码】文本框中再次输入密码，❷ 单击【确定】按钮即可，如图 20-116 所示。

图 20-114

图 20-115

图 20-116

本章小结

本章通过具体实例讲解了 Word 在市场营销工作中的应用，主要涉及设置页面格式、表格与图表、插入 ActiveX 控件、制作封面、运用样式、设置页眉页脚、制作目录等知识点。

> ➡ 如何在表格内输入制表位？
> ➡ 通过 SmartArt 图形制作流程图，无法通过添加形状来完成流程图的结构时怎么办？
> ➡ 如何设置文本框内容的垂直对齐方式？
> ➡ 怎样将所有表格的单元格内容设置为水平居中对齐方式？

本章将通过制作差旅费报销单、盘点工作流程图、财务报表分析报告及企业年收入比较分析图表的相关财务工作的实例来为读者解答上述问题。

21.1 制作差旅费报销单

实例门类	输入与编辑内容＋编辑表格
教学视频	光盘 \ 视频 \ 第 21 章 \21.1.mp4

差旅费是行政事业单位和企业的一项重要的经常性支出项目，主要包括因公出差期间所产生的交通费、住宿费、伙食费和公杂费等各项费用。通常情况下，企事业单位一般会提供差旅费报销单，出差人员只需填写差旅费报销单，并交由上级领导和财务审批即可。本例将结合表格知识，为读者讲解如何制作差旅费报销单，完成后的效果如图 21-1 所示。

差旅费报销单

报销日期：				报销人：	
出差日期		报销项目	单据张数	金额	备注
自	止				
合计金额（大写）				¥	
原借数：		报销数：		退回（找补）数：	
审核人：		会计：		出纳：	

图 21-1

21.1.1 输入文档内容

要制作差旅费报销单，需要先新建一个文档，再输入文档标题及相关内容，具体操作步骤如下。

Step01 新建一篇名为"差旅费报销单"的空白文档，❶ 输入文档标题"差旅费报销单"，❷ 在【开始】选项卡的【字体】组中设置字符格式：字体【黑体】，字号【三号】，加粗，❸ 在【段落】组中单击【居中对齐】按钮 ≡，如图 21-2 所示。

Step02 ❶ 输入文档内容，❷ 在标尺栏中添加一个【左对齐】制表符 ∟，并拖动鼠标调整其位置，如图 21-3 所示。

图 21-2

图 21-3

Step 03 用同样的方法，输入另外一段文字内容，并通过设置制表位调整位置，如图 21-4 所示。

图 21-4

21.1.2 创建表格

接下来就需要在文档中插入表格并调整表格结构了，具体操作步骤如下。

Step 01 ① 将鼠标光标定位到需要插入表格的位置，② 切换到【插入】选项卡，③ 单击【表格】组中的【表格】按钮，④ 在弹出的下拉列表中选择【插入表格】选项，如图 21-5 所示。

图 21-5

Step 02 弹出【插入表格】对话框，① 设置【列数】为【6】，【行数】为【10】，② 单击【确定】按钮，如

图 21-6 所示。

图 21-6

Step 03 即可在文档中插入一个 6 列 10 行的表格，如图 21-7 所示。

图 21-7

Step 04 ① 选中第 1 行的开始两个单元格，② 切换到【表格工具 / 布局】选项卡，③ 单击【合并】组中的【合并单元格】按钮，如图 21-8 所示。

图 21-8

Step 05 所选单元格将合并为一个单元格，如图 21-9 所示。

Step 06 用同样的方法，对其他需要合并的单元格进行合并，合并后的效果如图 21-10 所示。

Step 07 通过拖动鼠标的方式，简单调整表格各列的列宽，调整后的效果如图 21-11 所示。

图 21-9

图 21-10

图 21-11

Step 08 ① 选中需要操作的单元格区域，② 切换到【表格工具 / 布局】选项卡，③ 单击【单元格大小】组中的【分布列】按钮，如图 21-12 所示。

图 21-12

Step 09 表格中的所选区域的列宽将自动进行平均分布，效果如图 21-13

所示。

图 21-13

21.1.3 编辑表格内容

确定表格结构后，就可以在表格中输入并编辑内容了，具体操作步骤如下。

Step01 在表格中输入内容，输入后的效果如图 21-14 所示。

Step02 ❶ 选中前 8 行的单元格区域，❷ 切换到【表格工具 / 布局】选项卡，❸ 在【对齐方式】组中单击【水平居中】按钮，如图 21-15 所示。

Step03 ❶ 将鼠标光标定位在倒数第 2

行，❷ 在标尺栏中添加一个【左对齐】制表符，并拖动鼠标调整其位置，如图 21-16 所示。至此，完成了差旅费报销单的制作，最终效果如图 21-1 所示。

图 21-14

技能拓展——在表格中输入制表位

在表格中输入制表位时，若直接按【Tab】键，则鼠标光标会直接跳转到下一个单元格内。要想在表格中输入制表位，按【Ctrl+Tab】组合键即可。

图 21-15

图 21-16

21.2 制作盘点工作流程图

实例门类	编辑 SmartArt 图形 + 插入形状 + 编辑文本框
教学视频	光盘 \ 视频 \ 第 21 章 \ 21.2.mp4

图 21-17

盘点是指定期或临时对库存商品的实际数量进行清查、清点的作业，其目的是通过对企业、团体的现存物料、原料、固定资产等进行点检以确保账面与实际相符合，以求达到加强对企业、团体的管理的目的。通过盘点，不仅可以控制存货，以指导日常经营业务。还能及时掌握损益情况，以便真实地把握经营绩效，并尽早采取防范措施。盘点流程大致可分为 3 个部分，即盘前准备、盘点过程及盘后工作。接下来将结合 SmartArt 图形、文本框等相关知识点来制作盘点工作流程图，完成后的效果如图 21-17 所示。

21.2.1 创建文档并输入标题

要制作流程图，需要先新建一个文档，再输入文档标题，具体操作方法为：新建一篇名为"盘点工作流程图"的空白文档，❶ 输入文档标题"盘点工作流程图"，❷ 在【开始】选项卡的【字体】组中设置字符格式：字体【黑体】，字号【三号】，字体颜色【绿色】，加粗，❸ 在【段落】组中设置居中对齐，如图 21-18 所示。

图 21-18

21.2.2 插入并编辑 SmartArt 图形

接下来就要在文档中插入一个 SmartArt 图形，并编辑图形内容，具体操作步骤如下。

Step01 ❶ 将鼠标光标定位到要插入 SmartArt 图形的位置，❷ 切换到【插入】选项卡，❸ 单击【插图】组中的【SmartArt】按钮，如图 21-19 所示。

图 21-19

Step02 弹出【选择 SmartArt 图形】对话框，❶ 在左侧选择【流程】选项，❷ 在中间选择具体的图形布局，❸ 单击【确定】按钮，如图 21-20 所示。

所示。

图 21-20

Step03 所选样式的 SmartArt 图形将插入到文档中，分别在各个形状内输入相应的文本内容，如图 21-21 所示。

图 21-21

Step04 ❶ 选中【确定盘点小组成员】形状，❷ 切换到【SmartArt 工具 / 设计】选项卡，❸ 在【创建图形】组中单击【添加形状】按钮右侧的下拉按钮 ，❹ 在弹出的下拉列表中选择【在后面添加形状】选项，如图 21-22 所示。

图 21-22

Step05 【确定盘点小组成员】下方将新增一个形状，将其选中，直接输入文本内容，如图 21-23 所示。

Step06 用同样的方法，依次添加其他形状并输入文本内容，如图 21-24 所示。

图 21-23

图 21-24

Step07 通过拖动鼠标的方式，调整 SmartArt 图形的高度，以及调整 SmartArt 图形中各形状的大小，调整后的效果如图 21-25 所示。

图 21-25

Step08 ❶ 选中 SmartArt 图形，❷ 切换到【开始】选项卡，❸ 在【字体】组中将字号设置为【16】，如图 21-26 所示。

图 21-26

21.2.3 插入形状和文本框完善流程图

在编辑流程图时，有时需要在某个形状的左边或右边添加形状，但是本案例中的流程图无法通过添加形状功能实现。此时，就需要插入形状与文本框来完成流程图的结构，具体操作步骤如下。

Step01 ❶ 切换到【插入】选项卡，❷ 单击【插图】组中的【形状】按钮，❸ 在弹出的下拉列表中选择【线箭头】形状，如图 21-27 所示。

图 21-27

Step02 在文档中绘制一个线箭头图形，并调整合适的大小和位置，如图 21-28 所示。

Step03 ❶ 切换到【插入】选项卡，❷ 单击【文本】组中的【文本框】按钮，❸ 在弹出的下拉列表中选择【绘制文本框】选项，如图 21-29 所示。

Step04 在文档中绘制一个文本框，在其中输入文本内容，并调整文本框的大小和位置，如图 21-30 所示。

图 21-28

图 21-29

图 21-30

Step05 用同样的方法，在合适的位置继续绘制线箭头图形和文本框，如图 21-31 所示。

图 21-31

21.2.4 美化流程图

此时，流程图的结构已经确立了，接下来就对其进行美化操作，以使流程图更加美观，具体操作步骤如下。

Step01 ❶ 选中 SmartArt 图形，❷ 切换到【SmartArt 工具 / 设计】选项卡，❸ 在【SmartArt 样式】组中单击【更改颜色】按钮，❷ 在弹出的下拉列表中选择需要的图形颜色，如图 21-32 所示。

图 21-32

Step02 ❶ 选中两个文本框，❷ 切换到【绘图工具 / 格式】选项卡，❸ 在【形状样式】组中单击【形状填充】按钮右侧的下拉按钮 ▾，❹ 在弹出的下拉列表中选择文本框的填充颜色，如图 21-33 所示。

图 21-33

Step03 保持文本框的选中状态，❶ 在【形状样式】组中单击【形状轮廓】按钮右侧的下拉按钮 ▾，❷ 在弹出的下拉列表中选择【无轮廓】选项，如图 21-34 所示。

图 21-34

Step 04 ❶ 右击第一个文本框，❷ 在弹出的快捷菜单中选择【设置形状格式】命令，如图 21-35 所示。

图 21-35

Step 05 打开【设置形状格式】窗格，❶ 切换到【文本选项】界面，❷ 单击标签【布局属性】切换到【布局属性】设置页面，❸ 在【垂直对齐方式】下拉列表中选择文本内容在文本框中垂直的对齐方式，本例中选择【中部对齐】，❹ 单击【关闭】按

钮✕关闭窗格，如图 21-36 所示。

图 21-36

Step 06 返回文档，可发现文本框中的文字将以中部对齐方式进行显示，如图 21-37 所示。

Step 07 用同样的方法，将另一个文本框的垂直对齐方式设置为中部对齐，效果如图 21-38 所示。

Step 08 ❶ 切换到【开始】选项卡，❷ 在【字体】组中设置文本框内容的字符格式：字号【小四】，字体颜色【蓝色】，❸ 在【段落】组中设置居中对齐，如图 21-39 所示。至此，完成了盘点工作流程图的制作，其最终效果如图 21-17 所示。

图 21-37

图 21-38

图 21-39

21.3 制作财务报表分析报告

实例门类	题注＋宏的应用＋制作目录
教学视频	光盘＼视频＼第 21 章＼21.3.mp4

　　要很好地了解企业的财务状况、经营业绩和现金流量，以评价企业的偿债能力、盈利能力和营运能力，财务报表分析报告是不可或缺的文件。在公司运营中，财务报表分析报告对于制定经济决策有着至关重要的作用。本案例中将结合题注、宏等知识点来完善财务报表分析报告的排版工作，完成后的效果如图 21-40 所示。

图 21-40

21.3.1 将文件另存为启用宏的 Word 文档

因为本案例中涉及宏的使用，所以需要将 Word 文档另存为启用宏的 Word 文档格式，操作方法为：打开"光盘\素材文件\第21章\财务报表分析报告 .docx"文件，按【F12】键，弹出【另存为】对话框，❶ 在【保存类型】下拉列表中选择【启用宏的 Word 文档（*.docm）】选项，❷ 设置存放路径，❸ 单击【保存】按钮进行保存即可，如图 21-41 所示。完成设置后，将得到一个"财务报表分析报告 .docm"文档。

图 21-41

21.3.2 对表格设置题注

在制作财务报表分析报告这类文档时，必然会使用很多表格数据，如果要对表格进行编号，最好使用题注功能来完成，具体操作步骤如下。

Step01 在之前保存的"财务报表分析报告 .docm"文档中，❶ 选中需要添加题注的表格，❷ 切换到【引用】选项卡，❸ 单击【题注】组中的【插入题注】按钮，如图 21-42 所示。

图 21-42

Step02 弹出【题注】对话框，❶ 在【标签】下拉列表中选择【表格】选项，❷ 在【位置】下拉列表中选择【所选项目下方】选项，❸ 在【题注】文本框的题注编号后面输入两个空格，再输入表格的说明文字，❹ 单击【确定】按钮，如图 21-43 所示。

图 21-43

Step03 返回文档，所选表格的下方插入了一个题注。❶ 选中题注，❷ 切换到【开始】选项卡，❸ 在【字体】组中设置字符格式：字体【楷体_GB2312】，字号【五号】，❹ 在【段落】组中设置居中对齐，如图 21-44 所示。

图 21-44

Step 04 用同样的方法，对其他表格添加题注，完成设置后的效果如图21-45所示。

图 21-45

21.3.3 调整表格

接下来需要对表格进行相应的调整，主要包括利用宏来批量将所有表格的单元格内容设置为水平居中对齐方式，并设置表格的表头跨页，具体操作步骤如下。

Step 01 ❶ 切换到【开发工具】选项卡，❷ 单击【代码】组中的【录制宏】按钮，如图21-46所示。

图 21-46

Step 02 弹出【录制宏】对话框，❶ 在【宏名】文本框内输入要录制的宏的名称，❷ 在【将宏保存在】下拉列表中选择【财务报表分析报告.docm（文档）】选项，❸ 在【将宏指定到】栏中选择【按钮】选项，如图21-47所示。

Step 03 弹出【Word选项】对话框，❶ 在左侧列表框中选择当前设置的按钮，❷ 通过单击【添加】按钮将其添加到右侧的列表框中，❸ 单击【确定】按钮，如图21-48所示。

图 21-47

图 21-48

Step 04 返回文档，在【开发工具】选项卡的【代码】组中单击【停止录宏】按钮停止录宏，如图21-49所示。

图 21-49

Step 05 停止录宏后，单击【代码】组中的【宏】按钮，如图21-50所示。

图 21-50

Step 06 弹出【宏】对话框，❶ 在【宏名】列表框中选中刚才创建的宏，❷ 单击【编辑】按钮，如图21-51所示。

图 21-51

Step 07 ❶ 打开VBA编辑器窗口，在模块窗口中输入如下代码，❷ 单击【关闭】按钮 ✕ 关闭VBE编辑器窗口，如图21-52所示。

```
Dim n
    For n = 1 To ThisDocument.
Tables.Count
        With ThisDocument.
Tables(n)
            .Range.Paragraph
Format.Alignment = wdAlign
ParagraphCenter
            .Range.Cells.Vertical
Alignment = wdCellAlign
VerticalCenter
        End With
    Next n
```

图 21-52

Step08 返回文档，在快速访问工具栏中单击之前设置的宏按钮，如图21-53所示。

图 21-53

Step09 此时，所有表格中的单元格内容呈水平居中对齐方式进行显示，如图21-54所示。

图 21-54

Step10 在跨了页的表格中，❶选中标题行，❷切换到【表格工具/布局】选项卡，❸单击【数据】组中的【重复标题行】按钮，如图21-55所示。

图 21-55

Step11 此时，可看见标题行跨页重复显示，如图21-56所示。用同样的方法对其他跨了页的表格设置重复标题行。

图 21-56

21.3.4 设置文档目录

接下来将在文档的相应位置创建正文标题目录与表格目录，具体操作步骤如下。

Step01 ❶将鼠标光标定位在需要插入目录的位置，❷切换到【引用】选项卡，❸单击【目录】组中的【目录】按钮，❹在弹出的下拉列表中选择【自定义目录】选项，如图21-57所示。

图 21-57

Step02 弹出【目录】对话框，❶将【显示级别】微调框的值设置为【1】，❷在【格式】下拉列表中选中【优雅】选项，❸在【制表符前导符】下拉列表中选择前导符样式，❹单击【确定】按钮，如图21-58所示。

图 21-58

Step03 返回文档，鼠标光标所在位置即可插入文档标题的目录，如图21-59所示。

图 21-59

Step04 ❶将鼠标光标定位到需要插入表格目录的位置，❷切换到【引用】选项卡，❸单击【题注】组中的【插入表目录】按钮，如图21-60所示。

图 21-60

Step05 弹出【图表目录】对话框，❶在【题注标签】下拉列表中选择表格使用的题注标签，❷在【格式】下拉列表中选择【简单】选项，❸在【制表符前导符】下拉列表中选择前导符样式，❹单击【确定】按钮，如图21-61所示。

Step06 返回文档，即可看见鼠标光标所在位置创建了一个表格目录，如图21-62所示。至此，完成了财务报表分析报告的制作，最终效果如图21-40所示。

图 21-61

图 21-62

21.4 制作企业年收入比较分析图表

实例门类	使用图表
教学视频	光盘\视频\第21章\21.4.mp4

收入作为企业的重要资金来源，不仅是企业正常运作的保障，同时也是企业扩大规模、提高市场竞争力的资金储备。为了能够直观地查看各项收支，可以通过图表来实现。本案例中，将利用柱形图分析比较企业的各项收入情况，以及利用饼图直观地反映企业各项收入占总收入的比例，完成后的效果如图21-63所示。

图 21-63

21.4.1 插入并编辑柱形图

本案例中首先插入一个柱形图，并对其进行相应的编辑，具体操作步骤如下。

Step01 打开"光盘\素材文件\第21章\企业年收入比较分析图表.docx"文件，❶将鼠标光标定位到需要插入图表的位置，❷切换到【插入】选项卡，❸单击【插图】组中的【图表】按钮，如图21-64所示。

图 21-64

Step 02 弹出【插入图表】对话框，❶ 在左侧列表中选择【柱形图】选项，❷ 在右侧栏中选择需要的图表样式，❸ 单击【确定】按钮，如图 21-65 所示。

图 21-65

Step 03 文档中将插入所选样式的图表，同时自动打开一个 Excel 窗口，❶ 在 Excel 窗口中输入需要的行列名称和对应的数据内容，并通过右下角的蓝色标记 ◾ 调整数据区域的范围，❷ 编辑完成后，单击【关闭】按钮 ✕ 关闭 Excel 窗口，如图 21-66 所示。

Step 04 在 Word 文档中，直接在图表标题编辑框中输入图表标题内容，如图 21-67 所示。

Step 05 ❶ 选中图表，❷ 切换到【图表工具/设计】选项卡，❸ 在【图表样式】组的列表框中选择需要的图表样式来美化图表，如图 21-68 所示。

Step 06 ❶ 保持图表的选中状态，在【图表工具/设计】选项卡中，单击【图表布局】组中的【添加图表元素】按钮，❷ 在弹出的下拉列表中

依次选择【数据标签】→【数据标签外】选项，如图 21-69 所示。

图 21-66

图 21-67

图 21-68

图 21-69

Step 07 ❶ 选中图表标题，❷ 切换到【开始】选项卡，❸ 在【字体】组中设置字符格式：字号【16】，字体颜色【浅蓝】，加粗，如图 21-70 所示。

图 21-70

Step 08 ❶ 选中坐标轴，❷ 在【字体】组中设置字符格式：字号【11】，字体颜色【蓝色】，加粗，如图 21-71 所示。

图 21-71

Step 09 ❶ 选中数据标签，❷ 在【字体】组中设置字符格式：字号【11】，如图 21-72 所示。至此，完成了柱形图的制作。

图 21-72

21.4.2 插入并编辑饼图

接下来将插入一个饼图，并对其进行相应的编辑，具体操作步骤如下。

Step01 ❶ 将鼠标光标定位到需要插入图表的位置，❷ 切换到【插入】选项卡，❸ 单击【插图】组中的【图表】按钮，如图 21-73 所示。

图 21-73

Step02 弹出【插入图表】对话框，❶ 在左侧列表中选择【饼图】选项，❷ 在右侧栏中选择需要的图表样式，❸ 单击【确定】按钮，如图 21-74 所示。

图 21-74

Step03 文档中将插入所选样式的图表，同时自动打开一个 Excel 窗口，❶ 在 Excel 窗口中输入需要的行列名称和对应的数据内容，❷ 编辑完成后，单击【关闭】按钮✖关闭 Excel 窗口，如图 21-75 所示。

Step04 在 Word 文档中，直接在图表标题编辑框中输入图表标题内容，如图 21-76 所示。

图 21-75

图 21-76

Step05 ❶ 选中图表，❷ 切换到【图表工具/设计】选项卡，❸ 单击【图表布局】组中的【添加图表元素】按钮，❹ 在弹出的下拉列表中依次选择【数据标签】→【数据标签内】选项，如图 21-77 所示。

图 21-77

Step06 ❶ 选中所有数据标签并右击，❷ 在弹出的快捷菜单中选择【设置数据标签格式】命令，如图 21-78 所示。

图 21-78

Step07 打开【设置数据标签格式】窗口，❶ 默认显示在【标签选项】界面，在【标签包括】栏中选中【百分比】复选框，取消选中【值】复选框，❷ 单击【关闭】按钮✖关闭该窗口，如图 21-79 所示。

图 21-79

Step08 ❶ 选中图表，❷ 在【图表工具/设计】选项卡中，单击【图表样式】组中的【更改颜色】按钮，❸ 在弹出的下拉列表中可以为数据系列选择需要的颜色方案，如图 21-80 所示。

图 21-80

Step **09** ❶选中图表标题，❷切换到【开始】选项卡，❸在【字体】组中设置字符格式：字号【16】，字体颜色【浅蓝】，加粗，如图 21-81 所示。

Step **10** ❶选中数据标签，❷在【字体】组中设置字符格式：字号【12】，字体颜色【白色】，加粗，如图 21-82 所示。至此，完成了企业年收入比较分析图表的制作，其最终效果如图 21-63 所示。

图 21-81

图 21-82

本章小结

本章通过具体实例讲解了 Word 在财务会计工作中的应用，主要涉及表格、图表、SmartArt 图形、题注、目录等知识点。

附录 A Word 快捷键速查表

一、文档基本操作的快捷键

执行操作	快捷键	执行操作	快捷键
新建文档	Ctrl+N	隐藏或显示功能区	Ctrl+Fl
打开文档	Ctrl+O 或 Ctrl+F12 或 Ctrl+Alt+F2	关闭当前打开的对话框	Esc
保存文档	Ctrl+S 或 Shift+F12 或 Alt+Shift+F2	显示或隐藏编辑标记	Ctrl+*
另存文档	F12	切换到页面视图	Alt+Ctrl+P
关闭文档	Ctrl+W	切换到大纲视图	Alt+Ctrl+O
打印文档	Ctrl+P 或 Ctrl+Shift+F12	切换到草稿视图	Alt+Ctrl+N
退出 Word 程序	Alt+F4	拆分文档窗口	Alt+Ctrl+S
显示帮助	F1	取消拆分的文档窗口	Alt+Shift+C

二、定位鼠标光标位置的快捷键

执行操作	快捷键	执行操作	快捷键
左移一个字符	←	上移一屏	PageUp
右移一个字符	→	下移一屏	PageDown
上移一行	↑	移至文档结尾	Ctrl+End
下移一行	↓	移至文档开头	Ctrl+Home
左移一个单词	Ctrl+ ←	移至下页顶端	Ctrl+PageDown
右移一个单词	Ctrl+ →	移至上页顶端	Ctrl+PageUp
上移一段	Ctrl+ ↑	移至窗口顶端	Alt+Ctrl+PageUp
下移一段	Ctrl+ ↓	移至窗口结尾	Alt+Ctrl+PageDown
移至行尾	End	移至上一次关闭时进行操作的位置	Shift+F5
移至行首	Home		

三、选择文本的快捷键

执行操作	快捷键	执行操作	快捷键
选择文档内所有内容	Ctrl+A	将所选内容扩展到段落的开头	Ctrl+Shift+↑
使用扩展模式选择	F8	将所选内容扩展到一行的末尾	Shift+End
关闭扩展模式	Esc	将所选内容扩展到一行的开头	Shift+Home
将所选内容向右扩展一个字符	Shift+→	将所选内容扩展到文档的开头	Ctrl+Shift+Home
将所选内容向左扩展一个字符	Shift+←	将所选内容扩展到文档的末尾	Ctrl+Shift+End
将所选内容向下扩展一行	Shift+↓	将所选内容向下扩展一屏	Shift+PageDown
将所选内容向上扩展一行	Shift+↑	将所选内容向上扩展一屏	Shift+PageUp
将所选内容扩展到字词的末尾	Ctrl+Shift+→	将所选内容扩展到窗口的末尾	Alt+Ctrl+Shift+PageDown
将所选内容扩展到字词的开头	Ctrl+Shift+←	将所选内容扩展到窗口的开头	Alt+Ctrl+Shift+PageUp
将所选内容扩展到段落的末尾	Ctrl+Shift+↓	纵向选择内容	按住 Alt 键拖动鼠标

四、编辑文本的快捷键

执行操作	快捷键	执行操作	快捷键
复制选中的内容	Ctrl+C	打开【导航】窗格	Ctrl+F
剪切选中的内容	Ctrl+X	打开【查找和替换】对话框，并自动定位在【替换】选项卡	Ctrl+H
粘贴内容	Ctrl+V	打开【查找和替换】对话框，并自动定位在【定位】选项卡	Ctrl+G
从文本复制格式	Ctrl+Shift+C	撤销上一步操作	Ctrl+Z
将复制格式应用于文本	Ctrl+Shift+V	恢复或重复上一步操作	Ctrl+Y
删除鼠标光标左侧的一个字符	Backspace	重复上一步操作	F4
删除鼠标光标右侧的一个字符	Delete	选中内容后打开【新建构建基块】对话框	Alt+F3

执行操作	快捷键	执行操作	快捷键
删除鼠标光标左侧的一个单词	Ctrl+BackSpace	在最后 4 个已编辑过的位置间切换	Shift+F5 或 Alt+Ctrl+Z
删除鼠标光标右侧的一个单词	Ctrl+Delete		

五、插入特殊字符及分隔符的快捷键

执行操作	快捷键	执行操作	快捷键
长破折号	Alt+Ctrl+ 减号（必须是数字键盘中的减号）	可选连字符	Ctrl+ 连字符（-）
短破折号	Ctrl+ 减号（必须是数字键盘中的减号）	不间断连字符	Ctrl+Shift+ 连字符（-）
版权符号 ©	Ctrl+Alt+C	不间断空格	Ctrl+Shift+ 空格键
注册商标符号 ®	Ctrl+Alt+R	插入换行符	Shift+Enter
商标符号 ™	Ctrl+Alt+T	插入分页符	Ctrl+Enter
欧元符号 €	Ctrl+Alt+E	分栏符	Ctrl+Shift+Enter

六、设置字符格式与段落格式的快捷键

执行操作	快捷键	执行操作	快捷键
打开【字体】对话框	Ctrl+D	1.5 倍行距	Ctrl+5（主键盘区中的 5）
增大字号	Ctrl+Shift+>	在段前添加或删除一行间距	Ctrl+0（主键盘区中的 0）
减小字号	Ctrl+Shift+<	左缩进	Ctrl+M
逐磅增大字号	Ctrl+]	取消左缩进	Ctrl+Shift+M
逐磅减小字号	Ctrl+[	悬挂缩进	Ctrl+T
使文字加粗	Ctrl+B	减小悬挂缩进量	Ctrl+Shift+T
使文字倾斜	Ctrl+I	打开【样式】任务窗格	Alt+Ctrl+Shift+S
对文字添加下画线	Ctrl+U	打开【应用样式】任务窗格	Ctrl+Shift+S
对文字添加双下画线	Ctrl+Shift+D	应用【正文】样式	Ctrl+Shift+N
只给单词添加下画线，不给空格添加下画线	Ctrl+Shift+W	应用【标题 1】样式	Alt+Ctrl+1（主键盘区中的 1）

执行操作	快捷键	执行操作	快捷键
设置下标格式	Ctrl+=	应用【标题2】样式	Alt+Ctrl+2（主键盘区中的2）
设置上标格式	Ctrl+Shift+=	应用【标题3】样式	Alt+Ctrl+3（主键盘区中的3）
更改字母大小写	Shift+F3	提升段落级别	Alt+Shift+ ←
将所有字母设置为大写	Ctrl+Shift+A	降低段落级别	Alt+Shift+ →
将所有字母设置为小型大写字母	Ctrl+Shift+K	降级为正文	Ctrl+Shift+N
左对齐	Ctrl+L	上移所选段落	Alt+Shift+ ↑
右对齐	Ctrl+R	下移所选段落	Alt+Shift+ ↓
居中对齐	Ctrl+E	在大纲视图模式下，展开标题下的文本	Alt+Shift+ 加号（+）
两端对齐	Ctrl+J	在大纲视图模式下，折叠标题下的文本	Alt+Shift+ 减号（—）
分散对齐	Ctrl+Shift+J	在大纲视图模式下，展开或折叠所有文本或标题	Alt+Shift+A
单倍行距	Ctrl+1（主键盘区中的1）	在大纲视图模式下，显示首行正文或所有正文	Alt+Shift+L
双倍行距	Ctrl+2（主键盘区中的2）	在大纲视图模式下，显示所有具有【标题1】样式的标题	Alt+Shift+1（主键盘区中的1）

七、操作表格的快捷键

执行操作	快捷键	执行操作	快捷键
定位到上一行	↑	向上选择一行	Shift+ ↑
定位到下一行	↓	向下选择一行	Shift+ ↓
定位到一行中的下一个单元格，或选择下一个单元格的内容	Tab	从上到下选择鼠标光标所在的列	Alt+Shift+PapeDown
定位到一行中的上一个单元格，或选择上一个单元格的内容	Shift+Tab	从下到上选择鼠标光标所在的列	Alt+Shift+PageUp
定位到一行中的第一个单元格	Alt+Home	选定整张表格	Alt+ 数字键盘上的5（需关闭NumLock）

续表

执行操作	快捷键	执行操作	快捷键
定位到一行中的最后一个单元格	Alt+End	将当前内容上移一行	Alt+Shift+ ↑
定位到一列中的第一个单元格	Alt+PageUp	将当前内容下移一行	Alt+Shift+ ↓
定位到一列中的最后一个单元格	Alt+PageDown	在单元格中插入制表符	Ctrl+Tab

八、域和宏的快捷键

执行操作	快捷键	执行操作	快捷键
插入空白域	Ctrl+F9	解除锁定域	Ctrl+Shift+F11
更新选定的域	F9	定位到上一个域	Shift+F11 或 Alt+Shift+F1
在当前选择的域代码及域结果间切换	Shift+F9	定位到下一个域	F11 或 Alt+Fl
在文档内所有域代码及域结果间切换	Alt+F9	打开【宏】对话框	Alt+F8
将选中的域结果转换为普通文本	Ctrl+Shift+F9	打开 VBA 编辑器窗口	Alt+F11
锁定域	Ctrl+F11	在 VBA 编辑器窗口中运行宏	F5

附录 B Word 查找和替换中的特殊字符

一、【查找内容】文本框中可以使用的字符（选中【使用通配符】复选框）

特殊字符	代码	特殊字符	代码
任意单个字符	?	不间断空格	^s
任意字符串	*	不间断连字符	^~
一个以上前一字符或表达式	@	可选连字符	^-
非，即不包含、取反	!	表达式	()
段落标记	^13	单词结尾	<
手动换行符	^l 或 ^11	单词开头	>
图形	^g	任意数字（单个）	[0-9]
1/4 长画线	^q	任意英文字母	[a-zA-Z]
长画线	^+	指定范围外任意单个字符	[!x-z]
短画线	^=	指定范围内任意单个字符	[-]
制表符	^t	n 个前一字符或表达式	{n}
脱字号	^^	n 个以上前一字符或表达式	{n,}
分栏符	^n 或 ^14	n 到 m 个前一字符或表达式	{n,m}
分节符 / 分页符	^12	所有小写英文字母	[a-z]
手动分节符 / 分页符	^m	所有大写英文字母	[A-Z]
脚注或尾注标记	^2	所有西文字符	[^1-^127]
省略号	^i	所有中文汉字和中文标点	[!^1-^127]
全角省略号	^j	所有中文汉字（CJK 统一字符）	[一 - 馥] 或 [一 - 隝]
无宽非分隔符	^z	所有中文标点	[! 一 - 馥 ^1-^127]
无宽可选分隔符	^x	所有非数字字符	[!0-9]

二、【查找内容】文本框中可以使用的字符（取消选中【使用通配符】复选框）

特殊字符	代码	特殊字符	代码
任意单个字符	^?	全角省略号	^j
任意数字	^#	无宽非分隔符	^z
任意英文字母	^$	无宽可选分隔符	^x
段落标记	^p	不间断空格	^s
手动换行符	^l	不间断连字符	^~
图形	^g 或 ^1	¶ 段落符号	^v
1/4 长画线	^q	§ 分节符	^%
长画线	^+	脚注标记	^f 或 ^2
短画线	^=	尾注标记	^e
制表符	^t	可选连字符	^-
脱字号	^^	空白区域	^w
分节符	^b	手动分页符	^m
分栏符	^n	域	^d
省略号	^i		

三、【替换为】文本框中可以使用的字符（选中【使用通配符】复选框）

特殊字符	代码	特殊字符	代码
要查找的表达式	\n（n 表示表达式的序号）	脱字号	^^
段落标记	^p	手动分页符 / 分节符	^m
手动换行符	^l	可选连字符	^-
【查找内容】文本框中的内容	^&	不间断连字符	^~
剪贴板中的内容	^c	不间断空格	^s
省略号	^i	无宽非分隔符	^z
全角省略号	^j	无宽可选分隔符	^x
制表符	^t	分栏符	^n
长画线	^+	§ 分节符	^%
1/4 长画线	^q	¶ 段落符号	^v
短画线	^=		

四、【替换为】文本框中可以使用的字符（取消选中【使用通配符】复选框）

特殊字符	代码	特殊字符	代码
段落标记	^p	脱字号	^^
手动换行符	^l	手动分页符	^m 或 ^12
【查找内容】文本框中的内容	^&	可选连字符	^-
剪贴板中的内容	^c	不间断连字符	^~
省略号	^i	不间断空格	^s
全角省略号	^j	无宽非分隔符	^z
制表符	^t	无宽可选分隔符	^x
长画线	^+	分栏符	^n
1/4 长画线	^q	§ 分节符	^%
短画线	^=	¶ 段落符号	^v

附录 C 学会这几招，你也掌握了 Word 2016

随着最新版本 Office 2016 的推出，迎来了办公时代的新潮流。同样，作为组件之一的 Word 2016，也新增了一些特色功能，下面对这些新增功能进行简单介绍。相信通过本附录的简单学习，读者将快速掌握 Word 2016 的使用。

一、操作界面的对比

首先，我们先来了解 Word 2013 和 Word 2016 操作界面的不同之处。如图 1 与图 2 分别为 Word 2013 和 Word 2016 的操作界面。

图 1

图 2

与 Word 2013 相比，Word 2016 的操作界面主要发生了以下变化。

➡ 窗口的主题颜色不同，Word 2013 默认使用的主题颜色为白色，Word 2016 默认使用的主题颜色为彩色。

➡ Word 2013 的标题栏中有一个控制菜单图标，而 Word 2016 取消了该按钮。

➡ Word 2013 的【页面布局】选项卡，在 Word 2016 中更名为【布局】选项卡。虽然该选项卡的名称发生了变化，但是选项卡中的选项相同。

➡ Word 2016 操作界面的标题栏中取消了老版本中的【帮助】按钮，需要在【文件】菜单中才能看到【帮助】按钮，通过该按钮，就能使用 Word 提供的联机帮助了。

➡ Word 2016 的功能区中增加了一个【Tell Me】搜索框。在使用 Word 的过程中，Tell Me 可以提供多种不同的帮助，比如添加批注、更改表格的外观等，或者是解决其他故障问题。

➡ Word 2016 的功能区中新增了一个【共享】按钮，为用户共享文件提供了便利。

二、新增 Tell me 搜索功能

Word 2016 新增了 Tell Me 功能，它是全新的 Office 助手，即功能区右侧新增的那个输入框。Tell Me 的功能非常强大，只需在【Tell Me】搜索框中输入简洁的词语作为关键字，即可得到一组操作命令结果，并在最下方还可以看到相关的帮助链接。Tell Me 功能的具体使用方法如下。

Step 01 ❶ 在【Tell Me】搜索框中输入关键字，如【批注】，❷ 在弹出的下拉菜单中显示了相关操作命令选项及帮助链接，单击某个操作命令选项可执行相应的操作。本操作中单击【获取有关"批注"的帮助】命令，❸ 在弹出的子菜单中单击需要的选项命令，如【插入或删除批注】，如图 3 所示。

图 3

Step 02 在打开的 Word 2016【帮助】窗口中将显示与【插入或删除批注】有关的帮助信息，查看完毕后单击【关闭】按钮 ✖ 关闭【帮助】窗口即可，如图 4 所示。

图 4

三、新增手写输入公式

Word 2016 新增了手写输入公式功能，即墨迹公式，该功能可以自动识别手写的数学公式，并将其转换成标准形式的公式插入文档。使用"墨迹公式"功能输入公式的具体操作步骤如下。

Step 01 新建一篇名为"手写输入公式"文档，❶ 定位鼠标光标，❷ 切

换到【插入】选项卡，❸单击【符号】组中的【公式】按钮，❹在弹出的下拉列表中单击【墨迹公式】选项，如图 5 所示。

图 5

Step**02** 打开手写输入公式对话框，通过鼠标开始公式的手写输入，如图 6 所示。

图 6

Step**03** 在书写过程中，如果出现了识别错误，可以单击【选择和更正】按钮，如图 7 所示。

图 7

Step**04** ❶单击公式中需要更正的字迹，❷会在弹出的下拉列表中提供与字迹接近的其他候选符号供选择修

正，如果没有合适的修正方案，单击【关闭】选项，如图 8 所示。

图 8

Step**05** ❶单击【擦除】按钮，❷此时，鼠标指针将变为橡皮擦形状，对准要擦除的字迹单击、拖动，即可擦除相应的字迹，如图 9 所示。

图 9

Step**06** ❶单击【写入】按钮，❷重新输入公式内容，❸完成输入并确认无误后单击【插入】按钮，如图 10 所示。

图 10

Step**07** 返回文档，即可看见文档中插入了刚才制作的公式，如图 11 所示。

图 11

四、新增"智能查找"功能

在 Word 2013 及以前的版本中，在阅读或编辑文档时当遇到不理解的字词时，需要打开网页进行查询。Word 2016 新增了智能查找功能，通过该功能，直接在 Word 文档中就能查询了，省去了上网查询的麻烦，大大提高了工作效率。

智能查找的使用方法如下：

Step**01** 打开"光盘\素材文件\附录 C\公司概况.docx"文件，❶选中需要查询的关键词，单击鼠标右键，❷在弹出的快捷菜单中单击【智能查找】命令，如图 12 所示。

图 12

Step**02** Word 程序开始自动联网查询，完成查询后将在【智能查找】窗格中显示查询结果，如图 13 所示。

Step**03** 在查询结果中单击某条结果，将自动启动浏览器，并在浏览器中显示详细介绍，如图 14 所示。

技术看板

只有在电脑联网的情况下，才能正常使用智能查找功能。

图 13

图 14

五、新增批注解决功能

Word 中的批注是为了方便审阅者与作者之间的交流沟通，当批注中谈及的问题解决后，可以通过 Word 2016 新增的解决批注功能结束对话，具体操作步骤如下。

Step01 打开"光盘\素材文件\附录 C\ 员工培训计划方案 .docx"文件，❶ 将鼠标光标定位在需要解决的批注中，❷ 单击【解决】按钮，如图 15 所示。

图 15

Step02 通过上述操作后，批注将以灰

色状态显示，且不可再对其编辑操作。若要激活该批注，则单击【重新打开】按钮即可，如图 16 所示。

图 16

六、新增部分图表功能

与 Word 2013 的图表功能相比较，Word 2016 新增了树状图、旭日图、直方图、箱形图与瀑布图这几个图表类型。

树状图提供数据的分层视图，方便用户比较分类的不同级别。树状图按颜色和接近度显示类别，并可以轻松显示大量数据。当层次结构内存在空白单元格时可以绘制树状图，树状图非常适合比较层次结构内的比例。图 17 所示为树状图效果。

图 17

旭日图非常适合显示分层数据，当层次结构内存在空白单元格时可以使用。层次结构的每个级别均通过一个环或圆形表示，最内层的圆表示层次结构的顶级。不含任何分层数据（类别的一个级别）的旭日图与圆环图类似。但具有多个级别的旭日图显示外环与内环的关系。旭日图在显示一个环如何被划分为

作用片段时最有效。图 18 所示为旭日图效果。

图 18

直方图中绘制的数据显示分布内的频率。图表中的每一列称为箱，可以更改以便进一步分析数据。图 19 所示为直方图效果。

图 19

箱形图用于显示数据到四分位点的分布，突出显示平均值和离群值。箱形可能具有可垂直延长的名为"须线"的线条。这些线条指示超出四分位点上限和下限的变化程度，处于这些线条或须线之外的任何点都被视为离群值。当有多个数据集以某种方式彼此相关时，可以使用这种图表类型。图 20 所示为箱形图效果。

图 20

瀑布图用于显示加上或减去值时的财务数据累计汇总。在理解一系列正值和负值对初始值的影响时，这种图表非常有用。图 21 所示为瀑布图

效果。

图 21

无论什么类型的图表，其创建方法基本大同小异，下面以创建树状图为例，讲解具体操作步骤。

Step01 新建一篇名为"今日食品销售"的空白文档，❶切换到【插入】选项卡，❷单击【插图】组中的【图表】按钮，如图 22 所示。

图 22

Step02 弹出【插入图表】对话框，❶在左侧列表中选中【树状图】选项，❷在右侧栏中选择需要的图表样式，❸单击【确定】按钮，如图 23 所示。

Step03 文档中将插入所选样式的图表，同时自动打开一个 Excel 窗口，该窗口中显示了图表所使用的预置数据，如图 24 所示。

图 23

图 24

Step04 ❶在 Excel 窗口中输入需要的数据内容（对于不再需要的预置数据可以按【Delete】键直接删除），Word 文档图表中的数据会自动同步更新，❷编辑完成后，单击【关闭】

按钮 ☒ 关闭 Excel 窗口，如图 25 所示。

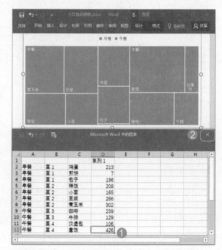

图 25

Step05 在 Word 文档中，直接在【图表标题】框中输入图表标题内容，最终效果如图 26 所示。

图 26

附录 D Word 实战案例索引表

1. 软件功能学习类

2. 行业实战类

附录 E Word 功能及命令应用索引表

一、Word 软件自带选项卡

1. "文件"选项卡

实例名称	所在页	实例名称	所在页	实例名称	所在页
信息 > 属性	172	打开 > 在受保护的视图中打开	21	导出 > 创建讲义	289
信息 > 保护文档	248	保存	18	关闭	20
新建 > 空白文档	17	另存为	19	选项 > 快速访问工具栏	7
新建 > 根据模板新建	18	打印	34	选项 > 自定义功能区	8
新建 > 个人	168	打印 > 打印指定的页面	34	选项 > 保存	9
打开	20	打印 > 打印所选内容	35	选项 > 校对	15
打开 > 以只读方式打开	20	打印 > 在一页纸上打印多页内容	35		
打开 > 副本方式打开	21	导出 > 创建 PDF/XPS 文档	19		

2. "开始"选项卡

实例名称	所在页	实例名称	所在页	实例名称	所在页
◆ "剪贴板"组		更改大小写	42	边框 > 边框和底纹 > 段落底纹	59
复制	29	以不同颜色突出显示文本	45	左对齐	52
粘贴	30	带圈字符	47	居中对齐	52
粘贴 > 只保留文本	31	拼音指南	47	右对齐	52
粘贴 > 选择性粘贴	31	清除所有格式	50	分散对齐	52
粘贴 > 使用目标样式	285	◆ "段落"组		两端对齐	52
剪切	30	项目符号	59	行和段落间距	55
格式刷	70	项目符号 > 定义新项目符号	60	显示 / 隐藏编辑标记	10
◆ "字体"组		项目符号 > 字体	60	中文版式 > 双行合一	56
字体	38	项目符号 > 更改列表级别	61	中文版式 > 合并字符	57
字号	39	编号	62	中文版式 > 纵横混排	57
字体颜色	39	编号 > 定义新编号格式	62	◆ "样式"组	
文本效果和版式	40	编号 > 定义新编号字体格式	65	样式	149
加粗	40	编号 > 设置编号值	64	样式 > 新建样式	149
倾斜	41	多级列表	63	样式 > 修改样式	154
下画线	41	多级列表 > 定义新的多级列表	64	样式 > 管理样式	157
上标	42	边框 > 字符边框	46	样式 > 样式检查器	159
下标	42	边框 > 边框和底纹 > 字符底纹	46	◆ "编辑"组	
删除线	42	边框 > 段落边框	58	查找 > 转到	205

3. "插入"选项卡

实例名称	所在页	实例名称	所在页	实例名称	所在页
◆ "页面"组		屏幕截图	75	对象 > 文件中的文字	25
封面	98	形状	82	首字下沉 > 下沉	55
◆ "表格"组		SmartArt	88	首字下沉 > 悬挂	56
表格	112	图表	135	文本框	83
表格 > 插入表格	113	◆ "链接"组		艺术字	83
表格 > 调用 Excel 电子表格	114	超链接	206	文档部件	221
表格 > 快速表格	114	书签	206	日期和时间	271
表格 > 绘制表格	114	交叉引用	207	◆ "符号"组	
表格 > 文本转换成表格	126	◆ "页眉和页脚"组		符号	23
◆ "插图"组		页眉	103	编号	24
图片	74	页码	104	公式 > 内置公式	26
联机图片	75	◆ "文本"组		公式 > 插入新公式	26

4. "设计"选项卡

实例名称	所在页	实例名称	所在页	实例名称	所在页
◆ "文档格式"组		字体	160	水印	107
样式集	159	颜色	161	页面颜色	107
主题	160	设为默认值	164	页面边框	108
主题＞保存当前主题	161	◆ "页面背景"组			

5. "页面布局"选项卡

实例名称	所在页	实例名称	所在页	实例名称	所在页
◆ "页面设置"组		分隔符＞分页符	99	分栏	100
功能扩展＞纸张大小	95	分隔符＞分节符	99	◆ "稿纸"组	
功能扩展＞页边距	96	分隔符＞分栏符	102	稿纸设置	94
功能扩展＞版式	97	分隔符＞连续	103		
纸张方向	96	分隔符＞下一页	110		

6. "引用"选项卡

实例名称	所在页	实例名称	所在页	实例名称	所在页
◆ "目录"组		插入脚注	212	插入表目录	222
目录	219	插入尾注	212	◆ "索引"组	
目录＞自定义目录	220	◆ "题注"组		标记索引项	228
更新目录	226	插入题注＞图片	208	插入索引	228
目录＞删除目录	227	插入题注＞表格	209	更新索引	234
◆ "脚注"组		插入题注＞自动插入题注	211		

7. "邮件"选项卡

实例名称	所在页	实例名称	所在页	实例名称	所在页
◆ "创建"组		开始邮件合并	258	预览结果	262
中文信封	251	编辑收件人列表	262	上一记录	262
信封	254	◆ "编写和插入域"组		下一记录	262
标签	255	插入合并域	257	◆ "完成"组	
◆ "开始邮件合并"组		规则	264	完成并合并	258
选择收件人	257	◆ "预览结果"组			

8. "审阅"选项卡

实例名称	所在页	实例名称	所在页	实例名称	所在页
◆ "校对"组		删除	242	拒绝	240
拼写和语法	237	◆ "修订"组		◆ "比较"组	
字数统计	238	修订	238	比较＞合并	243
◆ "中文简繁转换"组		简单标记	239	比较＞比较	244
简转繁	24	功能扩展＞修订选项	239	◆ "保护"组	
◆ "批注"组		◆ "更改"组		限制编辑	245
新建批注	241	接受	240		
显示标记	241	下一条	240		

9. "视图"选项卡

实例名称	所在页	实例名称	所在页	实例名称	所在页
◆ "视图"组		大纲视图	11	网格线	13
页面视图	11	草稿视图	12	导航窗格	14
阅读视图	11	◆ "显示"组		◆ "显示比例"组	
Web 版式视图	11	标尺	13	显示比例	12

二、浮动选项卡

1. "图片工具 / 格式"选项卡

实例名称	所在页	实例名称	所在页	实例名称	所在页
◆ "调整"组		◆ "图片样式"组		◆旋转	77
删除背景	78	图片样式	80	自动换行	81
更正	79	图片效果	79	◆ "大小"组	
颜色	80	图片边框	79	高度	77
艺术效果	80	图片版式	90	宽度	77
更改图片	91	◆ "排列"组		裁剪	77

2. "表格工具 / 设计"选项卡

实例名称	所在页	实例名称	所在页
◆ "表格样式"组		◆ "边框"组	
表格样式	125	边框	122

3. "表格工具 / 布局"选项卡

实例名称	所在页	实例名称	所在页	实例名称	所在页
◆ "表"组		删除 > 删除列	120	分布列	118
属性	123	删除 > 删除表格	120	◆ "对齐方式"组	
◆ "行和列"组		◆ "合并"组		水平居中	123
在上方插入	118	合并单元格	120	◆ "数据"组	
在下方插入	118	拆分单元格	121	重复标题行	125
在左侧插入	119	拆分表格	122	转换为文本	127
删除 > 删除单元格	119	◆ "单元格大小"组		公式	128
删除 > 删除行	119	分布行	117	排序	128

4. "图表工具 / 设计"选项卡

实例名称	所在页	实例名称	所在页	实例名称	所在页
◆ "图表布局"组		图表样式	143	选择数据	145
快速布局	141	◆ "数据"组		◆ "类型"组	
◆ "图表样式"组		编辑数据	138	更改图表类型	137

5. "图表工具 / 格式"选项卡

实例名称	所在页	实例名称	所在页	实例名称	所在页
◆ "当前所选内容"组		◆ "形状样式"组		形状轮廓	142
图表元素	142	形状填充	142		

6. "绘图工具 / 格式" 选项卡

7. "SmartArt 工具 / 设计" 选项卡

8. "页眉和页脚工具 / 设计" 选项卡

9. "大纲" 选项卡

三、自定义选项卡

"开发工具" 选项卡

目录

Contents

技巧 1 日常事务记录和处理

面对繁忙的工作、杂乱的事务，很多时候都会忙得不可开交，甚至是一团乱麻。一些工作或事务就会很"自然"地被遗忘，往往带来不必要的麻烦和后果。这时，用户可采用一些实用的日常事务记录和处理技巧。

PC 端日常事务记录和处理

1. 便笺附件

便笺是 Windows 程序中自带的一个附件程序，小巧轻便。用户可直接启用它来记录日常的待办事项或重要事务，其具体操作步骤如下。

Step 01 单击"开始"按钮 📷，❶ 单击"所有程序"菜单项，❷ 单击"附件"文件夹，❸ 在展开的选项中选择"便笺"程序选项，操作过程如下图所示。

Step 02 系统自动在桌面的右上角添加一个新的便笺，❶ 用户在其中输入

第一条事项，❷ 单击➕按钮，❸ 新建空白便签，在其中输入相应的事项，操作过程如下图所示。

2. 印象笔记

印象笔记（EverNote）是较为常用的一款日常事务记录与处理的程序，供用户添加相应的事项并按指定时间进行提醒（用户可在相应网站进行下载，然后将其安装到电脑中才能使用）。其具体操作如下。

Step 01 ❶ 在桌面上双击印象笔记的快捷方式将其打开，❷ 单击"登录"按钮展开用户注册区，❸ 输入注册的账户和密码，❹ 单击"登录"按钮，操作过程如下图所示。

Step 02 ❶ 单击"新建笔记"按钮，打开"印象笔记"窗口，❷ 在文本框中输入事项，❸ 单击"添加标签"超链接，操作过程如下图所示。

Step**03** ❶ 在出现的标签文本框中输入第一个便签，单击出现的"添加标签"超链接进入其编辑状态，❷ 输入第二个标签，操作过程如下图所示。

Step**04** ❶ 单击 ▼ 按钮，❷ 在弹出下拉列表选项中选择"提醒"选项，❸ 在弹出的面板中选择"添加日期"命令，操作过程如下图所示。

Step**05** 在弹出的日期设置器中，❶ 设置提醒的日期，如这里设置为"2017年1月5日13:19:00"，❷ 单击"关闭"按钮，返回到主窗口中即可查看到添加笔记，操作过程及效果如下图所示。

3. 滴答清单

滴答清单是一款基于 GTD 理念设计的跨平台云同步的待办事项和任务提醒程序，用户可在其中进行任务的添加，并让其在指定时间进行提醒。如下面新建"工作"清单，并在其中添加一个高优先级的"选题策划"任务为例，其具体操作步骤如下。

Step01 启动"滴答清单"程序，❶ 单击三按钮，❷ 在展开的面板中单击"添加清单"超链接（若用户不需要对事项进行分类，可在直接"所有"窗口中进行任务事项的添加设置），操作过程如下图所示。

Step02 ❶ 在打开的清单页面中输入清单名称，如这里输入"工作"，❷ 单击相应的颜色按钮，❸ 单击"保存"按钮，❹ 在打开的任务窗口输入具体任务，❺ 单击 按钮，操作过程如下图所示。

Step03 ❶ 在日历中设置提醒的日期，如这里设置为 2017 年 1 月 6 日，
❷ 单击"设置时间"按钮，❸ 选择小时数据，滚动鼠标滑轮调节时间，
❹ 单击"准时"按钮，操作过程如下图所示。

Step04 ❶ 在弹出的时间提醒方式选择相应的选项，❷ 单击"确定"按钮，
❸ 返回到主界面中单击"确定"按钮，操作过程如下图所示。

| 教您一招: 设置重复提醒 (重复事项的设置) | : : : : :

在设置时间面板中单击"设置重复"按钮,在弹出的面板中选择相应的重复项。

Step 05 ❶ 单击 ⦀ 按钮,❷ 在弹出的下拉选项中选择相应的级别选项,如这里选择"高优先级"选项,按【Enter】键确认并添加任务,❸ 在任务区中即可查看到新添加的任务(要删除任务,可其选择后,在弹出区域的右下角单击"删除"按钮 ⑩),操作过程和效果如下图所示。

移动端在日历中添加日程事务提醒

日历在大部分手机上都默认安装存在,用户可借助于该程序来轻松地记录一些事项,并让其自动进行提醒,其具体操作步骤如下。

Step 01 打开日历,❶ 点击要添加事务的日期,进入到该日期的编辑页面,❷ 点击 ▧ 按钮添加新的日程事务,❸ 在事项名称文本框中输入事项名称,如这里输入"拜访客户",❹ 设置开始时间,操作过程如下图所示。

Step02 ❶ 选择"提醒"选项，❷ 在弹出的选项中选择提醒发生时间选项，如这里选择"30 分钟前"选项，❸ 点击"添加"按钮，操作过程如下图所示。

技巧 2 时间管理

要让工作生活更加有节奏、做事效率更高，效果更好。不至于总是处于"瞎忙"状态，大家可尝试进行一些常用的时间管理技巧并借用一些时间管理的小程序，如番茄土豆、doit.im、工作安排的"两分法"等，下面分别进行介绍。

PC 端时间管理

1. 番茄土豆

番茄土豆是一个结合了番茄（番茄工作法）与土豆（To-do List）的在线工具，它能帮助大家更好地改进工作效率，减少工作时间，其具体操作步骤如下。

Step 01 启动"番茄土豆"程序，❶ 在"添加新土豆"文本框中输入新任务名称，如这里输入"网上收集时间管理小程序"，❷ 单击"开始番茄"按钮，❸ 系统自动进入 25 分钟的倒计时，操作过程及效果如下图所示。

Step 02 一个番茄土豆的默认工作时长是 25 分钟，中途休息 5~15 分钟，用户可根据自身的喜好进行相应的设置，其方法为：❶ 单击"设置"按

钮 ⚙，❷ 在弹出的下拉选项中选择"偏好设置"选项，打开"偏好设置"对话框，❸ 单击"番茄相关"选项卡，❹ 设置相应的参数，❺ 单击"关闭"按钮，如下图所示。

2. doit.im

doit.im 采用了优秀的任务管理理念，也就是 GTD 理念，有条不紊地组织规划各项任务，轻松应对各项庞大繁杂的工作。下面以添加上午工作时间管理为例，其具体操作步骤如下。

Step 01 启动"doit.im"程序，❶ 在打开的登录页面中输入账户和密码（用户在 https://i.doitim.com/register 网址中进行注册），❷ 选中"中国"单选按钮，❸ 单击"登录"按钮，❹ 在打开的页面中根据实际的工作情况设置各项参数，❺ 单击"好了，开始吧"按钮，操作过程如下图所示。

Step 02 进入到 doit.im 主界面，❶ 单击"新添加任务"按钮，打开新建任务界面，❷ 在"标题"文本框中输入任务名称，❸ 在"描述"文本框中输入任务的相应说明内容，❹ 取消选中"全天"复选框，❺ 单击左侧的 🕐 按钮，在弹出下拉选项中选择"今日待办"选项，在右侧选择日期并设置时间，操作过程如下图所示。

Step 03 ❶ 在截至日期上单击，❷ 在弹出的日期选择器中设置工作截至时间，❸ 在情景区域上单击，❹ 在弹出的下拉选项中选择工作任务进行的场所，如这里选择"办公室"选项，❺ 单击"保存"按钮，操作过程如下图所示。

3. 工作安排的"两分法"

要让一天的时间变得更加有效率，除了对任务时间进行有效的安排和规划外，大家还可以对工作进行安排，从而让时间用到"刀刃上"，让时间的"含金量"更多。

工作安排的两分法分为两部分：一是确定工作制作时间，是否必须是当天完成，是否需要他人协作；二是明确该工作是否必须自己来完成，是否可以交给其他人员或团队来完成，从而把时间安排到其他的工作任务中。

在工作安排两分法中，若是工作紧急情况较高，通常要由多人协作来快速完成。对于非常重要的任务一般不设置完成期限。对于一些不重要或是他人可待办的事务，可分给相应人员，从而有更多时间用于完成其他工作任务。

4. 管理生物钟

对于那些精力容易涣散，时间观念不强的用户而言，管理生物钟将会是非常有帮助的时间管理术。用户大体可以按照以下几个方面来执行。

(1) 以半个小时为单位，并将这些时间段记录下来，如 8:00-8:30、8:31-9:00。

(2) 为每一时间段，安排要完成的任务。

(3) 在不同时间段，询问自己在这个时间段应该做什么，实际在做什么。

(4) 制定起床和睡觉的时间。并在睡觉前的一小段时间将明天的工作进行简要规划和安排。

(5) 在当天上班前，抽出半个小时左右回顾当天的工作日程。

(6) 找出自己工作效率、敏捷度、状态最好和最差的时间。并将重要和紧急的任务安排在自己效率最好、敏捷度和状态最好的时刻。

┃教您一招：早起的 4 个招数┃

早起对于一些人而言是不容易的，甚至是困难的，这里介绍让自己早起的 4 个小招数：

① 每天保持在同一时间起床。
② 让房间内能随着太阳升起变得"亮"起来。
③ 起床后喝一杯水，然后尽快吃早饭，唤醒肚子中的"早起时钟"。
④ 按时睡觉，在睡觉前不做令自己兴奋的事情，如看电视、玩游戏、听动感很强的音乐等。

移动端时间管理

1. 利用闹钟进行时间提醒

手机闹钟是绝大部分手机都有的小程序，除了使用它作为起床闹铃外，用户还可以将其作为时间管理的一款利器，让它在指定时间提醒自己该做什么事情，以及在该点是否将事项完成等。如使用闹铃提示在 15 点 03 分应该完成调研报告并上交，其具体操作步骤为：打开闹钟程序，❶ 点击██按钮进入添加闹钟页面，❷ 设置闹钟提醒时间，❸ 选择"标签"选项，进入标签编辑状态，❹ 输入标签，点击"完成"按钮，❺ 返回到"添加闹钟"页面中点击"存储"按钮保存当前闹钟提醒方案，如下图所示。

2. 借用"爱今天"管理时间

"爱今天"是一款以一万小时天才理论为主导的安卓时间管理软件，能够记录用户花费在目标上的时间，保持对自己时间的掌控，知道时间都去哪儿了，从而更加高效地利用时间。下面以添加的投资项"调研报告"为例，其具体操作步骤如下。

Step01 打开"爱今天"程序，❶ 点击"投资"项的▶按钮，❷ 在打开的"添加目标"页面中点击"添加"按钮，❸ 进入项目添加页面中，输入项目名称，操作过程如下图所示。

Step 02 ❶ 点击"目标"选项卡，❷ 点击"级别"项后的"点击选择"按钮，❸ 在打开的页面中选择"自定义"选项，❹ 在打开的"修改需要时间"页面中输入时间数字，如这里设置修改时间为"9"，❺ 点击"确定"按钮，操作过程如下图所示。

Step 03 ❶ 点击"期限"项后的"点击选择"按钮，❷ 在弹出的日期选择器中选择当前项目的结束日期，点击"确定"按钮，程序自动将每天的时间进行平均分配，❸ 点击"保存"按钮，操作过程如下图所示。

|教您一招：执行项目|

新建项目后，要开始按计划进行，可单击目标项目后的 ◎ 按钮，程序自动进行计时统计。

技巧 3 邮件处理

邮件处理在办公事务中或私人事务中都会经常涉及。这里介绍一些能让邮件处理变得简单、轻松、快速和随时随地的方法技巧。

PC 端日常事务记录和处理

1. 邮件处理利器

邮件处理程序有很多，如 Outlook、Foxmail、网页邮箱等，用户可借助这些邮件处理利器来对邮件进行轻松处理。下面以 Outlook 为例进行邮件多份同时发送为例（Office 中自带的程序），其具体操作步骤为：启动 Outlook 程序，❶ 单击"新建电子邮件"按钮，进入发送邮件界面，❷ 在"收件人"文本框中输入相应的邮件地址（也可以是单一的），❸ 在"主题"文本框中输入邮件主题，❹ 在邮件内容文本框中输入邮件内容，然后单击"发送"按钮即可，如下图所示。

教您一招：发送附件

要发送一些文件，如报表、档案等，用户可 ❶ 单击"添加文件"下拉按钮，❷ 在弹出的下拉列表中选择"浏览此电脑"命令，❸ 在打开的对话框中选择要添加的附件文件，❹ 单击"插入"按钮，最后发送即可，如下图所示。

2. TODO 标记邮件紧急情况

收到邮件后，用户可根据邮件的紧急情况来对其进行相应的标记，如用 TODO 来标记邮件，表示该邮件在手头工作完成后立即处理，其具体操作步骤为：❶ 选择"收件箱"选项，在目标邮件上右击，❷ 在弹出的快捷菜单中选择"后续标志"命令，❸ 在弹出的子菜单命令中选择"添加提醒"命令，打开"自定义"对话框，❹ 在"标志"文本框中输入"TODO"，❺ 设置提醒日期和时间，❻ 单击"确定"按钮，如下图所示。

｜温馨提示｜

　　我们收到的邮件，不是全天候都有，有时有，有时没有。除了那些特别重要或紧急的邮件进行及时回复外，其他邮件，我们可以根据邮件的多少来进行处理：如果邮件的总量小于当前工作的 10%，可立即处理。若大于 10% 则可在指定时间点进行处理，也就是定时定点。

3. 4D 邮件处理法

收到邮件后，用户可采取 4 种处理方法：行动（DO）或答复、搁置（Defer）、转发（Delegate）和删除（Delete）。下面分别进行介绍。

- 行动：对于邮件中重要的工作或事项，可以立即完成的，用户可立即采取行动（小于当前工作量的 10%），如对当前邮件进行答复（其方法为：打开并查看邮件后，❶ 单击"答复"按钮，❷ 进入答复界面，❸ 输入答复内容，❹ 单击"答复"按钮）。

- 搁置：对于那些工作量大于当前工作量 10% 的邮件，用户可以将其暂时放置，同时可使用 TODO 标记进行提醒。
- 转发：对于那些需要处理，同时他人处理会更加合适或效率更高的邮件，用户可将其进行转发（❶ 选择目标邮件，❷ 单击"转发"按钮，❸ 在回复邮件界面中输入收件人邮箱和主题，❹ 单击"发送"按钮），如下图所示。

- 删除：对于那些只是传达信息或垃圾邮件，可直接将其删除，其方法为：选择目标邮件，单击"删除"按钮，如下图所示。

移动端邮件处理

1. 配置移动邮箱

当用户没有使用电脑时，为了避免重要邮件不能及时查阅和处理，用户可在移动端配置移动邮箱。下面以在手机上配置的移动 Outlook 邮箱为例进行介绍，其具体操作步骤如下。

Step01 在手机上下载并安装启动 Outlook 程序，❶ 点击"请通知我"按钮，❷ 在打开页面中输入 Outlook 邮箱，❸ 点击"添加账户"按钮，❹ 打开"输入密码"页面，输入密码，❺ 点击"登录"按钮，如下图所示。

Step02 在打开的页面中，❶ 点击"是"按钮，❷ 在打开页面中点击"以后再说"按钮，如下图所示。

2. 随时随地收发邮件

在移动端配置邮件收发程序后，系统会自动接收邮件，用户只需对邮件进行查看即可。然后发送邮件，则需要用户手动进行操作。下面以在手机端用 Outlook 程序发送邮件为例进行介绍，其具体操作步骤为：启动 Outlook 程序，❶ 点击☑ 按钮进入"新建邮件"页面，❷ 分别设置收件人、主题和邮件内容，❸ 点击▷按钮，如下图所示。

技巧 4 垃圾清理

用户在使用计算机或移动端的过程中都会产生大量的垃圾，会占用设备内存和移动磁盘空间，导致其他文件放置空间减少，甚至使设备反映变慢，这时需要用户手动进行清理。

PC 端垃圾清理

1. 桌面语言清理系统垃圾

设备运行的快慢，很大程度受到系统盘的空间大小影响。所以，每隔一段时间可以对其进行垃圾清理，以腾出更多的空间，供系统运行。为了更加方便和快捷，用户可复制一小段程序语言来自制简易的系统垃圾清理小程序，其具体操作步骤如下。

Step01 新建空白的记事本，❶ 在其中输入清理系统垃圾的语言（可在网页上复制，这里提供一网址 "http://jingyan.baidu.com/article/e9fb46e1ae37207520f76645.html"），❷ 将其保存为 ".bat" 格式文件。

Step02 在目标位置双击保存的清理系统 BAT 文件，系统自动对系统垃圾进行清理，如下图所示。

2. 利用杀毒软件清理

计算机设备中都会安装的杀毒软件，以保证的计算机的安全，用户可借助这些杀毒软件进行垃圾的清理。如下面通过电脑管家软件对计算机垃圾进行清理为例，其具体操作步骤为：打开电脑管家软件，❶ 单击"清理垃圾"按钮，进入垃圾清理页面，❷ 单击"扫描垃圾"按钮，系统自动对计算机中的垃圾进行扫描，❸ 单击"立即清理"按钮清除，如下图所示。

移动端垃圾清理

1. 利用手机管家清理垃圾

移动设备上垃圾清理，可直接借助于手机上防护软件进行清理。如下面在手机上使用腾讯手机管家清理手机垃圾为例，其具体操作步骤为：启动腾讯手机管家程序，❶ 点击"清理加速"，系统自动对手机垃圾进行扫描，❷ 带扫描结束后点击"一键清理加速"按钮清理垃圾，❸ 点击"完成"按钮，如下图所示。

2. 使用净化大师快速清除垃圾

除了手动对移动设备进行垃圾清理外，用户还可以通过使用净化大师智能清理移动端垃圾，其具体操作步骤为：安装并启动净化大师程序，系统自动对手机进行垃圾清理（同时还会对后台的一些自启动程序进行关闭和阻止再启），如下图所示。

| 温馨提示 |

如果大概知道文件存储的位置，可以打开文件存储的盘符或者文件夹进行搜索，可以提高搜索的速度。

技巧 5 桌面整理

整洁有序的桌面，不仅可让用户感觉到清爽，同时，还有助于用户找到相应的程序的快捷方式或文件等。下面就介绍几个常用和实用的整理桌面的方法技巧。

PC 端桌面整理

1. 桌面整理原则

整理电脑桌面，并不是将所有程序的快捷方式或文件删除，而是要让其更加简洁和实用，用户可以遵循如下几个原则。

(1) 桌面是系统盘的一部分，因此桌面的文件越多，占有系统盘的空间越大，直接会影响到系统的运行速度，所以用户在整理电脑桌面时，需将各类文件或文件夹剪切放置到其他的盘符中，如 E 盘、F 盘等，让桌面上尽量是快捷图标方式。

(2) 对于桌面上不需要或不常用的程序快捷方式，用户可手动将其删除(其方法为：选择目标快捷方式选项，按【Delete 】键删除)，让桌面上放置常用的快捷方式，从而让桌面更加简洁清爽。

(3) 对桌面文件或快捷方式较多时，用户可按照一定的顺序对其进行整理排列，如名称、时间等，让桌面放置对象显得有条理，同时，将桌面上的对象集中放置，而不是处于散乱放置状态，其方法为：在桌面任一空白处右击，❶ 在弹出的快捷菜单中选择"排序方式"命令，❷ 在弹出的子菜单中选择相应的排列选项，如下左图所示。

(4) 桌面图标的大小要适度，若桌面上的对象较少时，可让其以大图标或中等图标显示；若对象较多时，则最好用小图标。其更改方法为：在桌面任一空白处右击，❶ 在弹出的快捷菜单中选择"查看"命令，❷ 在弹出的子菜单中选择相应的排列选项，如下右图所示。

2. 用 QQ 管家整理桌面

用户不仅可以手动对桌面对象进行整理，同时还可以借助于 QQ 管家整理桌面，让对象智能分类，从而让桌面显得整洁有序、结构分明，其操作步骤如下。

打开电脑管家操作界面，❶ 单击"工具箱"按钮，❷ 单击"桌面整理"按钮，即可完成桌面的快捷整理，如下图所示。

| 教您一招：再次桌面整理或退出桌面整理 |

使用 QQ 管家进行桌面整理后，桌面上又产生了新的文件或快捷方式等对象，可在桌面任意空白位置处右击，在弹出的快捷菜单中选择"一键桌面整理"命令，如下左图所示；若要退出桌面整理应用，可在桌面任意空白位置处右击，在弹出的快捷菜单中选择"退出桌面整理"命令，如下右图所示。

移动端手机桌面整理

随着手机中 App 程序的增多，手机桌面将会越来越挤、越来越杂，给用户在使用上造成一定的麻烦，这时用户可按照如下几种方法对手机桌面进行整理。

(1) 卸载 App 程序：对于手机中那些不必要的程序或很少使用的程序以及那些恶意安装的程序，用户可将其直接卸载。其方法为：❶ 按住任一 App 程序图标，直到进入让手机处于屏幕管理状态，单击目标程序图标上出现的卸载符号，❷ 在弹出的面板中点击"删除"按钮，删除该程序桌面图标并卸载该程序，如下图所示。

(2) 移动 App 程序图标位置：手机桌面分成多个屏幕区域，用户可将指定程序图标移到指定的位置（也可是当前屏幕区域的其他位置），其方法为：进入屏幕管理状态后，按住指定程序图标并将其拖动到目标屏幕区域位置，然后释放。

(3) 对 App 程序图标归类：若是 App 程序图标过多，用户可将指定 App 程序图标放置在指定的文件夹中。其方法为：进入屏幕管理状态，❶ 按住目标程序图标移向另一个目标程序图标，让两个应用处于重合状态，系统自动新建文件夹，❷ 输入文件夹名称，❸ 点击"完成"按钮，点击桌面任一位置退出的文件夹编辑状态，完成后即可将多个程序放置在同一文件夹中，如下图所示。

(4) 使用桌面整理程序：在手机中（或是平板电脑中），用户也可借助于一些桌面管理程序，自动对桌面进行整理，如 360 手机桌面、点心桌面等。下面是使用 360 手机桌面程序整理的效果样式。

技巧 6　文件整理

无论是计算机、手机还是其他设备，都会存在或产生大量的文件。为了便于管理和使用这些文件，用户可掌握一些常用和实用的文件整理的方法和技巧。

PC 端文件整理

1. 文件整理 5 项原则

在使用计算机进行办公或使用过程中，会随着工作量的增加、时间的延长，增加大量的文件。为了方便文件的处理和调用等，用户可按照如下 5 项原则进行整理。

(1) 非系统文件存放在非系统盘中：系统盘中最好存放与系统有关的文件，或是尽量少放与系统无关的文件。因为系统盘中存放过多会直接导致计算机卡顿，同时容易造成文件丢失，造成不必要的损失。

(2) 文件分类存放：将同类文件或相关文件尽量存放在同一文件夹中，便于文件的查找和调用。

(3) 文件或文件夹命名准确：根据文件内容对文件进行准确命令，同样，将存放文件的文件夹进行准确的命令，从而便于文件的查找和管理。

(4) 删除无价值文件：对于那些不再使用或无实际意义的文件或文件夹，可将它们直接删除，以腾出更多空间放置有价值的文件或文件夹。

(5) 重要文件备份：为了避免文件的意外损坏或丢失，用户可通过复制的方式对重要文件进行手动备份。

2. 搜索指定文件

当文件放置的位置被遗忘或手动寻找比较烦琐时，可通过搜索文件来快速将其找到，从而提高工作效率，节省时间和精力。

在桌面双击"计算机"快捷方式，❶ 在收缩文本框中输入搜索文件名称或部分名称(若能确定文件存放的盘符，可先进入该盘符)，如这里输入"会议内容"，按【Enter】键确认并搜索，❷ 系统自动进行搜索找到该文件，用户可根据需要对其进行相应操作，如复制、打开等，如下图所示。

3. 创建文件快捷方式

对于一些经常使用到或最近常要打开的文件或文件夹，用户可以为其在桌面上创建快捷方式，便于再次快速打开。

在目标文件或文件夹上右击，❶ 在弹出的快捷菜单中选择"发送到"命令，❷ 在弹出的子菜单中选择"桌面快捷方式"命令，操作如下图所示。

效果

移动端文件整理

1. TXT 文档显示混乱

移动设备中 TXT 文档显示混乱，很大可能是该设备中没有安装相应的 TXT 应用程序。这时，可下载安装 TXT 应用来轻松解决。下面以苹果手机中下载 txt 阅读器应用为例进行讲解。

Step01 打开 "App Store"，❶ 在搜索框中输入 "txt 阅读器"，❷ 在搜索到应用中点击需要应用的 "获取" 按钮，如这里点击 "多多阅读器" 应用的 "获取" 按钮进行下载，❸ 点击 "安装" 按钮进行安装，❹ 点击 "打开" 按钮，如下图所示。

Step02 ❶ 在弹出的面板中点击 "允许" / "不允许" 按钮，❷ 在弹出的面板中点击 "Cancel" 按钮，完成安装，如下图所示。

| 温馨提示 |

手机或 iPad 等移动设备中，一些文档需要 PDF 阅读器进行打开。一旦这类文档出现混乱显示，可下载安装 PDF 阅读器应用。

2. Office 文档无法打开

Office 文档无法打开，也就是 Word、Excel 和 PPT 文件无法正常打开，这对协同和移动办公很有影响，不过用户可直接安装相应的 Office 应用，如 WPS Office，或单独安装 Office 的 Word、Excel 和 PPT 组件。这里以苹果手机中下载 WPS Office 应用为例进行讲解。

Step01 打开"App Store"，❶ 在搜索框中输入"Office"，点击"搜索"按钮在线搜索，❷ 点击 WPS Office 应用的"获取"按钮，如下图所示。

Step02 ❶ 点击"安装"按钮安装，❷ 点击"打开"按钮，❸ 在弹出的面板中点击"允许"/"不允许"按钮，如下图所示。

3. 压缩文件无法解压

在移动端中压缩文件无法解压，很可能是没有解压应用程序，这时用户只需下载并安装该类应用程序。下面在应用宝中下载解压应用程序为例进行介绍。

打开"应用宝"应用程序，❶ 在搜索框中输入"Zip"，❷ 点击"搜索"按钮，❸ 点击"解压者"应用的"下载"按钮，❹ 点击"安装"按钮，❺ 点击"安装"按钮，❻ 点击"下一步"按钮，❼ 点击"完成"按钮，如下图所示。

┃温馨提示┃

要对指定文件进行解压，只需打开解压工具，选择要解压文件选项，然后进行解压。

技巧 7 文件同步

数据同步是指移动设备能够迅速实现与台式计算机、笔记本电脑等实现数据同步与信息共享，保持数据完整性和一致性。下面就分别介绍的 PC 端和移动端的文件同步的常用方法和技巧。

PC 端文件同步

1. 数据同步

数据同步，特点在于"同步"，也就是数据的一致性和安全性及操作简单化，实现多种设备跨区域进行文件同步查看、下载。

- 一致性：保证在多种设备上能及时查看、调用和下载到最新的文件，如刚上传的图片、刚修改内容的文档，刚收集的音乐等。
- 安全性：同步计数将本地的文件，同步上传到指定网盘中，从而自动生成了备份文件，这就增加了文件安全性，即使本地文件损坏、遗失，用户都能从网盘中下载找回。
- 操作简单化：随着网络科技的发展，同步变得越来越简单和智能，如 OneDrive、百度云、360 云盘等，只需用户指定同步文件，程序自动进行文件上传和存储。

2. OneDrive 上传

在 Office 办公文档中，用户可直接在当前程序中将文件上传到 OneDrive 中进行文件备份和共享，如在 Excel 中将当前工作簿上传到 OneDrive 的"文档"文件夹中，其具体操作步骤如下。

Step01 单击"文件"选项卡进入 Backstage 界面，❶ 单击"另存为"选项卡，❷ 双击登录成功后的 OneDrive 个人账号图标，打开"另存为"对话框，如下图所示。

Step02 ❶ 选择"文档"文件夹，❷ 单击"打开"按钮，❸ 单击"保存"按钮，同步上传文件，如下图所示。

3. 文件同步共享

在 Office 组件中对文件进行同步上传，只能将当前文件同步上传，同时也只能将当前类型的文件同步上传。当用户需要将其他类型文件（如图片、音频、视频等）同步上传，就无法做到。此时，用户可使用 OneDrive 客户端来轻松解决。下面将指定文件夹中所有的文件同步上传。

Step01 按【Windows】键，❶ 选择"Microsoft OneDrive"选项启动 OneDrive 程序，❷ 在打开的窗口中输入 Office 账号，❸ 单击"登录"按钮，如下图所示。

Step 02 ❶ 在打开的"输入密码"窗口中输入 Office 账号对应的密码，❷ 单击"登录"按钮，❸ 在打开的窗口中单击"更改位置"超链接，如下图所示。

Step 03 打开"选择你的 OneDrive 位置"对话框，❶ 选择要同步上传共享的文件夹，❷ 单击"选择文件夹"按钮，❸ 在打开的窗口中选中的相应的复选框，❹ 单击"下一步"按钮，如下图所示。

Step 14 在打开的窗口中即可查看到共享文件夹的时时同步状态，在任务栏中单击 OneDrive 程序图标，也能查看到系统自动将 OneDrive 中的文件进行下载同步的当前进度状态，如下图所示。

文件同步状态

文件同步下载状态

| 教您一招：断开 OneDrive 同步 |

❶ 在任务栏中单击 OneDrive 图标，❷ 在弹出的菜单选项中选择"设置"命令，打开"Microsoft OneDrive"对话框，❸ 单击"账户"选项卡，❹ 单击"取消链接 OneDrive"按钮，❺ 单击"确定"按钮，如下图所示。

---

4. 腾讯微云

在 Office 办公文档中，用户可直接在当前程序中将文件上传到 OneDrive 中进行文件备份和共享，如在 Excel 中将当前工作簿上传到 OneDrive 的"文档"文件夹中，其具体操作步骤如下。

Step 01 下载并安装腾讯微云并将其启动，❶ 单击"QQ 登录"选项卡，❷ 输入登录账户和密码，❸ 单击"登录"按钮，❹ 在主界面中单击"添加"按钮，如下图所示。

Step 02 打开"上传文件到微云"对话框，❶ 选择要同步上传的文件或文件夹，❷ 在打开的对话框中单击"上传"按钮，❸ 单击"开始上传"按钮，如下图所示。

教您一招：修改文件上传位置

❶ 在"选择上传目的地"对话框中单击"修改"按钮，❷ 单击"新建文件夹"超链接，❸ 为新建文件夹进行指定命令，按【Enter】键确认，❹ 单击"开始上传"按钮，如下图所示。

Step 03 系统自动将整个文件夹上传到腾讯云盘中(用户可单击"任务列表"选项卡,查看文件上传情况,如速度、上传不成功文件等),如下图所示。

指定文件夹上传到腾讯云端状态

| 教您一招:修改文件上传位置 |

　　要将腾讯云中的文件或文件夹等对象下载到本地计算机上,可在目标对象上右击,在弹出的快捷菜单中选择"下载"命令。

移动端文件同步

1. 在 OneDrive 中下载文件

　　通过计算机或其他设备将文件或文件夹上传到 OneDrive 中,用户不仅可以在其他计算机上进行下载,同时还可以在其他移动设备上进行下载。如在手机中通过 OneDrive 程序下载指定 Office 文件,其具体操作步骤如下。

Step01 在手机上下载安装 OneDrive 程序并将其启动，❶ 在账号文本框中输入邮箱地址，❷ 点击"前往"按钮，❸ 在"输入密码"页面中输入密码，❹ 点击"登录"按钮，如下图所示。

Step02 ❶ 选择目标文件，如这里选择"产品利润方案（1）"，❷ 进入预览状态点击 Excel 图表按钮，❸ 系统自动从 OneDrive 中进行工作簿下载，如下图所示。

Step03 系统自动将工作簿以 Excel 程序打开，❶ 点击 ▣ 按钮，❷ 设置保存工作簿的名称，❸ 在"位置"区域中选择工作簿保存的位置，如这里选择"iPhone"，❹ 点击"保存"按钮，系统自动将工作簿保存

到手机上，实现工作簿文件从 OneDrive 下载到手机上的目的，如下图
所示。

教您一招：下载图片对象

❶ 选择目标图片，进入到图片显示状态，❷ 点击 ⋮ 按钮，❸ 在弹出的下拉选项中选择"下载"选项，如右图所示。

2. 将文件上传到腾讯微云中

在移动端不仅可以下载文件，同时也可将文件上传到指定的网盘中，如腾讯微云、360 网盘及 OneDrive 中。由于它们大体操作基本相同，如这里以在手机端上传文件到腾讯微云中进行备份保存为例。其具体操作步骤如下。

Step 01 在手机上下载安装腾讯微云程序并将其启动，❶ 点击"QQ 登录"

按钮，❷ 在 QQ 登录页面中分别输入 QQ 账号和密码，❸ 点击 "登录"
按钮，❹ 点击 按钮，如下图所示。

Step 02 ❶ 选择需要上传的文件类型，如这里选择图片，❷ 选择要上传图
片选项，❸ 点击 "上传" 按钮，❹ 系统自动将文件上传到腾讯微云中，
如下图所示。

技巧 8 人脉与通讯录管理

我们每个人都是社会中的一员，与相关人员发生这样或那样的

关系。这就产生了人际关系网，也就是人脉。为了更好地管理这些人际关系或人脉的信息数据，用户可以使用一些实用和高效的方法和技巧。

PC 端人脉管理

1. 脉客大师

脉客大师是一款可以拥有方便快捷的通讯录管理功能，可使用户更好、更方便管理人脉资料的软件。其中较为常用的人脉关系管理主要包括通讯录管理、人脉关系管理。下面通过对同事通讯录进行添加并将他们之间的人脉关系进行整理为例，其具体操作步骤如下。

Step 01 在官网上下载并安装脉客大师（http://www.cvcphp.com/index.html），❶ 双击"脉客大师"快捷方式将其启动，❷ 在打开的窗口中输入用户名和密码（默认用户名和密码都是"www.cvcphp.com"），❸ 单击"登录"按钮，打开"快速提醒"对话框，❹ 单击"关闭"按钮，如下图所示。

Step 02 进入脉客大师主界面，❶ 在右侧关系区域选择相应的人脉关系选项，如这里选择"同事"选项，❷ 单击"通讯录添加"选项卡，❸ 输入相应通讯录内容，❹ 单击"保存"按钮，如下图所示。

|教您一招：更改人脉关系|:::::::

随着时间的推移人际关系可能会发生这样或那样的变化，通讯录中的关系也需要作出及时的调整：一是自己人脉关系的调整，二是联系人之间的关系调整。

● 在通讯录中要将关系进行调整，可在目标对象上右击，❶ 在弹出的快捷菜单中选择"修改"命令，❷ 在弹出的子菜单中选择"修改"命令，打开通讯录修改对话框，在关系文本框中单击，❸ 在弹出的下拉选项中选择相应的关系选项，如下图所示。

● 对通讯录中人员之间的人脉关系进行修改，特别是朋友、恋人这些可能发生变化的修改，❶ 选择目标对象，❷ 在人脉关系选项卡双击现有的人脉关系，打开人脉关系对话框，在人脉关系上右击，❸ 在弹出的快捷菜单中选择"删除"命令（若有其他关系，可通过再次添加人际关系的方法添加），如下图所示。

2. 鸿言人脉管理

鸿言人脉管理是一款用来管理人际关系及人际圈子的共享软件，该软件可以方便、快捷、安全地管理自己的人脉信息，并且能直观地展示人脉关系图，如下图所示。

下面就分别介绍添加圈子和添加关系的操作方法。

（1）添加圈子

Step01 在官网上下载并安装鸿言人脉管理软件（http://www.hystudio.net/1.html），❶ 双击"鸿言人脉管理"快捷方式，❷ 在打开的登录对话框中输入密码（默认密码是"123456"），❸ 单击"登录"按钮，如下图所示。

Step02 进入主界面，❶ 单击"我的圈子"按钮，❷ 单击"添加圈子"按钮，打开"添加我的圈子"对话框，❸ 设置相应的内容，❹ 选中"保存后关闭窗口"复选框，❺ 单击"保存"按钮，如下图所示。

Step03 ❶ 在圈子列表中选择圈子选项，❷ 单击"添加"按钮，打开"添加"对话框，❸ 设置相应的内容，❹ 选中"保存后关闭窗口"复选框，❺ 单击"保存"按钮，添加圈子成员，如下图所示。

（2）添加我的关系

❶ 在主界面中单击"我的关系"按钮，❷ 单击"添加关系"按钮，打开"添加我的关系"对话框，❸ 设置相应的内容，❹ 选中"保存后关闭窗口"复选框，❺ 单击"保存"按钮，如下图所示。

教您一招：为关系人员添加关系

要为自己关系的人员添加关系人员，从而帮助自己扩大关系圈，❶ 用户可在"关系列表"中选择目标对象，❷ 单击"对方关系"选项卡，❸ 单击"添加"按钮，❹ 在打开的"添加对方关系"对话框中输入相应内容，❺ 选中"保存后关闭窗口"复选框，❻ 单击"保存"按钮，如下图所示。

3. 佳盟个人信息管理软件

佳盟个人信息管理软件集合了好友与客户管理等应用功能，是一款性能卓越、功能全面的个人信息管理软件。其中人脉管理模块能帮助用户记录和管理人脉网络关系。下面在佳盟个人信息管理软件中添加朋友的信息为例进行介绍。

Step 01 在官网上下载并安装佳盟个人信息管理软件（http://www.baeit.com/），❶ 双击"佳盟个人信息管理软件"快捷方式，❷ 在打开的对话框中输入账号和密码（新用户注册可直接在官网中进行），❸ 单击"登录"按钮，如下图所示。

Step 02 ❶ 在打开的对话框中单击"我的主界面"按钮进入主界面，❷ 选择"人脉管理"选项，展开人脉管理选项和界面，❸ 单击"增加好友"按钮，如下图所示。

Step 03 打开"好友维护"对话框，❶ 在其中输入相应的信息，❷ 单击"保存"按钮，❸ 返回到人脉关系的主界面中即可查看到添加的好友信息，如下图所示。

移动端人脉管理

1. 名片管理和备份

名片在商务活动中应用非常广泛，用户要用移动端收集和管理这些信息，可借用一些名片的专业管理软件，如名片全能王。

（1）添加名片并分组

Step 01 启动名片管理王，进入主界面，❶ 点击 📷 按钮，❷ 进入拍照界面，对准名片，点击拍照按钮，程序自动识别并获取名片中的关键信息，❸ 点击"保存"按钮，如下图所示。

Step 02 ❶ 选择"分组和备注"选项，❷ 选择"设置分组"选项，❸ 选择

"新建分组"选项，如下图所示。

| 温馨提示 |

在新建分组页面中，程序会默认一些分组类型，如客户、供应商、同行、合作伙伴等。若满足用户需要，可直接对其进行选择调用，不用在进行新建分组的操作。

Step 03 打开"新建分组"面板，❶在文本框中输入分组名称，如这里输入"领导"，❷点击"完成"按钮，❸点击"确认"按钮完成操作，如下图所示。

（2）名片备份

Step01 在主界面，❶ 点击"我"按钮，进入"设置"页面，❷ 点击"账户与同步"按钮，进入"账户与同步"页面，❸ 选择相应备份方式，如这里选择"添加备份邮箱"选项，如下图所示。

Step02 进入"添加备用邮箱"页面，❶ 输入备用邮箱，❷ 点击"绑定"按钮，❸ 在打开的"查收绑定邮件"页面中输入验证码，❹ 点击"完成"按钮，如下图所示。

| 温馨提示 |

与邮箱绑定后，程序自动将相应名片自动保存到绑定邮箱中，一旦名片数据丢失，可在邮箱中及时找回。

2. 合并重复联系人

在通讯录中若是有多个重复的联系人，则会让整个通讯录变得臃肿，不利于用户的使用。这时，用户可使用 QQ 助手来合并那些重复的联系人，其具体操作步骤如下。

Step01 启动 QQ 同步助手，进入主界面，❶ 点击左上角的 按钮，❷ 在打开的页面中选择"通讯录管理"选项，进入"通讯录管理"页面，❸选择"合并重复联系人"选项，如下图所示。

Step02 程序自动查找到重复的联系人，❶ 点击"自动合并"按钮，❷ 点击"完成"按钮，❸ 在弹出的"合并成功"面板中单击相应的按钮，如这里点击"下次再说"按钮，如下图所示。

3. 恢复联系人

若是误将联系人删除或需要找回删除的联系人，可使用 QQ 同步助手将其快速准确的找回，其具体操作步骤如下。

Step01 在 QQ 同步助手主界面中，❶ 点击左上角的 按钮，❷ 在打开的页面中选择"号码找回"选项,进入"号码找回"页面,程序自动找到删除的号码,❸ 点击"还原"按钮,如下图所示。

Step 02 ❶ 在打开的"还原提示"面板中点击"确定"按钮,打开"温馨提示"面板,❷ 点击"确定"按钮,如下图所示。

| 温馨提示 |:::

若是通过合并重复联系人功能删除的联系人,程序可能无法正常将其找回/恢复,这点用户需要注意

|教您一招：与 QQ 绑定|

　　无论是使用 QQ 同步助手合并重复联系人，还是恢复联系人，首先需要将其绑定指定 QQ（或是微信），其方法为：❶在主界面中点击▇按钮，进入"账号登录"页面，❷点击"QQ 快速登录"按钮（或是"微信授权登录"按钮），❸在打开的登录页面，输入账号和密码，❹点击登录按钮，如下图所示。

4. 利用微信对通讯录备份

　　若是误将联系人删除或需要找回删除的联系人，可使用 QQ 同步助手将其快速准确的找回，其具体操作步骤如下。

Step01 启动微信，❶在"我"页面中点击"设置"，进入"设置"页面，❷选择"通用"选项，❸在打开的页面中选择"功能"选项，如下图所示。

Step02 进入到"功能"页面，❶选择"通讯录同步助手"选项，进入"详细资料"页面，❷点击"启用该功能"按钮，❸启用通讯录同步助手，

如下图所示。

技巧 9 空间整理术

是否能很好地提高办公效率，空间环境在其中会起到一定的作用。因此，一个高效率办公人士，也要会懂得几项实用的空间整理术。

1. 办公桌整理艺术

办公桌是办公人员的主要工作场所，也是主要"战斗"的地方，为了让工作效率更高，工作更加得心应手，用户可按照如下几条方法对办公桌进行整理，其具体操作方法如下。

(1) 常用办公用品放置办公桌上。

日常的办公用品，如便签、签字笔、订书机、固体胶等，可以将它们直接放在办公桌上，方便随时地拿取和使用，也避免放置在抽屉或其他位置不易找到，花去不必要的时间寻找。当然，对于一些签字笔、橡皮擦、修正液等，用户可将它们统一放在笔筒里。

(2) 办公用品放置办公桌的固定位置。

若是办公用品多且杂，用户可以将它们分配一个固定的地方，每次使用完毕后，可将其放回在原有的位置，这样既能保证办公桌的规整，同时，方便再次快速找到它。

(3) 办公用品放置伸手可及的位置。

对于那些最常用的办公用品，不要放在较远的地方，最好是放置在伸手可及的位置，这样可以节省很多移动拿办公用品的碎片时间，从而更集中精力和时间在办公上。

(4) 办公桌不要慌忙整理。

当一项事务还没有完成，用户不必要在下班后对其进行所谓的"及时"整理，因为再次接着做该事项，会发现一些用品或资料不在以前的位置，从而会花费一些时间进行设备和资料的寻找，浪费时间，也不利于集中精力开展工作。

(5) 抽屉里的办公用品要整理。

一些不常用的办公用品或设备会放置在抽屉中，但并不意味可以随意乱放，也需要将其规整，以方便办公用品或设备的寻找和使用。

2. 文件资料整理技巧

文件资料的整理并不是将所有资料进行打包或直接放进纸箱，需要一定整理技巧。下面介绍几种常用的整理资料的技巧，帮助用户提高资料整理、保管和查阅调用的效率。

(1) 正在开展事项的文件资料整理。

对于正在开展事项的文件资料，用户可根据项目来进行分类，同时，将同一项目或相关项目的文件资料放在一个大文件夹中。若是文件项目过多，用户可以将它们放在多个文件夹中，并分别为每一文件夹贴上说明的标签，从而方便对文件资料的快速精确查找。

把近期需要处理的文件资料放在比较显眼的地方，并一起将它们放置在"马上待办"文件夹中。把那些现在无法处理或不急需处理的文件资料放置在"保留文件"文件夹中。对于一些重复的文件资料，可保留一份，将其重复多余的文件资料处理掉，如粉碎等。

(2) 事项开展结束的文件资料整理。

事项结束后，相应的文件资料应该进行归类处理并在相应的文件夹上贴上说明标签。其遵循的原则是：是否便于拿出、是否便于还原、是否能及时找到。因此，用户可按照项目、内容、日期、客户名称、区域等进行分类。同时，在放置时，最好按照一定顺序进行摆放，如 1 期资料→2 期资料→3 期资料。

3. 书籍、杂志、报刊的整理

书籍、杂志、报刊的整理技巧有如下几点。

(1) 将书籍、杂志和报刊的重要内容或信息进行摘抄或复印，将它们保存在指定的笔记本电脑中或计算机中（中以 Word 和 TXT 存储）。一些特别的内容页，用户可将它们剪下来进行实物保管。这样，那些看过的书籍、报刊和杂志就可以处理掉，从而不占用有空间。

(2) 对于一些重要或常用的书籍，如工具书等，用户可将它们放置在指定位置，如书柜。

(3) 对于杂志和报刊，由于信息更新非常快，在看完后，可以直接将其处理掉或将近期杂志报刊保留，将前期的杂志报刊处理掉。

技巧 10 支付宝和微信快捷支付

支付宝和微信的快捷支付在一定程度上改变了广大用户的支付方式和支付习惯，为人们的消费支付带来了很大的便利和一定实惠。

PC 端支付宝快捷支付

1. 设置高强度登录密码

登录密码是支付宝的第一道保护，密码最好是数字和大小字母的组合，形成一种高强度的保护（当然，用户更不能设置成自己的生日、纪念日、相同的数字等，因为很容易被他人猜中）。若是设置的登录密码过于简单，用户可对其进行更改，其具体操作步骤如下。

Step01 登录支付宝，❶ 在菜单栏中单击"账户设置"菜单导航按钮，❷ 单击登录密码对应的"重置"超链接，如下图所示。

Step02 ❶ 单击相应的验证方式对应的"立即重置"按钮，如这里单击通过登录密码验证方式对应的"立即重置"按钮，❷ 在"登录密码"文本框中输入原有密码，❸ 单击"下一步"按钮，如下图所示。

Step03 ❶ 在输入"新的登录密码"和"确认新的登录密码"文本框中输入新的密码（两者要完全相同），❷ 单击"确认"按钮，在打开的页面中即可查看到重置登录密码成功，如下图所示。

2. 设置信用卡还款

设置信用卡还款的操作步骤如下。

Step 01 ❶ 在菜单栏中单击"信用卡还款"菜单导航按钮，❷ 在打开的页面中设置信用卡的发卡行、卡号及还款金额，❸ 单击"提交还款金额"按钮，如下图所示。

Step 02 ❶ 在打开的页面中选择支付方式，❷ 输入支付宝的支付密码，❸ 单击"确认付款"按钮，如下图所示。

移动端支付宝和微信快捷支付

1. 设置微信支付安全防护

要让微信支付更加安全、更加放心和更加可靠，用户可设置微信支付的安全防护，从而防止自己的微信钱包意外"掉钱"，如这里以开启手势密码为例，其具体操作步骤如下。

Step 01 登录微信，❶ 点击"我"按钮进入到"我"页面，❷ 选择"钱包"选项进入"钱包"页面，❸ 点击●●●按钮，❹ 在弹出的面板中选择"支付管理"选项，如下图所示。

Step 02 进入"支付管理"页面，❶ 滑动"手势密码"上的滑块到右侧，❷ 在打开的"验证身份"页面中输入设置的支付密码以验证身份，❸ 在"开启手势密码"页面中先后两次绘制同样的支付手势，如下图所示。

2. 微信快捷支付和转账

要让微信支付更加安全、更加放心和更加可靠，用户可设置微信支付的安全防护，从而防止自己的微信钱包意外"掉钱"，如这里以开启手势密码为例，其具体操作步骤如下。

Step 01 登录微信，❶ 点击"我"按钮进入"我"页面，❷ 选择"钱包"选项进入"钱包"页面，❸ 选择"信用卡还款"选项，❹ 点击"我要还款"按钮，如下图所示。

Step 02 ❶ 在打开的"添加信用卡"页面中要先添加还款的信用卡信息，

包括信用卡号、持卡人和银行信息（只有第一次在微信绑定信用卡才会有此步操作，若是已绑定，则会跳过添加信用卡的页面操作），❷点击"确认绑卡"按钮，❸进入"信用卡还款"页面中点击"现在去还款"按钮，❹输入还款金额，❺点击"立即还款"按钮，如下图所示。

Step⑬ ❶在弹出的面板中输入支付密码，❷点击"完成"按钮，如下图所示。

3. 微信快捷支付

微信不仅能够发信息、红包和对信用卡还款，还能直接通过付款功能来进行快捷支付，特别是一些小额支付，其具体操作步骤为：

点击"我"按钮进入"我"页面，选择"钱包"选项进入"钱包"页面，❶ 点击"付款"按钮（要为微信好友进行转账，可在"钱包"页面选择"转账"选项，在打开页面中选择转账好友对象，然后输入支付密码即可），❷ 在"开启付款"页面中输入支付密码，程序自动弹出二维码，用户让商家进行扫描即可快速实现支付，如下图所示。

4. 用支付宝给客户支付宝转账

若是自己和客户都安装了支付宝，对于一些金额不大的来往，可直接通过支付宝来快速完成，其具体操作步骤如下。

Step01 打开支付宝，❶ 选择目标客户对象，❷ 进入对话页面点击 ⊕ 按钮，❸ 点击"转账"按钮，❹ 在打开的页面中输入转账金额，❺ 点击"确认转账"按钮，如下图所示。

Step02 ❶ 打开的"输入密码"页面中输入支付密码，系统自动进行转账，❷ 点击"完成"按钮，系统自动切换到会话页面中并等待对方领取转账金额，如下图所示。